MATHEMATIK
NEUE WEGE

ARBEITSBUCH
FÜR GYMNASIEN

Rheinland-Pfalz

5. Schuljahr

Herausgegeben von
Arno Lergenmüller
Günter Schmidt

Schroedel

MATHEMATIK NEUE WEGE 5
ARBEITSBUCH FÜR GGYMNASIEN
RHEINLAND-PFALZ

Herausgegeben von:
Arno Lergenmüller, Prof. Günter Schmidt

erarbeitet von:
Armin Baeger, Lehmen
Birgit Degener, Löhne
Aloisius Görg, Frechen
Dr. Nicola Haas, Essen
Klaus Kindinger, Lindenfels
Arno Lergenmüller, Roxheim
Kerstin Peuser, Roetgen
Barbara Ringel, Bielefeld
Michael Rüsing, Essen
Prof. Günter Schmidt, Stromberg
Dr. Günter Todt, Altenholz
Thomas Vogt, Bad Kreuznach
Martin Zacharias, Molfsee

Druck A [6] / Jahr 2010
Alle Drucke der Serie A sind im Unterricht parallel verwendbar.

Redaktion: Dr. Klaus-Peter Schrage
Herstellung: Udo Sauter
Umschlagentwurf: Janssen Kahlert Design & Kommunikation GmbH, Hannover
Fotos: U. Köcher, Hannover
Illustrationen: M. Pawle, München
techn. Zeichnungen: M. Wojczak, Barsinghausen
Satz: Stürtz GmbH, Würzburg
Druck und Bindung: westermann druck GmbH, Braunschweig

ISBN 978-3-507-**85565**-6

Inhalt

Zum Aufbau dieses Buches

Grün – Weiß – Grün: Jeder Lernabschnitt ist in drei Ebenen unterteilt.

Die erste grüne Ebene

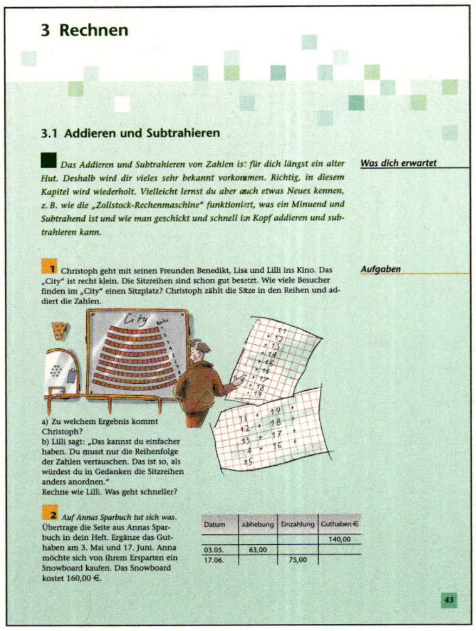
3 Rechnen

3.1 Addieren und Subtrahieren

Das Addieren und Subtrahieren von Zahlen ist für dich längst ein alter Hut. Deshalb wird dir vieles sehr bekannt vorkommen. Richtig, in diesem Kapitel wird wiederholt. Vielleicht lernst du aber auch etwas Neues kennen, z. B. wie die „Zollstock-Rechenmaschine“ funktioniert, was ein Minuend und Subtrahend ist und wie man geschickt und schnell im Kopf addieren und subtrahieren kann. — *Was dich erwartet*

1 Christoph geht mit seinen Freunden Benedikt, Lisa und Lilli ins Kino. Das „City“ ist recht klein. Die Sitzreihen sind schon gut besetzt. Wie viele Besucher finden im „City“ einen Sitzplatz? Christoph zählt die Sitze in den Reihen und addiert die Zahlen. — *Aufgaben*

a) Zu welchem Ergebnis kommt Christoph?
b) Lilli sagt: „Das kannst du einfacher haben. Du musst nur die Reihenfolge der Zahlen vertauschen. Das ist so, als würdest du in Gedanken die Sitzreihen anders anordnen.“
Rechne wie Lilli. Was geht schneller?

2 *Auf Annas Sparbuch tut sich was.* Übertrage die Seite aus Annas Sparbuch in dein Heft. Ergänze das Guthaben am 3. Mai und 17. Juni. Anna möchte sich von ihrem Ersparten ein Snowboard kaufen. Das Snowboard kostet 160,00 €.

Datum	Abhebung	Einzahlung	Guthaben €
			140,00
03.05.	63,00		
17.06.		75,00	

43

Was dich erwartet

„Das Ziel vor Augen“

In wenigen Sätzen, Bildern und Fragen erfährst du, worum es in diesem Abschnitt geht.

Einführende Aufgaben

In vertrauten Alltagsproblemen ist bereits viel Mathematik versteckt. Mit diesen Aufgaben kannst du interessante Zusammenhänge des Themas selbst entdecken und verstehen.

Dies gelingt besonders gut in der Zusammenarbeit mit einem oder mehreren Partnern.

In dem vielfältigen Angebot könnt ihr nach euren Erfahrungen und Interessen auswählen.

Die weiße Ebene

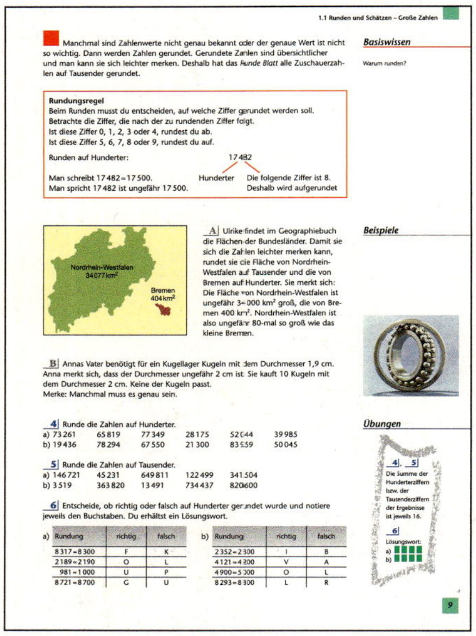
1.1 Runden und Schätzen – Große Zahlen

Manchmal sind Zahlenwerte nicht genau bekannt oder der genaue Wert ist nicht so wichtig. Dann werden Zahlen gerundet. Gerundete Zahlen sind übersichtlicher und man kann sie sich leichter merken. Deshalb hat das *Runde Blatt* alle Zuschauerzahlen auf Tausender gerundet. — *Basiswissen* — Warum runden?

Rundungsregel
Beim Runden musst du entscheiden, auf welche Ziffer gerundet werden soll.
Betrachte die Ziffer, die nach der zu rundenden Ziffer folgt.
Ist diese Ziffer 0, 1, 2, 3 oder 4, rundest du ab.
Ist diese Ziffer 5, 6, 7, 8 oder 9, rundest du auf.
Runden auf Hunderter: 17 482 — Hunderter — Die folgende Ziffer ist 8. Deshalb wird aufgerundet
Man schreibt 17 482 ≈ 17 500.
Man spricht 17 482 ist ungefähr 17 500.

A Ulrike findet im Geographiebuch die Flächen der Bundesländer. Damit sie sich die Zahlen leichter merken kann, rundet sie die Fläche von Nordrhein-Westfalen auf Tausender und die von Bremen auf Hunderter. Sie merkt sich: Die Fläche von Nordrhein-Westfalen ist ungefähr 34 000 km² groß, die von Bremen 400 km². Nordrhein-Westfalen ist also ungefähr 80-mal so groß wie das kleine Bremen. — *Beispiele*

B Annas Vater benötigt für ein Kugellager Kugeln mit dem Durchmesser 1,9 cm. Anna merkt sich, dass der Durchmesser ungefähr 2 cm ist. Sie kauft 10 Kugeln mit dem Durchmesser 2 cm. Keine der Kugeln passt.
Merke: Manchmal muss es genau sein.

Übungen

4 Runde die Zahlen auf Hunderter.
a) 73 261 65 819 77 349 28 175 52 044 39 985
b) 19 436 78 294 67 550 21 300 83 959 50 045

5 Runde die Zahlen auf Tausender.
a) 146 721 45 231 649 811 122 499 341 504
b) 3 519 363 820 13 491 734 437 820 600

6 Entscheide, ob richtig oder falsch auf Hunderter gerundet wurde und notiere jeweils den Buchstaben. Du erhältst ein Lösungswort.

a)

Rundung	richtig	falsch
8 317 ≈ 8 300	F	K
2 189 ≈ 2 190	O	L
981 ≈ 1 000	U	P
8 721 ≈ 8 700	G	U

b)

Rundung	richtig	falsch
2 352 ≈ 2 300	I	B
4 121 ≈ 4 200	V	A
4 900 ≈ 5 000	O	L
8 293 ≈ 8 300	L	R

4, 5: Die Summe der Hunderterziffern bzw. der Tausenderziffern der Ergebnisse ist jeweils 16.
6: Lösungswort: a) b)

9

Basiswissen

Im roten Kasten findest du das Wissen und die grundlegenden Strategien kurz und bündig zusammengefasst.

Beispiele

Die durchgerechneten Musteraufgaben helfen dir beim eigenständigen Lösen der Übungen

Übungen

„Mathematik lernt man weniger durch Zuschauen als durch eigenes Tun“

Die Übungen bieten reichlich Gelegenheit zu eigenen Aktivitäten zum Verstehen und Anwenden. Zusätzliche „Trainingsangebote“ führen zur Sicherheit.

Bei vielen Aufgaben findest du

hilfreiche Tipps und Lösungshinweise

Möglichkeiten zur Selbstkontrolle

Die zweite grüne Ebene

Aufgaben

„Mathematik ist überall"

Hier findest du Anregungen zum Entdecken überraschender Zusammenhänge der Mathematik mit vielen Bereichen deiner Lebenswelt und anderer Fächer.

Die Aufgaben hier sind meist etwas umfangreicher, deshalb ist oft Teamarbeit angesagt.

In eigenen Projekten gibt es Anregungen zu mathematischen Exkursionen oder zum Erstellen eigener Produkte. Dies führt auch zu Präsentationen der Ergebnisse in größerem Rahmen.

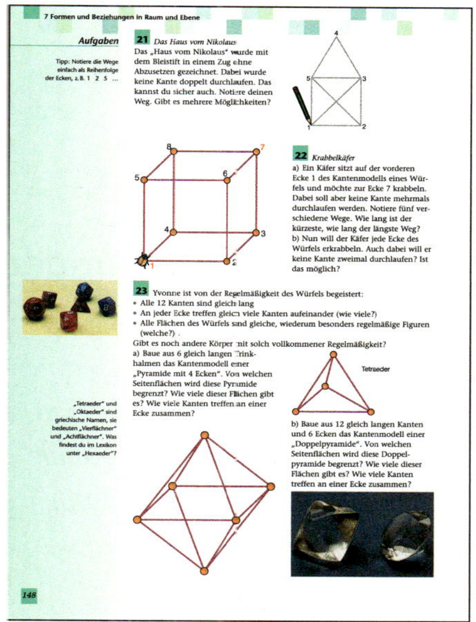
7 Formen und Beziehungen in Raum und Ebene

Aufgaben

Tipp: Notiere die Wege einfach als Reihenfolge der Ecken, z. B. 1 2 5 …

21 *Das Haus vom Nikolaus*
Das „Haus vom Nikolaus" wurde mit dem Bleistift in einem Zug ohne Abzusetzen gezeichnet. Dabei wurde keine Kante doppelt durchlaufen. Das kannst du sicher auch. Notiere deinen Weg. Gibt es mehrere Möglichkeiten?

22 *Krabbelkäfer*
a) Ein Käfer sitzt auf der vorderen Ecke 1 des Kantenmodells eines Würfels und möchte zur Ecke 7 krabbeln. Dabei soll aber keine Kante mehrmals durchlaufen werden. Notiere fünf verschiedene Wege. Wie lang ist der kürzeste, wie lang der längste Weg?
b) Nun will der Käfer jede Ecke des Würfels erkrabbeln. Auch dabei will er keine Kante zweimal durchlaufen? Ist das möglich?

23 Yvonne ist von der Regelmäßigkeit des Würfels begeistert:
- Alle 12 Kanten sind gleich lang
- An jeder Ecke treffen gleich viele Kanten aufeinander (wie viele?)
- Alle Flächen des Würfels sind gleiche, wiederum besonders regelmäßige Figuren (welche?)

Gibt es noch andere Körper mit solch vollkommener Regelmäßigkeit?
a) Baue aus 6 gleich langen Trinkhalmen das Kantenmodell einer „Pyramide mit 4 Ecken". Von welchen Seitenflächen wird diese Pyramide begrenzt? Wie viele dieser Flächen gibt es? Wie viele Kanten treffen an einer Ecke zusammen?
b) Baue aus 12 gleich langen Kanten und 6 Ecken das Kantenmodell einer „Doppelpyramide". Von welchen Seitenflächen wird diese Doppelpyramide begrenzt? Wie viele dieser Flächen gibt es? Wie viele Kanten treffen an einer Ecke zusammen?

„Tetraeder" und „Oktaeder" sind griechische Namen, sie bedeuten „Vierflächner" und „Achtflächner". Was findest du im Lexikon unter „Hexaeder"?

Tetraeder

148

„Check-Up" und „Mathekisten" – damit kannst du dein Wissen und Können gegen das Vergessen sichern.

Check-Up

„Alles klar?"

Nach jedem Kapitel findest du nochmals das Wichtigste übersichtlich zusammengefasst.

„Abschlusstraining"

Zusätzlich findest du passende Aufgaben, mit denen du dein Wissen festigen und dich für die Klassenarbeit vorbereiten kannst. Die Lösungen dieser Aufgaben findest du am Ende des Buches.

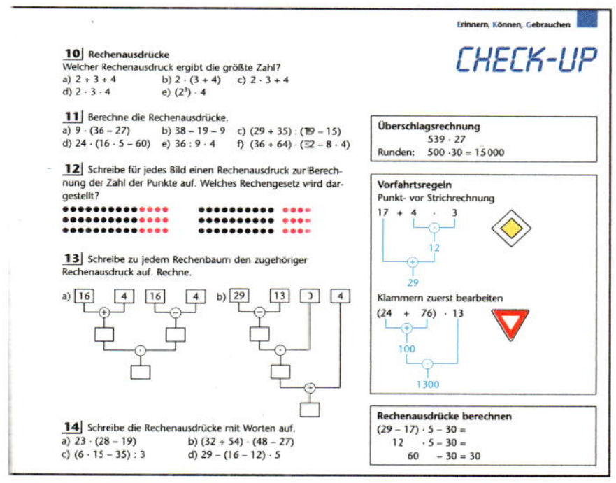
Erinnern, Können, Gebrauchen

CHECK-UP

10 Rechenausdrücke
Welcher Rechenausdruck ergibt die größte Zahl?
a) 2 + 3 + 4 b) 2 · (3 + 4) c) 2 · 3 + 4
d) 2 · 3 · 4 e) (2³) · 4

11 Berechne die Rechenausdrücke.

12 Schreibe für jedes Bild einen Rechenausdruck zur Berechnung der Zahl der Punkte auf. Welches Rechengesetz wird dargestellt?

13 Schreibe zu jedem Rechenbaum den zugehörigen Rechenausdruck auf. Rechne.

14 Schreibe die Rechenausdrücke mit Worten auf.

Überschlagsrechnung
539 · 27
Runden: 500 · 30 = 15 000

Vorfahrtsregeln
Punkt- vor Strichrechnung

Klammern zuerst bearbeiten

Rechenausdrücke berechnen

Mathekisten

„Vergessen ist menschlich!"

Deshalb kannst du in den eingestreuten Mathe-Kisten früher erworbene Kenntnisse wiederholen und auffrischen.

Große Städte
In der größten Stadt Deutschlands, in Berlin, leben ungefähr 3,5 Millionen Menschen. In Tokio, in Japan, wohnen 27 400 000 Menschen. Um das Wievielfache ist Tokio größer als Berlin? Mache eine Überschlagsrechnung.

Berechne
777 + 808 567 – 346 907 – 485 21 000 – 1 604

Patricia hat in ihrer Klasse gefragt, wer in den Sommerferien wohin fährt.
Stimmt es, dass mehr Kinder in den Ferien zu Hause bleiben als ins Ausland reisen? Wie viele Kinder verbringen ihre Sommerferien in Deuschland?

Exkurse

„Informationen und Geschichten über Mathematik"

Auch im Mathematikbuch gibt es einiges zu erzählen, über Menschen, Probleme und Anwendungen oder auch Seltsames und Lustiges.

Lebendige Pflasterungen

Auf den vorangegangenen Seiten hast du viele Möglichkeiten für das Pflastern oder Fliesen von Flächen kennen gelernt. Immer entsteht ein Muster, das sich in regelmäßigen Abständen wiederholt. Der niederländische Künstler MAURITS CORNELIS ESCHER (1898–1972) beschäftigte sich sein Leben lang mit dem Zeichnen solcher Muster. Dabei beschränkte er sich aber nicht auf Fliesen mit regelmäßigen geometrischen Figuren. Seine „Fliesen" hatten oft die Form von Tieren, darüber hinaus auch von Fantasiegestalten.

1 Zahlen

1.1 Runden und Schätzen – Große Zahlen

Was dich erwartet

Mit Zahlen kann man informieren, z. B. über das Riesenrad. Große Zahlen kann man sich aber nicht so leicht merken. Oder erinnerst du dich noch an die genaue Zahl der Glühbirnen des Riesenrades? Und man kann mit großen Zahlen nur mühsam rechnen. Nun erfährst du, wie man sich durch Runden und Anordnen von Zahlen das Leben leichter machen kann.

Aufgaben

1 Die Klasse 5 a hat am Mittwoch das Museum besucht. Bei der Führung sahen die Schülerinnen und Schüler eine alte römische Münze. Die Museumspädagogin erklärte: „Die Münze ist 2 000 Jahre alt." In der nächsten Stunde am Freitag fragt der Lehrer die Klasse nach dem Alter der Münze. Kai antwortet: „Die Münze ist 2 000 Jahre und zwei Tage alt." Die Klasse lacht.

Bei den Olympischen Spielen gibt es eine Länderwertung. Die erfolgreichsten Nationen nach den ersten 10 Tagen sind:

Land	Gold	Silber	Bronze
China	4	6	6
Deutschland	4	10	1
Frankreich	3	9	5
Russland	6	1	5
USA	8	6	9

2 *Medaillenspiegel*
a) Die Länder wurden in der Tabelle alphabetisch sortiert. Sortiere die Länder so, wie es im Sport üblich ist.
b) Lena sagt: „Ich finde die Rangfolge nach der Zahl der Medaillen ungerecht." Wieso eigentlich?
c) Lena macht einen Vorschlag: „Für eine Goldmedaille müsste man drei Punkte erhalten, für Silber zwei Punkte und für Bronze einen Punkt." Sortiere die Länder nach Lenas Punktewertung.

3 *Pressefreiheit:* Zwei Zeitungen berichten über die Zuschauerzahlen der Bundesligaspiele des gleichen Spieltages:

	Exakt-Express
Dortmund	55 417
Hamburg	30 516
Kaiserslautern	37 825
Schalke	26 781
Bremen	28 296

	Das Runde Blatt
Dortmund	55 000
Hamburg	31 000
Kaiserslautern	38 000
Schalke	27 000
Bremen	28 000

a) Warum gibt das *Runde Blatt* andere Zahlen an als der *Exakt-Express?*
b) Welche der Tabellen ist übersichtlicher?

Basiswissen

Warum runden?

Manchmal sind Zahlenwerte nicht genau bekannt oder der genaue Wert ist nicht so wichtig. Dann werden Zahlen gerundet. Gerundete Zahlen sind übersichtlicher und man kann sie sich leichter merken. Deshalb hat das *Runde Blatt* alle Zuschauerzahlen auf Tausender gerundet.

Rundungsregel
Beim Runden musst du entscheiden, auf welche Ziffer gerundet werden soll.
Betrachte die Ziffer, die nach der zu rundenden Ziffer folgt.
Ist diese Ziffer 0, 1, 2, 3 oder 4, rundest du ab.
Ist diese Ziffer 5, 6, 7, 8 oder 9, rundest du auf.

Runden auf Hunderter: 17 482

Hunderter — Die folgende Ziffer ist 8. Deshalb wird aufgerundet

Man schreibt $17\,482 \approx 17\,500$.
Man spricht 17 482 ist ungefähr 17 500.

Beispiele

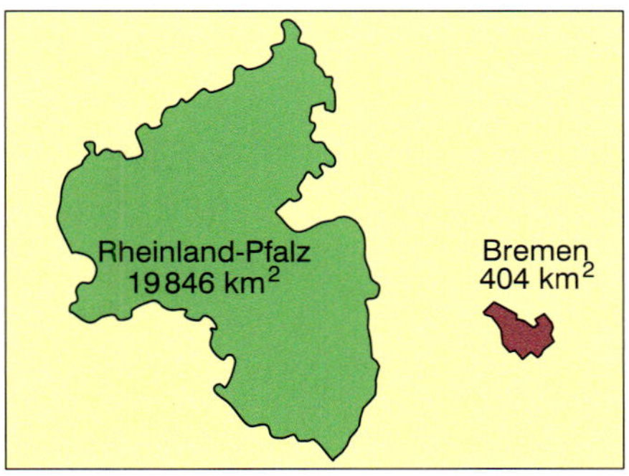

A Ulrike findet im Geographiebuch die Flächen der Bundesländer. Damit sie sich die Zahlen leichter merken kann, rundet sie die Fläche von Rheinland-Pfalz auf Tausender und die von Bremen auf Hunderter. Sie merkt sich: Die Fläche von Rheinland-Pfalz ist ungefähr 20 000 km^2 groß, die von Bremen 400 km^2. Rheinland-Pfalz ist also ungefähr 50-mal so groß wie das kleine Bremen.

B Annas Vater benötigt für ein Kugellager Kugeln mit dem Durchmesser 1,9 cm. Anna merkt sich, dass der Durchmesser ungefähr 2 cm ist. Sie kauft 10 Kugeln mit dem Durchmesser 2 cm. Keine der Kugeln passt.
Merke: Manchmal muss es genau sein.

Übungen

4 Runde die Zahlen auf Hunderter.

a) 73 261	65 819	77 349	28 175	52 044	39 985
b) 19 436	78 294	67 550	21 300	83 959	50 045

5 Runde die Zahlen auf Tausender.

a) 146 721	45 231	649 811	122 499	341 504
b) 3 519	363 820	13 491	734 437	820 600

6 Entscheide, ob richtig oder falsch auf Hunderter gerundet wurde und notiere jeweils den Buchstaben. Du erhältst ein Lösungswort.

a)

Rundung	richtig	falsch
$8\,317 \approx 8\,300$	F	K
$2\,189 \approx 2\,190$	O	L
$981 \approx 1\,000$	U	P
$8\,721 \approx 8\,700$	G	U

b)

Rundung	richtig	falsch
$2\,352 \approx 2\,300$	I	B
$4\,121 \approx 4\,200$	V	A
$4\,900 \approx 5\,000$	O	L
$8\,293 \approx 8\,300$	L	R

4, **5**
Die Summe der Hunderterziffern bzw. der Tausenderziffern der Ergebnisse ist jeweils 16.

6
Lösungswort:
a) ☐☐☐☐
b) ☐☐☐☐

Übungen

7 Familie Schneider möchte für das Zimmer ihres Sohnes Kevin eine neue Einrichtung kaufen. In Katalogen haben die drei Schneiders das Passende gefunden. Kevin überschlägt, was die Einrichtung ungefähr kostet. Dazu rundet er alle Preise auf Hunderter.

8 *Beim Runden aufgepasst*
Anne sagt: „Auf Zehner gerundet bekomme ich alle zwei Wochen 10 € Taschengeld." Pascal sagt: „Ich auch." Um wie viel € kann sich das Taschengeld von Anne und Pascal unterscheiden? Gib verschiedene Möglichkeiten an.

9 Die Redakteurin des *Runden Blattes* schreibt: In Köln und Frankfurt besuchten jeweils 12 000 begeisterte Zuschauer das Konzert von „Lautn' lauter". Die Zuschauerzahlen sind auf Tausender gerundet.

a) Wie können die Zuschauerzahlen vor dem Runden ausgesehen haben?

b) Für wen sind die exakten Zuschauerzahlen wichtig, wem genügen die gerundeten Zahlen?

10 Der Redakteur dieses Artikels war wohl etwas übereifrig. Kannst du den Artikel so ändern, dass die Zahlenangaben vernünftig werden?

Abenteuerspielplatz eröffnet

Gestern wurde der neue Abenteuerspielplatz am Stadtwald nach einer Bauzeit von 3 Monaten, 2 Wochen und 4 Tagen eröffnet. Die Kosten für das 1894 m² große Gelände mit den 17 Spielgeräten betrugen 67 328,92 €. Besonders beliebt bei den 243 Kindern, die zur Eröffnung gekommen waren, waren der 8,79 m hohe Kletterturm und die 21,32 m lange Rutschbahn.

In der Festrede, die 11 Minuten und 23 Sekunden dauerte, bedankte sich der Bürgermeister bei allen Helfern.

Darf es auch etwas größer sein?

Die Zahl 23 472 135 wird gelesen als
23 Millionen
472 Tausend
135

11 Lies die Zahlen.

a) 16 341 000	48 245 000
b) 245 641 000	487 954 000
c) 69 274 315	35 827 014
d) 691 419 311	831 500 031

12 Schreibe mit Ziffern:

a) sieben Millionen vierhundertneunzehntausend

b) dreizehn Millionen achthunderteinundvierzigtausendundsiebenhundertfünfzehn

c) zweihundertvierundvierzig Millionen dreihundertundviertausendundzweihundert

d) zwei Millionen zweitausendundzwei

e) drei Millionen dreihundertdreiunddreißigtausendunddrei

13 Unser Sonnensystem besteht aus der Sonne und 9 Planeten.
Die Tabelle zeigt, welche Planeten groß und welche klein sind. Geordnet sind die Planeten nach der Entfernung von der Sonne.
a) Runde alle Durchmesser auf Tausender. Erstelle eine Tabelle, in der die Planeten nach ihrem (gerundeten) Durchmesser geordnet sind.
b) Welches ist der größte, welches der kleinste Planet? Der größte ist etwa 11-mal so groß wie die Erde. Gib die ungefähren Größenverhältnisse der anderen Planeten zur Erde an.

Planet	Durchmesser in km
Merkur	4 878
Venus	12 100
Erde	12 742
Mars	6 792
Jupiter	142 800
Saturn	120 500
Uranus	50 800
Neptun	49 500
Pluto	2 300

14 Wie würde das *Runde Blatt* die folgenden Meldungen drucken?
a) Beim Fußballspiel war das Stadion fast ausverkauft. 45 328 Zuschauer wurden gezählt.
b) Der Hauptgewinn bei der Tombola entfiel auf das Los mit der Nummer 37 348. Der Gewinner hat seinen Preis noch nicht abgeholt.
c) Beim Fußballspiel sah es lange Zeit nach einem Unentschieden aus. In der 89. Minute gelang jedoch das Siegtor.
d) Im Jahr 1993 entstanden in Deutschland 110 522 132 Tonnen Abfall. Davon wurden 9 156 124 Tonnen verbrannt.
e) Im Jahre 1996 wurden 4 295 738 Tonnen Zuckerrüben in NRW geerntet.
f) Im 200-m-Lauf wurde ein neuer Weltrekord mit 19,32 s aufgestellt.
g) Im Jahr 1994 gab es in Schleswig-Holstein 1 396 237 Rinder.

15 Frau Becker möchte ein Auto kaufen. In der Zeitung liest sie die Anzeige. Als sie mit ihrer Tochter Jana das Auto besichtigt, finden sie auf dem Kilometerzähler die Zahl 27 341. Jana kann schon runden. Sie sagt: „Die Angabe in der Zeitung ist in Ordnung."

„ASTRA Caravan, Zulassung 5/99, 27 000 km, 55 kW, 8 500 €, Tel. 01 23/45 67 89"

a) Welche der folgenden km-Stände hätten auch zu der Anzeige gepasst?
26 890   27 516   28 314   27 129   27 655
b) Welche km-Stände hätte Jana gerade noch hingenommen?

16 In dem Text fehlen alle Zahlenangaben. Schreibe den Text ab und ergänze sinnvolle Zahlenangaben. Die möglichen Zahlen stehen auf dem Rand.

Beim Marathonlauf ist eine Strecke von ■ zurückzulegen. Der Sieger benötigte in diesem Jahr ■. Der Vorjahressieger musste wegen eines Sturzes bereits nach einer Strecke von ■ aufgeben. Die äußeren Bedingungen waren in diesem Jahr schlecht, da es etwa ■ lang regnete.

20,692 km
21 km
42 km
42 195 m
30 Minuten
31 Minuten und 25 s
2 Stunden
2 Stunden, 10 Minuten und 27,5 Sekunden

Marias Tipp:
Mache eine Überschlagsrechnung durch Runden.

17 Christoph hat gerechnet:
45 321 + 31 758 = 87 079.
Wie kannst du ganz schnell feststellen, dass er einen Fehler gemacht hat?

Runden hilft, Fehler zu finden

18 Runde die Summanden auf Tausender. Addiere die gerundeten Zahlen. Wie weit liegen deine Ergebnisse von den exakten Ergebnissen entfernt?

a) 14 528 + 19 375	28 136 + 15 846	31 721 + 14 633
b) 24 229 + 8 716	33 500 + 11 500	18 499 + 21 499

Übungen

Überschlagsrechnung

19 Marie soll das Produkt 37 · 42 berechnen. Sie nennt 2 554 als Ergebnis. Christin erwidert: „Das genaue Ergebnis weiß ich auch nicht, aber du musst einen Fehler gemacht haben. Das Produkt ist ungefähr 1 600." Wie ist Christin zu ihrer Aussage gekommen?

> Runde zunächst die Faktoren und bilde dann das Produkt:
>
> $47 \cdot 62 \approx 50 \cdot 60 = 3\,000$

20 Berechne durch Überschlag, wie groß die Produkte etwa sind.

a)	b)	c)	d)
87 · 12	36 · 23	61 · 19	37 · 44
21 · 52	38 · 67	45 · 64	70 · 28

21 Patrick und Kim haben eingekauft. Sie haben 10 € mitgenommen. An der Kasse sehen sie noch zwei Eis zu insgesamt 2,50 €. Patrick rechnet. Reicht ihr Geld wirklich?

22 Maike, Robin und Uta überschlagen beim Einkauf an der Kasse die Preise.
Maike: „Ich runde immer so auf €, wie wir das in der Schule gelernt haben."
Robin: „Ich lasse einfach die Cents weg und rechne nur mit den €-Beträgen."
Uta: „Ich rechne immer mit dem nächstgrößeren vollen €-Betrag."
Reicht das mitgenommene Geld? Wie musst du rechnen, um sicher zu sein?

a)	b)	c)
1,98 €	6,48 €	3,98 €
2,49 €	3,29 €	2,35 €
0,39 €	5,98 €	1,28 €
1,78 €	4,18 €	4,78 €

23 Wenn man Zahlen rundet und dann mit den gerundeten Zahlen rechnet, ist das Ergebnis ungenau.

a) Eine Zahl wird auf Hunderter gerundet. Um wie viel kann die Zahl von der gerundeten Zahl nach oben, um wie viel nach unten abweichen?

b) Wenn man zwei auf Hunderter gerundete Zahlen addiert, so ist das Ergebnis nicht exakt. Um wie viel kann das exakte Ergebnis größer (kleiner) sein? Begründe.

„Abschneiden"

24 *Knoll haut die Preise klein*

a) Ein Badetuch kostete 16,99 €. Was kostet es bei *Knoll* im Ausverkauf?

b) Herr Maric will eine Hose kaufen. Wie viel € spart Herr Maric im günstigsten Fall?

c) Frau Lindemann kauft im Ausverkauf 15 Artikel. Wie viel spart sie insgesamt im günstigsten Fall?

d) Petra kauft ein Paket Tennisbälle. Sie kosteten 7,96 €. Petra freut sich.

Kennst du das Internet?

Vielleicht fragst du dich, wie wir die vielen Zahlen in den Aufgaben eigentlich gefunden haben. Ganz einfach: Wir haben sie aus dem Internet geholt. Im Internet sind sehr viele Computer auf der ganzen Welt miteinander verbunden. Alle diese Computer haben eine Adresse, die man anwählen kann, wenn man selbst einen Internetzugang hat. Sobald man einen fremden Computer angewählt hat, kann man Informationen, die dort gespeichert sind, auf den eigenen Bildschirm holen.
Oft ist es allerdings nicht ganz einfach, die richtige Adresse der fremden Computer zu finden. Auch wir mussten manchmal lange suchen. Wenn du selbst die Zahlen im Internet ansehen willst, kannst du das machen. Deshalb haben wir die Adresse auf den Rand geschrieben.

Übungen

25 In der Tabelle sind einige Berge aus den Alpen mit ihren Höhen angegeben.
a) Wie sind die Berge geordnet?
b) Ordne die Berge nach ihrer Höhe.
c) Hältst du es für sinnvoll, die Höhenangaben auf Hunderter zu runden?

Ordnen

Alpspitze	2 628 m
Dreitorspitze	2 633 m
Hochfrottspitze	2 649 m
Hochkalter	2 607 m
Hochwanner	2 746 m
Höllentalspitze	2 745 m
Zugspitze	2 962 m

26 Die Zeichen für „größer" und „kleiner" kennst du bereits aus der Grundschule. Sicher weißt du schon, was „324 < 472" oder „526 > 112" bedeutet. Die beiden Zeichen helfen dir manchmal, die Lösung von Aufgaben kürzer aufzuschreiben. Schreibe die Zahlen ab. Bestimmt kannst du das richtige Zeichen einsetzen:
a) 3 469 ■ 3 491 b) 12 591 ■ 10 934 c) 123 496 ■ 98 311

489 < 531
2 378 > 2 159

www.destatis.de

27 Schreibe die Zahlen geordnet nach der Größe und durch < getrennt auf:
a) 457 391, 589, 3 219, 297, 17 621, 3 491, 391, 181 999, 20 015, 34
b) 131 245, 643 197, 56 907, 45 217, 176, 2 900, 34 597, 987 521

28 Die Tabelle enthält die Einwohnerzahlen mehrerer Städte aus Nordrhein-Westfalen und Rheinland-Pfalz.
a) Sortiere die Städte nach der Einwohnerzahl.
b) Sind die exakten Angaben in der Tabelle deiner Meinung nach sinnvoll? Begründe deine Antwort.
c) Erstelle eine Tabelle mit sinnvoll gerundeten Zahlenwerten.
d) Informiere dich über die aktuelle Einwohnerzahl deines Schulortes und sortiere den Ort in der Tabelle ein.
e) Mainz ist etwa doppelt so groß wie Koblenz. Vergleiche Mainz mit Bielefeld, Ludwigshafen und Wuppertal.
f) Wie viele Einwohner hat die größte deutsche Stadt? Vergleiche mit Mainz.
g) Stephan rundet die Einwohnerzahl von Unna auf Tausender und erhält 65 000. Dann sagt er: „Wenn ich jetzt auf Zehntausender runde, hat Unna ungefähr 70 000 Einwohner." Was meinst du?

Stadt	Einwohnerzahl
Bad Kreuznach	43 757
Bielefeld	325 143
Bochum	404 846
Bonn	310 412
Düsseldorf	571 019
Koblenz	106 637
Ludwigshafen	163 574
Mainz	193 955
Unna	64 535
Wuppertal	390 359

Übungen

Stadt	Einwohnerzahl
Iserlohn	100 000
Münster	275 000
Neuss	150 000
Paderborn	134 000

29 Für einige Städte findet man im Internet gerundete Einwohnerzahlen.
a) Schau dir die Tabelle an. Auf welche Stelle wurde wohl gerundet?
b) Zwischen welchen Zahlen kann die Einwohnerzahl von Münster und die von Paderborn liegen, zwischen welchen die von Neuss?

30 *Länge einiger Reptilien*

Lederschildkröte	196 cm
Mississippi-Alligator	584 cm
Leguan	221 cm
Anaconda	964 cm
Kreuzotter	60 cm

a) Wo leben diese Tiere? Schau in dein Lexikon.
b) Runde die Längen so, dass man sie sich leicht merken kann.
Stell' dir im Klassenraum die Länge einer „ausgestreckten" Anaconda vor.

31 In den Zahlenfeldern darf man von A nach E laufen, aber immer nur nach rechts oder nach unten. Die Ziffern, die auf den durchlaufenen Feldern stehen, werden der Reihe nach aufgeschrieben und ergeben eine 6-stellige Zahl.
Suche den Weg, bei dem sich die größte Zahl [die kleinste Zahl] ergibt.

Gleiche Zahl – unterschiedliche Wege

a)

A	4	0	1	9
7	5	6	8	2
3	6	3	4	3
2	7	3	0	E

b)

A	3	4	9	4
2	7	5	8	6
7	6	2	3	1
2	1	0	4	E

c)

A	6	5	3	4
6	4	8	9	2
5	7	9	1	3
3	9	2	7	E

32 Laura und Jan schneiden 5 Papierkärtchen aus und beschriften sie wie im Bild mit den Ziffern 5, 0, 0, 7, 0. Nun wollen sie aus den Kärtchen Zahlen legen.

Systematische Reihenfolge. Die Null kann auch am Anfang stehen

a) Welche Zahlen können sie erhalten? Schreibe alle auf und sortiere sie der Größe nach.
b) Welche Zahlen können sie bilden, wenn sie auf drei der Kärtchen die Ziffer 6 und auf zwei die Ziffer 3 schreiben? Ordne auch diese Zahlen der Größe nach.

33 Dieses Spiel kannst du mit mehreren Mitspielern spielen. Ihr braucht dafür einen Würfel und für jeden Mitspieler ein Blatt mit sechs Kästchen:

Spielregel
Es wird reihum gewürfelt. Wer gewürfelt hat, trägt seine Augenzahl in ein beliebiges seiner Kästchen ein. Nach 6 Runden haben alle Mitspieler in ihren Kästchen eine 6-stellige Zahl stehen. Gewonnen hat der- oder diejenige mit der größten Zahl.

Ihr könnt zum Beispiel so oft spielen, bis der erste Mitspieler dreimal gewonnen hat. Wenn ihr das Spiel verändern wollt, könnt ihr auch vereinbaren, dass der Spieler mit der kleinsten Zahl gewinnt.
Vielleicht soll aber auch der Spieler gewinnen, dessen Zahl am nächsten an 500 000 liegt.

Übungen

Knobelaufgaben

34 Anna, Tobias, Frank, Claudia, Nicole und Maxim machten ein Wettrennen. In welcher Reihenfolge kamen die Kinder ins Ziel?

35 Arthur, Katja, Julia, Florian, Nils und Leila unterhalten sich über ihr Alter.
(1) Katja ist älter als Arthur und Julia.
(2) Leila ist jünger als Katja und Florian.
(3) Nur Florian ist älter als Nils.
Gib die Altersreihenfolge der Kinder an, soweit das möglich ist. Finde eine zusätzliche Angabe, so dass die gesamte Reihenfolge bestimmt werden kann.

Aufgaben

36 Manchmal kann man Zahlen gar nicht genau angeben, z. B. wenn es zu lange dauern würde, alles zu zählen. Dann muss man die Zahlen schätzen. Man erhält einen Näherungswert.
Eine Wissenschaftlerin beobachtet unter einem Mikroskop Bakterien. Sie möchte wissen, wie viele Bakterien es ungefähr sind. Alle Bakterien zählen möchte sie nicht; deshalb verwendet sie ein Zählgitter. Kannst auch du mit dem Zählgitter die Zahl der Bakterien ungefähr bestimmen, und zwar ziemlich schnell?

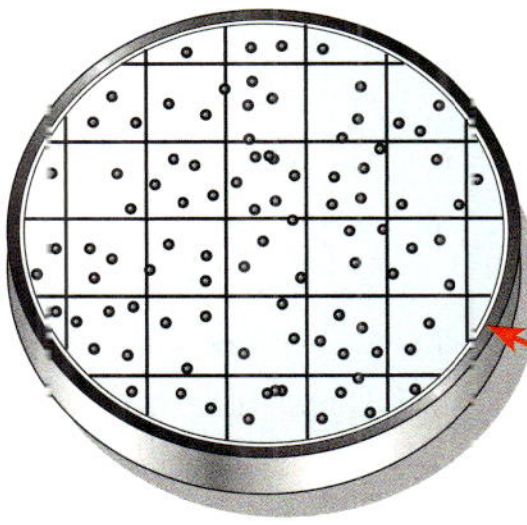

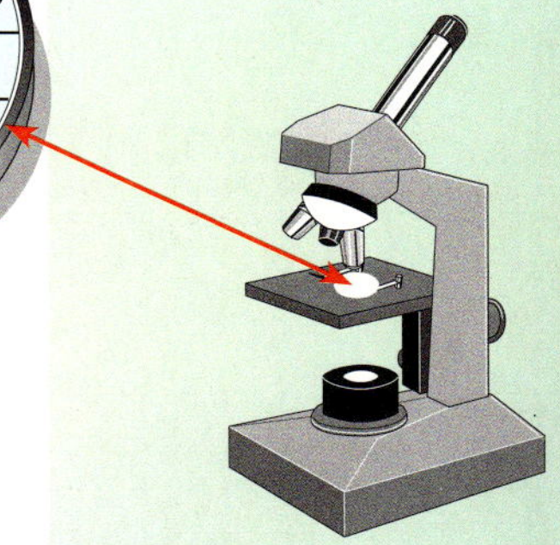

Schätzverfahren

37 Beim Schätzen darfst du nicht einfach nur raten. Du musst dir immer wieder eine gute Methode ausdenken. Bei diesen beiden Bildern kannst du auch ein Zählgitter verwenden. Fertige ein Zählgitter auf Folie an und lege es auf das jeweilige Bild.

Wie viele Bügelperlen liegen auf dem Tisch? Wie viele Bienen sind das?

Aufgaben

38 Wie hoch ist ein Stapel 10 000 Ein-Euro-Münzen?
Ein Zählgitter hilft jetzt nicht. Du kannst aber messen, wie hoch ein Stapel mit 10 Ein-Euro-Münzen ungefähr ist. Dann kannst du rechnen.
Vergleiche das Ergebnis mit deiner Nachbarin oder deinem Nachbarn.
Wie kann es zu unterschiedlichen Ergebnissen kommen?

39 Der Bankräuber Ede hat eine großartige Idee. Bei seinem nächsten Einbruch will er nur Hartgeld mitgehen lassen. Am besten sollen es nur 1-€-Münzen sein. Die kann man dann, so denkt er, ganz unauffällig ausgeben.
Ede hofft, 100 000 € rauben zu können. Vielleicht sind an diesem Wochenende sogar 1 000 000 € in der Bank.
a) Was meinst du, kann Ede in Münzen wegtragen?
b) Wie viel wiegen 1 000 000 € in 10-€-Scheinen [100-€-Scheinen]?

1 € wiegt 7,5 g
10-€-Schein wiegt ca. 0,8 g
100-€-Schein wiegt ca. 1 g

40 *Andere Schätzverfahren*
a) Wie kann man schätzen, wie viele Bohnen in einem Kilogramm Bohnen sind?
b) Hikmet steht mit ihrer Freundin an einem tiefen Brunnen. Wie lange dauert es wohl, bis ein Stein auf den Grund des Brunnens auftrifft? Beide Mädchen haben keine Uhr, dennoch wissen sie sich zu helfen.

41 *Am Flughafen*

Frankfurt, 12. Januar 1998

Neuer Rekord bei der Zahl der Fluggäste in Frankfurt

FAG – Die Zahl der Fluggäste im Jahr 1997 übertraf mit 40 271 919 die Rekordmarke aus dem vergangenen Jahr. Die Zahl der Starts und Landungen betrug 392 121. Der Flughafen Rhein-Main gibt vielen Menschen Arbeit. Es sind dort 57 356 Menschen beschäftigt.

Dagegen ist Köln/Bonn ein recht kleiner Flughafen. Im Jahr 1997 betrug das Passagieraufkommen 5 403 145, man zählte 148 735 Starts und Landungen. Am Flughafen arbeiten 7 516 Personen.
a) Runde die Daten so, dass man sie leicht vergleichen kann.
b) Um das Wievielfache ist die Zahl der Fluggäste (Starts und Landungen, Beschäftigte) in Frankfurt ungefähr größer als in Köln/Bonn? Verwende dabei die gerundeten Zahlen.
c) Die Zeitung hat die Zahl gerundet. Zwischen welchen Zahlen liegt die genaue Zahl?

Genau hingeschaut
4 Millionen Passagiere im Juni in Frankfurt

1.2 Zahlen in Bildern

Was dich erwartet

Kennst du den Spruch: „Ein Bild sagt mehr als 1 000 Worte"? Versuche einmal den Gesichtsausdruck des lachenden Kindes mit Worten zu beschreiben. Merkst du, wie schwer das fällt? Viel besser ist es, einfach das Bild zu zeigen. Sagt ein Bild auch mehr als 1 000 Zahlen? Durchaus, will man z. B. die Spitzengeschwindigkeit verschiedener Tiere vergleichen, dann zeichnet man am besten ein Diagramm. Solche Diagramme kennst du aus dem Fernsehen, aus der Zeitung und aus Zeitschriften. Diagramme muss man nicht nur zeichnen sondern auch lesen können. Das wollen wir jetzt zusammen tun.

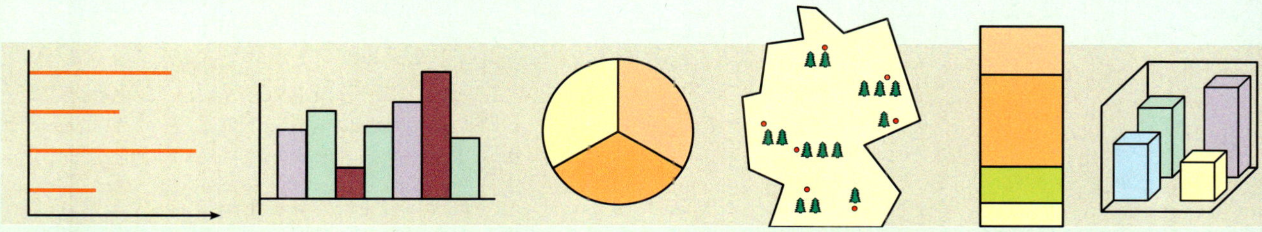

Aufgaben

1 In der Tierwelt gibt es wahre Hochleistungssportler. Für viele Tiere ist Schnelligkeit lebenswichtig. Einige Tiere können sogar längere Zeit sehr schnell laufen oder schwimmen. Pferde, Gazellen, Delfine und Wale sind sehr ausdauernd. Die meisten Tiere sind allerdings keine Marathonläufer, sie sind eher Sprinter.

a) Stell dir vor, du würdest mit einem Elefanten und einem Geparden 100 m um die Wette laufen. Wer wird wohl gewinnen und wer wird Zweiter? Übertrage die Laufstrecke in dein Heft. Zeichne auf der Linie ein, wo sich deiner Meinung nach der Zweite und der Dritte des Wettrennens befindet, wenn der Sieger gerade das Ziel erreicht hat. Verwende die Buchstaben E (Elefant), G (Gepard) und I (ich).

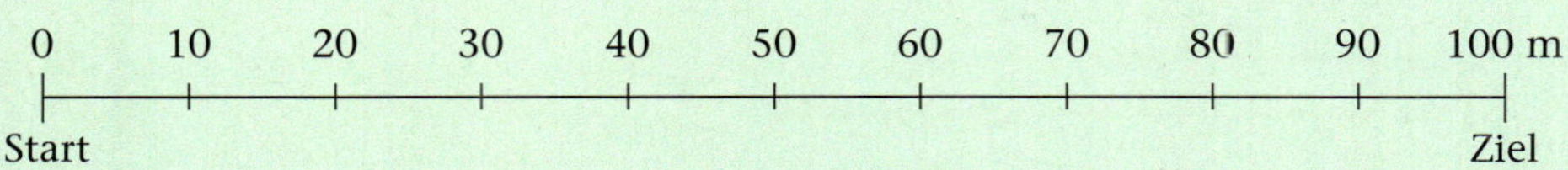

b) Die Höchstgeschwindigkeiten einiger Lebewesen sind in dem Diagramm dargestellt. Übertrage sie in eine Tabelle. Ordne dabei die Lebewesen so an, dass das schnellste an erster Stelle steht, das zweitschnellste an zweiter usw.

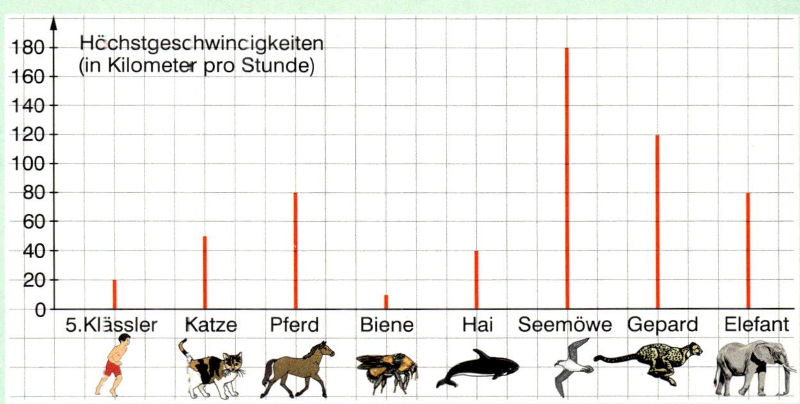

Geschwindigkeitstabelle

	Lebewesen	Geschwindigkeit in Kilometer pro Stunde
1	■	■
2	■	■

Aufgaben

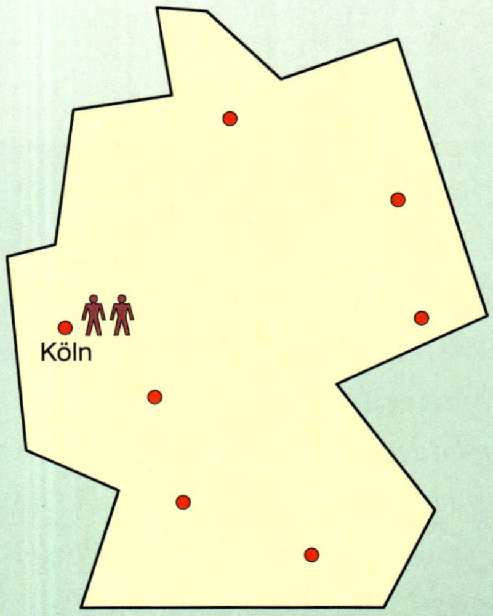

2 Es gibt Grafiken und Diagramme, die man sofort versteht.

a) Was ist links dargestellt?

b) Wofür steht das Zeichen 🚶?

c) Zeichne den vergröberten Umriss der Bundesrepublik ab und trage die sieben Städte ein. Stelle die Einwohnerzahlen durch die entsprechende Anzahl von 🚶 dar.

Berlin	3 500 000
Dresden	602 000
Frankfurt	650 000
Hamburg	1 704 000
München	1 313 000
Köln	1 008 000
Stuttgart	562 000

Basiswissen

Um Zahlen „auf einen Blick" zu zeigen, werden Diagramme verwendet. Aus guten Diagrammen kann man Zahlen sehr schnell ablesen, miteinander vergleichen oder in Beziehung setzen. Häufig werden **Stabdiagramme** verwendet. Manchmal gelingt es, anschauliche Zeichen zu finden, wie z. B. die Strichmännchen für die Bevölkerungszahl. Solche – oft sehr schönen – Diagramme nennt man **Bilddiagramme.**

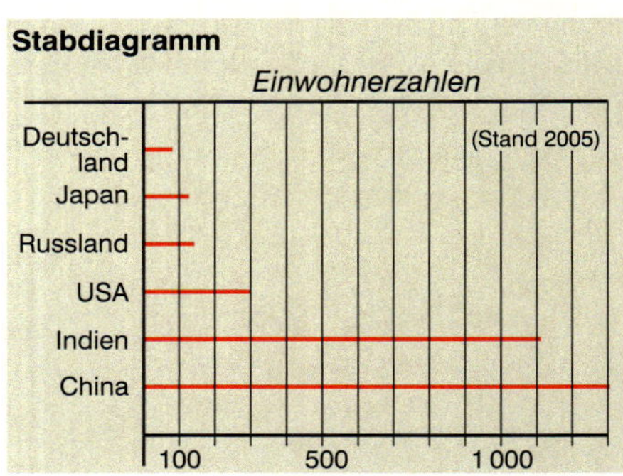

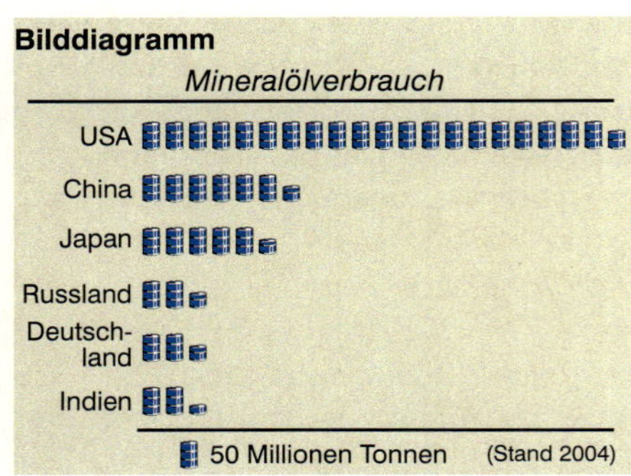

In einem Stabdiagramm entspricht die Länge des Striches der Größe der Zahl. In einem Bilddiagramm stellt die Anzahl oder die Größe des Zeichens die Zahl dar.

Beispiele

A Lesen von Diagrammen: Aus den Diagrammen im Kasten kann man den Ölverbrauch und die Einwohnerzahlen ablesen und in die Tabelle eintragen.

Land	Einwohnerzahl	Ölverbrauch
China	1 300 Mio	330 Mio Tonnen
Indien	1 100 Mio	120 Mio Tonnen
USA	300 Mio	1 050 Mio Tonnen
Russland	150 Mio	130 Mio Tonnen
Japan	130 Mio	270 Mio Tonnen
Deutschland	80 Mio	130 Mio Tonnen

Beispiele

B *Zeichnen von Diagrammen:*
In Monas Klasse haben 9 Kinder eine Katze, 6 Kinder einen Hund, 4 einen Vogel, 3 ein Kaninchen und 4 ein anderes Haustier. Die übrigen 3 Kinder haben kein Haustier.

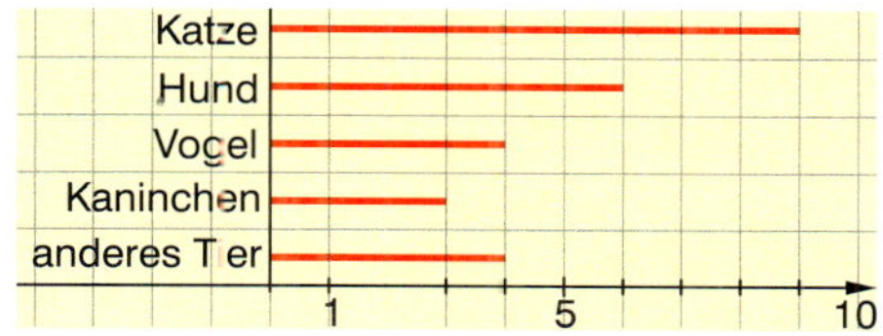

Übungen

3 Befrage deine Mitschüler nach ihren Haustieren und fertige wie in Beispiel B ein Diagramm für deine Klasse an. Jeder kann mehr als ein Haustier nennen.

4 Manche Vögel sind reiselustig. Sie verlassen uns im Herbst und ziehen in den Süden. Einige treten eine Weltreise an, andere verbringen den Winter in Europa.

Star	1 400 km
Storch	10 000 km
Kuckuck	9 000 km
Kranich	6 500 km
Singdrossel	5 000 km
Küstenseeschwalbe	20 000 km

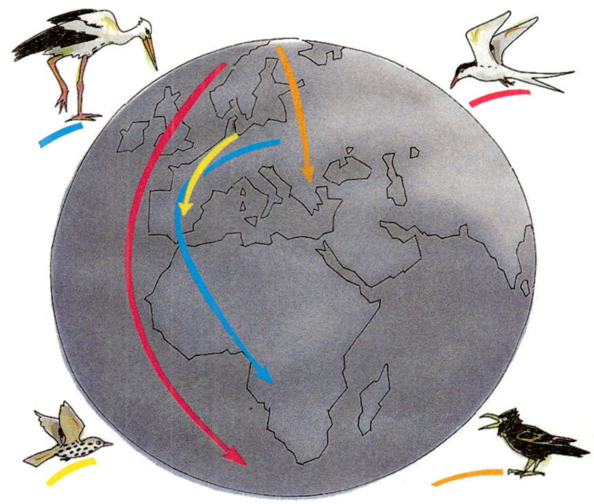

a) Zeichne ein Stabdiagramm der Reisestrecken der Zugvögel.
b) Viele Urlauber fahren im Sommer mit dem Auto nach Süden. Von Köln nach Barcelona (Spanien) sind es etwa 1500 km. Trage auch diese Reise in das Diagramm aus Aufgabenteil a) ein. Kann die „Menschenreise" einen Storch beeindrucken?
c) Natürlich müssen die Zugvögel im Frühjahr die ganze Strecke wieder zurückfliegen. Stelle eine Tabelle auf mit den jährlichen Gesamtflugstrecken.

5 *Das Alter von Haustieren:* Wenn man sich ein Haustier wünscht, dann sollte man auch wissen, wie alt es werden kann. Häufig muss man sich viele Jahre um das Tier kümmern. Wie alt können die Tiere werden? Lies das Diagramm und erstelle die zugehörige Tabelle.

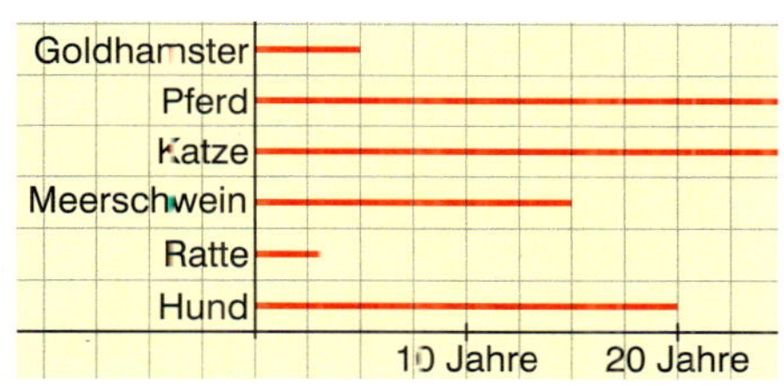

6 Das Alter der Bäume kann man an ihren Jahresringen ablesen. Ein Walnussbaum bringt es auf 400 Jahre, eine Kastanie auf bis zu 700 Jahre. Eine Fichte kann 1 100 Jahre alt werden. Die Linde erreicht bis zu 1 900 Jahre. In den USA gibt es Mammutbäume, die 4 000 Jahre alt werden können.
a) Erstelle ein Stabdiagramm für das Alter der Bäume.
b) Wie könnte ein Bilddiagramm für das Alter von Bäumen aussehen?

7 Hast du schon einmal bemerkt, wie wild das Herz eines Goldhamsters schlägt?
Er hat nicht etwa Angst; sein Herz schlägt auch normalerweise etwa 400-mal pro Minute.
a) Fertige ein Stabdiagramm für die Zahl der Herzschläge pro Minute der Tiere in der Tabelle an. Zähle deinen Pulsschlag pro Minute und trage ihn auch in das Diagramm ein.

Tier	Herzschläge pro Minute
Goldhamster	400
Kaninchen	200
Katze	120
Igel	300
Igel (Winterschlaf)	18
Pferd	40

b) Welches Tier interessiert dich noch? Finde die Zahl der Herzschläge im Lexikon, in einem Biologiebuch oder frage deinen Biologielehrer/deine Biologielehrerin.

Übungen

8 *Lange Flüsse:* Der Amazonas ist ein mächtiger, langer Fluss in Südamerika. In seinem Unterlauf ist er so tief und breit, dass auf ihm große Ozeanschiffe fahren können. Auch in Deutschland gibt es große Flüsse wie z. B. den Rhein, die Donau und die Elbe.

a) Wo liegen die Flüsse? Schaue in deinem Atlas nach.

Nil	6 671 km
Amazonas	6 437 km
Mississippi	6 418 km
Hwangho	4 845 km
Niger	4 162 km
Donau	2 858 km
Rhein	1 320 km
Elbe	1 165 km

Für das Zeichnen eines Stabdiagramms treffe ich folgende Vorbereitungen:
- ➢ Zunächst finde ich die größte Zahl heraus.
- ➢ Nun muss ich überlegen, wie lang die Linie für die größte Zahl werden soll.
- ➢ Schließlich runde ich die Zahlen.

b) Zeichne ein Stabdiagramm für die Längen der Flüsse.
Der längste Fluss ist 6 671 km lang. Nimm daher am besten ein Kästchen für 500 km Flusslänge. Bevor du mit dem Zeichnen anfängst, runde die Längen auf die nächsten 500 km oder 1 000 km.

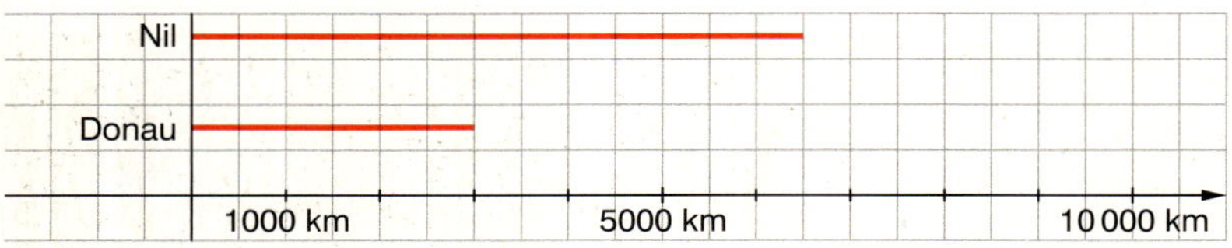

Nil 6 671 km ⟶ 6 500 km gerundet (13 Kästchen)

Donau 2 858 km ⟶ 3 000 km gerundet (■ Kästchen)

c) Die Länge der Flüsse in der Tabelle sind auf den Kilometer genau angegeben. So genau kann man die Längen gar nicht messen. Warum wohl nicht?

d) Suche in deinem Atlas weitere große Flüsse. Schlage deren Länge im Lexikon nach.

Niagara-Fälle, Canada

Die höchsten Wasserfälle

Angell Fall, Venezuela	978 m
Yosemite Fall, USA	739 m
Sutherland Fall, Neuseeland	571 m
Kalambo Fall, Tansania	427 m
Niagara Falls, Canada	58 m
Rheinfall, Deutschland/Schweiz	25 m

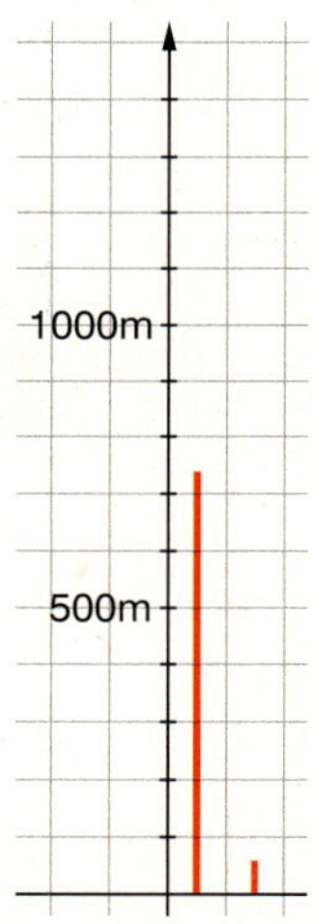

9 Vielleicht habt ihr auch schon staunend vor dem Rheinfall von Schaffhausen an der deutsch-schweizerischen Grenze gestanden. Vielleicht habt ihr sogar schon die Niagarafälle in den USA gesehen. Aber auch die sind klein neben den höchsten Wasserfällen der Welt.

a) Welche Wasserfälle sind in das Stabdiagramm bereits eingetragen?

b) Übertrage das Diagramm in dein Heft und ergänze es. Runde die Höhen zuvor auf „Fünfziger".

c) Trage zum Vergleich die Höhe des Kölner Domes in das Diagramm ein. Der Dom ist 157 m hoch.

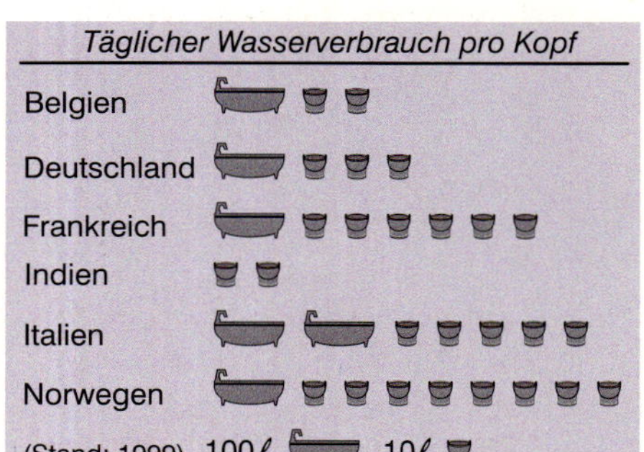

10 Der Wasserverbrauch pro „Kopf" ist in den Ländern verschieden.

a) In welchem Land ist der Wasserverbrauch am geringsten, in welchem am größten?

b) Erstelle eine Zahlentabelle für den Wasserverbrauch in den Ländern.

c) Um wievielmal ist der Wasserverbrauch in Deutschland höher als in Indien?

Übungen

11 Alexander will die „Temperaturkurve“ eines Tages aufzeichnen. Zunächst legt er fest, dass er die Temperatur alle drei Stunden messen will. Für 6 Uhr hat er sich den Wecker gestellt. Seinen Vater hat er gebeten, für ihn noch eine Messung um 24 Uhr durchzuführen.

Uhrzeit	6 Uhr	9 Uhr	12 Uhr	15 Uhr	18 Uhr	21 Uhr	24 Uhr
Temperatur	16 °C	20 °C	23 °C	28 °C	24 °C	20 °C	18 °C

a) Stelle die gemessenen Temperaturen in einem Stabdiagramm dar.
b) Zwischen welcher niedrigsten und welcher höchsten Temperatur schwanken die Werte?
c) Verbinde die Spitzen der Linien mit einem Lineal. Es entsteht die Temperaturkurve eines Tages.
d) Miss selbst die Temperaturen während eines Tages und stelle sie in einem Diagramm dar.

12 In Schulbüchern findest du viele Diagramme. Sieh einmal in dein Biologie- oder in dein Erdkundebuch. Suche dort Stabdiagramme und Bilddiagramme. Schreibe auf, was in den Diagrammen dargestellt ist.

13 Bananen kommen von weit her auf unseren Tisch. Bauern müssen die Bananenpflanzen anbauen und die Bananen ernten. Die Bananen müssen verpackt und nach Deutschland transportiert werden. Der Händler will etwas an den Bananen verdienen und auch der Staat fordert Steuern.
a) Nimm einmal an, 1 kg Bananen kosten 2 €. Was schätzt du, wie viel davon der Bauer (Erzeuger) bekommt?
b) Wie 100 € aufgeteilt werden, die ein Geschäft durch den Verkauf von Bananen einnimmt, kannst du in dem Diagramm ablesen. Der Erzeuger z. B. erhält von den 100 € ungefähr 10 €. Wie viel machen Verpackung, Transport, Lagerung und Steuern aus? Was bleibt für den Händler von diesen 100 € übrig?

14 In einer Zeitschrift war zu lesen, dass von 1 000 Computerchips, die auf der Welt hergestellt werden, 443 aus Nordamerika, 368 aus Japan, 95 aus Europa und 94 aus der restlichen Welt stammen. Erstelle ein Diagramm wie in Aufgabe 13.

Angezeigte Ladendiebstähle	
1987	352 000
1988	354 000
1989	376 000
1990	458 000
1991	502 000
1992	603 000
1993	671 000
1994	614 000
1995	656 000
1996	678 000

15 *Tatort Kaufhaus:*
In Deutschland wird gestohlen wie noch nie. Übertrage das Diagramm in dein Heft und ergänze es.

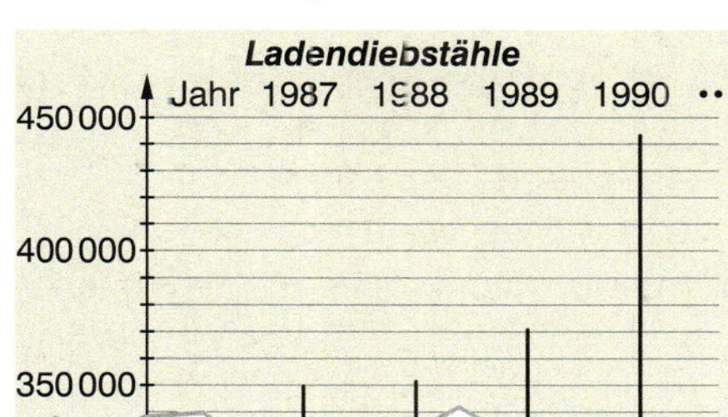

Aufgaben

16 *Stängel-Blatt-Diagramm*

In einer Basketballmannschaft kamen während einer Saison insgesamt 16 Spieler zum Einsatz. In der Tabelle findest du die höchste Punktzahl, die jeder dieser Spieler in einem Spiel erzielt hat.
Der Trainer möchte die Daten so darstellen, dass er schnell die höchste und die kleinste Punktzahl ablesen kann. Zudem möchte er sehen, welche Punktzahlen häufig vorkamen.

Name	Punkte
Alex	5
Aynur	9
Daniel	20
Hauke	14
Jan	18
Kim	31
Max	6
Michael	50
Nadim	18
Nils	11

Name	Punkte
Pascal	25
Robert	32
Stefan	10
Sven	46
Till	17
Tobias	21

a) Welches war das beste [viertbeste] Wurfergebnis?
b) Gibt es einen Spieler, der nie mehr als 4 Punkte erzielt hat?
c) In welchem Zehnerbereich liegen die meisten der Punktzahlen?

Stängel-Blatt-Diagramm

Wir stellen die Daten in einem Stängel-Blatt-Diagramm dar.

Wir benutzen in unserem Diagramm die Zehner als „Stängel" . Dann fügen wir „Blätter" hinzu, in die wir die Einer schreiben. In dem Diagramm sind bereits Michaels und Alex' Ergebnisse eingetragen.

5	0
4	
3	
2	
1	
0	5

Das vollständige Stängel-Blatt-Diagramm
Es gibt drei Ergebnisse bei den Zwanzigern: 20, 25, 21. Das notieren wir so:
2 | 0 1 5

Die Zahlen sind in jedem Blatt der Größe nach geordnet. Im „Zehner-Blatt" sind die Zahlen 10, 11, 14, 17, 18, 18

Stängel	Blätter
5	0
4	6
3	1 2
2	0 1 5
1	0 1 4 7 8 8
0	5 6 9

17 Auf der Hauptstraße in Schnelldorf führt die Polizei eine Geschwindigkeitskontrolle durch. Gerade wurde für ein Auto 53 km pro Stunde gemessen; das folgende war 48 Kilometer pro Stunde schnell. Wachtmeisterin Radt notiert alle gemessenen Geschwindigkeiten. Dann überträgt sie die Daten in ein Diagramm. Kannst du das Diagramm „lesen"?

9	0
8	
7	3 5
6	2 7 9 9
5	0 1 1 2 2 3 3 5 8 9
4	1 5 8 8 9 9
3	0 5 7 8
2	1

a) Wo findest du 53 und 48 in dem Diagramm?
b) Was war die niedrigste [die höchste] gemessene Geschwindigkeit?
c) Auf der Hauptstraße ist die erlaubte Höchstgeschwindigkeit 50 km pro Stunde. Wie viele Fahrzeuge fuhren zu schnell? Schreibe alle Geschwindigkeiten auf; ergänze dazu die folgende Zahlenreihe: 51, 51, 52, …
d) In welchem Geschwindigkeitsbereich lagen die meisten Fahrzeuge?

Aufgaben

18 Zeichne ein „Stängel-Blatt-Diagramm“ für die Wurfweiten, die in Annas Klasse erzielt wurden. Wurfweiten in Meter: 15, 17, 25, 27, 29, 30, 32, 32, 34, 35, 35, 38, 39, 40, 40, 41, 41, 45, 47, 47, 48, 50, 51, 52, 55, 55, 56, 61

19 *Fußball:* Am Ende der Bundesligasaison haben die Mannschaften die folgenden Anzahlen von Toren geschossen: 86, 81, 58, 65, 56, 52, 69, 47, 55, 33, 46, 40, 39, 43, 42, 51, 40, 36

a) Zeichne ein Stängel-Blatt-Diagramm für die Tore.
b) Eileens Lieblingsmannschaft hat 42 Tore geschossen. Ist das „torgefährlich“? Begründe deine Antwort an dem Diagramm.
c) Wie liegt deine Lieblingsmannschaft in der aktuellen Bundesligasaison? Zeichne dazu ein Stängel-Blatt-Diagramm für den derzeitigen Punktestand in der Bundesliga.

20 *Klassenprofil – Interessantes und Merkwürdiges aus unserer Klasse*

Projekt

In unserer Klasse können wir spannende Experimente ausführen, die Ergebnisse tabellieren und in passenden Diagrammen übersichtlich darstellen.

Stängel	Blätter
21	
20	
19	
18	2
17	
16	

„Wer holt die Dose vom Schrank?“
Wir untersuchen, wie hoch jeder in unserer Klasse mit einer Hand reichen kann. Dabei darf man sich natürlich auf die Zehenspitzen stellen. Gemessen wird von der Fingerspitze bis zum Boden, und zwar in Zentimetern. Rebecca kann 182 cm hoch greifen.
Führt die Messung für jeden in eurer Klasse durch und schreibt alle Höhen auf. Fertigt mit den gemessenen Höhen ein geeignetes Diagramm (z.B. Stängel-Blatt-Diagramm) an. Wo liegst du mit deinen Ergebnissen?

Denkt euch weitere Experimente aus. Überlegt euch dabei möglichst genau den Versuchsablauf, die Messmethode und die Darstellung der Ergebnisse in Tabelle und geeigneten Diagrammen. Hier noch einige Anregungen:

„Jump and reach“
Wie hoch kann jeder aus dem Stand springen?

„Schnelle Kopfrechner“
10 Kopfrechenaufgaben werden verdeckt an die Tafel geschrieben. Die Tafel wird aufgeklappt, die Rechenzeit läuft.

„Reaktionszeiten“
Experiment in Partnerarbeit mit wechselnden Rollen. Einer hält ein 30-cm-Lineal direkt über die geöffnete Hand seines Partners und lässt es plötzlich los. Der Partner greift so schnell wie möglich zu. Die „gefallenen“ Zentimeter sind ein gutes Maß für die Reaktionszeit.

Die verschiedenen Diagramme lassen sich zu einem „Klassenprofil“ zusammenstellen und mit den anderen Klassen vergleichen.

Projekt

Diagramme und Tabellenkalkulation

Diagramme könnt ihr sehr einfach mit dem Computer erstellen. Ihr benötigt dafür eine Tabellenkalkulation, z. B. das Programm „Excel“.

Beispiel

Anja hat ihre Mitschüler befragt: 17 Schüler fahren mit dem Bus zur Schule, 8 kommen mit dem Fahrrad und 5 Mitschüler gehen zu Fuß.

Auch mit dem Computer werden die Daten zunächst in eine Tabelle geschrieben, das kennt ihr ja schon.

	A	B
1	*Verkehrsmittel*	*Schülerzahl*
2	Bus	17
3	zu Fuß	5
4	Fahrrad	8

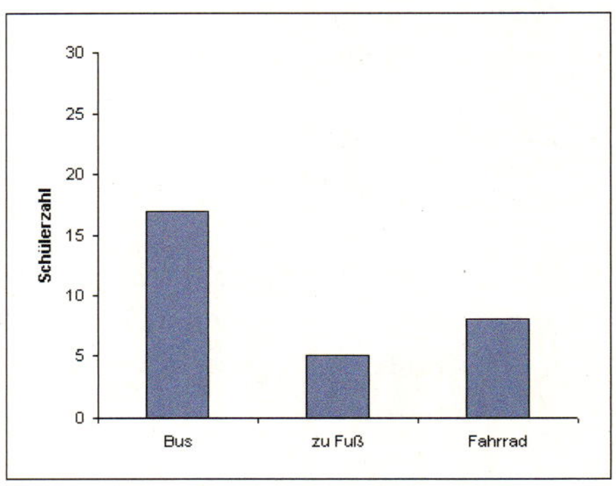

Das Stabdiagramm (manchmal auch Säulendiagramm genannt) erstellt der Computer dann fast von allein, der Diagramm-Assistent hilft euch dabei.

Planung

Welches Programm steht euch zur Verfügung?
- Welche Tabellenkalkulation ist im Computerraum eurer Schule vorhanden?
- Wer hat einen Computer mit Tabellenkalkulation zu Hause?

Wie funktioniert das Programm?
- Wer hat schon einmal mit einer Tabellenkalkulation gearbeitet?
- Vielleicht kann ein Mitschüler euch ein Beispiel vorführen.

Welche Daten wollt ihr in Diagrammen darstellen?
- Sammelt Daten, z. B. aus der Zeitung oder dem Internet …
- Führt eine Umfrage durch: In eurer Klasse, in der Parallelklasse …

Keine Ideen? Sammelt z. B. Informationen über …
- die Zahl der Haustiere in eurer Klasse,
- höchste Berggipfel, längste Flüsse, größte Stauseen, …
- Pannenstatistiken, Fußballtore, …
- die Häufigkeit der einzelnen Noten bei der letzten Mathearbeit.

Ausführung

Versucht zunächst Anjas Diagramm zu erzeugen.
Stellt danach eure eigenen Daten dar.

Wählt einen anderen Typ für eure Diagramme:

Erstellt Säulendiagramme, Balkendiagramme, Kreisdiagramme …

Diskutiert in der Gruppe:
- Welcher Diagrammtyp gefällt euch besonders gut? Warum?
- Welches Diagramm stellt eure Daten besonders gut dar?

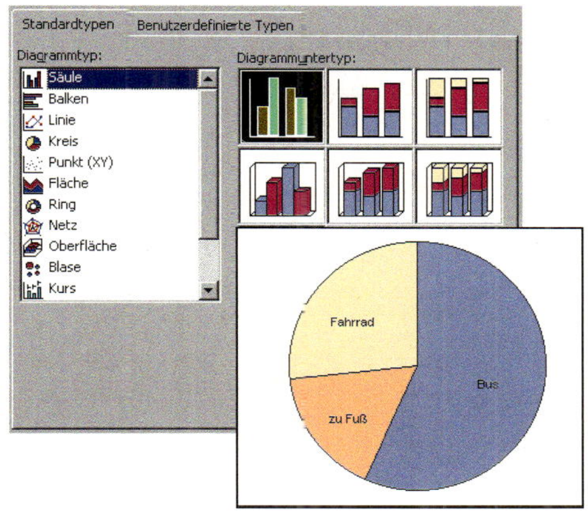

Arbeitsaufträge
www.destatis.de

Die Bevölkerung in Deutschland
Besorgt euch aus dem Internet folgende Daten:
- Einwohnerzahlen der 16 Bundesländer
- Einwohnerzahl je 1 km^2 in den jeweiligen Bundesländern.

Stellt diese Daten in geeigneten Diagrammen dar.
Was fällt euch auf? Vergleicht mit der Größe der Länder.

Klimadiagramme

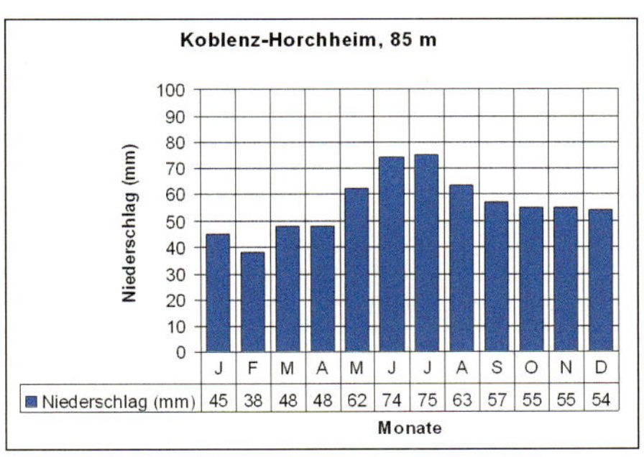

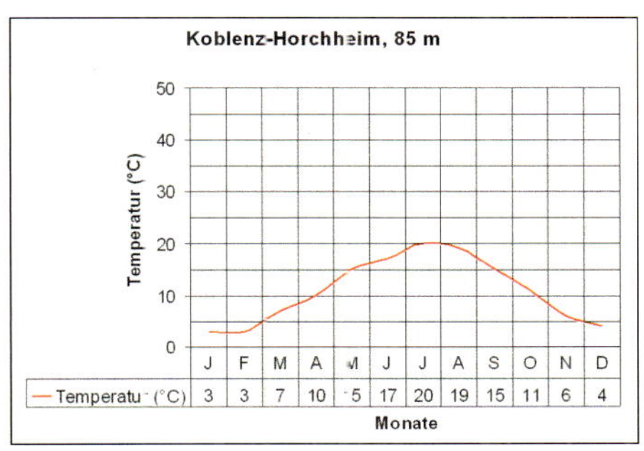

Solche Klimadiagramme kennt ihr bestimmt aus dem Erdkundeunterricht.

- Was wird in den beiden Diagrammen dargestellt?
- Woher kommen die Daten?
- Warum wurden für Temperatur und Niederschlag zwei verschiedene Diagrammtypen gewählt?

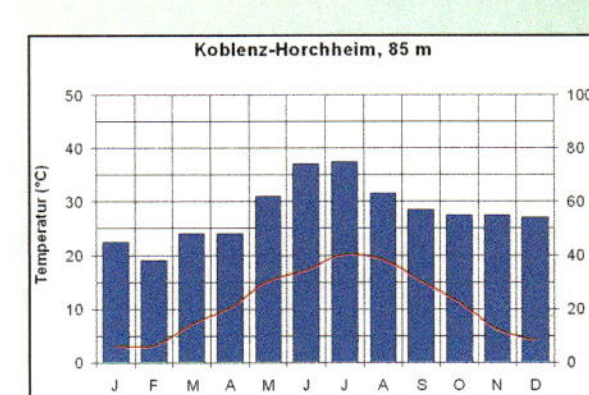

In Erdkundebüchern findet man meist nur ein einziges Diagramm!

21 Erstellt entsprechende Klimadiagramme für Pirmasens:

Pirmasens		J	F	M	A	M	J	J	A	S	O	N	D
49°12′ N / 7°36′ O	°C	1	1	5	7	12	15	17	16	13	9	4	2
280 m ü. NN	mm	75	68	69	57	79	80	71	60	70	85	54	98

1.3 Negative Zahlen beschreiben Situationen und Vorgänge

Was dich erwartet

Negative Zahlen oder „Minuszahlen" kennst du bereits von der Temperaturskala, z.B. – 5° Celsius. Auch im Bankwesen verwendet man sie, wenn ein Konto überzogen wurde. Bei welchen Vorgängen sind negative Zahlen außerdem nützlich? Gibt es noch mehr Situationen, in denen negative Zahlen in der Mathematik ins Spiel kommen? Dazu jetzt mehr.

Aufgaben

1 *Auf Schatzsuche mit der Sea Wolf*
Bei einer Tauchfahrt in einem Unterwasserlabyrinth muss man genau navigieren, damit das Boot nicht an den Felswänden beschädigt wird. Auf dem Tauchplan siehst du die verschiedenen Phasen der Tauchfahrt.
a) Was geben die Zahlen an den Pfeilen jeweils an?
b) Überprüfe anhand der Karte, ob du auch mit folgenden Tauchfahrten zum Schatz kommst:

(0 | – 3)	(4 | – 3)	(– 3 | – 5)	(– 4 | 1)
(3 | 0)	(0 | – 9)	(– 2 | – 3)	(– 4 | 2)

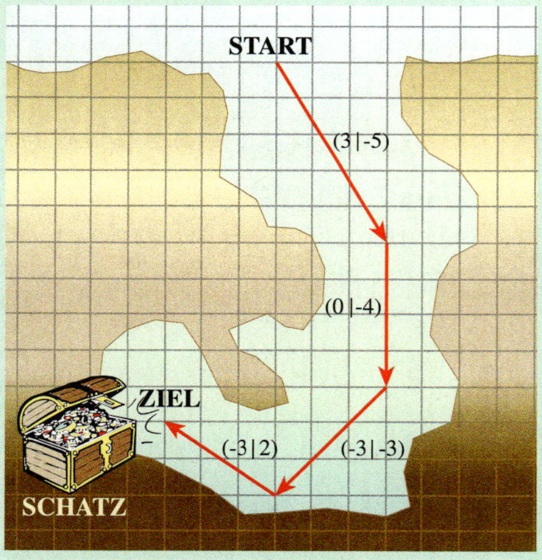

Finde anschließend eine weitere Tauchroute, die das Boot zum Schatz führt.
c) Max zählt an der Karte ab: „Die Zielposition des Bootes liegt 3 Einheiten links vom Startpunkt, 10 Einheiten unterhalb vom Startpunkt."
Cindy: „Das kann ich auch aus den Zahlen an den Pfeilen ermitteln."
d) Zeichne selbst ein Labyrinth auf kariertes Papier und finde einen Weg hindurch.

2 *Geballte Informationen*

Betrachte eine Weile Familie Schüssels Bankauszug.

a) Wo haben sich hier negative Zahlen versteckt? Beschreibe, wie sie gekennzeichnet sind.

b) Wie viel Euro hatte Familie Schüssel, wie viel hat sie insgesamt ausgegeben, wie viel Geld kam in dieser Zeit dazu?

c) Wie könnte man Ausgaben und Einnahmen noch anders kenntlich machen? Schau auf einem Kontoauszug nach.

Sparkasse Oberbrömmel

Kontoinhaber: Ursula / Hans Schüssel — Konto: 4711007

Aktuelle Umsätze

Saldo vom 27.02.2001 967,00 H — Neuer Saldo: ? ? ?

Datum	Verwendungszweck	Wert	Betrag
27.02.	GEIER GmbH & CO.KG	28.02.	834,50 S
28.02.	Lohnüberweisung Personalnummer 12345678	01.03.	1672,30 H
02.03.	EC-Automat OB Am alten Bahnhof 15.26	01.03.	200,00 S
02.03.	TANTE GERTI (für die Kinder)	03.03.	40,00 H
02.03.	WOHNPARADIES Rechnungsnummer 77456 VIELEN DANK ! !	03.03.	499,00 S

L & P / 0299

3 *Der Clown im Koordinatenkreuz*

a) Übertrage das Koordinatenkreuz mit dem halben Clowngesicht in dein Heft. Beschrifte anschließend alle Punkte mit den zugehörigen Koordinaten. Für das Auge ist es schon vorgemacht.

b) Ergänze nun dein Punktemuster zu einem vollständigen Clowngesicht. Gib zu jedem Punkt die Koordinaten an.

c) Vergleiche die Koordinaten des linken und des rechten Auges, des linken und des rechten Mundwinkels. Was fällt dir auf?

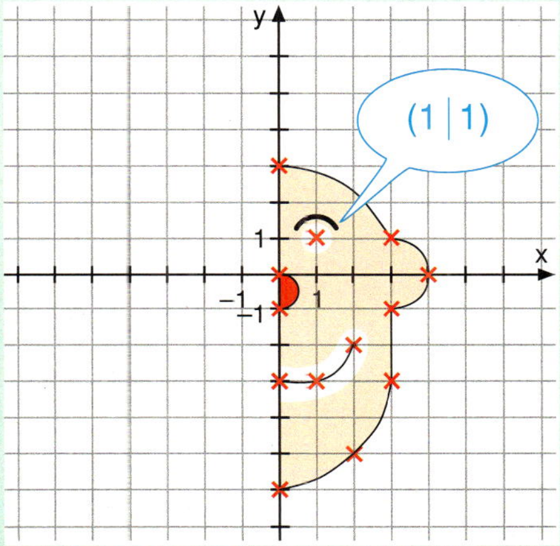

Negative Zahlen in den Naturwissenschaften

Dass tiefe Temperaturen durch negative Zahlen ausgedrückt werden können, ist für dich nichts Neues. Die Temperaturskala muss man aber nicht wie die negativen Zahlen beliebig weit unter Null fortsetzen. Es gibt eine tiefste Temperatur, an die sich Wissenschaftler mit aufwendigen Apparaturen immer weiter „herantasten", mit einem einfachen Kühlschrank ist es da nicht getan. Diese Temperatur, auch „absoluter Nullpunkt" genannt, beträgt – 273,15 °C. Für ein Experiment, bei dem diese Temperatur fast erreicht wurde, erhielten 1996 drei amerikanische Wissenschaftler den Nobelpreis für Physik.
Wie du von der Batterie her weißt, wird auch in der Elektrizitätslehre der Gegensatz negativ – positiv benutzt. Du hast sicher schon gesehen, dass eine Batterie einen + und einen – Pol besitzt. Es gibt auch negative und positive Ladung. So ist ein Körper elektrisch neutral, wenn sich in ihm ebenso viele positive wie negative Ladung befindet.

Basiswissen

Ob auf dem Kontoauszug, in Statistiken oder auf dem Thermometer, in vielen Situationen erweisen sich negative Zahlen als sehr nützlich.

Negative Zahlen findest du als Beschreibung von **Zuständen** und von **Veränderungen** …

… auf *Skalen* und *Anzeigen:*

Temperatur: – 12 °C

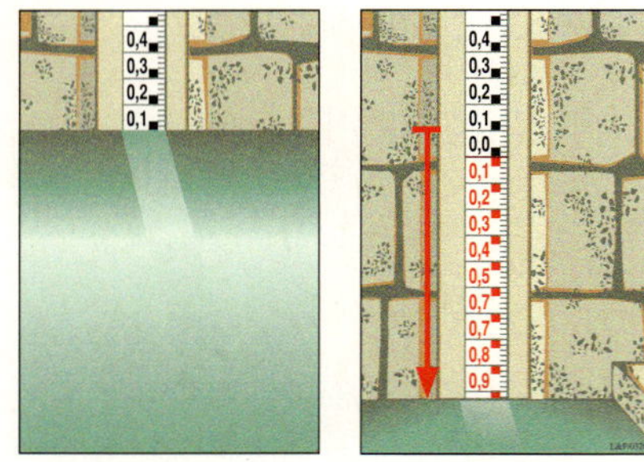

Wasserstandsänderung: – 1 m

… auf *Kontoauszügen:*

Buchungstag/Wert/Vorgang		Soll	Haben
	Alter Kontostand EUR		252,75
03.10. 04.10. Möbelhaus Johann		355,00	
	Neuer Kontostand EUR	102,25	

Alter Kontostand: 252,75 €
Neuer Kontostand: – 102,25 €

Kontostandsänderung: –355,00 €

… bei *graphischen Darstellungen:*

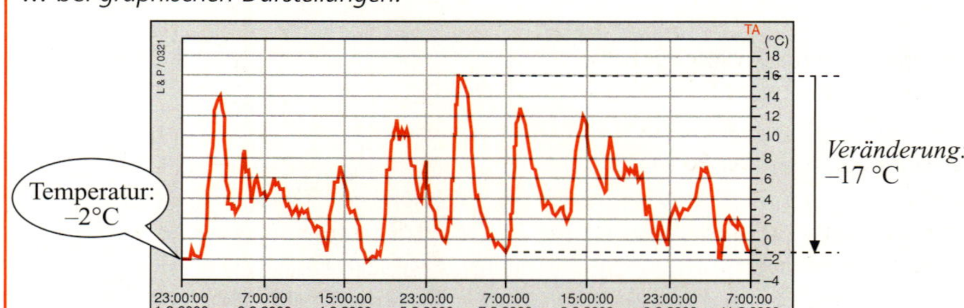

… bei *Koordinaten:*

Bei den Koordinaten ist es wie im Alphabet: Zuerst kommt **x**, dann **y**.

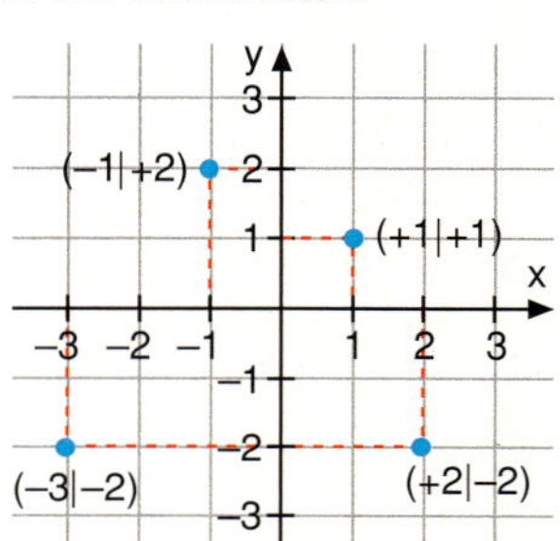

… bei *Verschiebepfeilen:*

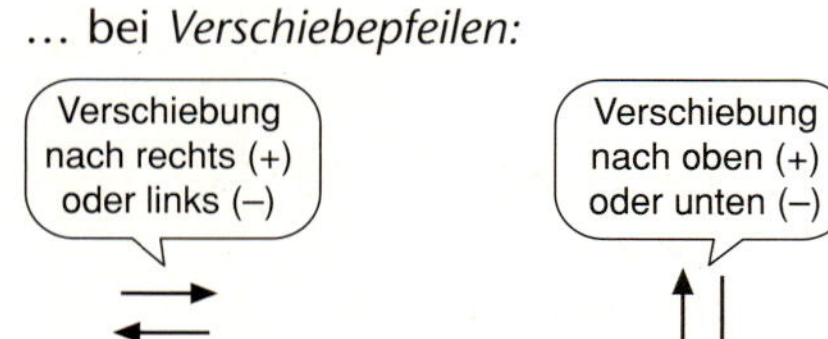

Verschiebungspfeil: *(3 | – 4)*

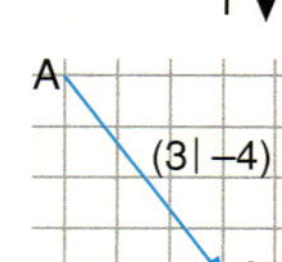

Beispiele

A Auf dem Girokonto sind noch 705 € Guthaben. Wie lautet der Kontostand nach folgenden Buchungen?

Datum	Verwendungszweck	Wert	Betrag
25.02.	Telefonrechnung 121276	26.02.	82,00 S
27.02.	Autoreparatur Meisterbetrieb	28.02.	823,00 S

Alter Kontostand: 705 €
Neuer Kontostand: – 200 €

Abbuchungen: 905,00 €

B Erstelle aus dem folgenden Schaubild eine Wertetabelle für die Temperaturen vom 5. bis zum 10. Januar. Zwischen welchen Tagen fiel das Thermometer am stärksten, wie groß war diese Temperaturänderung?

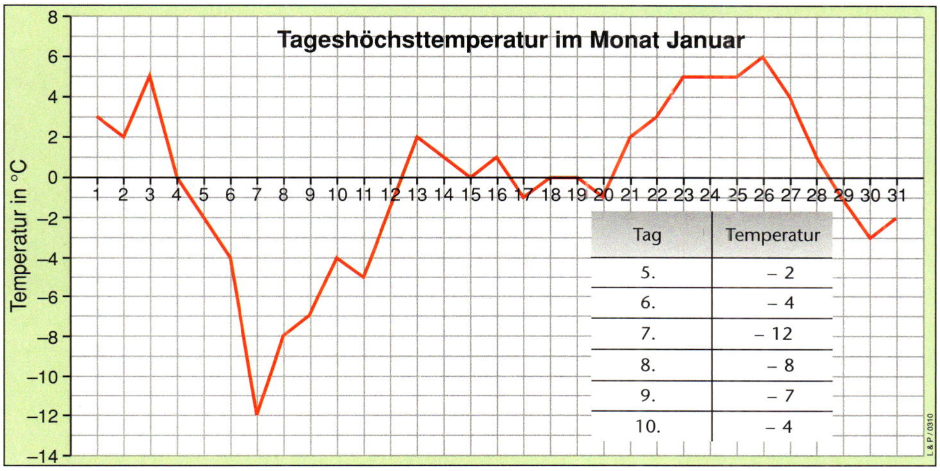

Tag	Temperatur
5.	– 2
6.	– 4
7.	– 12
8.	– 8
9.	– 7
10.	– 4

Das Thermometer fiel am stärksten vom 6. zum 7. Januar.
Die Temperaturänderung betrug – 8 °C.

C a) Trage die folgenden Punkte in das Koordinatenkreuz ein.
A (2 | – 3) B (3 | – 1) C (– 4 | – 3) D (– 3 | 2)
b) Lies die Koordinaten der Punkte E, F und G ab.
Die Punkte E, F und G haben die Koordinaten.
E (– 5 | 4) F (– 6 | – 2) G (5 | – 3)

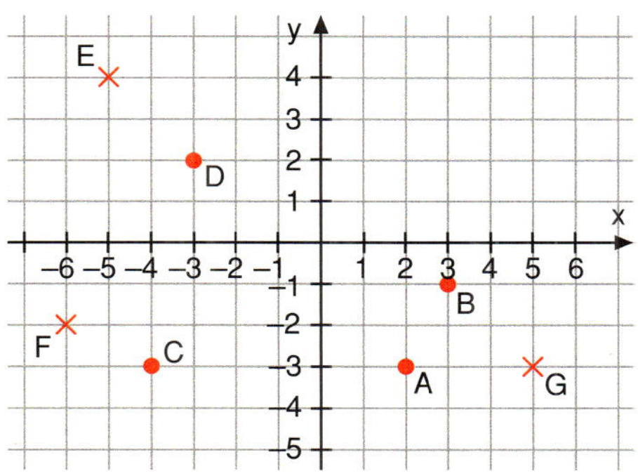

Übungen

4 Celine nimmt einen Film auf. Die Abbildungen zeigen das Display des Videorecorders vor und nach der Aufnahme. Wie lang war der Film? Überschlage zuerst.

5 Ein U-Boot befindet sich auf Tauchfahrt in 275 m Tiefe. Das Sehrohr des Bootes kann 6,5 m ausgefahren werden. Wie viel Meter muss das U-Boot aufsteigen, damit das Sehrohr 2 m über die Wasseroberfläche hinausragt?

4 Die richtige Lösung ist dabei:
2 h 13 min 12 s
1 h 8 min 45 s
1 h 57 min 15 s
58 min 55 s

Übungen

Wie viel Meter ein Ort über dem Meeresspiegel liegt (ü. NN) oder wie weit unter dem Meeresspiegel (u. NN), sagt dir die geographische Höhe. Frag deinen Erdkundelehrer, was NN bedeutet.

6 *Warum heißen die Niederlande so?*
Die Karte rechts gibt da einen Hinweis.
a) Zeichne eine senkrechte Skala und trage die holländischen Städte mit ihrer Höhe ein. Tipp: Überlege dir zuerst einen geschickten Maßstab.
b) Welche Lage ü. NN hat dein Wohnort? Gib den Höhenunterschied zu Rotterdam an.

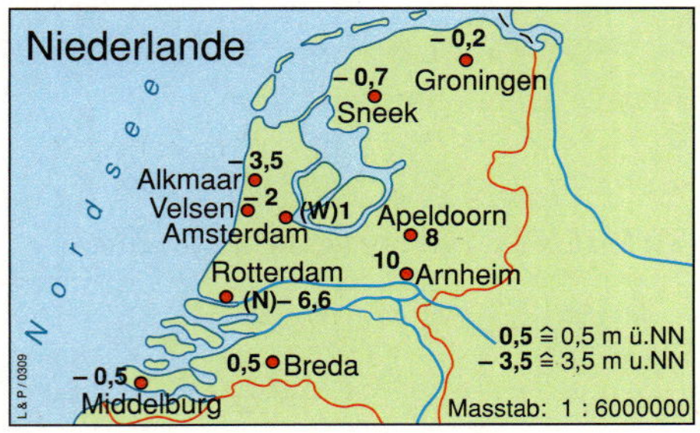

7 *Hoch hinauf und tief hinab*
a) Die Wasseroberfläche des Toten Meeres liegt 393 m unter dem Meeresspiegel, die tiefste Stelle 749 m unter dem Meeresspiegel. Wie tief ist dort das Tote Meer?
b) Der Titicaca-See im Hochland der Anden liegt 3 812 m über dem Meeresspiegel. Wie groß ist der Höhenunterschied zwischen Titicaca-See und Totem Meer?

8 Der amerikanische Tiefseeforscher Robert D. Ballard entdeckte 1985 das Wrack der 1912 gesunkenen Titanic in 3890 m Tiefe. 1989 fand er das Wrack der Bismarck, die 1941 gesunken war, in einer Tiefe von 4 800 m.

a) Wie viel Meter liegt die Bismarck tiefer als die Titanic?
b) Wie viele Eiffel-Türme (Höhe 321 m) müsste man mindestens übereinander stapeln, um von der Titanic (der Bismarck) wieder zur Meeresoberfläche zu gelangen? Wie weit würde der oberste Turm aus dem Meer ragen?

9 a) Finde einen geschickten Maßstab für eine senkrechte Skala, auf der du die Gipfelhöhen und Meerestiefen aus der Tabelle eintragen kannst. Tipp: Runde für das Einzeichnen auf 100 m.
b) Bestimme alle Höhenunterschiede.

Mount Everest	8,848 km
Mont Blanc	4 810 m
Zugspitze	2,963 km
Puerto-Rico-Graben	– 9219 m
Kurillengraben	– 10,542 km
Marianengraben	– 11 023 m

10 Am 22. Januar 1943 stieg die Temperatur in Spearfish (Süd Dakota, USA) innerhalb von 2 Minuten von – 20 °C auf 7 °C. Im Ort Tummel Bridge (Schottland) kletterte das Thermometer am 9. Mai 1978 von – 7 °C auf 22 °C. Stelle die Temperaturanstiege auf einer geeigneten Skala dar: Um wie viel Grad Celsius stieg jeweils die Temperatur? Vergleiche.

11 *Astronomische Temperaturen*
In der Tabelle kannst du sehen, wie ungemütlich es auf anderen Himmelskörpern sein kann.

Himmelskörper	Höchsttemperatur	Tiefsttemperatur
Erde	+ 67 °C	– 92 °C
Mond	+ 124 °C	– 160 °C
Merkur	+ 490 °C	– 190 °C
Mars	+ 29 °C	– 137 °C

a) Trage auf einer senkrechten Skala (1 cm ≙ 50 °C) die Temperaturen ein. Runde falls nötig.
b) Um wie viel °C unterscheiden sich jeweils Höchst- und Tiefsttemperatur? Welche Spanne ist am größten, welche am kleinsten?
c) Wie unterscheiden sich die Tiefsttemperaturen der Himmelskörper? Lege eine Rangliste an, beginne mit dem kältesten.

12 Der Graph zeigt den Temperaturverlauf eines Tages in Peking.
a) Erstelle eine Tabelle mit Uhrzeit und Temperatur. Gib jeweils von Zeile zu Zeile die Temperaturveränderung an.

Uhrzeit	Temperatur
12.00	9 °C
13.00	10 °C
■	■

+ 1 °C

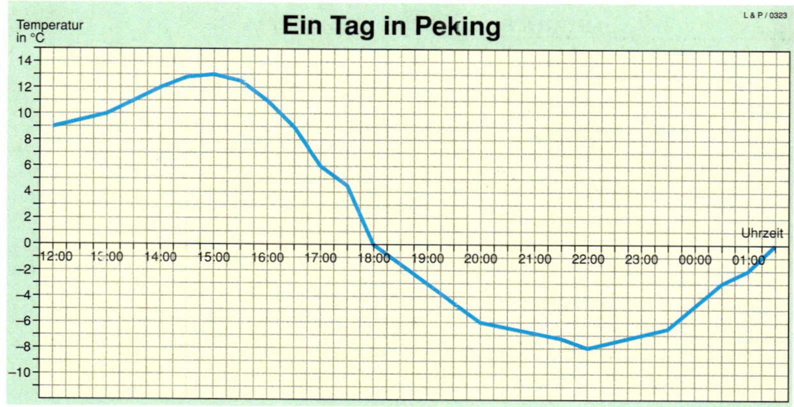

b) In welcher Stunde gab es den größten Temperaturanstieg, wann den stärksten Rückgang?

13 *Sieben-Fünf-Drei, Rom schlüpft aus dem Ei*
So kannst du dir merken, wann Rom (der Sage nach) gegründet wurde, nämlich 753 v. Chr.
a) In welchem Jahr konnte Rom den 1 000. (2 000.) Geburtstag feiern?
b) Wie alt wirst du sein, wenn Rom die 2 800-Jahr-Feier der Stadtgründung begeht?
c) Die Hauptstadt Armeniens, Eriwan, feierte 1968 ihren 2750. Geburtstag. Wann wurde sie gegründet? Wann feierte sie wohl 1 000-jähriges Bestehen?

Frage deinen Geschichtslehrer: Gab es das Jahr 0?

14 In der Karte siehst du, in welche Zeitzonen die Welt eingeteilt ist.
a) Herr Sumo lebt in Tokio und geht um 22 Uhr zu Bett. Welche Zeit zeigen die Uhren dann in New York an?
b) Mrs. Smith fliegt um 14.00 Uhr von London nach Mexico-City. Der Flug dauert genau 11 $\frac{1}{2}$ Stunden. Zu welcher Ortszeit landet sie in Mexico-City?
c) Sollte man aus Peking um 21.00 Uhr Ortszeit in Deutschland anrufen?

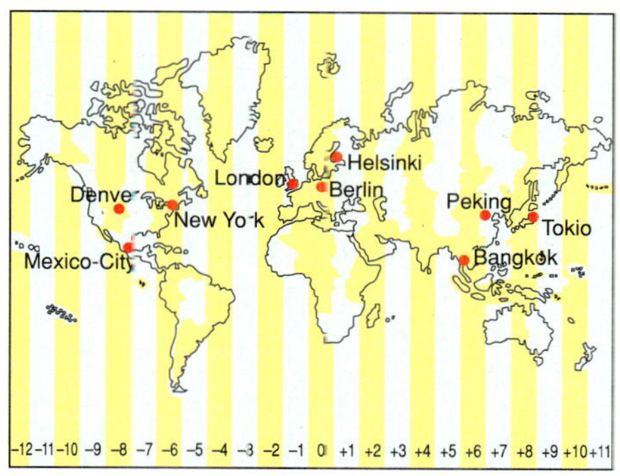

Stelle selbst ein Rätsel, z. B. mit einer Zeitverschiebung zwischen Denver und Berlin.

15 Entscheide durch Zeichnen im Koordinatenkreuz, ob
a) die Punkte A (– 1 | – 3), B (– 0,5 | – 1), C (0 | 1), D (0,5 | 2) auf einer Geraden liegen.
b) die Punkte E (– 5 | 2), F (– 3 | 2), G (2 | 2), H (– 0,5 | 2) auf einer Geraden liegen.
c) die Punkte L (– 3 | 3), M (– 1 | 1), N (– 3 | – 1), P (– 5 | 1) die Eckpunkte eines Quadrates sind.

Geometrische Probleme

16 *Ein Muster im Koordinatenkreuz*
Vera hat im Koordinatenkreuz eine eckige Schnecke entworfen. „Bei (0 | 0) habe ich begonnen, dann kam ich zum Punkt (0 | – 1), von dort ging es dann mit (1 | –1) weiter …" Übertrage das Koordinatenkreuz samt Muster in dein Heft und führe die Schnecke weiter. Gib die Koordinaten der Eckpunkte an, die du für die Fortsetzung der Schnecke benötigst. Kannst du die Koordinaten der nächsten fünf Eckpunkte angeben, bevor du sie zeichnest?

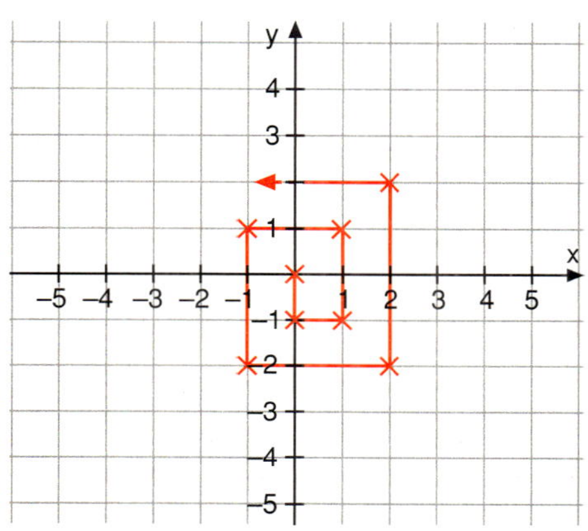

Aufgaben

17 *Pfeilrennen*

Projekt

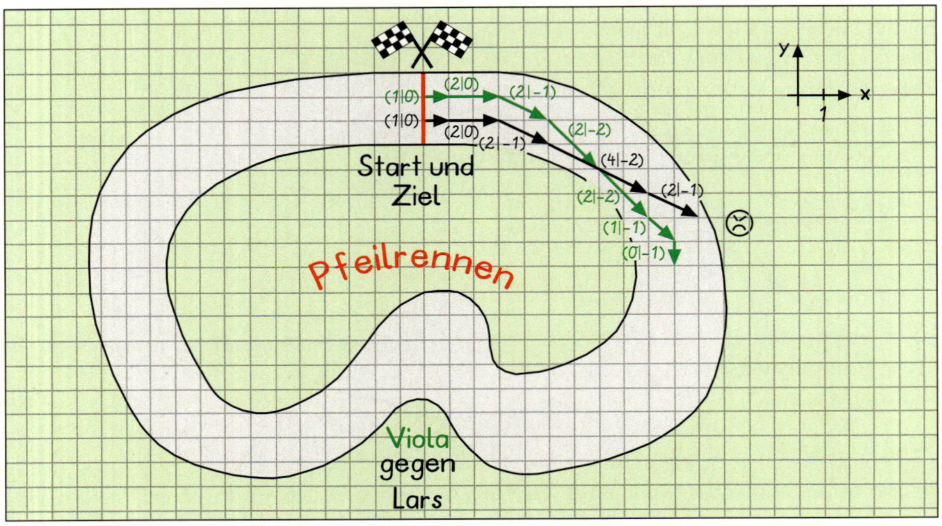

Benötigtes Material: 1 DIN-A4-Blatt (kariert), Stifte, Lineal

Bau der Rennstrecke: Legt mit Bleistift den Verlauf der Rennstrecke fest. Achtet zunächst darauf, dass die Strecke nicht zu kurvenreich oder zu eng ist. Die Fahrbahn sollte mindestens 2,5 cm breit sein. Für die ersten Versuche reicht ein einfacher Rundkurs aus. Die Start- und Ziellinie liegt auf dem oberen Teil des Rennkurses, der im Uhrzeigersinn umfahren wird.

Ziel des Spiels: Wer als erster eine Runde auf der Rennbahn schafft, ohne von der Rennstrecke abzukommen, hat gewonnen. Wie in einem richtigen Rennen kommt es darauf an, an den richtigen Stellen zu beschleunigen, zu bremsen oder zu lenken.

Regeln des Spiels

Regel 1:
Begonnen wird mit dem **Pfeil (1 | 0)** nebeneinander an der Start-Ziel-Linie. Der oder die jüngere beginnt.

Regel 2:
In einem Spielzug darfst du **höchstens eine Aktion** durchführen. Du kannst
- **deinen Wagen lenken**, in dem du **eine Pfeilkoordinate** um **eine Einheit** verkleinerst oder vergrößerst.
- **deinen Wagen beschleunigen**, in dem du **beide Koordinaten** deines Pfeils **verdoppelst**.
- deinen Wagen **abbremsen**, in dem du **beide Koordinaten** deines Pfeils **halbierst**.
- den Pfeil beibehalten.

Regel 3:
Wenn der Pfeil eines Spielers über die Begrenzung der Strecke hinausgeht, so startet dieser wieder mit dem **Pfeil (1 | 0)** an der Startlinie.

Hier siehst du Beispiele:

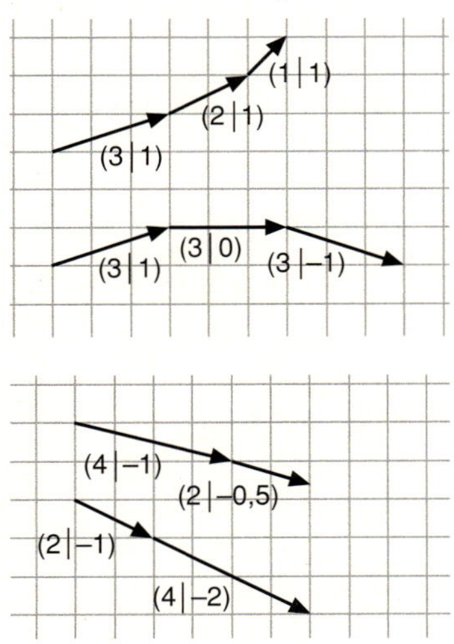

Linkskurve

Rechtskurve

Bremsen

Beschleunigen

CHECK-UP

Zahlen

1 Rheinland-Pfalz und angrenzende Bundesländer im Vergleich.

	Fläche in km²	Einwohnerzahl
Rheinland-Pfalz	19 853	4 058 682
Nordrhein-Westfalen	34 083	18 079 686
Saarland	2 569	1 061 376
Hessen	21 115	6 089 423
Baden-Württemberg	35 742	10 692 556

a) Lies alle Zahlen laut.
b) Runde die Flächen auf Tausender und die Einwohnerzahlen auf Millionen. Erstell eine Tabelle mit den gerundeten Daten.
c) Zeichne zu den Flächen und den Einwohnerzahlen je ein Stabdiagramm.

2 *Noch einmal etwas zum Lesen und Staunen*
Entfernungen im Weltall (in Kilometern):
a) kürzeste Entfernung Erde–Sonne: einhundertsiebenundvierzig Millionen neunzig Tausend
b) größte Entfernung Erde–Pluto: 7 Milliarden fünfhundertvierundzwanzig Millionen neunhundert Tausend
Schreibe die Angaben mit Ziffern.

3
a) Lies die Zahlen zuerst laut vor. Runde dann auf Tausender.
13 567   27 195   356 023   1 789 627   19 823   12 390
b) Runde auf Zehner.
1 286   2 397   888   209   904   1 096   5 604   16 006

4 Zeichne ein Stabdiagramm für die Körpertemperaturen der folgenden Tiere. Wähle 2 mm für 1 °C.

Tier	Temperatur	Tier	Temperatur
Fledermaus	31 °C	Haselmaus	30 °C
Ziege	40 °C	Schimpanse	37 °C
Spitzmaus	42 °C	Igel (wach)	35 °C
Katze	39 °C	Igel (Winterschlaf)	6 °C

5 *Ach du dickes Ei:* Das Eigewicht bestimmter Vogelarten ist in dem Diagramm dargestellt.
a) Um was für ein Diagramm handelt es sich?
b) Sortiere die Vogelarten nach dem zugehörigen Eigewicht.
c) Warum ist das Straußenei mit 1 500 g Gewicht nicht im Diagramm dargestellt?

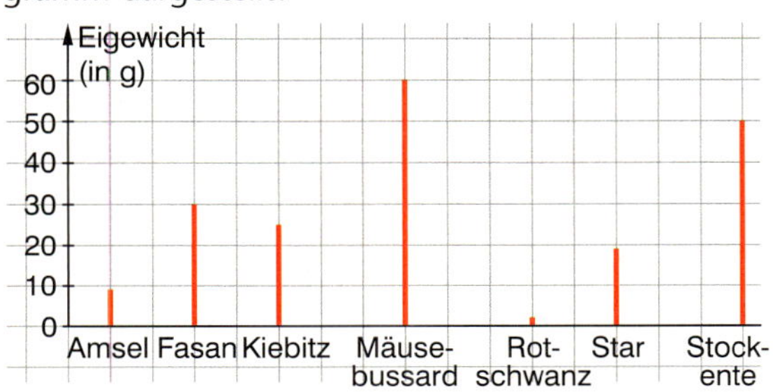

Zahlen

Mit Zahlen kann man informieren.

Große Zahlen kann man sich nicht gut merken und nicht gut vorstellen.

Daher werden Zahlen **gerundet** und durch Vergleiche veranschaulicht.

Informiert man mit vielen Zahlen, dann werden sie oft in **Diagrammen** dargestellt. Diagramme muss man also **lesen**, aber auch **selbst erstellen** können.

Runden

- Man muss zunächst angeben, auf welche Ziffer gerundet werden soll.
- Ist die nachfolgende Ziffer 0, 1, 2, 3, 4, dann wird **abgerundet**, ist diese Ziffer 5, 6, 7, 8, oder 9, dann wird **aufgerundet**.

Beispiel:
Ende des Jahres 2003 betrug die Einwohnerzahl von Mainz 185 532.

Runden auf Zehntausender:

185 532 ≈ 190 000

Diagramme

Stabdiagramm

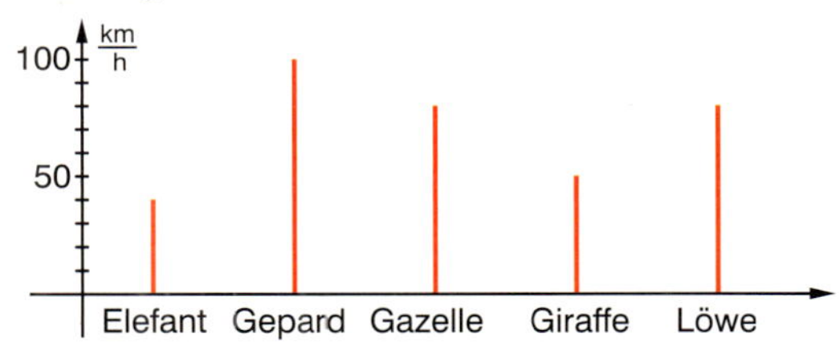

Bilddiagramm

CHECK-UP

Ein besonderes Diagramm
Blatt-Stängel-Diagramm

Taschengeld (€)

5	0 1
4	0 0 1 5 8
3	0 0 0 5 5 5 6 8
2	5 5 8 8
1	5 8 8

Die letzte Zeile steht für 15 €, 18 €, 18 €

Was kann man ablesen?

z. B.
- den größten Wert
- den kleinsten Wert
- besonders viele Werte bei 30 €

Negative Zahlen

Wo kommen negative Zahlen vor?

Bei der Beschreibung von Zuständen:
- Bank — Kontostand
- Temperaturmessung
- Höhe — gegenüber dem Meeresspiegel

Bei der Beschreibung von Änderungen:
- Abnahme des Wasserstandes
- Abbuchung von einem Konto

Was drücken negative Zahlen aus?

- negativer Kontostand:
  Man hat mehr Geld von einem Konto abgehoben, als man besitzt.
- negative Temperatur:
  Die Temperatur liegt unter dem Gefrierpunkt.
- negative Höhe:
  Man befindet sich unter dem Meeresspiegel.
- Wasserstandsänderung negativ:
  Wasserstand ist gefallen

6 *Ein Kuckucksei im Nest:* Der junge Kuckuck nutzt seine Pflegeeltern aus.

Tag / Gewicht	1. Tag	5. Tag	7. Tag	10. Tag	12.Tag	14. Tag
Pflegeeltern	30 g	29 g	27 g	25 g	23 g	20 g
Kuckuck	2,5 g	18 g	25 g	36 g	50 g	70 g

a) Zeichne ein Stabdiagramm in dein Heft, auf dem man die Gewichtsveränderungen erkennt.
Tipp: Achte auf die Zahl der Tage.
b) Um wie viel Gramm hat der Kuckuck in 14 Tagen zugelegt, wie viel Gramm haben die Eltern verloren?

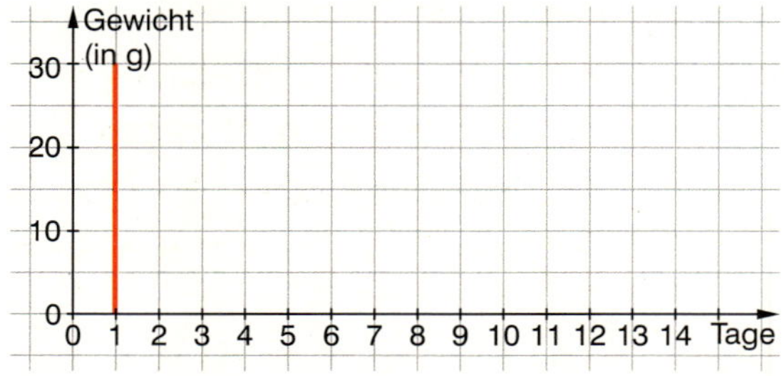

7 Zeichne ein Stängel-Blatt-Diagramm zu den Laufzeiten der Starter bei einem 10-km-Straßenlauf

Zeiten (Minuten)
52 34 45 63 72
42 47 32 50 62
44 52 43 46 51
51 66 65 60 58

8

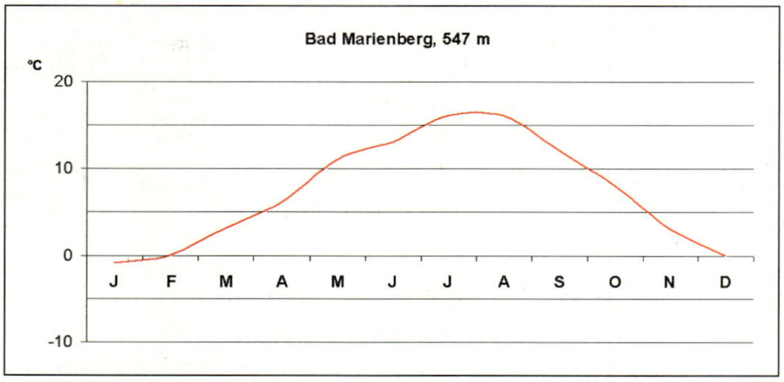

a) Welcher Monat ist der kälteste, welcher der wärmste
b) Vergleiche die Temperaturen im Januar und im Oktober
c) Nenne die Monate angeordnet vom kältesten zum wärmsten
d) Um wie viel höher ist die Temperatur im Juli im Vergleich zum Oktober (im April zum Oktober, im Oktober zum März)?

2 Größen

2.1 Längen – Was sind Größen?

Was dich erwartet

Die Zahlen sind meist nicht allein. Überall haben sich weitere Angaben zu ihnen gesellt, die du oft erst dann bemerkst, wenn sie – wie in den folgenden Beispielen – fehlen. „Der Wetterbericht meldet angenehme 23 …", „bis zum Bäcker sind es 5 …". Was sind Größen? Wie kann man Größen messen? Wie rechnet man mit Größen? Zu alledem erfährst du nun mehr.

Aufgaben

1 *Von Ellen und Füßen*

Vor mehr als 5 000 Jahren herrschte der Pharao als Gottkönig über das Volk von Ägypten. Er stellte auch seine eigenen Körperabmessungen zur Verfügung, um den Handel und das Messen von Entfernungen zu regeln.

a) Betrachte das Bild. Welche Körpermaße verwendeten die Ägypter zum Messen?
b) Schätze die entsprechenden Längen deiner Körpermaße und überprüfe deine Schätzung durch Nachmessen.
c) Mit zwei Kreidestrichen könnt ihr die Länge eurer eigenen Elle an der Tafel auftragen. Gebt eure Ellenlänge in cm an und erstellt eine Klassenrangliste.

d) Auch Schneider und Kaufleute benutzten früher oft ihre eigenen Körpermaße. Stellt euch vor, jede(r) aus eurer Klasse wird Tuchhändler und verkauft eine Elle Stoff zum Festpreis von 10 €. Wer macht das beste Geschäft?
e) Außer der Elle wurden früher noch andere Längenmaße benutzt. Das Klafter siehst du links.
Überprüfe mit einer Schnur, einem Zollstock oder einem Maßband, ob die Umrechnungen aus der Abbildung in etwa auch auf deine Körperabmessungen zutreffen. Lege dazu folgende Tabelle in deinem Heft an:

Längenmaße	1 Fuß	1 Elle	2 Fuß	1 Klafter	4 Ellen
in cm	?	?	?	?	?

Aufgaben

2 *Das Lineal ist unbestechlich:* Für diesen Auftrag brauchst du ein unliniertes Blatt, einen Bleistift und ein wenig Münzgeld.

a) Versuche ohne Lineal Strecken von 3 cm Länge und von 10 cm Länge zu zeichnen. Überprüfe deine Zeichnung mit dem Lineal.
b) Schätze den Durchmesser (d) der verschiedenen Geldmünzen und schreibe sie in einer Tabelle auf. Miss den Durchmesser der Münzen und vergleiche mit dem Schätzwert. Wie groß waren deine Fehler?

Münze	Durchmesser		Fehler
	Schätzwert	Messwerte	
2 Euro			
1 Euro			
50 Cent			
20 Cent			
10 Cent			
5 Cent			
2 Cent			
1 Cent			

3 Bei Vögeln nennt man den Abstand von Flügelspitze zu Flügelspitze *Spannweite.* Ordne die Spannweiten der Größe nach und lege im Heft eine Rangliste an. Lege ohne zu messen mit einer Schnur die Spannweiten aus. Miss anschließend nach.

Vogel	Kolibri	Uhu	Albatros	Buntspecht	Blaumeise
Spannweite	75 mm	170 cm	3,2 m	48 cm	200 mm

Woher stammt das Meter?

1795, vor mehr als 200 Jahren, wurde das Meter als der vierzigmillionste Teil des Erdumfangs festgelegt. Denkst du dir ein Band um den Äquator gelegt, so hätte dies die unglaubliche Länge von 40 000 000 Meter.

Im Jahr 1889 entschied man sich, ein Urmeter herzustellen, das als Vorbild oder Urahn aller Lineale und Zollstöcke der Welt dienen sollte. Das Urmeter wird auch heute noch in Paris aufbewahrt. Auf dem Bild siehst du eine Kopie des Urmeters, die sich im Deutschen Museum in München befindet. Wollte man überprüfen, ob ein Metermaß richtig misst, so könnte man nach Paris fahren und ihn mit dem Urmeter vergleichen. Doch was wäre geschehen, wenn das Urmeter durch ein Unglück zerstört worden wäre?

Mit dem Fortschritt der Physik entschloss man sich 1983 zu einer neuen Festlegung. Dafür benutzten Wissenschaftler die genauesten Uhren der Welt, so genannte Atomuhren, und starke Lichtquellen, die man Laser nennt. Die Festlegung ist sehr genau, aber für den alltäglichen Gebrauch viel zu schwierig. Hüte dich davor sie auswendig zu lernen!
Sie lautet: *Das Meter ist die Länge der Strecke, die das Licht im luftleeren Raum im 299 792 458ten Teil einer Sekunde zurücklegt.*

Basiswissen

Auf den Schildern siehst du Entfernungsangaben. Wie jede Größe sind sie aus *Maßzahl* und *Maßeinheit* zusammengesetzt. Es werden je nach Bedarf verschiedene Maßeinheiten benutzt. Oder würdest du die Größe einer Biene in Meter oder die Entfernung zur Schule in Zentimeter angeben?

400 m
Maßzahl ↗ ↖ Maßeinheit

Übersicht über die Einheiten der Länge

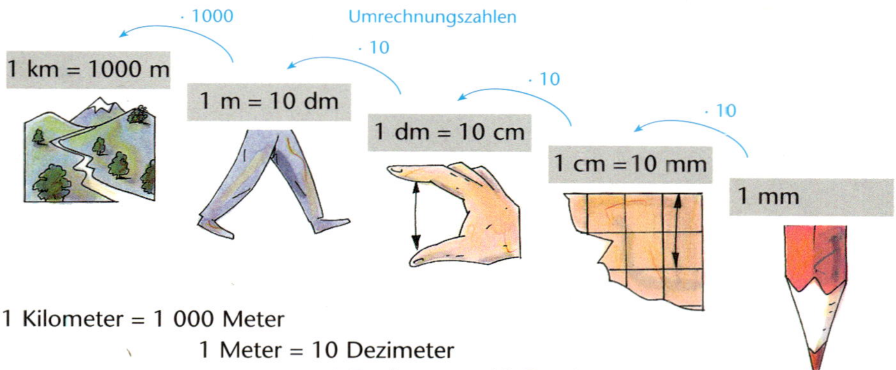

1 Kilometer = 1 000 Meter
1 Meter = 10 Dezimeter
1 Dezimeter = 10 Zentimeter
1 Zentimeter = 10 Millimeter

Mit den Umrechnungszahlen kann man jede Länge in verschiedenen Einheiten ausdrücken.

Vorsilben
Kilo – tausend
Dezi – ein Zehntel
Zenti – ein Hundertstel
Milli – ein Tausendstel

Beispiele

A Verwandle mit den Umrechnungszahlen in andere Maßeinheiten:

(· 1000, · 10, · 10, · 10)

3 km = 3 000 m = 30 000 dm = 300 000 cm = 3 000 000 mm

(: 10, : 10, : 1000)

4 200 000 cm = 420 000 dm = 42 000 m = 42 km

B Lars liest in einem Jugendlexikon: „In Afrika gibt es 5 mm große Ameisen, die riesige Bauten errichten. Der höchste Bau, den Forscher fanden, war 6 306 mm hoch."

Einheitentafel

km	m H	m Z	m E	dm	cm	mm
						5
			6	3	0	6

Um sich die große Zahl besser vorstellen zu können, rechnet Lars die Höhe in eine andere Maßeinheit um. Dazu benutzt er eine **Einheitentafel.**
Der Ameisenbau war 6 m, 3 dm und 6 mm hoch. In der Komma-Schreibweise sind das 6,306 m.

C Die Längenangaben sollen in Meter umgewandelt werden (Einheitentafel).

157 cm = 1,57 m
13 dm = 1,3 m
48 mm = 0,048 m
3,5 km = 3 500 m

km	m H	m Z	m E	dm	cm	mm
			1	5	7	
			1	3		
			0	0	4	8
3	5	0	0			

Übungen

4 Gib mithilfe der Umwandlungszahlen alle Längen in Dezimetern (dm), Zentimetern (cm) und Millimetern (mm) an.

30 cm	450 mm	7,5 dm	85 mm	2,5 cm	122 cm	20 dm

5 Wandle in die nächstkleinere Einheit um. Verwende eine Einheitentafel.

a) 6,2 cm   13,59 m   3,8 km   26,3 dm   37,6 cm   1,47 m
b) 6,89 dm   234,75 m   11,01 m   19,09 m   4,58 m   10,01 m

6 Wandle die Längenangaben so um, dass sinnvolle Angaben entstehen. Runde falls nötig. Können die Angaben stimmen?

Mein Schulweg ist 32 178 800 cm lang!

Ich fahre jeden Morgen mit dem Bus 156 320 dm!

Mein Zimmer ist 4 524 mm lang!

7 Wandle in die angegebene Einheit um.

a) 1 km 200 m → m   3 km 21 m → m   4,8 km → m   64,32 km → m
b) 157 cm → mm   27,3 m → dm   0,29 m → cm   103,4 cm → mm

8 Wie heißt das Lösungswort? ■■■■■■

8 Steht das Gleichheitszeichen zu Recht? Falls ja, wähle den blauen Buchstaben, falls nein, den roten. Mit der Einheitentabelle fällt dir die Entscheidung leichter. Verbessere, wenn nötig.

a) 4,3 km = 4 km 30 m	R	L
b) 3 m 13 mm = 301,3 cm	O	A
c) 12,5 dm = 1 250 mm	N	P
d) 7 km 500 dm = 7,05 km	D	F
e) 3 dm 1 mm = 3,1 cm	U	O
f) 10 km 80 m = 10,80 km	D	N

9 In der Tabelle sind Ergebnisse von vier Disziplinen aus 100 Jahren Olympiade aufgelistet. Es fehlen Maßeinheiten und Kommas.

Disziplin	Athen 1896	Seoul 1988	Atlanta 1996
Weitsprung	635	872	850
Hochsprung	181	238	239
Dreisprung	1 371	1 762	1 809
Kugelstoßen	1 122	2 247	2 162

a) Übertrage die Tabelle in dein Heft und ergänze Maßeinheiten und Kommas.
b) Berechne die Unterschiede zwischen den Ergebnissen von 1896 und 1988.
c) Berechne die Unterschiede zwischen den Ergebnissen von Seoul und Atlanta.

10 Die Maßzahl der Lösung besteht aus lauter gleichen Ziffern.

10 Schneckentagebuch. Welche Strecke legte die Schnecke in der Woche zurück?

Mo	Di	Mi	Do	Fr	Sa	So
394 cm	140 dm	2 000 mm	400 cm	6,1 m	33 dm	111 dm

11 *Messen rund ums Fahrrad*
Lege eine Tabelle an und schätze die Abmessungen deines Fahrrads. (Gib alle Angaben in mm und cm an.) Überprüfe deine Schätzungen anschließend mit einem Zollstock.

a) Gesamtlänge des Fahrrads
b) Durchmesser der Räder
c) Breite des Lenkers
d) Sitzhöhe

Raddurchmesser werden in Zoll angegeben. Schaue auf deinem Reifen nach. 28 Zoll sind z. B. 71 cm Raddurchmesser.

Übungen

12 *Echt tierisch:* Die Tabelle enthält Angaben über verschiedene Lebewesen.

Tier	Größe	Sprunghöhe
Floh	1 mm	300fache Körperlänge
Heuschrecke	30 mm	15fache Körperlänge
Frosch	70 mm	7fache Körperlänge
Mensch	1,80 m	1fache Körperlänge

a) Berechne, wie hoch die einzelnen Lebewesen springen. Gib die Lösung in Metern (m) und Zentimetern (cm) an.
b) Könnte der Mensch auf den Eiffelturm springen, wenn er so sprungkräftig wie ein Floh wäre?

Höhe (mit Antenne) 321 m

13 In einem Ameisenhaufen im Wald leben ungefähr 600 000 Ameisen. Das sind ebenso viele wie Düsseldorf Einwohner hat. Die Waldameisen sind ungefähr 20 mm lang. Wie lang wäre eine Ameisenstraße, auf der alle Ameisen eines Ameisenhaufens hintereinander laufen? Rate zunächst (10 m, 100 m, 1 km, 10 km).
Errechne anschließend einen genaueren Schätzwert.

14 Ein 1,80 m langes Brett soll in 9 gleich lange Stücke zerschnitten werden. Wie lang ist jedes Stück? Wie viele Schnitte sind nötig?

15 Auf einer Rolle sind 32,5 m Klebeband. Mit dem Klebeband sollen Pappkartons zugeklebt werden. Für eine Kiste braucht man für Deckel und Boden jeweils 65 cm lange Klebestreifen. Wie viele Kisten kann man mit der Rolle zukleben?

15
Die Lösung ist dabei:
64 22 25
34 78

16 Gemüse in Scheiben: Onkel Theo, der Hobbykoch, hat sich eine neue Küchenreibe gekauft. „Je nach Einstellung kann ich 2 mm (A), 3 mm (B) oder 5 mm (C) dicke Gemüsescheiben hobeln“, erzählt er.
Wie viele Scheiben kann Onkel Theo mit der Einstellung A, B oder C aus dem gekauften Gemüse erhalten?
Onkel Theo ist beim Beantworten dieser Frage fast verhungert.

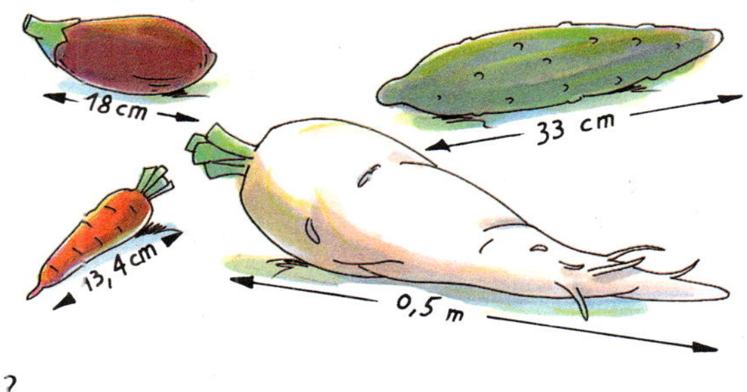

17 Dein Haar wächst jeden Monat 1 Kilometer! Kann das sein?
a) Du hast ungefähr 100 000 Kopfhaare. Jedes Haar wächst pro Monat etwa 10 mm.
b) Zupfe dir ein Haar aus und miss es. Wie lange hat es gedauert, bis es so lang war?

18 *Längenrekorde im Tierreich*

Tier	Blauwal	Zwergspitzmaus	afrikanischer Elefant	Goldhamster	Grizzly-Bär
Länge	33 m	66 mm	7,5 m	19,8 cm	300 cm

a) Zeichne für Blauwal, Elefant und Bär ein Stabdiagramm zum Vergleich der Längen.
b) Ein Blauwal ist 500-mal so lang wie eine Spitzmaus. Vergleiche auch die Längen von Blauwal und Grizzly-Bär sowie Goldhamster und Zwergspitzmaus.

Aufgaben

19 *Maßstäbe bringen Flugzeuge ins Buch.* Auf der folgenden Zeichnung siehst du ein altes Flugboot. Halb Schiff halb Flugzeug, konnte es Schiffbrüchigen schnell zu Hilfe kommen. Hubschrauber können das heute besser.
Der Zeichner hat als Maßstab 1 : 72 (Lies „1 zu 72“) angegeben. 1 cm auf der Zeichnung entspricht also 72 cm im Original.

a) Würde das Flugboot in euren Klassenraum passen? Finde die tatsächliche Höhe und die Länge des Flugbootes heraus.
b) Schätze, wie tief es im Wasser lag. Wie lang sind die Schwimmer unter den Tragflächen?
c) Bestimme die Größe der Fenster und Bullaugen.

20 Eisbären leben in der Arktis. Sie werden bis zu 250 cm groß und erreichen eine Schulterhöhe von 160 cm. Auf dem Bild siehst du ein besonders prachtvolles Exemplar.
a) Schätze, in welchem Maßstab die Fotografie das Raubtier zeigt.
b) Miss die Schulterhöhe aus der Fotografie ab und ermittle hieraus den Maßstab des Fotos genauer.
c) Wie breit ist der Kopf des Bären? Vergleiche die Breite des Bärenkopfes mit der Breite deines Kopfes.
d) Sammle und bestimme weitere Maßstäbe von Puppen, Modelleisenbahnen, Modellautos, Landkarten.

21 Fertige eine möglichst exakte Zeichnung deines Zimmers im Maßstab 1 : 20 an.
a) Miss zuerst die Länge der Wände deines Zimmers aus. Vergiss nicht die Breite der Tür und der Fenster zu messen.
b) Erstelle nun eine Liste deiner Möbel mit Maßen. Die Tabelle hilft dir beim Zeichnen. Übertrage sie in dein Heft und ergänze sie mit den Längen für dein Bett, …

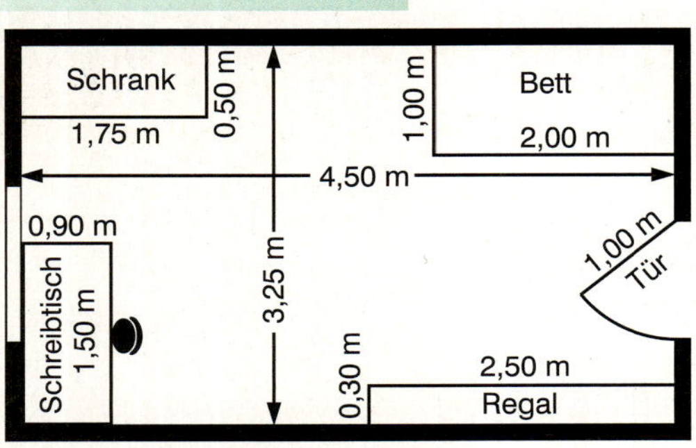

gemessene Länge	Länge im Maßstab 1 : 20	
10 cm = 100 mm	: 20	5 mm
1,8 m = 180 cm	: 20	9 cm
480 cm	: 20	24 cm

Projekt

Eine Radtour will gut geplant sein

Johanna hat in der Tageszeitung den Vorschlag für eine Radtour entdeckt. Sie fragt sich, wie lange sie für die Tour wohl brauchen wird.

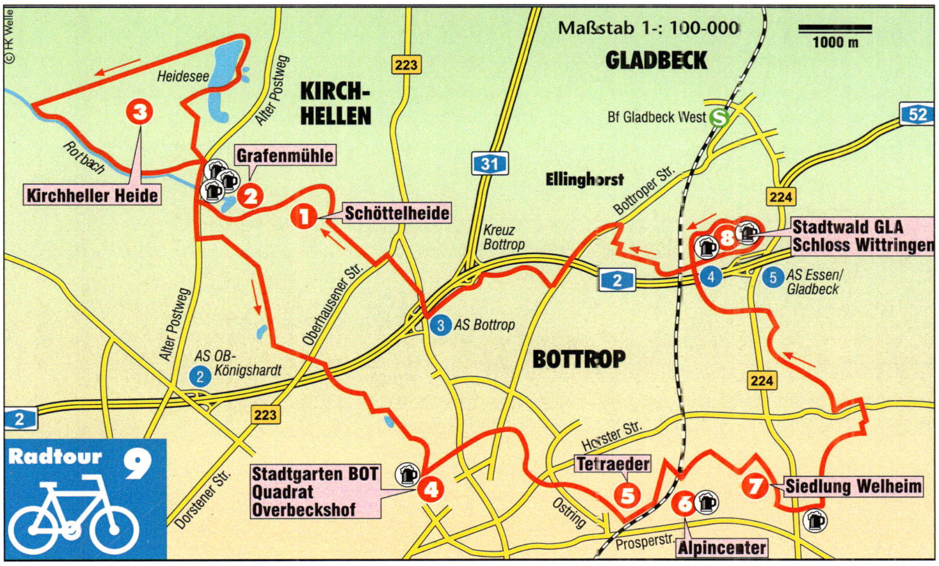

Vorbereitung

Wie könnt ihr die Länge von Johannas Tour bestimmen? Findet ihr verschiedene Möglichkeiten? Was schätzt ihr, wie lange wird sie für die Tour benötigen?

Projektarbeit

Sammelt selbst Ideen für eine Radtour in eurer Umgebung und stellt sie euren Mitschülern vor. Welche Ziele lohnen sich? Radwanderkarten, Reiseführer und das Internet können euch helfen.

In Gruppen könnt ihr eure Vorschläge für die Tour ausarbeiten. Die folgenden Anregungen können euch bei der Ausarbeitung helfen:

- Bestimmt Länge und Dauer der Radtour.
- An welchen Stellen sollen größere Pausen oder Aufenthalte eingelegt werden?
- Wer kümmert sich um Verpflegung und Unterkunft?

Präsentation

Jede Gruppe kann ihre Radtour mit einem Plakat vorstellen. Vielleicht lohnt es sich ja aus der Sammlung ein kleines Touren-Heft zu gestalten.

Aufgaben

22 *Verschiedene Karten – verschiedene Maßstäbe*

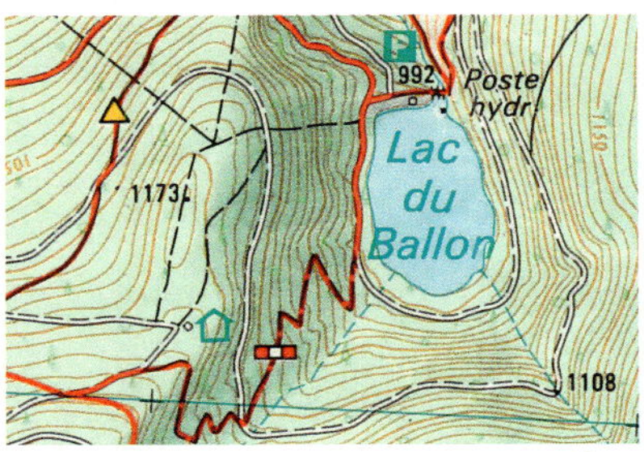

1 : 25 000

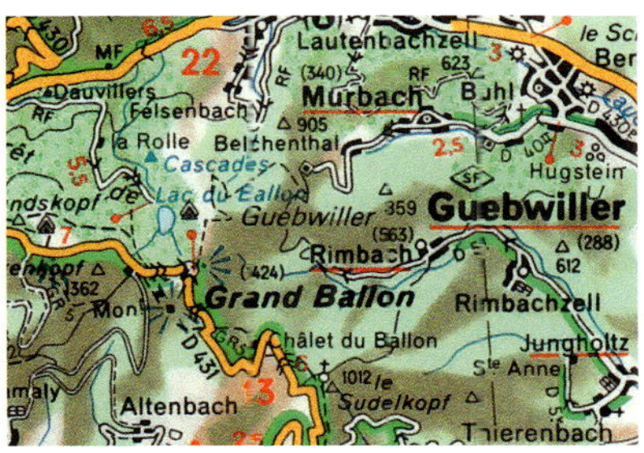

1 : 200 000

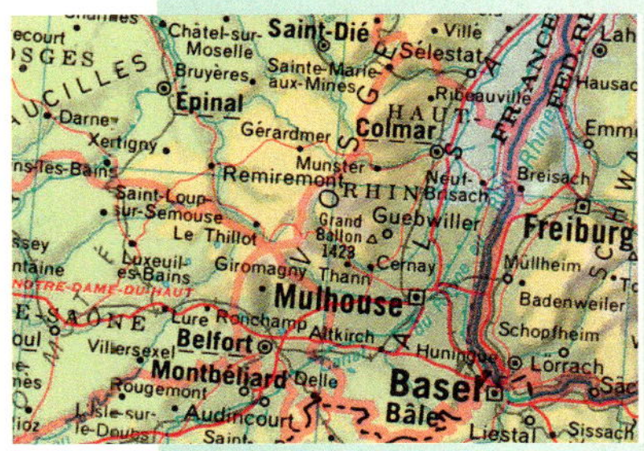

1 : 3 000 000

a) Die abgebildeten Karten zeigen alle einen Ausschnitt der Vogesen in Frankreich. Welche Karte würdest du mitnehmen, wenn du mit dem Auto unterwegs bist? Wozu könnte man die anderen Karten gebrauchen?

b) Frage deine Eltern nach verschiedenen Karten. Welche Maßstäbe haben sie und warum benutzt man wohl verschiedene Maßstäbe?

Die Mathematik der Landkarten – Maßstäbe: Große Entfernungen – ganz klein gemacht

Egal ob ein Haus geplant wird, eine Fahrradtour ansteht oder eine Wanderung unternommen werden soll: Landkarten und Pläne in verschiedenen Maßstäben begegnen dir in vielen Lebenslagen. Wenn du mit den Plänen richtig umgehst, kannst du dich in unbekanntem Gelände besser orientieren oder in Städten die richtigen Straßen finden.

50 000 cm = 500 m = 0,500 km

Der passende Maßstab spielt dabei eine entscheidende Rolle.
Die Maßstabszahl gibt das Maß der Verkleinerung an. 1 : 50 000 bedeutet: 1 cm auf der Karte entspricht dem 50 000fachen (0,5 km) in der Wirklichkeit. Die Landesvermessungsämter geben amtliche Karten in vielen Maßstäben aus. Diese reichen von 1 : 1 000 für Flur- oder Stadtkarten bis zu 1 : 1 000 000 für Übersichtskarten.

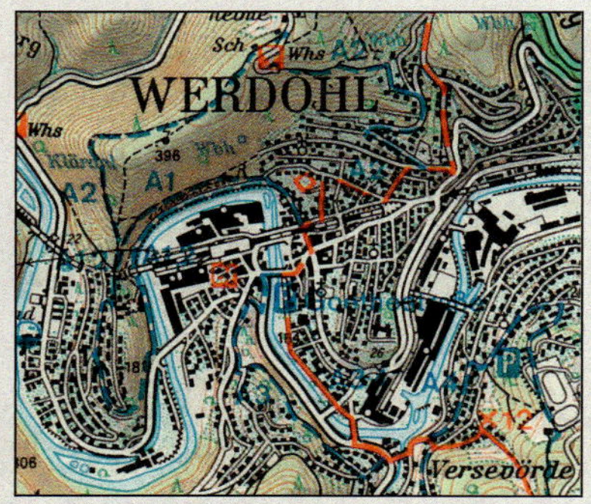

Zum besseren Verständnis findest du auf vielen Karten eine Maßstabsleiste, die ein aufwändiges Umrechnen erspart.

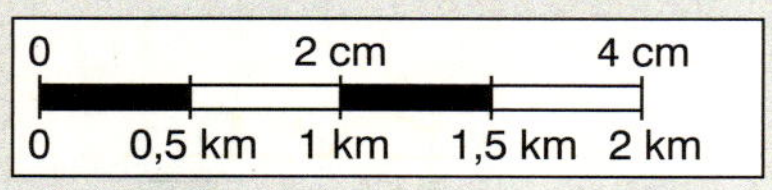

Aufgaben

23 Die Maßstabsleiste zeigt dir das Verhältnis der Streckenlänge auf der Karte zur tatsächlichen Länge in der Natur.
a) Übertrage die Maßstabsleisten in dein Heft und ordne ihnen die passenden Maßstäbe zu. Beschreibe, wie du vorgegangen bist.

1 : 2 500 000
1 : 12 500
1 : 200 000
1 : 500 000

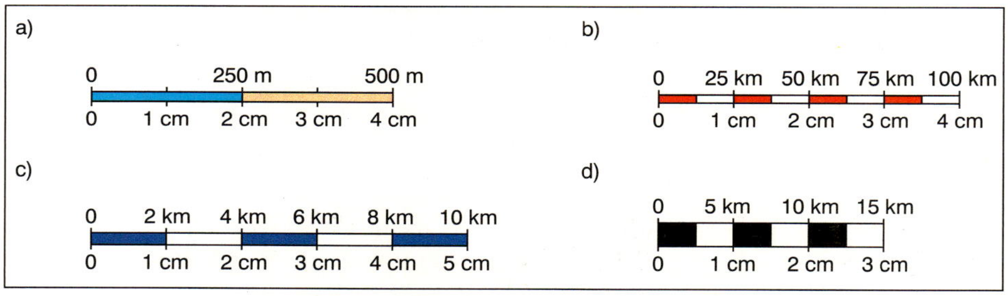

b) Entwirf selbst Maßstabsleisten für die Maßstäbe 1 : 300 000 und 1 : 120 000.

24 *So machen es die Geographen:*
„Wenn du an der Maßstabszahl 5 Nullen wegstreichst, kannst du die Entfernung, die 1 cm auf der Karte entspricht, direkt in km angeben!"

1 : 200 000
~~200 000~~
1 cm ≙ 2 km

a) Probiere für folgende Maßstäbe aus. Überprüfe auch an Landkarten aus deinem Schulatlas.
1 : 600 000   1 : 100 000   1 : 6 500 000   1 : 200 000   1 : 13 000 000
b) Zeichne zu jedem der Maßstäbe eine passende Maßstabsleiste in dein Heft.

km			m	dm	cm
E	H	Z	E	E	E

c) Kannst du mit der Einheitentafel für Längen begründen, warum das Verfahren funktioniert?
d) Baresch meint: Beim Maßstab 1 : 125 000 funktioniert das Verfahren nicht. Kannst du weiterhelfen?

2.2 Zeit

Was dich erwartet

Die Zeit ist eines der merkwürdigsten Geheimnisse unserer Welt. Wir sagen „die Zeit verrinnt“ oder „die Zeit läuft“. Das kommt daher, dass früher Zeit gemessen wurde, indem man z. B. eine Sanduhr beobachtete oder den Lauf der Sonne verfolgte. Daher sind auch die Umrechnungszahlen für Zeiteinheiten sehr ungewöhnlich.

Aufgabe

1 Ein langer Tag. An jedem Wochentag gehst du zur Schule, kommst nach Hause, triffst dich mit Freundinnen und Freunden usw. Du kannst deinen persönlichen Zeitplan wie Benni entweder in einer Tabelle oder auf einer Zeitachse auftragen.

Bennis Tag von – bis	Dauer	was
7.00 – 14.00 Uhr	7 h	Schule
15.00 – 16.30 Uhr	1 h 30 min	Hausaufgaben
16.30 – 18.00 Uhr	1 h 30 min	Freunde
18.00 – 19.15 Uhr	75 min	Sportverein

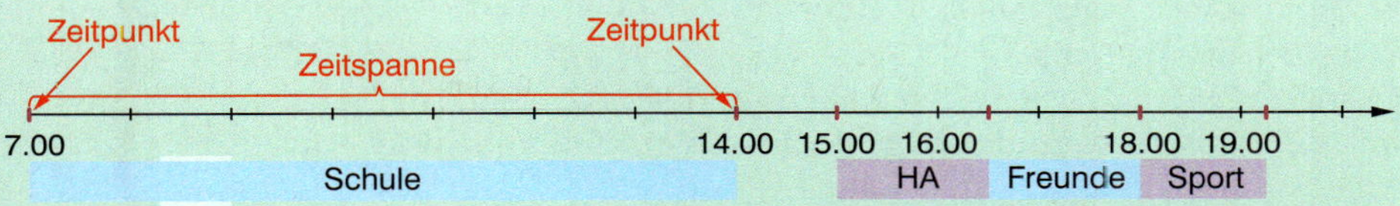

Basiswissen

Übersicht über die Einheiten von Zeitspannen

Umrechnungszahlen

1 d = 24 h ← · 24 ← 1 h = 60 min ← · 60 ← 1 min = 60 s ← · 60 ← 1 s

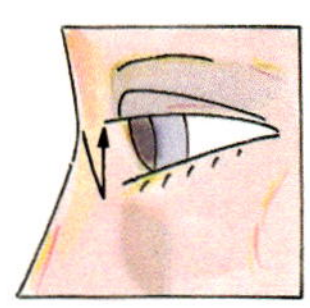

1 Tag = 24 Stunden

1 Stunde = 60 Minuten

1 Minute = 60 Sekunden

d steht für *dies* (lat. Tag)
h steht für *hora* (lat. Stunde)

Beispiele

A Wie viele Minuten hat ein Tag?

1 d —(· 24)→ 24 h —(· 60)→ 1 440 min

B Lilli sagt: „Ich habe heute 72 000 Sekunden Hausaufgaben gemacht.“ Kann das sein? Unmöglich!

72 000 s —(: 60)→ 1 200 min —(: 60)→ 20 h

Übungen

2 Schätze. Wie lange dauert
a) ein Atemzug
b) das Zähneputzen
c) dein Lieblingshit
d) eine Sportstunde
e) ein Waschgang beim Geschirrspülen
Überprüfe deine Schätzungen mit der Uhr

3 Was dauert ungefähr
a) 1 Sekunde
b) 30 Sekunden
c) 5 Minuten
d) 45 Minuten
e) 2 Stunden
f) 2 Wochen

4 Kathrin weiß nicht, ob die neueste CD der Gruppe *Die Gewürzgurken* auf ihre letzte Kassette passt. Sie hat nur noch eine unbespielte Seite einer Kassette mit insgesamt 60 Minuten Aufnahmedauer.
Auf der CD-Hülle finden sich folgende Angaben:

„Mein Schmusebär"	3 min 45 s
„Schneemann, lauf nicht fort!"	2 min 54 s
„Kekse mit dir"	5 min 02 s
„Urlaub in New York"	4 min 05 s
„Ja der Kandis, der kann dies"	3 min 39 s
„Prima Wochenende"	4 min 21 s
„Unter Zypressen hab' ich dich vergessen"	3 min 24 s
„Grüne Wolken wünsche ich dir"	6 min 45 s

a) Entscheide, ob die Kassette reicht oder ob Kathrin auf den einen oder anderen Tophit verzichten muss.
b) Wie viele Songs passen auf die Kassette, wenn zwischen den Liedern jeweils 3 Sekunden Pause einzuplanen sind? Welche(n) würdest du weglassen?

5 Die Lösungen sind dabei:
21.45 15.32
20.07 20.57
18.02 18.12
2 h 37 min
20.17
1 h 37 min 15.42
20.45

5 Das Programm des Filmtheaters *Cinemagic* ist unvollständig

Kino	Filmtitel	Beginn Ende	Beginn Ende	Spieldauer
1	Die Abrechnung	14.00 – 15.37 18.30 – ■	16.15 – 17.52 ■ – 22.22	■
2	Jetzt kommt Maggy	13.30 – ■ 18.45 – ■	16.00 – ■ ■ – 23.57	2 h 12 min

a) Übertrage die Tabelle in dein Heft. Fülle die Lücken aus.
b) Wie lang sind jeweils die Pausen zwischen den Filmen in Kino 1 und Kino 2?
c) In den ersten 10 Minuten wird in jedem Kino Eis verkauft. Überprüfe, ob ein Verkäufer alle Vorstellungen schaffen kann.
d) Stelle die Kinoprogramme auf je einer Zeitachse dar. Wähle für eine Stunde die Länge 2 cm (4 Kästchen).

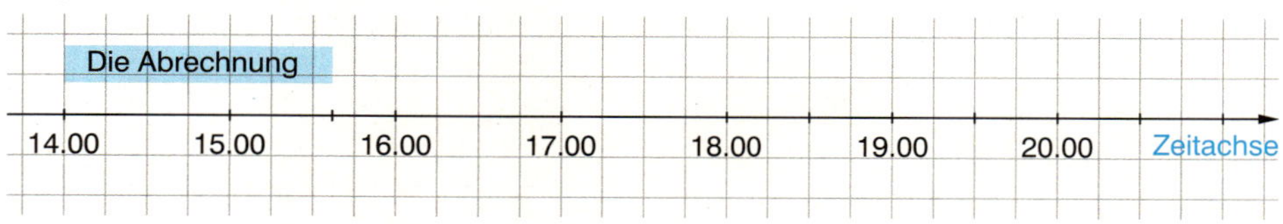

6 *Von lahmen Enten und flotten Bienen*
Hier siehst du wie viele Flügelschläge bestimmte Tiere in einer Sekunde schaffen.

Tier	Stockente	Biene	Kolibri	Storch	Taube
Flügelschläge	10	250	50	2	8

a) Wie viele Flügelschläge sind es, wenn die Tiere 10 min, [1 h] fliegen?
b) Ein Storch kann 50 km in einer Stunde zurücklegen. Als Zugvogel muss er 10 000 km bewältigen. Wie lange braucht er, wie viele Flügelschläge macht er dabei?

7 Ein Boxkampf wird im Fernsehen übertragen. Der Regisseur möchte wissen, wie lange der Kampf dauern kann, wenn er über 15 Runden geht. Jede Runde dauert 3 Minuten. Dann folgt eine Pause von einer Minute. Der Regisseur rechnet damit, dass jede Pause um etwa 15 Sekunden überzogen wird.

8 Aus der Zeitung: „Ein Mensch verschläft täglich 36 000 Sekunden.“ Kann das sein oder handelt es sich um eine *Zeitungsente?*

9 Unter den Tieren gibt es richtige Langschläfer und Tiere, die wenig Schlaf brauchen. Löwen dösen bis zu 20 Stunden am Tag. Wissenschaftler haben festgestellt, dass Giraffen nur 10 Minuten täglich schlafen. Wie viele Stunden verschläft jedes Tier in einer Woche [in 100 Tagen]?

Übungen

7, **8**, **9**
Lösungen:
10 h 5 d 20 h
62 min 30 s
70 min
16 h 40 min
83 d 8 h

In New York gehen die Uhren anders

In einem Reisebüro hängen drei Uhren, die verschiedene Zeiten anzeigen. Woher kommt das? In Mainz ist es 12 Uhr mittags. Dort steht die Sonne jetzt am höchsten. New York liegt weiter westlich. Von dort aus sieht man gerade, wie die Sonne allmählich aufgeht. Es ist 6 Uhr morgens. Tokyo liegt von Mainz aus im Osten. Dort sehen die Menschen, wie die Sonne gerade untergeht. Es ist 20 Uhr abends.
Die Uhrzeit an einem Ort hängt von dessen Lage auf der Erdkugel ab. Man nennt daher die Zeit, die die Uhren an einem Ort anzeigen, „Ortszeit“. Auf unseren Uhren ist die Ortszeit in Mainz 12 Uhr, in New York 6 Uhr, in Tokyo 20 Uhr.
Franziska aus Mainz ruft ihre Tante in New York an. In Mainz ist es vormittags, 10 Uhr. Eine verschlafene Tante antwortet, leicht verärgert. Kein Wunder, in New York gehen die Uhren anders. Dort ist es 6 Stunden früher. Die Ortszeit ist 4 Uhr morgens, oder besser gesagt, nachts.

10 Frau Ferner ruft von Mainz aus eine Firma in Tokyo an. In Mainz ist es 8 Uhr morgens. Die Zeitdifferenz ist 8 Stunden. Wie viel Uhr ist es in Tokyo?

11 Familie Franz fliegt von Düsseldorf nach Orlando in Florida.
Laut Ticket startet das Flugzeug in Düsseldorf um 13.30 Uhr Ortszeit und landet in Orlando um 16.52 Uhr Ortszeit.
Wie lange dauert der Flug?

Ortszeit	Düsseldorf	Orlando
	13.30 Uhr	6.30 Uhr

12 Kann das sein?
ab Hamburg 8.10 Uhr
an London 8.21 Uhr

2.3 Gewichte – Kreuz und quer durch die Größenbereiche

Was dich erwartet

Wie viel Gramm wiegt ein Pferd, wie viel Tonnen wiegt ein Spatz? Du siehst, auch bei den Gewichten muss man auf die richtigen Maßeinheiten achten, sonst bekommt man beim Rechnen, Schätzen und Messen große Schwierigkeiten.

Aufgaben

1 *Gummibären gesucht:* Die Firma *GumCo* sucht eine besonders pfiffige Werbung für ihre Gummibären. Sarah hat sich einen Steckbrief ausgedacht. Den ersten Entwurf siehst du rechts. Es fehlen einige Angaben.
a) Ergänze Sarahs Steckbrief.
b) Wie kannst du das Gewicht eines Gummibärchens bestimmen? Finde mehrere Möglichkeiten.

Gegenstand	Gewicht Schätzwert	Gewicht Messwert
Füller		
2-Euro-Münze		
1-Cent-Münze		
Pausenbrot		
Kaugummi (unbenutzt)		
Brille		
Mathematikbuch		

2 *Was wiegt das Pausenbrot?*
a) Übertrage die Tabelle in dein Heft und schätze die Gewichte. Ergänze noch 5 weitere Gegenstände.
b) Besorge eine Waage (Briefwaage, Haushaltswaage oder eine aus der Schulsammlung) und überprüfe deine Schätzungen.
c) Wo ist der größte Fehler aufgetaucht? Suche nach Erklärungen.

Sammelt den jeweils größten und kleinsten Schätzwert an der Tafel!

3 *Wie viele Eier sind so schwer wie ein Elefant?* Diese Knobelaufgabe bereitet Isabell und Anna großes Kopfzerbrechen. Mit der Haushaltswaage bestimmt Isabell das Gewicht von 10 Eiern. Sie stellt fest: 10 Eier wiegen 602 g.
Anna findet in einem Tierlexikon folgenden Abschnitt:

… Afrikanische Elefanten haben sehr große Ohren, indische kleine. Bei den afrikanischen Elefanten haben sowohl die Bullen als auch die Elefantenkühe Stoßzähne, bei den indischen nur die Bullen. Der afrikanische Elefant ist das mächtigste heute lebende Landtier. Er wird bis zu 4 m hoch und bis zu 6 Tonnen schwer.

a) Was meinst du, wie Isabell und Anna weitergerechnet haben. Überlege zusammen mit deiner Nachbarin oder deinem Nachbarn.
b) Wievielmal ist der Elefant schwerer als du?

Basiswissen

Die Umrechnung einer Größe in verschiedene Maßeinheiten ist bei den Gewichten recht einfach. Der Kasten ist besonders schön, denn es gibt nur eine Umrechnungszahl, die du dir merken musst.

Übersicht über die Einheiten des Gewichts

Umrechnungszahl

1 t = 1000 kg ← · 1000 — 1 kg = 1000 g ← · 1000 — 1 g = 1000 mg ← · 1000 — 1 mg

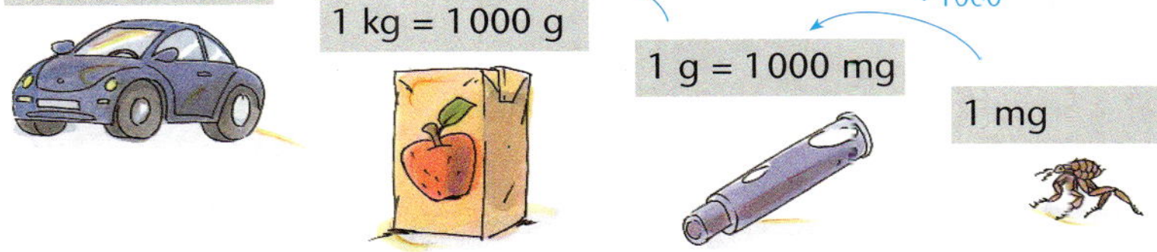

1 Tonne = 1 000 Kilogramm
1 Kilogramm = 1 000 Gramm
1 Gramm = 1 000 Milligramm

kilo = tausend
milli = ein Tausendstel

Beispiele

A Miriam und Dennis kaufen für den Klassenausflug 10 Dosen Bohneneintopf ein. Die Dosen wiegen zusammen 10 · 850 g = 8 500 g = 8,5 kg. Die beiden haben ganz schön zu tragen.

B Beim Umrechnen helfen die Umrechnungszahlen.

0,750 kg = 750 g (· 1000) Verschieben des Kommas um 3 Stellen nach rechts

1 500 mg = 1,5 g (: 1000) Verschieben des Kommas um 3 Stellen nach links

Zur größeren Einheit gehört die kleinere Maßzahl, aber am Gewicht ändert sich nichts.

Übungen

4 Wandele in die angegebenen Einheiten um. Benutze die Umrechnungszahlen oder die Einheitentabelle.

t		kg			g			mg		
Z	E	H	Z	E	H	Z	E	H	Z	E
							1	5	0	0
	3	0	5	0						

3,05 t = 3 050 kg   1 500 mg = 1,5 g

a) 3,2 t → kg	1,2 kg → g	12,543 kg → g	9,83 kg → g	11,04 kg → g
b) 37 t → kg	8,4 t → kg	46,05 t → kg	3 200 000 g → t	
c) 1 301 g → kg	281 000 g → kg	15 000 mg → kg	1,5 g → mg	0,8 kg → g
d) 375 g → kg	5 120 kg → t	512 kg → t	15 700 mg → kg	40 kg → g

5 Außer den Einheiten Tonne, Kilogramm, Gramm und Milligramm findet ihr auf dem Markt die alten Gewichtsangaben Pfund (℔) und Zentner. Finde heraus, wie viel Gramm (Kilogramm) einem Pfund entspricht. Wie viel kg hat 1 Zentner? Frage deine Eltern.

Übungen

6 Mütter sind natürlich sehr viel größer und schwerer als ihre Kinder.
a) Ein Gorilla-Baby wiegt ungefähr 750 g. Die Gorilla-Mutter ist etwa 75 kg schwer. Wievielmal ist die Mutter schwerer?
b) Ein Nilpferd-Baby wiegt ca. 50 kg. Die Nilpferd-Mama bringt 60-mal so viel auf die Waage. Wie viel wiegt die Mutter?
c) Frage deine Eltern nach deinem Geburtsgewicht. Vielleicht erinnert sich deine Mutter auch noch an ihr damaliges Gewicht. Wievielmal schwerer war deine Mutter?

7 Kathrin hat es im Schätzen schon zu wahrer Meisterschaft gebracht, doch leider sind ihre Schätzergebnisse durcheinander gekommen.
Von ihr wurde geschätzt, das Gewicht

... einer Flasche Apfelsaft
... eines Fahrrades
... einer 1-Cent-Münze
... eines VW-Golf
... eines Stereo-Fernsehgerätes
... der Katze Fritzi
... eines Bleistifts
... einer Lokomotive
... eines Mathematikbuches

	4 g	
3,5 kg	2 g	1 kg
1 t		25 kg
16 kg	85 t	300 g

8 Oft wird von Bruchteilen der Gewichtseinheiten Gebrauch gemacht.
a) Natürlich kann man ohne Bruchteile auskommen.
Gib ohne Bruchteile an: $2\frac{1}{4}$ kg, $\frac{1}{2}$ t, $\frac{1}{2}$ g, $1\frac{1}{4}$ kg.
b) Bruchteile sind beliebt. Gib als Bruchteil der größeren Einheit an: 500 kg, 750 kg, 250 mg, 400 g

$2\frac{1}{2}$ t = 2 500 kg

$1\frac{3}{4}$ kg = 1750 g

8 Lösungen:
$\frac{1}{2}$ t   1 250 g
$\frac{2}{5}$ kg   500 mg
$\frac{3}{4}$ t   2 250 g
$\frac{1}{4}$ g   500 g

9 Ordne folgende Gewichte der Größe nach, beginne mit dem größten Gewicht.

a)	2,5 t	3 045 kg	9 520 g	13 kg	1 kg 7 g	1 070 g	170 mg	3 kg 46 g
	U	R	I	B	O	R	T	N
b)	75 kg	75 g	750 g	7 500 mg	750 750 g	75 t	0,75 t	7 575 kg	7,5 kg
	S	I	E	N	E	E	L	D	T
c)	16 016 g	16 kg	16 000 mg	1,616 kg	160 g	16 kg 160 g	1,6 t	
	A	M	T	A	N	I	D	

9 Mit der richtigen Reihenfolge ergibt sich ein Lösungswort.

10 Schreibe ohne Komma. Achte dabei auf die Einheiten. Versuche die Teilaufgaben a), b) und c) in je 2 Minuten zu lösen!

a)	3,75 kg	0,029 kg	41,5 kg	7,483 kg	0,63 kg	0,603 kg	0,063 kg
b)	2,84 t	35,8 t	0,875 t	0,038 t	0,004 t	0,0015 t	12,304 t
c)	0,25 kg	0,25 g	2,5 kg	2,5 g	2,525 t	2,05 g	22,5 g

11 Häufig ist die Verpackung sehr schwer.
a) Eine Flasche Milch wiegt 1,460 kg. Die leere Flasche wiegt 410 g. Was wiegt die Milch?
b) Auf einer Tube aus Mutters Kosmetikschrank steht: Net.Gewicht 48,5 g. Diese Angabe bezeichnet das Gewicht des Inhaltes, eine Creme. Sina wiegt die Tube mit Inhalt: 102 g. Wie schwer ist die „Verpackung"?

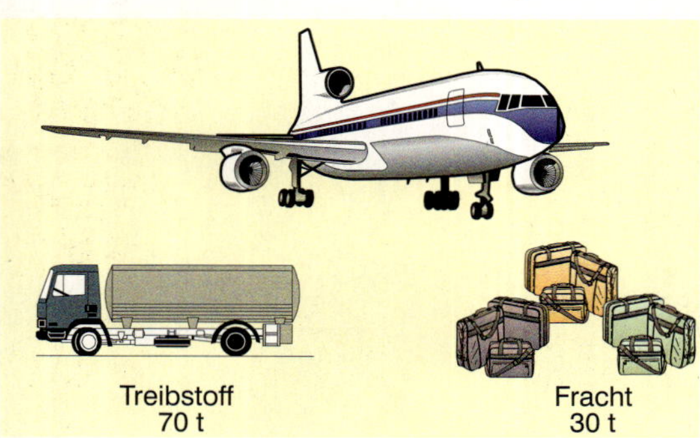

c) Eine Flasche des Energy-Drink „Pump" wiegt 1 200 g. Die leere Flasche ist 200 g leichter als der Inhalt. Wie viel wiegt das Getränk ohne Flasche?

12 Eine Fluggesellschaft schätzt das Gewicht der Zuladung. Es wird angenommen, dass jeder der 400 Passagiere mit Gepäck ungefähr 150 kg wiegt. Dazu wird noch Fracht und Treibstoff geladen.
a) Wie groß ist die Zuladung beim Start in Köln?
b) Schätze, wie groß die Zuladung bei der Landung in Singapur ist, wenn fast der gesamte Treibstoff verbraucht wurde.

Aufgaben

Kreuz und quer durch die Größenbereiche

13 *Graue Riesen*

a) Im Kölner Zoo lebt eine Elefantengruppe mit fünf ausgewachsenen Tieren. Wie viel Futter benötigt der Zoo wöchentlich für die Elefanten? Der Zoo muss für 100 kg Grünfutter 10 € bezahlen. Was kostet das Futter täglich, was in einer Woche?

b) Wie viele Tage braucht ein Elefant, bis er so viel wie sein Körpergewicht „gefuttert" hat?

c) Hannibal war ein berühmter afrikanischer Feldherr, der mit seinen Truppen vor mehr als 2 000 Jahren gegen die Römer kämpfte. Er überquerte mit seinen 37 Kriegselefanten sogar die verschneiten Alpen. Welche Futtermenge benötigte er für seine Elefanten in einer Woche? Vergleiche mit einer normalen Lkw-Ladung; diese beträgt 7 500 kg.

STECKBRIEF
Der Afrikanische Elefant ...
- wird bis zu 4 m hoch und 6 t schwer
- wird bis zu 60 Jahre alt
- badet gern und schwimmt gut
- hat einen Rüssel mit zwei Greiffingern
- liebt Gras, Heu, Äste, Baumrinde, Früchte
- frisst jeden Tag 150 kg Futter und trinkt 150 l Wasser

14 *Menschenbabys – Elefantenbabys*

	Geburtsgewicht	Länge/Größe	täglicher Muttermilchbedarf	Tragezeit der Mutter
Mensch	■	■	500 ml	9 Monate
Elefant	120 kg	150 cm	10 l	22 Monate
Unterschied	■	■	■	■

a) In der Tabelle werden Menschen- und Elefantenbabys verglichen. Übertrage sie in dein Heft und fülle die Lücken mit deinen eigenen Daten.

b) Überschlage, um das Wievielfache ein Elefantenbaby schwerer als ein Menschenbaby ist, die wievielfache Milchmenge das Elefantenbaby trinkt usw. Trage deine Ergebnisse in die letzte Zeile der Tabelle ein.

c) Wie viele Elefantenbabys sind so schwer wie ein ausgewachsener Elefant, wie viele Menschenbabys sind so schwer wie ein Erwachsener? Vergleiche.

d) Bestimmt hast du ein Lieblingstier. Besorge dir aus einem Tierlexikon die folgenden Angaben und vergleiche mit Mensch und Elefant.

Länge/Größe | **Gewicht** | **täglicher Nahrungsbedarf** | **Geburtsgewicht** | **Tragezeit der Mutter**

15 *Spaßrekorde aus aller Welt*

a) *Alles mit dem Kopf:* Der Engländer John Evans kann 94 Milchkästen (Gewicht je 1,36 kg, Höhe 27 cm) auf dem Kopf balancieren. Überschlage, welches Gewicht er auf dem Kopf trägt, indem du das Gewicht von 100 Milchkästen berechnest. Wie hoch ist der Stapel, wenn man die Milchkästen in 4er-Lagen stapelt?

b) *Lebende Statue:* Der Inder Shyam Prajat schaffte es 18 Stunden 5 Minuten und 30 Sekunden bewegungslos sitzen zu bleiben. Wie viele Sekunden sind das insgesamt? Stell dir vor, du sitzt eine Woche lang in jeder Unterrichtsstunde bewegungslos auf deinem Stuhl. Wie lange ist das? Vergleiche mit dem Rekord.

c) *Rückwärts Einradfahren:* Die Amerikanerin Ashrita Furman fuhr 1994 in einem New Yorker Park mit einem Einrad 85,56 km rückwärts. Wenn du dich nicht allzu sehr anstrengst, dann fährst du mit deinem Fahrrad in einer Stunde 15 km, vorwärts natürlich. Wie lange würde es dauern, bis du die Strecke zurückgelegt hast, die Ashrita rückwärts fuhr?

Im Internet findest du viele Rekorde unter folgender Adresse: www.guinness-verlag.de

16 *Hoch hinaus und tief hinab*
Rüppell-Geier können 11 000 m hoch fliegen. Eine Flugzeugbesatzung fand dies heraus, als ein Geier mit ihrem Flugzeug in dieser Höhe zusammenstieß. Noch höher fliegen Heißluftballons; der Höhenrekord steht auf 19 900 m. Tief in den Ozean tauchen Pottwale. Sie schwimmen bis in Tiefen von 3 000 m. Mit einem U-Boot wurde ein Tiefenrekord von 10 900 m aufgestellt. Ohne Sauerstoffgerät erreichte ein Mensch immerhin 130 m.
a) Zeichne ein Stabdiagramm (s. Seite 16), in dem du die Flughöhen nach oben und die Tauchtiefen nach unten aufträgst (1 km ≙ 1 cm).
b) Welcher Höhenunterschied besteht zwischen den Rekorden von Wal und Geier, welcher zwischen den Rekorden für Heißluftballons und U-Boote?
c) Finde heraus, wie hoch das höchste Bauwerk der Welt ist und trage dessen Höhe in das Diagramm ein.

17 *Unterwegs mit der Bahn:* Nicole wohnt in Bingen und möchte ihre Großmutter in Trier besuchen. Im Reisecenter im Bingener Bahnhof bekommt sie folgende Verbindungen ausgedruckt.

Reiseverbindungen — **Deutsche Bahn** DB

Halt		Zeit	Gleis	Fahrt	Bemerkungen
Bingen (Rhein) Hbf	ab	08:14	103	RB 12760	RegionalBahn
Koblenz Hbf	an	09:07	2 Süd		
Koblenz Hbf	ab	09:24	8	IC 438	InterCity
Trier Hbf	an	10:49	11		
Bingen (Rhein) Hbf	ab	09:14	103	RB 12794	RegionalBahn
Koblenz Hbf	an	10:07	1		
Koblenz Hbf	ab	10:22	9	RE 12010	RegionalExpress
Trier Hbf	an	11:47	11 Süd		
Bingen (Rhein) Hbf	ab	11:09	102	RB 12766	RegionalBahn
Koblenz Hbf	an	12:03	2 Süd		
Koblenz Hbf	ab	12:22	9	RE 12012	RegionalExpress
Trier Hbf	an	13:47	11		

Halt		Zeit	Gleis	Fahrt	Bemerkungen
Trier Hbf	ab	17:09	11	IC 439	InterCity
Koblenz Hbf	an	18:35	8		
Koblenz Hbf	ab	18:51	5 Nord	RB 12781	RegionalBahn
Bingen (Rhein) Hbf	an	19:43	101		
Trier Hbf	ab	18:12	12 Nord	RE 12017	RegionalExpress
Koblenz Hbf	an	19:38	9		
Koblenz Hbf	ab	19:51	5 Nord	RB 12783	RegionalBahn
Bingen (Rhein) Hbf	an	20:44	201		
Trier Hbf	ab	19:12	12 Süd	RE 12019	RegionalExpress
Koblenz Hbf	an	20:38	8		
Koblenz Hbf	ab	20:48	4	ICE 929	InterCityExpress
Bingen (Rhein) Hbf	an	21:21	101		

a) Wie lange dauert die Fahrt nach Trier, wenn Nicole den Zug um 8.14 Uhr nimmt? Berechne auch die Reisezeit für die Züge um 9.14 Uhr und 11.09 Uhr. Wie erklären sich die Unterschiede?
b) Nicole wartet ungern beim Umsteigen. Wie lange muss sie jeweils warten?
c) Nicole braucht ungefähr 15 Minuten bis zum Bahnhof in Bingen. Vom Bahnhof in Trier sind es 20 Minuten bis zur Wohnung der Großmutter. Wann muss Nicole losgehen, um den Zug um 8.14 Uhr zu erreichen? Wann wird sie voraussichtlich bei der Großmutter ankommen?
d) Die beiden planen um: Nicole nimmt den Zug um 9.14 Uhr und die Großmutter holt sie vom Bahnsteig ab, da sie gleich mit Nicole einkaufen gehen möchte. Der Einkaufsbummel, ein Kinobesuch und das Mittagessen dauern zusammen etwa fünf Stunden. Wann kann Nicole frühestens zurückfahren?

CHECK-UP

Zahlen mit Größe

1

A 380, das derzeit größte Passagierflugzeug

Länge: 72,7 m Spannweite: 79,8 m Höhe: 24,1 m
Leergewicht: 291 000 kg
maximales Startgewicht 500 000 kg
Reisegeschwindigkeit: 902 km/h Reichweite: 15 000 km
Kosten: ca. 250 Millionen € pro Stück

Welche Größen tauchen auf? Was bedeuten sie?

2 *Igelgewichte:* Runde die Gewichte der im Herbst gefundenen Igel auf zehn Gramm, anschließend auf hundert Gramm. Was fällt dir auf?

a) 699 g, 583 g, 737 g, 903 g
b) 1 022 g, 949 g, 878 g, 851 g.

3 Kennst du dich mit der Uhr aus? Wie lange ist die Fahrtzeit?

a) Abfahrt 8.35 Uhr Ankunft 13.40 Uhr
b) Abfahrt 17.55 Uhr Ankunft 19.10 Uhr
c) Abfahrt 22.10 Uhr Ankunft 2.40 Uhr

4 Die Flugdauer von Frankfurt nach Tokyo beträgt 14 h 25 min. Das Flugzeug startet in Frankfurt um 13 Uhr 25. Wann landet es in Tokyo (Beachte die Zeitverschiebung, S. 45).

5 *Umrechnungsszahlen*

a) Erkläre mit wenigen Sätzen, wozu du die Umrechnungszahlen bei den Größen brauchst. Schreibe anschließend zwei Beispiele auf.
b) Schreibe auf, welche Umrechnungszahlen bei den verschiedenen Größen eine Rolle spielen. Kontrolliere deine Zusammenstellung mit den Merkkästen in Kapitel 2.

6 Gib in der nächstgrößeren Einheit an.

a) 15 000 g	4 500 kg	500 g	1 250 g
b) 45 mm	30 cm	2 500 m	8 dm
c) 180 s	240 min	48 h	3 540 s
d) 2 756 kg	120 h	8 701 m	4 012 cm

7 Gib in der nächstkleineren Einheit an.

a) 1,2 t	4,1 kg	50 kg	0,12 kg
b) 6,3 cm	131 cm	0,9 m	3,5 km
c) $1\frac{1}{4}$ h	45 min	$3\frac{1}{2}$ d	0,5 d
d) 30 d	6,85 t	5,3 km	0,6 kg

Größen

Größen werden gemessen, geschätzt, gerundet und in andere Maßeinheiten umgerechnet. Mit Größen lassen sich Eigenschaften beschreiben:

Schulterhöhe eines Pferdes:	1,54 m
Gewicht des Mathelehrers:	95 kg

Eine Größe ist immer aus **Maßzahl** und **Maßeinheit** zusammengesetzt.

Einheiten für

- **Längen**
  mm, cm, dm, m, km
- **Zeitspannen**
  d, h, min, s
- **Gewichte**
  t, kg, g, mg

Umrechnung von Einheiten

Längeneinheiten

1 km = 1000 m
·1000 1 m = 10 dm
·10 1 dm = 10 cm
·10 1 cm = 10 mm
·10

Umrechnungszahlen

Einheiten für Zeitspannen

1 d = 24 H
· 24 1 h = 60 min
· 60 1 min = 60 s
· 60

Umrechnungszahlen

Einheiten für Gewichte

1 t = 1000 kg
·1000 1 kg = 1000 g
·1000 1 g = 1000 mg
·1000

Umrechnungszahlen

CHECK-UP

Größen aufteilen
Um Dinge gerecht aufzuteilen, musst du wissen, wie viel jeder Einzelne bekommt. Achte auf eine günstige Einheit, wenn du Größen aufteilst.

Ein 1,5-kg-Stück Käse soll unter 4 Freunden aufgeteilt werden.
Umwandlung: 1,5 kg = 1500 g
Rechnung: 1500 g : 4 = 375 g
Antwort:
Jeder bekommt 375 g Käse.

Anzahl der Portionen
Häufig musst du Größen in viele gleich große Portionen aufteilen. Achte auf eine günstige Einheit.

5 t Reis sollen in Säcken zu 25 kg abgepackt werden. Wie viele Säcke erhält man?
Umwandlung: 5 t = 5 000 kg
Rechnung:
5 000 kg : 25 kg = 200
Antwort
Man erhält 200 Säcke Reis.

Mit Maßstäben rechnen
Maßstäbe geben an, wie stark etwas vergrößert oder verkleinert wird.

Der Maßstab 1 : 50 verkleinert das Original. 1 cm im Modell (Bild) entspricht 50 cm in der Wirklichkeit.

Der Maßstab 4 : 1 vergrößert das Original. 4 cm im Bild entspricht 1 cm in der Wirklichkeit.

8 Zum Basteln soll eine 2,4 m lange Holzleiste in 16 cm lange Stücke zersägt werden. Wie viele Stücke erhält man? Wie viele Schnitte sind nötig?

9 Bei einer Wanderung wird das Gewicht der Vorräte gleichmäßig auf fünf Wanderer verteilt. Wie viel kg muss jeder tragen? Teile die Lebensmittel anschließend auf.

Brot 3 kg | Getränke 12 kg | Obst 4 kg
Süßigkeiten 400 g | Käse, Wurst 600 g

10 Miriam hat für ihr Pferd Pablo 50 kg Kraftfutter gekauft. Pablo soll jeden Tag 1 250 g erhalten. Wie lange reicht das?

11 Eine Zeitung meldet: „Am vergangenen Sonntag ereignete sich auf den deutschen Straßen alle 3 Minuten ein Unfall." Wie viele Unfälle sind das insgesamt?

12 Ein Tee-Aufgussbeutel enthält 3 g Tee. Wie viele solcher Beutel lassen sich aus 150 kg Tee herstellen?

13 Unten siehst du Schiffsmodelle abgebildet. Lege im Heft eine Tabelle an, in der du Maßstab, Originallänge und Modelllänge einträgst.

14 In einem Modellbaukatalog fehlen einige Angaben. Übertrage die Tabelle in dein Heft und fülle die Lücken aus.

Modell	Originalgröße	Modellgröße	Maßstab
Concorde	■	62 cm	1 : 100
Mauretania	246 m	■	1 : 600
Schnellboot	12,00 m	25 cm	■

R.M.S Titanic 1 : 570
Originallänge 269 m

Nau San Gabriel 1 : 100
(Vasco da Gama)
Modelllänge 36 cm

Santa Maria 1 : 90 (Ch. Kolumbus)
Modelllänge 362 mm

3 Rechnen

3.1 Addieren und Subtrahieren

Was dich erwartet

Das Addieren und Subtrahieren von Zahlen ist für dich längst ein alter Hut. Deshalb wird dir vieles sehr bekannt vorkommen. Richtig, in diesem Kapitel wird wiederholt. Vielleicht lernst du aber auch etwas Neues kennen, z. B. wie die „Zollstock-Rechenmaschine" funktioniert, was ein Minuend und Subtrahend ist und wie man geschickt und schnell im Kopf addieren und subtrahieren kann.

Aufgaben

1 Christoph geht mit seinen Freunden Benedikt, Lisa und Lilli ins Kino. Das „City" ist recht klein. Die Sitzreihen sind schon gut besetzt. Wie viele Besucher finden im „City" einen Sitzplatz? Christoph zählt die Sitze in den Reihen und addiert die Zahlen.

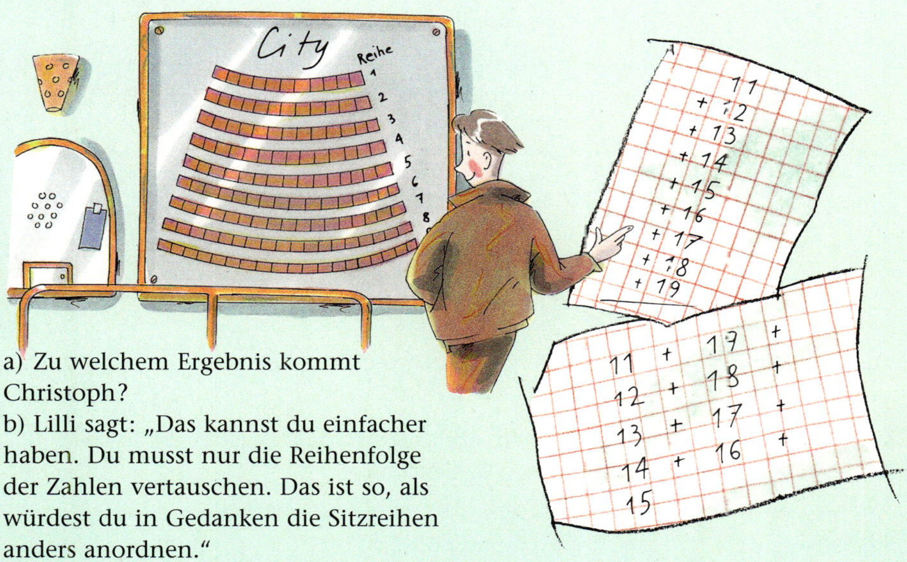

a) Zu welchem Ergebnis kommt Christoph?

b) Lilli sagt: „Das kannst du einfacher haben. Du musst nur die Reihenfolge der Zahlen vertauschen. Das ist so, als würdest du in Gedanken die Sitzreihen anders anordnen."
Rechne wie Lilli. Was geht schneller?

2 *Auf Annas Sparbuch tut sich was.* Übertrage die Seite aus Annas Sparbuch in dein Heft. Ergänze das Guthaben am 3. Mai und 17. Juni. Anna möchte sich von ihrem Ersparten ein Snowboard kaufen. Das Snowboard kostet 160,00 €.

Datum	Abhebung	Einzahlung	Guthaben €
			140,00
03.05.	63,00		
17.06.		75,00	

Rechenmaschinen

Schon immer haben Menschen versucht, sich mit Maschinen die Arbeit zu erleichtern. Rechenmaschinen gibt es seit Jahrtausenden. Eine besonders erfolgreiche ist der Abakus (s. S. 69). Noch heute rechnen in Asien viele Menschen auf dem Markt und in Geschäften damit.

Vor dreihundert Jahren baute der berühmte Mathematiker BLAISE PASCAL in Frankreich für seinen Vater eine Rechenmaschine. PASCALS Vater arbeitete in der Finanzverwaltung. Die Rechenmaschine, mit der man addieren und subtrahieren konnte, sollte die Rechenarbeit erleichtern.

Aufgabe

3 *Die Zollstockrechenmaschine:* Wir basteln eine Rechenmaschine. Als Material benötigen wir nur zwei Zollstöcke. Zur Not tun es auch zwei längere Lineale. Mit dem Zollstock kann man messen – aber rechnen?

a) Addiere 6 und 11 mit der Rechenmaschine.
b) Berechne 17 – 9 mithilfe von zwei Zollstöcken. Wie muss man die zwei Zollstöcke legen? Fertige eine Zeichnung in deinem Heft an.

Basiswissen

Es gibt verschiedene Möglichkeiten, Addieren und Subtrahieren zeichnerisch darzustellen. Häufig verwendet man den Zahlenstrahl.

Addition

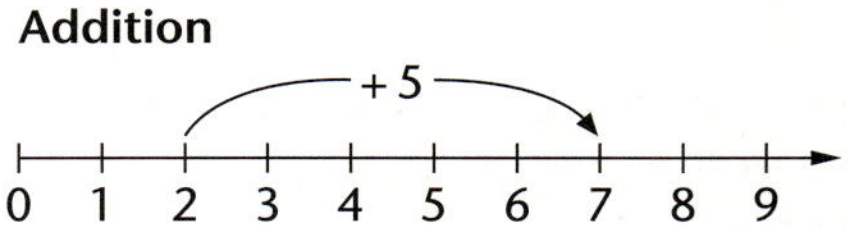

2 + 5 = 7
laufe nach rechts

Man nennt 2 + 5 Summe.

1. Summand — 2. Summand

Subtraktion

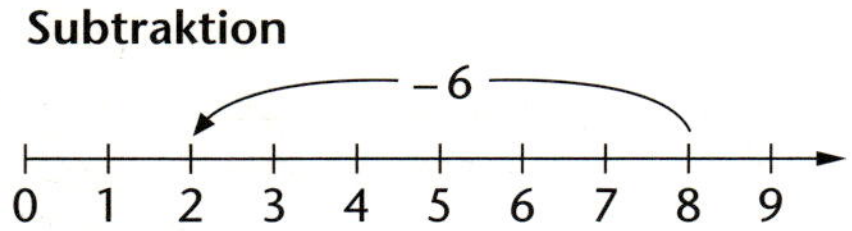

8 – 6 = 2
laufe nach links

Man nennt 8 – 6 Differenz.

Minuend — Subtrahend

Addieren leicht gemacht

Wenn man mehrere Zahlen addiert, kann man sich Rechenvorteile verschaffen.

Vertauschen der Summanden

Ändern der Reihenfolge, in der man rechnet.
Die beiden letzten Summanden werden zuerst addiert.

73 + 49 + 27
↓
49 + 73 + 27
↓
49 + 100
↓
149

Klammern

Vertauscht man die Reihenfolge, in der man rechnet, so „verbindet" man Zahlen. Dies wird durch eine Klammer deutlich gemacht. Klammern haben Vorfahrt. Was in den Klammern steht, muss zuerst gerechnet werden.

49 + (73 + 27)
100
149

Beim Addieren darf man
(1) die Reihenfolge der Summanden vertauschen (**Kommutativgesetz**),
(2) die Reihenfolge, in der man addiert, selbst festlegen (**Assoziativgesetz**).

Beispiele

A Was wird gerechnet?

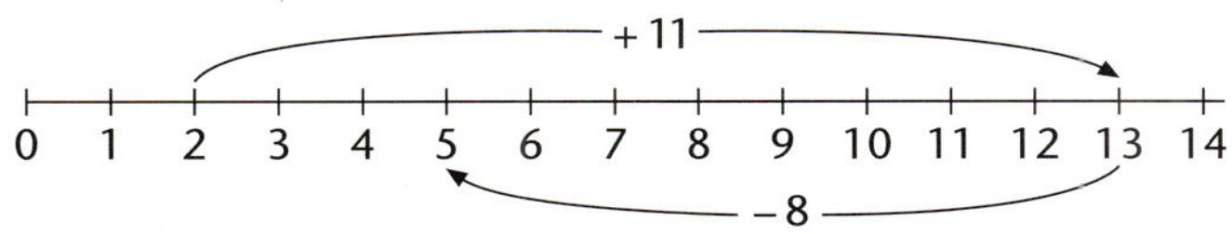

2 + 11 – 8 = 5

B Zahl gesucht. Von welcher Zahl subtrahiert man 9 und erhält 4?
Lösen durch Ausprobieren: 13 – 9 = 4

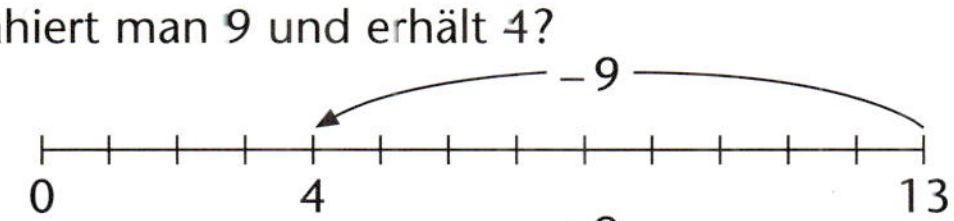

Die Addition ist die Umkehrung der Subtraktion

Oder man „dreht" die Subtraktion um und addiert: 4 + 9 = 13.

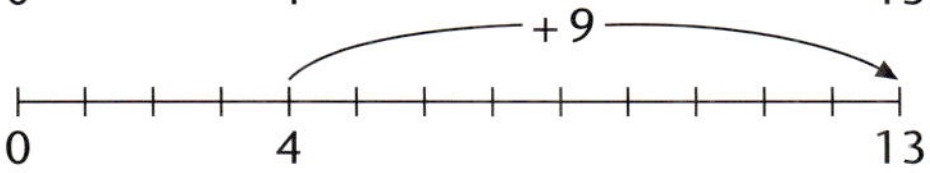

C Bei einer Subtraktion muss man immer schön von „links nach rechts" rechnen.
54 – 17 + 13 = und **nicht** ~~54 – 17 + 13 =~~
37 + 13 = 50 ~~54 – 30 = 24~~

D Wenn wir die 1er-, 2er-, 3er- und 4er-Reihe untereinander aufschreiben, dann entsteht ein interessantes Muster. Im gelben Feld stehen die Zahlen 2, 4, 2, im blauen die Zahlen 3, 6, 9, 6, 3 und im roten Feld die Zahlen …

1	2	3	4
2	4	6	8
3	6	9	12
4	8	12	16

Wir wollen die Zahlen im roten Feld schnell addieren:
Das geht durch geschicktes Zusammenfassen (Klammern):
(4 + 8) + 12 + 16 + 12 + (8 + 4) = 12 + 12 + 16 + 12 + 12 = 64
oder vertauschen der Reihenfolge der Summanden:
(4 + 12) + (8 + 8) + 16 + (12 + 4) = 16 + 16 + 16 + 16 = 64 oder auch:
(8 + 12) + (8 + 12) + (16 + 4) + 4 = 20 + 20 + 20 + 4 = 64

Übungen

4
Die Lösungen sind dabei:
0 10 50 55
90 99 198
200 299 404
777 1 000 2000

Vielleicht hilft die Umkehraufgabe weiter

4 Wie gut bist du im Kopfrechnen?

a) 36 + 14 b) 120 + 80 c) 91 – 81 d) 300 – 1
e) 87 + 111 f) 120 – 21 g) 520 + 480 h) 888 – 111
i) 999 – 999 j) 202 + 202 k) 195 – 105 l) 1 010 + 990

5 Rechne die Aufgaben im Kopf.
Was fällt dir bei den Ergebnissen auf?
Erkläre deine Beobachtung.

a) 45 + 27 50 + 22 55 + 17 60 + 12
b) 116 – 17 111 – 12 106 – 7 101 – 2

6 Berechne den fehlenden Summanden. Wie rechnest du?

a) ■ + 35 = 87 b) 117 + ■ = 258 c) ■ + 86 = 100 d) 99 + ■ = 200
e) 35 + ■ = 150 f) ■ + 111 = 223 g) 250 + ■ = 1000 h) ■ + 56 = 236

7 Berechne den fehlenden Minuenden. Wie rechnest du?

a) ■ – 36 = 50 b) ■ – 84 = 96 c) ■ – 196 = 4 d) ■ – 201 =400
e) ■ – 59 = 100 f) ■ – 998 = 3 g) ■ – 555 = 111 h) ■ – 99 = 101

8 Immer zwei Igel gehören zusammen und ergeben 1 000. Schreibe die möglichen Summen auf.

340 + 660 = 1 000

9 Berechne durch geschicktes Vertauschen und Zusammenfassen.

a) 3 + 6 +9 + 6 + 3 (blau markierte Zahlen in Beispiel D)
b) Übertrage das Zahlenquadrat aus Beispiel D in dein Heft. Ergänze es unten um eine weitere Zeile und rechts um eine weitere Spalte. Du bekommst ein neues „Feld“ mit den Zahlen 5, 10, 15, 20, 25, 20, 15, 10, 5. Berechne die Summe dieser Zahlen.
c) 1 + 2 + 3 + 4 + 5 + 6 + 7 + 8 + 9 + 8 + 7 + 6 + 5 + 4 + 3 + 2 + 1
d) 6 + 12 + 18 + 24 + 30 + 36 + 30 + 24 + 18 + 12 + 6

10 Eine Zahl kommt „durch“, wenn sie größer als die linke und kleiner als die rechte Zahl ist. Bestimme die fehlende Zahl so, dass die Summe bzw. die Differenz „durchkommt“.

Übungen

11 *Ein Kreuzzahlrätsel*

Übertrage das Kreuzzahlrätsel in dein Heft. Verwende dabei die Karos auf deinem Blatt. Trage die Ergebnisse in das Rätsel ein. Zwei Ergebnisse sind schon eingetragen.

1 2	2 1	1		3		4
5 9			6		7	
5		8				
	9					

Waagerecht
1. Differenz aus 300 und 89
3. Summe aus 320 und 242
5. Subtrahiere von der Summe aus 53 und 47 die Zahl 8
7. Summe der Zahlen 22, 19 und 24
8. Subtrahiere von 950 die Zahl 555
9. Von welcher Zahl muss man 5 000 subtrahieren, um 20 000 zu erhalten?

Senkrecht
1. Summe aus 110 und 185
2. Differenz aus 48 und 36
4. Differenz von 500 und 249
6. Von welcher Zahl muss man 10 subtrahieren, um 980 zu erhalten?
8. Subtrahiere von der Summe aus 120 und 235 die Zahl 320.

12 An der Kasse im Supermarkt tippt der Kassierer ganz schnell die Preise ein. Finde durch eine Überschlagsrechnung heraus, wie viel ungefähr an der Kasse zu zahlen ist.
Wieso ist die Überschlagsrechnung so einfach?

a)
2,99 €
16,89 €
3,99 €
2,99 €
0,99 €
0,99 €
9,99 €

b)
2,49 €
1,99 €
4,45 €
2,95 €
0,49 €
0,49 €
2,99 €

13 Finde die fehlende Zahl. Wie rechnest du, um die Zahl herauszubekommen?

a) 16 + ■ = 75 b) 27 – ■ = 5 c) 99 – ■ = 0 d) 59 – ■ = 33
e) 56 – ■ = 56 f) 24 + ■ = 99 g) 36 + ■ = 59 h) 17 + ■ = 22

13 Die Lösungen sind dabei:
0 5 22 23
26 59 66
75 99

14 Marcel hat Tafeldienst. Am Ende der Stunde hat er die Tafel bereits teilweise ausgewischt, als seine Mitschüler rufen: „Wir haben noch nicht abgeschrieben." Zum Glück war Marcel nicht zu eifrig. Oder?

15 Fülle die Lücken. Vergleicht eure Lösungen.

a) 37 + 86 = ■ b) 105 – ■ = 73 c) ■ + ▲ = 99 d) 123 + ■ = 200
e) ■ – ▲ = 84 f) ■ – 56 = 250 g) 200 – ■ = 98 h) ■ + ▲ = 0

16 Kopfrechnen leicht gemacht. Summanden vertauschen und schon geht's los.

a) 35 + 89 + 65 d) 17 + 21 + 83 g) 123+ 96 + 77
b) 16 + 37 + 54 e) 34 + 18+ 12 h) 1 + 2 + 3 + 47 + 48 + 49
c) 29 + 23 + 11 f) 11 +22 + 99 i) 1 200 + 240 + 800 +760

16 Quersummen der Lösungen:
a) 18 f) 6
b) 8 g) 17
c) 9 h) 6
d) 4 i) 3
e) 10

Quersumme von 27:
2 + 7 = 9

17 *Keine Angst vor großen Zahlen!*

Auch große Zahlen kann man im Kopf addieren und subtrahieren.

a) 256 + 472 c) 568 – 345
b) 365 + 92 d) 785 – 348

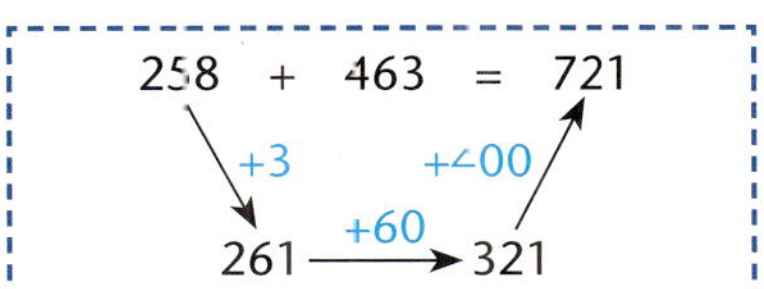

Übungen

systematisch zählen

18 *Wie oft schlägt die Uhr?*

a) Die Kirchturmuhr in Maxdorf schlägt um ein Uhr einmal, um zwei Uhr zweimal usw. Wie oft schlägt sie während eines Tages?

b) Wie häufig ruft der Kuckuck einer Kuckucksuhr am Tag? Der Kuckuck ruft jede Viertelstunde einmal und um ein Uhr einmal, um zwei Uhr zweimal usw.

19 Nicole erzählt von ihrer Fahrt mit dem Heißluftballon am letzten Wochenende. „Der Ballon ist zunächst 250 m hoch gestiegen. Man hatte eine tolle Aussicht auf das umliegende Land. Dann hat der Schiffer dem Ballon kräftig eingeheizt und ist nochmals um 190 m gestiegen. Das war toll. Ganz sachte sind wir dann während unserer weiteren Fahrt gesunken, insgesamt um 780 m. Schließlich sind wir gelandet. Alle Klassenkameraden haben gespannt zugehört. Pascal sagt plötzlich: „Da stimmt doch etwas nicht."

20 Anna kauft ein. Wurst und Käse hat sie schon im Einkaufswagen. Anna darf noch ihre Lieblingszeitschrift zu 3,50 € mitbringen. Reichen die 25 €, die ihr der Vater mitgegeben hat?

a) Anna überschlägt zunächst im Kopf. Wie hat sie wohl gerechnet?

b) Rechne die genaue Summe aus, die Anna bezahlen muss.

21 *In einem Aufzug:*

Allessandro schätzt seine acht Mitfahrer: 110 kg, 80 kg, 90 kg, 60 kg, 80 kg, 70 kg, 100 kg, 50 kg. Ist es bereits gefährlich? Alessandro rechnet schnell im Kopf.

Maximales Gewicht 750 kg

22 *Rechne im Kopf!*

a) Berechne die Differenz von 98 und 39 und addiere dann 27.

b) Addiere zu 25 die Summe der Zahlen 33 und 52.

c) Subtrahiere von der Summe aus 36 und 64 die Zahl 12.

d) Addiere zur Summe von 17 und 33 die Differenz von 100 und 50.

23 Welches Wechselgeld erhält man, wenn man a) 16,35 €, b) 35,00 €, c) 8,85 €, d) 87,50 € bezahlen muss und mit einem a) 20,– €-, b) 50,– €-, c) 10,– €-, d) 100,– €-Schein bezahlt?

24 Marcel hat Ferien und fährt mit Timo in den Zoo. Für die Eintrittskarte hat er 5,50 € ausgegeben und für ein Getränk 1,50 €. Nun möchte er noch das „Giftige Tiere"-Poster zu 3,60 € kaufen. Wie viel Geld muss er sich von Timo leihen, wenn er insgesamt 10 € von zu Hause mitgenommen hat?

25 Kirsten sammelt leere Getränkedosen. Sie hat bereits 29 gesammelt. Kirsten möchte die Dosen in einer Pyramide aufstellen. Kannst du ihr sagen, mit wie vielen Dosen sie in der untersten Reihe beginnen soll, damit eine schöne Pyramide entsteht und wenige Dosen übrig bleiben?

Aufgaben

26 Wie groß ist die Summe?

a) $2 + 4 + 6 + 8 + 10 + 12 + 14 + 16 + 18 + 20 + 22 + 24 + 26 + 28$
(Summe der geraden Zahlen bis 28.)

b) $3 + 6 + 9 + 12 + 15 + 18 + 21 + 24 + 27$

c) $4 + 8 + 12 + 16 + 20 - 24 + 28 + 32 + 36$

27 *Die optimale Fahrtroute*

Sarah will ihren zwei Freundinnen Alex und Julia Geburtstagseinladungen bringen. Sie hat ihre Freundinnen schon oft mit dem Fahrrad besucht. Daher weiß sie, wie lange sie für die einzelnen Strecken benötigt. Je nach Richtung sind die Fahrtzeiten verschieden.

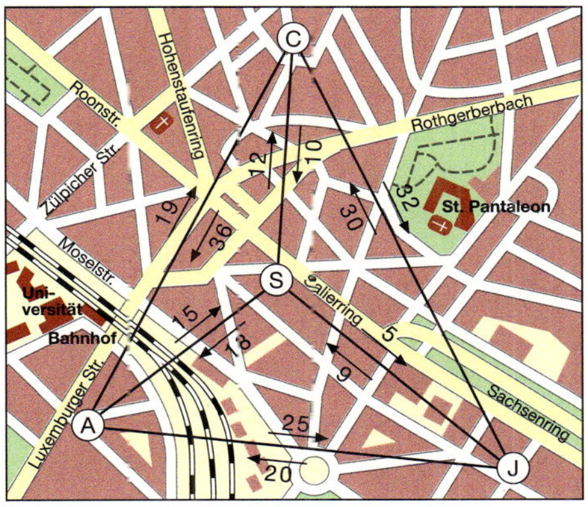

a) Wieso können Fahrtzeiten auf denselben Strecken verschieden sein?

b) Wie viele verschiedene Fahrtrouten kann Sarah fahren?

c) Finde die Route mit der kürzesten Fahrtzeit.

d) Sarah möchte unterwegs einen Stopp einlegen, um mit Claus Hausaufgaben zu machen. Wie viele verschiedene Routen kann Sarah jetzt fahren? Auf welcher Route ist die Fahrtzeit am kürzesten?

Für eine mögliche Route siehst du die Berechnung der Fahrtzeit rechts.

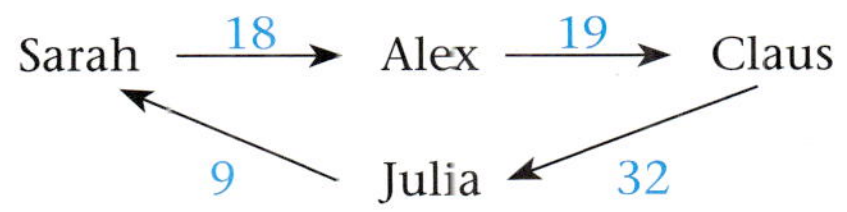

$18 + 19 + 32 + 9 = 78$

28 *Addition und Muster:* Mathematiklehrer Gärtner will eine Backsteinmauer im Schulhof mit einem schönen Muster bemalen. Da er kein großer Künstler ist, malt er die einzelnen Steine blau oder weiß genau nach einer bestimmten Regel. Mit dieser Regel können auch Herrn Gärtners tüchtige Schüler die angefangene Arbeit fortsetzen.

Regeln: Die Steine werden von oben nach unten bemalt, und zwar nach folgenden Anweisungen:

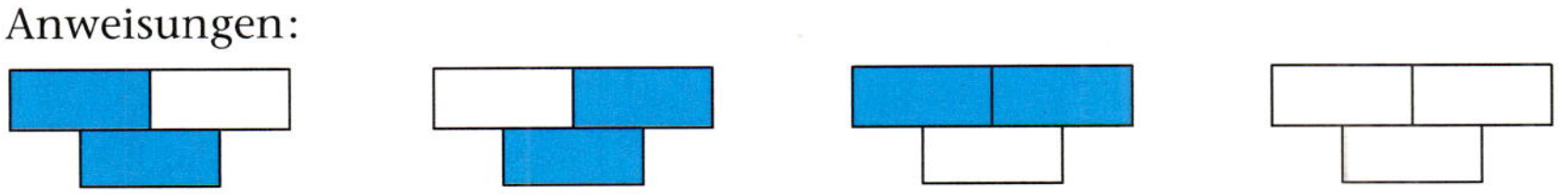

blau + weiß = blau | weiß + blau = blau | blau + blau = weiß | weiß + weiß = weiß

Herr Gärtner hat bereits angefangen. In der obersten Reihe hat er den mittleren Stein blau angestrichen. Alles weitere ergibt sich von selbst.

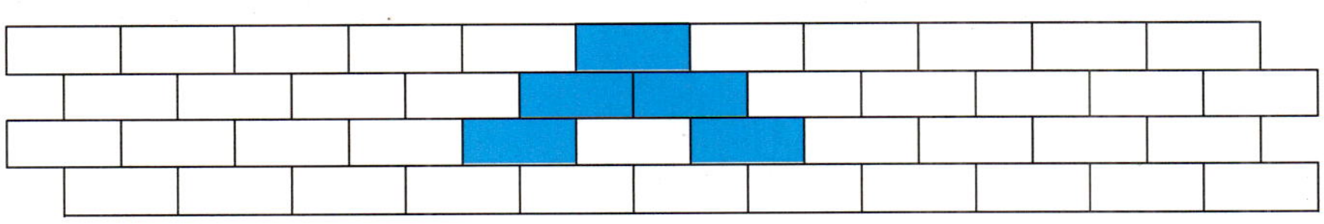

a) Überprüfe, ob sich Herr Gärtner an die Regeln gehalten hat.

b) Zeichne eine Wand aus Backsteinen in dein Heft (zwei Kästchen sind ein Backstein). Die Wand soll 11 Backsteine breit und 12 Backsteinreihen hoch sein. Bemale die Wand wie Herr Gärtner und setze das Muster fort.

Zauberquadrate

Schon immer haben sich Menschen für Zahlen interessiert. Zahlen werden nicht nur im täglichen Leben z. B. beim Bäcker oder Metzger verwendet. Viele Menschen spielen mit Zahlen und entdecken dabei „magische" Dinge. So hat der berühmte Maler ALBRECHT DÜRER im Jahr 1514 in einem Kupferstich ein **Zauberquadrat** dargestellt. In einem Zauberquadrat ist die Summe der Zahlen in den Spalten, in den Zeilen und in den Diagonalen gleich.

Entdeckst du die Jahreszahl 1514 in dem Zauberquadrat?

Projekt

Auf Entdeckungsreise in der „Welt" der Zauberquadrate
Ihr könnt Zauberquadrate selbst erforschen. Dabei entdeckt ihr die „magische Zahl", die zu jedem Zauberquadrat gehört. Ihr findet heraus, wie man Zauberquadrate erhält, und trefft auf besonders interessante Zauberquadrate. Die Aufgaben und Fragestellungen auf den beiden folgenden Seiten sollen euch bei eurer Entdeckungsreise helfen und anleiten. Übrigens: Im **Internet** findet man unter den Suchbegriffen **Zauberquadrate** oder **magische Quadrate** viele interessante Informationen.
Zum Schluss solltet ihr gemeinsam eine Ausstellung zusammenstellen. Zunächst müsst ihr entscheiden, was ihr aufschreiben wollt. Fertigt dann entsprechende Poster an (übersichtlich und so groß geschrieben, dass man das Aufgeschriebene leicht lesen kann). Die Poster können an den Wänden eures Klassenzimmers aufgehängt oder an Pinnwänden im Foyer eurer Schule ausgestellt werden.

A *Das Zauberquadrat in dem Gemälde von A. Dürer*
Die Summe aller Zahlen, in dem Spalten, Zeilen und Diagonalen nennt man die magische Zahl des Zauberquadrats. Berechne die magische Zahl des Zahlenquadrats auf dem Gemälde von A. Dürer.

Die magische Zahl

B *Ein besonderes Zauberquadrat aus den Zahlen 1 bis 9*
a) Was ist das Besondere an dem Zahlenquadrat?
b) Die magische Zahl ist 15 oder?
Begründe, warum die magische Zahl 15 sein muss.

8	1	6
3	5	7
4	9	2

b) Die Summe aller Zahlen von 1 bis 9 beträgt 45.

C *Erfinde selbst Zauberquadrate*
Ergänze das Quadrat in deinem Heft so, dass ein Zauberquadrat aus den Zahlen 1 bis 9 entsteht.

a)

		8
		1
	7	

b)

		2
8	3	

c)

		3
	1	8

Projekt

D *Wie kann man aus Zauberquadraten neue Zauberquadrate erhalten?*
Addiere zu jeder Zahl des Zauberquadrates auf der Seite 50 die Zahl 3.
a) Überlege, ob das neue Quadrat wieder ein Zauberquadrat ist. Du kannst deine Vermutung nachprüfen.
b) Kannst du noch andere Regeln angeben, wie man neue Zauberquadrate aus „alten“ Zauberquadraten erhält.

E *Ein erstaunliches Zauberquadrat*
a) Ist das Zahlenquadrat überhaupt ein Zauberquadrat?
b) Übersetze die Zahlen in Englisch, schreibe sie in einer Tabelle in dein Heft. Zähle jeweils die Anzahl der Buchstaben und trage in Zahlenquadrat ein. Ist es ein Zauberquadrat?

five	twenty-two	eighteen
twelve		

4	9	8
6		

5	22	18
28	15	2
12	8	25

F Wir basteln einen magischen Würfel. In der Abbildung siehst du einen Würfel, der mit Zahlen beschriftet ist. Unten ist dieser Würfel aufgeklappt mit allen Zahlen.
Fertige eine Kopie an (Fotokopierer oder Abzeichnen). Schneide die Kopie aus und klebe sie zu einem Würfel zusammen. Was ist magisch an diesem Würfel?
a) Addiere auf jeder Seite deines Würfels die drei Zahlen in jeder Reihe und in jeder Spalte. Was beobachtest du? Überprüfe, ob die Seiten des Würfels ein magisches Quadrat bilden.
b) Addiere alle Zahlen, die du findest, wenn du der gelben Linie folgend einmal um den Würfel gehst. Welche Summen erhältst du, wenn du den Würfel auf anderen Linien „umrundest“?

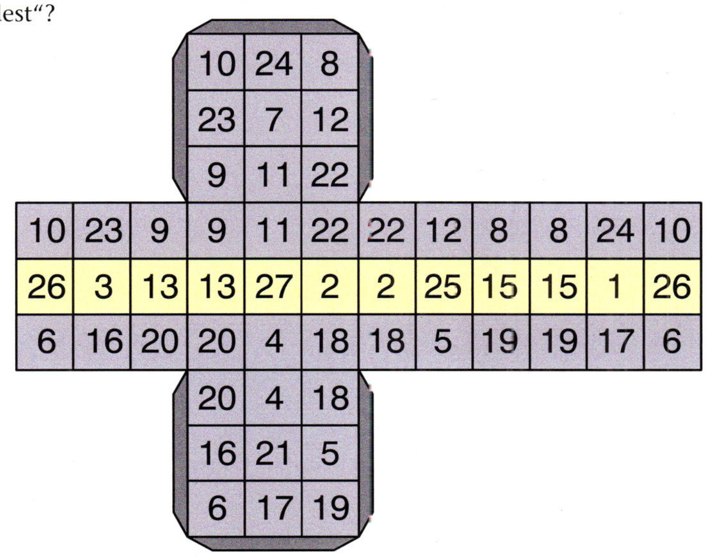

G Übrigens: Benjamin Franklin erfand Zauberquadrate, wenn er sich beim Anhören von Reden langweilte. Wer war Benjamin Franklin?

3.2 Addieren und Subtrahieren mit Bleistift und Papier

Was dich erwartet

Bei schwierigen Additions- und Subtraktionsaufgaben benötigt unser „Kopfcomputer“ Unterstützung: Papier und Bleistift. Schriftlich können wir beliebig große Zahlen addieren und subtrahieren. Natürlich kann trotzdem „was daneben gehen“. In diesem Abschnitt lernst du daher auch, wie man Überschlagsrechnungen und die Probe machen kann.

Aufgaben

1 *Geld zählen:* Anna und ihr Bruder Hendrik wollen ihren Eltern zu Weihnachten zwei Theaterkarten schenken. Die Karten kosten zusammen 83 €. Die Geschwister „schlachten“ ihre Sparschweine. Wie viel Geld fehlt ihnen noch?

6 1 9 2

2 Helen, Olaf und Carolin fahren mit ihren Großeltern im neuen Auto in die Ferien. Am ersten Abend sagt Großvater: „Morgen, am 6. 6., werde ich 66 Jahre alt. Wenn wir uns ein bisschen anstrengen, dann ist auf dem Tacho morgen der Kilometerstand 6 666 km.“ Ist das möglich? Was meinen deine Klassenkameraden?

3 Bei „Computercity“ gibt es ein Angebot des Monats.
a) Wie viel kosten Computer, Monitor, Drucker und Scanner zusammen?
b) Claudio möchte gern den Monitor zu 349 € haben. Außerdem soll der Drucker in Farbe drucken können. Der Farbdrucker kostet 103 € mehr. Dafür kann der Scanner der um 54 € billigere sein. Wie viel kostet Claudios „Wunschanlage“?

Kopfgymnastik

4 Teste dich selbst. Welche Aufgaben kannst du noch schnell und richtig im Kopf rechnen. Ab welcher Aufgabe wird es schwierig?

Addition

a) 34 + 97 b) 236 + 85 c) 493 + 728 d) 8 709 + 5 696 e) 56 718 + 83 974

Subtraktion

f) 84 – 73 g) 603 – 495 h) 2 739 – 654 i) 4 922 – 2 575 j) 87 543 – 68 666

Basiswissen

Schriftliches Addieren
Summanden sorgfältig untereinander schreiben. Beginne mit den Einern, addiere dann die Zehner, dann die Hunderter usw. Achte auf die Überträge.

Summanden			4	9	2	0
	+			8	7	5
	+		6	9	4	2
		1	2	1		
Summe		1	2	7	3	7

↑
2 + 5 + 0 = 7
4 + 7 + 2 = 13 Übertrag 1
1 + 9 + 8 + 9 = 27 Übertrag 2
2 + 6 + 0 + 4 = 12 Übertrag 1
1 = 1

Probe beim Addieren

Wir haben beim schriftlichen Addieren von „unten nach oben" gerechnet. Du kannst leicht überprüfen, ob du richtig gerechnet hast. Addiere einfach zur Probe von „oben nach unten".

		4	9	2	0
+			8	7	5
+		6	9	4	2
	1	2	1		
	1	2	7	3	7

↓
0 + 5 + 2 = 7
2 + 7 + 4 = 13
9 + 8 + 9 + 1 = 27
4 + 0 + 6 + 2 = 12
1 = 1

Beispiele

A Berechne die Summe 12 563 + 873 + 4 960

	1	2	5	6	3
+			8	7	3
+		4	9	6	0
		2	1		
	1	8	3	9	6

Nutze die Karos in deinem Heft:
Ein Karo – eine Ziffer

B Dennis hat beim schriftlichen Addieren etwas falsch gemacht. Sicher erkennst du sofort, was falsch ist.

	2	9	6	5	
+		8	7	6	
+		1	0	0	3
	1	1	1		
	3	9	4	1	3

Richtig untereinander schreiben:
Einer unter Einer, Zehner unter Zehner, …

	2	9	6	5
+		8	7	6
+	1	0	0	3
	1	1	1	
	4	8	4	4

Überschlagsrechnung

C Wenn man große Zahlen addiert, will man oft vorab ein ungefähres Ergebnis haben. Dann macht man eine Überschlagsrechnung.
Überschlagsrechnung: Runde die Zahlen so, dass du leicht im Kopf rechnen kannst.

		Überschlag
8 396	Runden auf	8 000
+ 5 822	⟶	+ 6 000
+ 9 050	Tausender	+ 9 000
		23 000

Die Summe beträgt ungefähr 23 000.

Ergänzen des fehlenden Summanden – Berechnen der Differenz

D Kennt man die Summe zweier Zahlen und einen der Summanden, dann kann man leicht den zweiten Summanden durch Ergänzen finden.

2 3 9 8	2 3 9 8	2 3 9 8	2 3 9 8	2 3 9 8
+ ■ ■ ■ ■	+ ■ ■ ■ 1	+ ■ ■ 3 1	+ ■ 9 3 1	+ 4 9 3 1
		1	1 1	1 1
7 3 2 9	7 3 2 9	7 3 2 9	7 3 2 9	7 3 2 9

Ohne es zu merken, haben wir die Differenz 7 329 – 2 398 berechnet. 4 391 ergänzt 2 398 zu 7 329.

Basiswissen

Schriftliches Subtrahieren
Minuend und Subtrahend sorgfältig untereinander schreiben.
Ergänze zunächst Einer, dann Zehner, usw. Achte auf Überträge.

Minuend		7	3	2	9	8 + 1 = 9	Ergänze 1	
Subtrahend	–	2	3	9	8	9 + 3 = 12	Ergänze 3	Übertrag 1
		1	1			1 + 3 + 9 = 13	Ergänze 9	Übertrag 1
Differenz		4	9	3	1	1 + 2 + 4 = 7	Ergänze 4	

Probe beim Subtrahieren

Umkehraufgabe

Auch beim Subtrahieren kann man leicht die Probe machen. Man macht die Subtraktion rückgängig. Hat man richtig gerechnet, dann ergibt die Summe aus Differenz und Subtrahend den Minuenden.

Minuend		6	7	4	5	1
Subtrahend	–	3	9	5	3	8
			1	1	1	
		2	7	9	1	3

Probe:

	2	7	9	1	3
+	3	9	5	3	9
	6	7	4	5	1

Beispiele

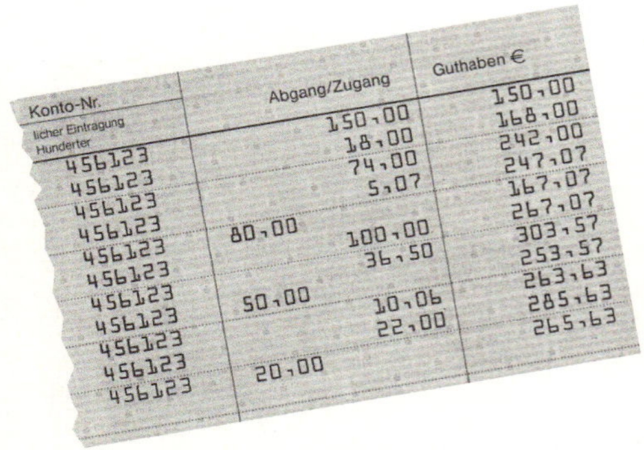

E Kayans Sparziel ist 1 000,– €.
Wie viel muss er noch sparen?

	1	0	0	0,	0	0
–		2	6	5,	6	3
	1	1	1	1	1	
		7	3	4,	3	7

Kayan muss noch 734,37 € sparen.

F Man kann auch mehrere Zahlen gleichzeitig schriftlich subtrahieren.

	4	3	0	8
–	2	9	5	6
–		4	9	1
	2	2		
		8	6	1

1 + 6 + 1 = 8 Ergänze 1
9 + 5 + 6 = 20 Ergänze 6 Übertrag 2
2 + 4 + 9 + 8 = 23 Ergänze 8 Übertrag 2
2 + 0 + 2 + 0 = 4 Ergänze 0

Übungen

5 Addiere schriftlich.
Kannst du alle Aufgaben in weniger als 8 Minuten richtig rechnen?

a) 253 + 726
b) 3 586 + 926
c) 35 798 + 46 015
d) 7 956 + 8 391
e) 7 777 + 8 888
f) 13 456 + 36 544
g) 5 678 + 8 765 + 4 222
h) 263 + 568 + 1 703 + 681
i) 43 751 + 15 734
j) 33 + 333 + 3 333 + 33 333 + 333 333

5 Die Lösungen sind dabei:
979 50 000
4 512 81 813
16 347 18 665
16 665 3 215
370 365 59 485

6 Keine Angst vor großen Zahlen! Berechne die Summe aus:
a) dreitausendfünfhundertundvier, neunhundertachtundfünfzig und viertausendsechshundertundzweiundfünfzig,
b) vier Millionen dreihundertzwanzigtausenddreihundert, neunhundertfünfundneunzigtausend und zwei Millionen dreihundertundzweitausend.

Übungen

7 Zeichne das Muster und die Zahlen in dein Heft. Addiere die Zahlen auf den benachbarten zwei „Backsteinen". Schreibe das Ergebnis auf den Stein darüber.

a)

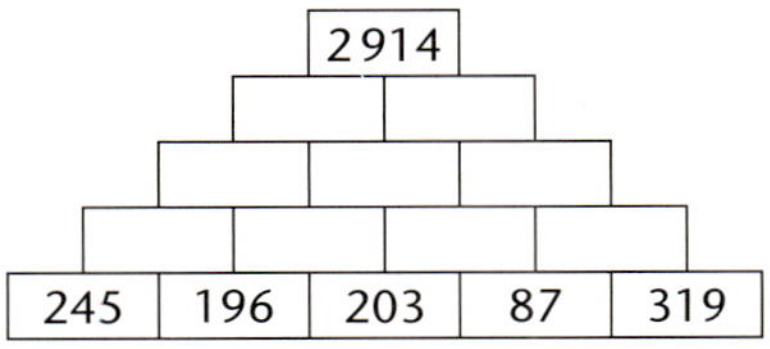

b)

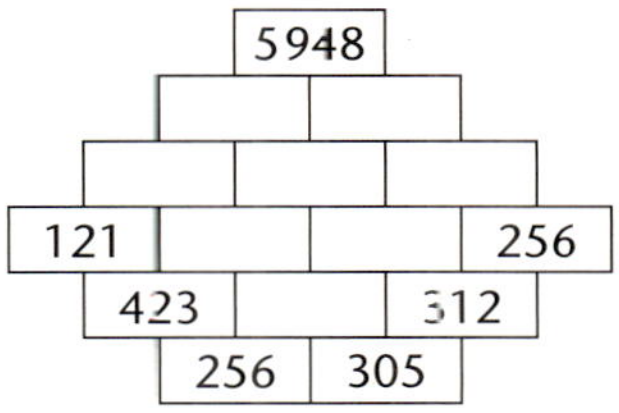

c) Mache eine „Backsteinaufgabe" für deinen Banknachbarn. Es sollen alle Felder ausgefüllt werden können. Trage die Zahl, die in das obere Feld kommt, ein. Dann kannst du leicht feststellen, ob dein Nachbar richtig gerechnet hat.

8 Übertrage die Zahlen mit den Lücken in dein Heft. Ergänze die fehlenden Ziffern.

a)
```
  4 3 5 ■
+ ■ 5 ■ 8
---------
  6 ■ 9 9
```
b)
```
  2 ■ 5 7
+ ■ 9 2 ■
---------
  5 2 ■ 0
```
c)
```
  5 4 ■ ■
+ ■ 3 5 ■
---------
  9 ■ 2 3
```
d)
```
  4 8 6 1 2
+ ■ ■ ■ ■ ■
-----------
  6 3 2 1 4
```
e)
```
  3 ■ ■
+ 6 8 ■
-------
  ■ 9 6
```
f)
```
  2 0 ■ ■
+ 3 ■ ■ 6
---------
  ■ 5 8 9
```
g)
```
  ■ ■ ■ ■
+ 2 0 9 1
---------
  7 0 6 0
```
h)
```
  ■ 5 5 5
+ 7 ■ ■ ■
---------
  9 3 3 2
```

9 In Aufgabe 8 haben drei der Aufgaben mehrere Lösungen. Erkennst du, woran das liegt?

10 Mache zunächst eine Überschlagsrechnung und berechne dann die Summe genau.

a) 456 + 583 + 712
b) 3 401 + 5 691 + 1 873
c) 23 450 + 36 920 + 18 234
d) 5,53 € +7,12 € + 1,83 €
e) 5,51 m + 6,39 m + 4,82 m
f) 234 km + 198 km + 79 km + 207 km + 176 km + 366 km

11 Aus dem Trainingsbuch einer Langstreckenläuferin:

Tag	Strecke	Zeit
Mo	12 km	1 h 03 min
Di	8 km	45 min
Mi	15 km	1 h 29 min
Do	18 km	1 h 43 min
Fr	10 km	49 min
Sa	25 km	2 h 18 min
So	5 km	27 min

Welche Trainingsstrecke hat sie in einer Woche zurückgelegt. In welcher Zeit hat sie diese Strecke zurückgelegt?

Achtung beim Addieren von Zeiten!

12 Herr Schlau sagt am Telefon zu seiner Schwester: „Ich muss mich noch umziehen, das dauert 15 Minuten. Ulrike braucht 25 Minuten, um sich fertig zu machen und Marc 20 Minuten. Wir können also in 60 Minuten zu euch aufbrechen." Ist Herr Schlau schlau?

13 Im „City" läuft der neueste Film von H. Spültal. In der ersten Woche besuchten die Vorstellungen:

a) Überschlage im Kopf, wie viele Besucher den Film gesehen haben. Berechne dann die genaue Zahl.
b) Der Eintritt kostet 6,– €. Welchen Betrag spielte der Film in der Woche ein?

Übungen

Subtrahieren mit Probe

14 Berechne die Differenzen. Schaffst du alle Aufgaben fehlerfrei in weniger als 8 Minuten? Du kannst selbst überprüfen, ob du richtig gerechnet hast. Mache zu allen Aufgaben die Probe.

a)	b)	c)	d)	e)	f)
953	32 584	12 536	37 602	100 000	6 902
– 421	– 21 574	– 9 474	– 18 593	– 59 812	– 4 093

15 Die Summe aller Differenzen beträgt 10 000.

15 Berechne die Differenz.

a)	b)	c)	d)	e)
4 912	23 569	945	88 451	8 712
– 2 138	– 12 341	– 487	– 27 531	– 3 205
– 1 707	– 8 496	– 458	– 55 345	– 2 991
				– 1 890

Probe bei mehr als zwei Subtrahenden.

Hast du eine Idee, wie man bei diesen Aufgaben eine Probe machen könnte?

16 Übertrage in dein Heft und rechne.

a) 8 312 – 2 999 = ☁ → ☁ – 3 809 = 1504

b) 83 412 – 16 308 = ☁ → ☁ – 9 593 = ☁ → ☁ – 32 496 = ☁ → ☁ – 4 823 = 20 192

c) 8 306 – 953 = ☁ → ☁ – 953 = ☁ → ☁ – 953 = ☁ → ☁ – 953 = ☁ → ☁ – 953 = ☁ → ☁ – 953 = 2 588

Kannst du dir vorstellen, wie wir bei Aufgabe c) schnell auf das „Endergebnis" 2 588 gekommen sind?

17 Hier ist wieder etwas zum Knobeln. Übertrage die Zahlen mit Lücken in dein Heft. Ergänze die fehlenden Ziffern. Eine der Aufgaben hat mehrere Lösungen.

a)	b)	c)	d)	e)
3 6 5 3	8 ■ 7 6	5 6 8 3	3 ■ 7	8 ■ 4 ■ 6 ■
– ■ 4 ■ 7	– 2 3 ■ 2	– ■ ■ ■ ■	– ■ ■ 3	– 3 2 ■ 8 ■ 6
1 ■ 1 6	■ 1 1 ■	2 4 1 0	1 9 ■	■ 8 2 1 5 4

Überschlagsrechnung – wie genau?

18 Wie du bei der Überschlagsrechnung rundest, hängt von deinem Können im Kopfrechnen ab. Bist du ein Profi im Kopfrechnen, dann rundest du auf Tausender. Du kannst aber auch auf Zehntausender runden. Welches ist wohl das Genauere?

> 36 461 – 15 338
>
> Runden beim Überschlag
>
> auf Tausender: 36 000 – 15 000 = 21 000
>
> auf Zehntausender: 40 000 – 20 000 = 20 000

19 Finde vier richtige Aufgaben. Mache zunächst eine Überschlagsrechnung, um herauszufinden, welche Zahlen zueinander passen könnten.

Minuend		Subtrahend		Differenz
153 752, 56 812, 94 518, 78 503, 182 961	–	55 555, 35 299, 83 410, 26 981, 97 256	=	98 197, 21 513, 46 413, 51 522, 85 705

20 Mache einen Überschlag wie ein Profi (Aufgabe 18); rechne dann genau.

a) 37 461 – 16 938
b) 568 + 341
c) 8 503 – 3 865
d) 235 560 + 450 189
e) 85 432 – 32 734
f) 3 561 – 2 410 + 4 761 – 1 785

Übungen

Probe durch Überschlag

21 *Aus einem Mathebuch:* „Eine Reise kann ganz schön teuer werden. Familie Sperlich plant eine Urlaubsreise. Die Eltern stellen die Kosten für sich und ihre drei Kinder zusammen.
Wie viel kostet der Urlaub?"
In der Klasse 5 a berechnen die Kinder die Kosten als Hausaufgabe. Nataschas Ergebnis ist 8 941 €, Ninas Summe ist 6 941 €, Robin hat 4 841 € herausbekommen und Kai 7 041 €.

a) Mit einer Überschlagsrechnung kannst du ganz schnell herausfinden, welche Ergebnisse bestimmt nicht richtig sind.
b) Berechne die genauen Kosten für Familie Sperlichs Reise. Wer hat richtig gerechnet?

22 Eine Expedition plant die Besteigung des Mount Everest, des höchsten Berges der Erde. In verschiedenen Höhen sollen Lager angelegt werden. Von einem Lager zum nächsten können die Bergsteiger mit ihren Vorräten an Nahrung und Sauerstoff in einem Tag gelangen.
Wie viele Höhenmeter liegen zwischen den Lagern?
Wozu benötigen die Bergsteiger den Sauerstoff?

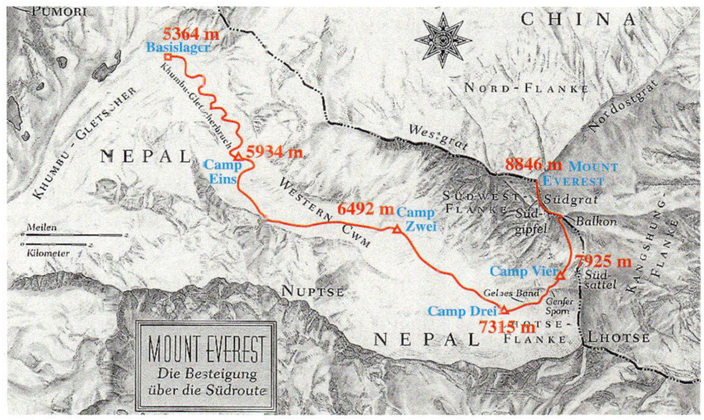

23 Sport im Vergleich: Reiten ein teurer Sport?

Wer in deiner Klasse, wer von deinen Freunden spielt Tennis? Wer reitet? Frage, welche Kosten ein Tennisspieler und ein Reiter noch zu tragen haben. Was kostet jeweils die abgebildete Ausrüstung?

24 Stimmt das Schaufensterplakat?

Aufgaben

85. Tour de France 1998

Etappen	Länge
1. Tag	180 km
2. Tag	205 km
3. Tag	169 km
4. Tag	252 km
5. Tag	228 km
6. Tag	204 km
7. Tag	58 km
8. Tag	190 km
9. Tag	228 km
10. Tag	196 km
11. Tag	170 km
12. Tag	222 km
13. Tag	196 km
14. Tag	186 km
15. Tag	189 km
16. Tag	204 km
17. Tag	149 km
18. Tag	218 km
19. Tag	242 km
20. Tag	52 km
21. Tag	147 km

Paris

Schaue im Internet nach. Wie lang war die Tour 1998? Wie lang war die letzte Tour?

25 Die Tour de France ist das berühmteste Radrennen der Welt. Sie findet in jedem Jahr im Sommer in Frankreich statt und dauert drei Wochen.

Die Radfahrer müssen fast jeden Tag besonders lange und steile Strecken zurücklegen. Die „Tour" hat deshalb auch den Ruf, das schwerste Radrennen der Welt zu sein.

a) Wenn du nicht selbst ein Rennfahrer oder eine Rennfahrerin bist, kannst du etwa 15 km in einer Stunde fahren. Wie lange würdest du für 150 km benötigen?

Die meisten Etappen sind viel länger. Radrennfahrer fahren aber auch oft 40 km in der Stunde oder schneller.

b) Überschlage, wie lang die gesamte Strecke der Tour de France im Jahre 1998 war. Berechne dann die exakte Streckenlänge.

26 Das Wilhelm-Busch-Gymnasium hat eine Partnerschule in Afrika. Die SV (Schülervertretung) beschließt, für die neuen Klassenräume der afrikanischen Schule 60 Stühle und 30 Tische zu spenden. Dazu wollen sie den Gewinn aus ihrem letzten Schulfest verwenden. Notfalls soll der Elternverein helfen.

60 Stühle 1200 €
30 Tische 1500 €

Übertrage die Abrechnung in dein Heft und vervollständige sie.

Abrechnung Schulfest

Klassen	*Einnahmen*	*Ausgaben*
5	337 €	212 €
6	208 €	96 €
7	596 €	231 €
8	453 €	396 €
9	461 €	222 €
10	515 €	419 €
11	1 061 €	492 €
12	962 €	433 €
13	429 €	291 €

27 *Zaubertricks:* Du bist ein Zahlenmagier. Du kannst das Ergebnis von Subtraktionsaufgaben nennen, ohne die Zahlen zu kennen.

Wie geht's?

1. Bitte deinen Freund oder deine Freundin, sich eine dreistellige Zahl mit drei verschiedenen Ziffern auszudenken und auf ein Stück Papier zu schreiben.
2. Sage, er oder sie soll die Ziffern in umgekehrter Reihenfolge aufschreiben.
3. Bitte ihn oder sie dann, die kleinere von der größeren Zahl zu subtrahieren.
4. Sage: „Nenne mir die Ziffer an der ersten oder letzten Stelle der Differenz." Warte einige Sekunden und nenne dann die Differenz.

Beispiele

Versuch 1	Versuch 2
806	397
608	793
806	793
− 608	− 397
1 1	1 1
198	396

Als Magier solltest du wissen, wie dieser Trick funktioniert. Hier ein kleiner Tipp: Die mittlere Ziffer der Differenz ist stets … . Die beiden anderen Ziffern sind …

Der Abakus

Zu allen Zeiten haben die Menschen versucht, Rechenmaschinen zu bauen. Um auch mit großen Zahlen schnell zu rechnen, benutzen wir heutzutage den elektronischen Taschenrechner. In der Vergangenheit verwendeten Menschen in fast allen Teilen der Welt Rechenbretter. Auch heute noch benutzen viele Menschen in Asien und Russland das Rechenbrett, den so genannten Abakus. Mit dem Abakus kann man nicht nur addieren und subtrahieren sondern auch multiplizieren und dividieren.

Die Kugeln in dem oberen Teil des Abakus werden mit dem Zeigefinger, die in dem unteren Teil mit dem Daumen verschoben.

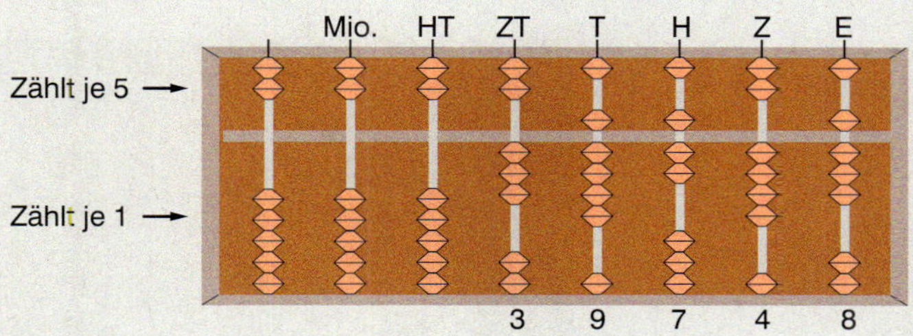

Chinesischer Abakus: Suan-pan

Die Kugeln, die zu dem Steg in der Mitte geschoben sind, stellen die Zahl dar. In jeder Spalte bedeutet eine Kugel im unteren Teil des Abakus die Zahl 1 und im oberen Teil die Zahl 5. Auf dem Abakus können wir die Zahl 39 748 ablesen.

Wir wollen ein bisschen mit dem Abakus rechnen. Vielleicht hat der eine oder die andere einen Abakus zu Hause. Bringt ihn doch einfach mit in die Schule. Wenn ihr keinen Abakus habt, dann geht es auch mit Papier und Bleistift.

28 Welche Zahlen sind auf dem Abakus dargestellt?

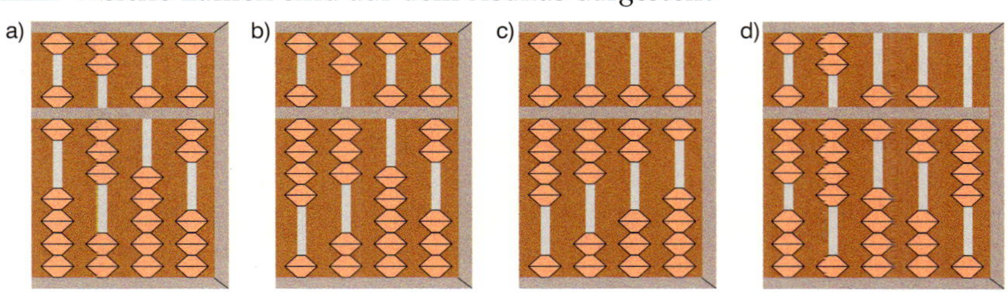

29 Zeichne einen Abakus, auf dem die folgenden Zahlen eingestellt sind.
a) 496 b) 2 072 c) 74 509 d) 98 006 e) 3 456 286

30 *Addieren mit dem Abakus*
Durch Verschieben von Kugeln kann man mit dem Abakus schnell addieren. Addiere auf einem Abakus 482 und 588. Zeichne dazu eine Bilderfolge wie unten.

Addieren mit dem Abakus – etwas für schnelle Finger

Und so wird's gemacht: 793 + 684

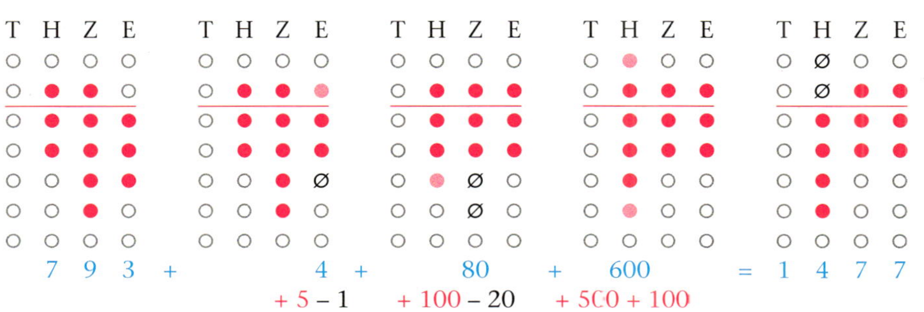

Das Rechnen mit einem Abakus wurde in Frankreich vor ungefähr 150 Jahren gesetzlich verboten.

3.3 Multiplizieren und Dividieren im Kopf

Was dich erwartet

Produkt, Faktor, Quotient, Divisor, Dividend ... – wer soll da noch durchblicken? Vielleicht weißt du aber auch schon, was diese Worte bedeuten. Du wirst in diesem Abschnitt lernen, wie man die Begriffe richtig verwendet – und du wirst ein bisschen Kopfrechnen üben. Denn was Multiplizieren und Dividieren bedeuten, das weißt du schon lange.

Aufgaben

1 Anna hilft ihrem Vater beim Pflanzenkauf in der Gärtnerei. Er will ein großes Beet mit 18 Pflanzen anlegen. Der Vater gibt ihr einen 50-€-Schein. Er bittet Anna die Pflanzen an der Kasse zu bezahlen und sagt: „Vom Wechselgeld kannst du 4 € für deine Spardose behalten." Anna gibt ihrem Vater 10 € zurück. Stimmt die Rechnung?

2 Vor über 2 000 Jahren lebte in China der Kaiser Qin Shi Huangdi. Weil er meinte, dass er der größte und mächtigste Herrscher der Erde war, ließ er sich eine prächtige Grabanlage bauen. Die Anlage sollte das ganze kaiserliche Heer als lebensgroße Tonfiguren enthalten. Deshalb wurden über 6 000 Tonsoldaten hergestellt, die mit ihm zusammen begraben wurden. Im Jahre 1974 wollten einige Bauern einen Brunnen graben. Dabei fanden sie die Armee der Tonsoldaten von Qin Shi Huangdi.

a) Andreas findet die Geschichte toll. Wie groß muss diese Grabanlage gewesen sein?
Er überlegt: Wenn die Figuren in Reih und Glied aufgestellt sind und immer 4 Soldaten nebeneinander stehen und der Abstand zwischen den Viererreihen 1 m beträgt – wie lang ist dann die Kolonne?
b) Die Tonsoldaten wurden in Werkstätten hergestellt. Jede Figur bekam ein eigenes Gesicht und war bunt bemalt. Stell dir vor, in den großen kaiserlichen Werkstätten wären pro Tag 6 Figuren hergestellt worden. Wie lange hätte es gedauert, die gesamte Tonarmee zu bauen?

3 Im Sportunterricht sagt Frau Unger: „Wir machen heute einen Dauerlauf im Stadion. Insgesamt werden wir 2 000 m laufen. Für eine Runde von 400 m solltet ihr nicht mehr als 170 Sekunden benötigen."
a) Wie viele Runden sollen die Schülerinnen und Schüler auf der Laufbahn laufen?
b) Wie lange benötigt man für die gesamte Strecke, wenn man jede Runde in genau 170 Sekunden läuft? Rechne die Laufzeit in Minuten um.

4 Und nun etwas für Schnellrechner:
36 + 36 + 8 + 36 + 8 + 36 + 8 + 36 + 36 + 8 + 36 + 36 − 36 + 8 + 36
Wie hast du gerechnet? Wie haben deine Klassenkameraden gerechnet?

Basiswissen

Multiplizieren – Vervielfachen | **Dividieren – Teilen**

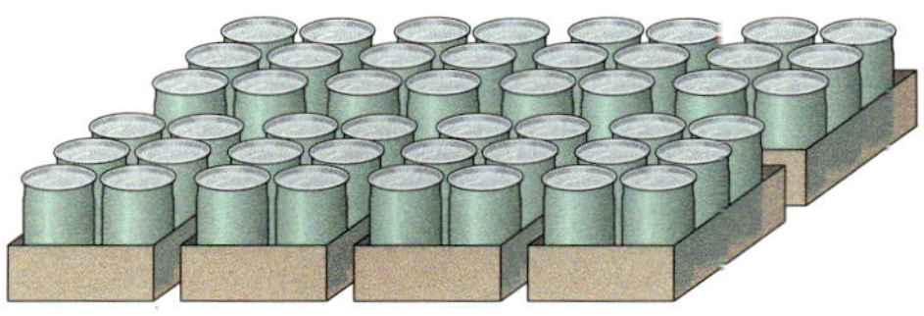

8·6 = 48 Dosen | 48:6 = 8 Sechserpack

Man nennt 8 · 6 **Produkt**. (8: 1. Faktor, 6: 2. Faktor)

Man nennt 48 : 6 **Quotient**. (48: Dividend, 6: Divisor)

Dividieren ist das Suchen eines Faktors, wenn das Produkt bekannt ist.

■ · 6 = 48 48 : 6 = 8 (8: Quotient)

Beim Dividieren kann man leicht die Probe machen: Multipliziert man den Quotienten mit dem Divisor, so muss der Dividend herauskommen.

Probe: 8 · 6 = 48 (8: Quotient, 6: Divisor)

Die Division ist die Umkehrung der Multiplikation. Die Multiplikation ist die Umkehrung der Division.

Multiplizieren leicht gemacht

Wenn man mehrere Zahlen multipliziert, kann man sich Rechenvorteile verschaffen.

5 · 13 · 2
↓ Vertauschen der Faktoren
13 · 5 · 2
↓ Ändern der Reihenfolge, in der man rechnet.
13 · 10
↓
130

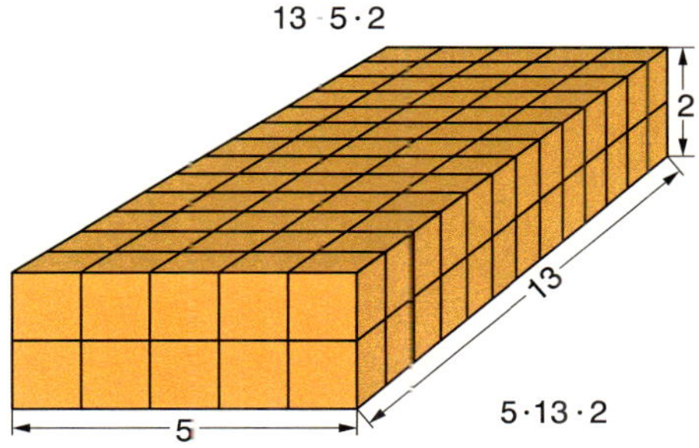

Klammern

Verändert man die Reihenfolge, in der man rechnet, so „verbindet“ man Zahlen. Dies wird durch Klammern deutlich gemacht. Klammern haben Vorfahrt. Was in der Klammer steht, wird zuerst gerechnet.

13 · (5 · 2)
13 · 10
130

Beim Multiplizieren darf man
(1) die Reihenfolge der Faktoren vertauschen **(Kommutativgesetz)**,
(2) die Reihenfolge, in der man multipliziert, selbst festlegen **(Assoziativgesetz)**.

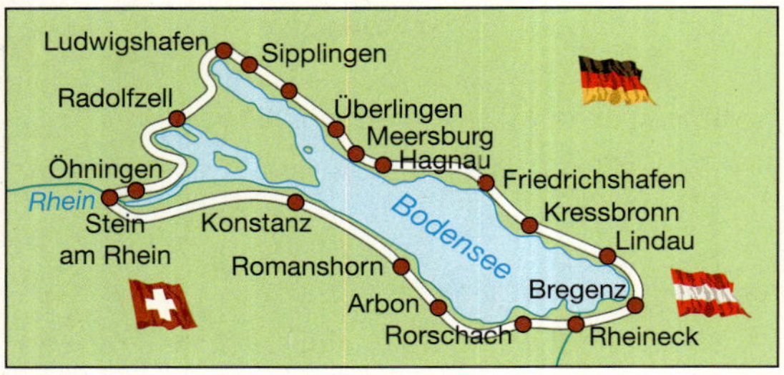

A Familie Lindemann plant eine Fahrradtour rund um den Bodensee. Die Familie will jeden Tag 50 km radeln. Die geplante Tour ist 360 km lang. Schaffen sie die Tour in sechs Tagen?
In sechs Tagen legen sie 6 · 50 km = 300 km zurück. Das reicht nicht; sie müssen pro Tag mehr Kilometer fahren, wenn sie den Bodensee in sechs Tagen umrunden wollen.
360 km : 6 = 60 km. Bei einem Tagespensum von 60 km schaffen sie es in sechs Tagen.

B Dividieren mit Probe
72 : 8 = 9
Probe 9 · 8 = 72

(Selten gemacht, geht aber auch:)
Multiplizieren mit Probe
12 · 3 = 36
Probe 36 : 3 = 12

C Wenn keine Klammern stehen, muss man immer schön von links nach rechts rechnen.

40 : 5 · 2 =
8 · 2 =
16

nicht

~~40 : 5 · 2 =~~
~~40 : 10 =~~
~~4~~

Übungen

5 Jan will an seinem Geburtstag mit seinen Freunden ins Kino gehen. Der Eintritt kostet 6 €. Er hat acht Freunde eingeladen.

6 Lucia braucht für ihre Modelleisenbahn noch neun gerade Gleise. Sie kosten pro Stück 4,25 €. Lucia macht eine Überschlagsrechnung im Kopf. Wie könnte sie gerechnet haben?

7 Wie schnell bist du im kleinen Einmaleins? Mache einen Zeittest mit deiner Stoppuhr. Notiere alle Ergebnisse. Brauchst du länger als eine Minute oder machst du mehr als einen Fehler, so solltest du das kleine Einmaleins trainieren.

a) 3 · 9 b) 5 · 7 c) 4 · 8
d) 9 · 9 e) 3 · 6 f) 7 · 8
g) 5 · 5 h) 8 · 8 i) 6 · 6
j) 2 · 7 k) 4 · 5 l) 7 · 7

Einmaleins-Trainer: Schreibe 30 Karteikarten mit verschiedenen Multiplikationsaufgaben aus dem kleinen Einmaleins. Schreibe auf die Rückseite jeweils die Lösung. Stecke die Karteikarten in eine Kiste. Ziehe nacheinander Karten und rechne.
Aufgaben, die du nicht schnell lösen kannst, steckst du in den vorderen Teil, die anderen in den hinteren Teil der Kiste. Die Aufgaben aus dem vorderen Teil trainierst du später immer wieder.

8 Auch beim Dividieren hilft das kleine Einmaleins. Dividieren heißt den fehlenden Faktor suchen. Schaffst du die Aufgaben in einer Minute?
35 : 5 = ?   5 · ? = 35

a) 35 : 7 b) 21 : 3 c) 64 : 8
d) 90 : 9 e) 28 : 4 f) 48 : 6
g) 32 : 4 h) 18 : 2 i) 56 : 7

9 Quadrate im Quadrat. Aus wie vielen kleinen Quadraten ist jede Figur aufgebaut? Wie könnten die nächstgrößeren Figuren aussehen? Aus wie vielen Quadraten werden sie bestehen?

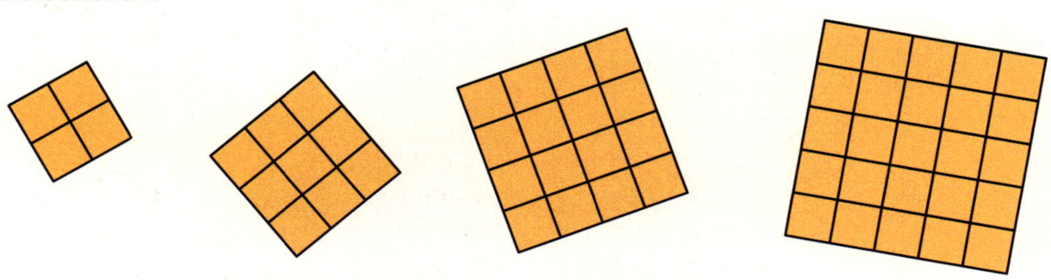

Übungen

Multiplizieren mit 10, 100, 1000, …
Anhängen von 1, 2, 3, … Nullen

Dividieren durch 10, 100, 1000, …
Weglassen von 1, 2, 3, … Nullen beim Dividend

4 300 : 100 = 43 (2 Nullen weglassen)
Probe 43 · 100 = 4 300 (2 Nullen anhängen)

10 Freundliche Faktoren

a) 5 · 10	b) 88 · 10	c) 595 · 10
d) 8 · 100	e) 34 · 100	f) 706 · 100
g) 9 · 1 000	h) 59 · 1 000	i) 530 · 1 000
j) 100 · 23	k) 10 000 · 14	l) 505 · 100 000

11 Freundliche Divisoren

a) 80 : 10	b) 230 : 10	c) 8 700 : 10
d) 700 : 100	e) 19 000 : 100	f) 110 000 : 100
g) 49 000 : 1000	h) 1 000 000 : 1000	

12 Welche Divisionen „gehen auf"? Finde möglichst viele Partner, die zueinander passen, und notiere die Quotienten.

Dividend: 350, 12 400, 12, 36 000, 4 500, 700

Divisor: 10, 100, 1 000, 10 000

13 Durch Vertauschen und Zusammenfassen kannst du „freundliche" Faktoren finden und die Produkte sogar im Kopf berechnen.

a) 2 · 17 · 5	b) 23 · 4 · 25
c) 2 · 25 · 2 · 34	d) 2 · 95 · 500
e) 5 · 74 · 5 · 4	f) 200 · 123 · 5

Aufgabe	2 · 66 · 25 · 2
Vertauschen	= 2 · 25 · 2 · 66
Zusammenfassen	= (2 · 25 · 2) · 66
	= 100 · 66
	= 6 600

14 Auf der Geburtstagsparty ihrer Freundin Tina spielt Anna „Gedankenlesen". Sie fordert Tina auf: „Denke dir eine Zahl aus. Multipliziere die Zahl mit 5 und dann mit 2. Addiere zu dem Ergebnis die Zahl 13. Sage mir dein Ergebnis und ich sage dir, welche Zahl du dir ausgedacht hast."
Tina hat sich eine Zahl ausgedacht und so gerechnet, wie Anna es gesagt hatte. Ihr Ergebnis war 63. Kannst du genauso wie Anna erraten, welche Zahl sich Tina ausgedacht hat? Wie funktioniert Annas Trick?

15 Denke dir wie Anna aus Aufgabe 14 einen Trick zum Erraten von Zahlen aus. Probiere ihn aber zunächst einmal mit deinem Banknachbarn aus, bevor du ihn vor der Klasse vorführst. Achte dabei auch darauf, dass die Rechnungen tatsächlich im Kopf ausgeführt werden können.

16 Kevin will einen Karton mit Butter heben. Oha, der Karton kommt ihm sehr schwer vor. Oder ist er nur zu schwach? Jedes Butterpäckchen wiegt 250 g. Wie schwer ist der Karton? Was meint ihr, ist Kevin zu schwach?

17 Patricia will sich eine Dauerkarte für das Freibad kaufen. Die Dauerkarte kostet 45 €. Ein Besuch im Schwimmbad kostet für Jugendliche 1,50 €. Wie oft muss sie mindestens ins Freibad gehen, damit sich der Kauf einer Dauerkarte lohnt?

Übungen

Immer Ärger mit der Null.

18 Berechne die fehlenden Zahlen

a) 6 · 0 = ■ b) 0 · 18 = ■
c) ■ · 14 = 0 d) ■ · 0 = 0
e) 91 · ■ = 0 f) ■ · 1 000 = 0

Rechnen mit der Null
Multipliziert man eine Zahl mit 0, so erhält man 0.

19 Dividiere die Zahl 0 durch eine andere Zahl.

a) Berechne den Quotienten 0 : 5 und mache die Probe.
b) Berechne den Quotienten 0 : 100 und mache die Probe.
c) Was erhält man, wenn man die Zahl 0 durch irgendeine andere Zahl dividiert?

20 In Mathematikbüchern steht: Durch 0 darf man nicht dividieren. Wir wollen herausfinden warum.

a) Nimm einmal an, 7 : 0 = 4 Kann das sein? Mache die Probe. Könnte der Quotient 7 : 0 die Zahl 5 sein, oder vielleicht 0, 1, 2, 3, 6, …?
b) Begründe mit den Ergebnissen aus a), wieso man nicht durch 0 dividieren kann.

Multiplizieren mit 5
680 · 5 = 680 · 10 : 2
= 6 800 : 2
= 3 400

21 Einige Rechnungen werden oft gebraucht.

a) Das Doppelte von 14, 27, 45, 250, 350 000, 2 Mio.
b) Die Hälfte von 26, 56, 88, 430, 40 000, 12 Mio.
c) Das Zehnfache von 33, 69, 780, 2 500, 5 000, 23 Mio.
d) Das Fünffache von 7, 66, 420, 3 400, 26 000, 12 Mio.

Kopfrechnen leicht gemacht
18 · 7 =
10 · 7 + 8 · 7 =
70 + 56 = 126
Zerlege 18 in 10 und 8

22 *Kopfrechnen mit größeren Zahlen.*
Mache einen Zeittest. Notiere alle Ergebnisse und vergleiche mit der Liste am Rand. Wenn du für alle Aufgaben länger als vier Minuten benötigst oder mehr als eine Aufgabe falsch rechnest, dann trainiere mit dem „Einmaleins-Trainer" (Seite 58 Aufgabe 7).

a) 12 · 4	b) 17 · 3	c) 14 · 6	d) 13 · 5
e) 18 · 3	f) 19 · 6	g) 17 · 7	h) 14 · 7
i) 16 · 7	j) 20 · 8	k) 15 · 2	l) 14 · 9

22
Lösungen:
112 98
48 51 119
54 114 30
126 160
84 65

23 Übertrage die Bilder in dein Heft und ergänze die Zahlen.

a)
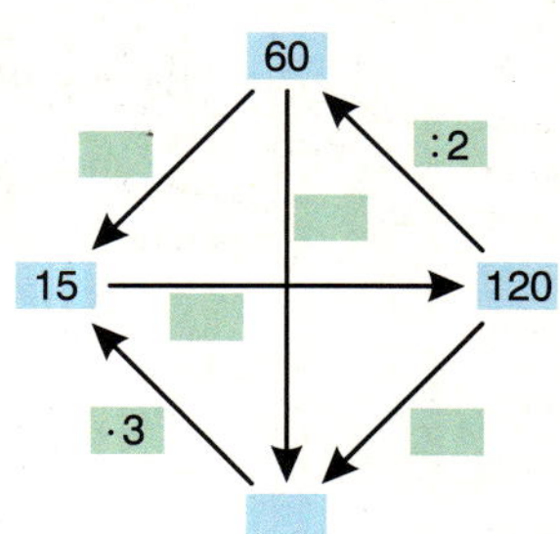

b)
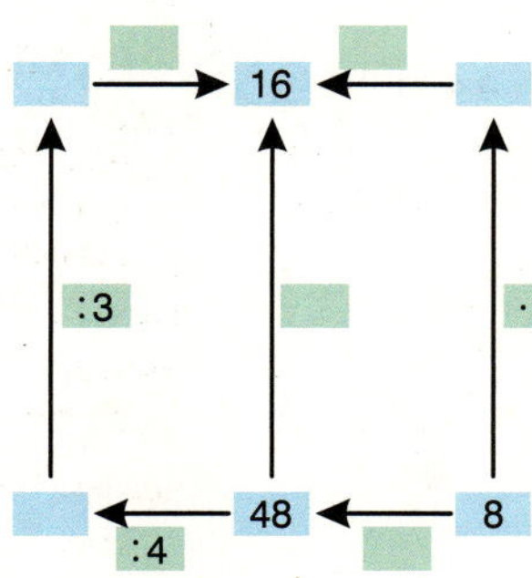

c)
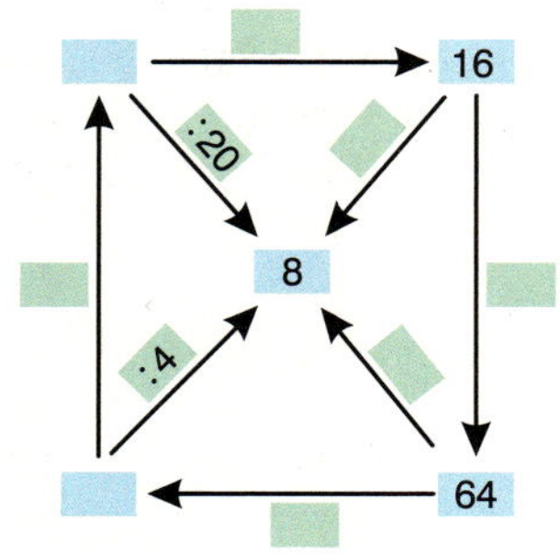

24 Fülle die Lücken aus. Benenne jedes Mal mit dem Fachausdruck, welche Zahl gesucht wird.

a) 16 · ■ = 32 b) 11 · 11 = ■ c) 143 : 13 = ■
d) 5 : 5 = ■ e) 4 · 9 = ■ f) 200 : 20 = ■
g) ■ : 10 = 16 h) 27 : ■ = 9 i) ■ · 40 = 4 000

Faktor, Produkt, Dividend, Divisor, Quotient

Übungen

25 Melanies Familie hat einen Familienstammbaum, der weit zurückreicht. Sie kann sogar ablesen, wer ihre Ururgroßeltern waren. Sie staunt, denn sie hat sehr viele Ururgroßeltern. Sie zählt 32.
a) Überprüfe, ob sie recht hat. Du kannst das, obwohl du nur einen kleinen Ausschnitt aus dem Stammbaum siehst.
b) Wie viele Ururururururgroßeltern hat Melanie?

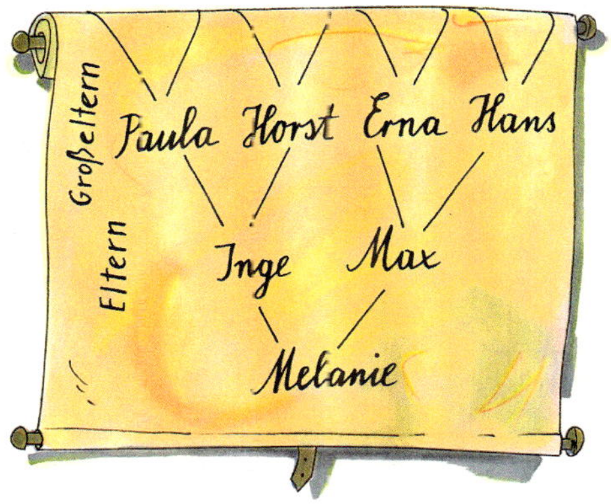

26 Berechne die Potenzen.

a) 2^3 b) 2^6 c) 3^4
d) 4^2 e) 5^3 f) 10^2
g) 10^6 h) 6^3 i) 10^3

27 Sortiere die Faktoren und schreibe gleiche Faktoren in „Kurzform" als Potenz.
$3 \cdot 5 \cdot 3 \cdot 3 \cdot 2 = 3 \cdot 3 \cdot 3 \cdot 2 \cdot 5 = 3^3 \cdot 10$
a) $2 \cdot 2 \cdot 7 \cdot 2 \cdot 2$ b) $3 \cdot 4 \cdot 3 \cdot 4 \cdot 3$
c) $6 \cdot 10 \cdot 10 \cdot 10$ d) $5 \cdot 2 \cdot 5 \cdot 5 \cdot 2$

In manchen Rechnungen kommt der gleiche Faktor mehrmals vor, z. B. $2 \cdot 2 \cdot 2 \cdot 2 \cdot 2$.

Dafür schreiben wir kurz 2^5 und lesen 2 hoch 5.

Grundzahl Hochzahl

Wir nennen 2^5 eine **Potenz** mit **Grundzahl (Basis) 2** und **Hochzahl (Exponent) 5.**
$2^5 = 2 \cdot 2 \cdot 2 \cdot 2 \cdot 2 = 32$

Vereinbarung
Wir vereinbaren $2^0 = 1$

28 Berechne die folgenden Produkte.

a) $5 \cdot 2^4$ b) $3 \cdot 5^2$ c) $3^2 \cdot 2$ d) $2 \cdot 4^2 \cdot 5$ e) $6 \cdot 10^3$
f) $12 \cdot 10^6$ g) $4 \cdot 3^3 \cdot 25$ h) $6 \cdot 10^9$ i) $8 \cdot 5^3$ j) 100^2

29 Wenn man eine Zahl mit sich selbst multipliziert, erhält man eine Quadratzahl. Die Zahl 4 ist eine Quadratzahl, $4 = 2 \cdot 2$. Die Zahl 5 ist keine Quadratzahl, da es keine natürliche Zahl gibt, die mit sich selbst multipliziert 5 ergibt.

Quadratzahlen

a) Berechne die ersten 10 Quadratzahlen.

b) Welche der folgenden Zahlen sind Quadratzahlen?

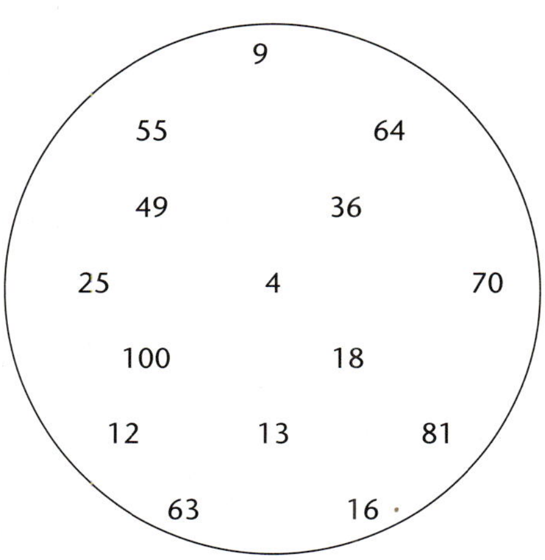

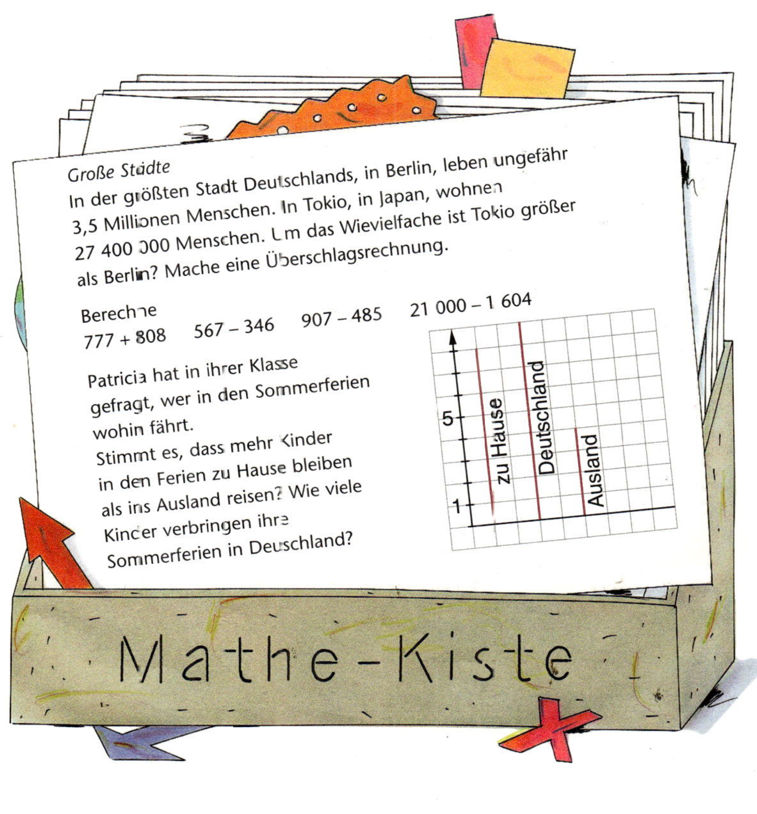

Aufgaben

30 Seit mehr als 4 000 Jahren ist ein – dir sicherlich fremdes – Verfahren zur Multiplikation bekannt. Es wurde in Ägypten entwickelt und mit geringen Änderungen noch bis vor 500 Jahren in Europa verwendet. Schau dir die Beispiele genau an. Jede der Multiplikationen wurde nach dieser Methode durchgeführt.

a) Finde heraus, wie diese Methode funktioniert.

$12 \cdot 25 = 300$	$17 \cdot 44 = 748$	$23 \cdot 51 = 1\,173$
~~1 25 (1 · 25)~~ ~~2 50 (2 · 25)~~ 4 100 (4 · 25) 8 200 (8 · 25) 300	1 44 ~~2 88~~ ~~4 176~~ ~~8 352~~ 16 704 748	1 51 2 102 4 204 ~~8 408~~ 16 816 1 173

b) Berechne die Produkte $29 \cdot 51$ und $15 \cdot 37$ nach der ägyptischen Methode.

Projekt

Wenn ich einmal reich wäre …

Hast du nicht auch schon einmal davon geträumt, richtig reich zu sein? Dann könntest du es dir z. B. erlauben, die ganze Klasse auf eine Reise nach Florida einzuladen und für alle Kosten aufzukommen: Flug, Hotel, Essen, Eintrittsgelder, Urlaubsbekleidung.

A Was meint ihr, was dies alles für eine 6-tägige Reise für alle Schülerinnen und Schüler eurer Klasse kostet?

B Die Stadt Orlando ist ein interessantes Reiseziel. Wo liegt Orlando? Welche Attraktion könnt ihr in Orlando und Umgebung besichtigen? Besorgt euch im Reisebüro Prospekte oder schaut im Internet nach. Stellt auch fest, wie hoch die Eintrittsgelder sind. Entscheidet, was ihr sehen wollt.

C Selbst wenn man viel Geld hat, muss man einen Kostenplan erstellen. Besonders übersichtlich lassen sich die Kosten in Tabellenform aufschreiben. Wenn du dich mit Tabellenkalkulation auskennst, lasse dir vom Computer helfen.

Kosten	pro Person	für die Klasse
Flug		
Hotel (fünf Übernachtungen)		
Eintrittsgelder		

Kosten für Kleidung (Die Preise kannst du selbst feststellen: Katalog, Einkaufszentrum, Eltern)

Bekleidung	Anzahl pro Person	Preis pro Stück	Gesamtpreis für Klasse
T-Shirts	4		
Shorts	2		
Jeans	2		
Sweatshirts	1		
Badebekleidung	2		
Turnschuhe	2 Paar		
Kappen	2		
Sonnenbrillen	1		
Tennissocken	3 Paar		

Was kostet euer Traumurlaub mit der Klasse?

3.4 Multiplizieren und Dividieren mit Kopf und Hand

Was dich erwartet

Mehrstellige Zahlen multiplizierst und dividierst du normalerweise schriftlich. Dennoch kann etwas danebengehen und du hast dich verrechnet. Deshalb lernst du in diesem Abschnitt nicht nur, wie man schriftlich multipliziert und dividiert, sondern auch, wie man eine Überschlagsrechnung durchführt und die Probe macht. Es wird also viel geübt. Darüber hinaus lernst du einige erstaunliche Zahlen, Produkte und Quotienten kennen.

Aufgaben

1 Papier kann ganz schön schwer sein. Vater hat in seinem Zimmer einen Stapel alter Zeitschriften.
„Seit Marens Geburt vor 15 Jahren sammle ich alle Ausgaben der Zeitschrift GEO“, erzählt er seinem Sohn Lars.
Lars staunt. Wie viele Zeitschriften das wohl sind und wie viel sie wiegen? Das will er genauer wissen. Zunächst stellt er fest, dass jährlich 12 Ausgaben von GEO erscheinen. Dann wiegt er eine Ausgabe mit der Küchenwaage. Sie wiegt 590 g.
a) Wie viele Zeitschriften hat Vater gesammelt?
b) Lars nimmt an, dass alle Ausgaben in etwa gleich schwer sind. Wie viel kg wiegen alle Zeitschriften zusammen?

2 Kann das sein? Julias Goldhamster Teddy ein Langstreckenläufer? Teddy läuft unermüdlich in seinem Laufrad. Julia möchte herausfinden, welche Strecke Teddy an einem Tag läuft. Sie misst den Umfang des Laufrades. Wenn sich das Rad einmal gedreht hat, dann ist Teddy 64 cm weit gelaufen. Mit der Stoppuhr stellt sie fest, dass der Goldhamster das Laufrad 10-mal in 15 Sekunden dreht.
a) Welche Strecke legt der Hamster in 1 Minute [10 Minuten, einer Stunde] zurück? Du musst natürlich annehmen, dass Teddy gleich schnell weiterläuft und zwischendurch keine Pausen einlegt.
b) Julia schätzt, dass der Goldhamster jeden Tag ungefähr zwei Stunden in seinem Laufrad läuft. Welche Strecke legt er jeden Tag ungefähr zurück?

Kannst du das Produkt 279 · 5 im Kopf berechnen? Nur Mut, probiere es einmal.

3 Die fünf Geldschrankknacker Ede, Emil, Heini, Pit und Pummel wollen ihre Beute von 6 245 € gerecht teilen. Sie können nicht gut rechnen. Keiner hat einen Taschenrechner dabei. Außerdem trauen sie einander nicht. Ede schlägt vor: „Lasst uns erst die 6 Tausender teilen. Jeder erhält einen Tausender. Es bleibt einer übrig. Den wechsle ich in 10 Hunderter. Dann können wir weiter teilen.“
a) Wie werden die Ganoven ohne Streit weiter teilen?
b) Wie viel Geld erhält jeder?

Basiswissen

Will man größere Zahlen multiplizieren, so geht dies meistens nicht im Kopf. Zum Glück gibt es ein schriftliches Verfahren:

Rechnen mit Zwischenergebnissen

587 · 7	7 · 7 = 49
	80 · 7 = 560
	500 · 7 = 3500
	4109

Multiplizieren mit einem einstelligen Faktor

Rechnen ohne Zwischenergebnisse

587 · 7	49	Schreibe 9	Übertrag 4
64	56 + 4 = 60	Schreibe 0	Übertrag 6
4109	35 + 6 = 41	Schreibe 41	

Multiplizieren mit einem mehrstelligen Faktor

Schriftliches Multiplizieren

341 · 27	
682	Multiplikation mit 20
2387	Multiplikation mit 7
11	
9207	Addieren

Runden

Überschlagsrechnung

341 · 27
↓ ↓
300 · 30 = 9 000

Beispiele

A Berechne das Produkt 708 · 35.
Wir machen zunächst eine Überschlagsrechnung und rechnen dann genau. So haben wir eine gute Kontrolle, ob wir richtig gerechnet haben.

Überschlagsrechnung

708 · 35
Runden ↓ ↓
700 · 40 = 28 000

708 · 35
2124
3540
24780

Schreibe von rechts nach links

B Vorsicht mit der Null. Berechne das Produkt 2 893 · 208.

Überschlagsrechnung

2 893 · 208
Runden ↓ ↓
3 000 · 200 = 600 000

2893 · 208
5786
23144
11
601744

Gleichmäßig verteilen – Dividieren

C Samstagmittag am Hamburger Hafen. „Apfelsinen-Dieter" verschenkt seine letzten Apfelsinen, denn es ist heiß und die Früchte sind überreif. Er verteilt gleichmäßig an vier treue Kunden. Er sagt: „Schaut her, ich behandle euch alle gleich."
Zunächst erhält jeder Kunde 2 Kisten. Den Inhalt der letzten Kiste – 10 Säcke – packt er aus. Nun bekommt jeder drei Säcke. Es bleiben noch drei Säcke mit 10 Apfelsinen übrig. Zusammen hat er noch 36 Apfelsinen.
Jeder Kunde erhält noch 9 Apfelsinen. Die Kunden sind zufrieden, denn jeder nimmt 2 Kisten, 3 Säcke und 9 Apfelsinen mit nach Hause.

Basiswissen

Ist dir schon aufgefallen, dass das Dividieren im Kopf nicht ganz einfach ist? Bei größeren Zahlen sind wir auf Papier und Bleistift angewiesen. Wir dividieren schriftlich.

Schriftliches Dividieren

```
  3474 : 6 = 579
 -30
   47
  -42
    54
   -54
     0
```

34 Hunderter geteilt durch 6 ist
5 Hunderter, Rest 4 Hunderter

```
  4966 : 13 = 382
 -39
  106
 -104
    26
   -26
     0
```

49 Hunderter geteilt durch 13 ist
3 Hunderter, Rest 10 Hunderter

Probe beim Dividieren

Beim Dividieren können wir leicht die Probe machen, indem wir den Quotienten mit dem Divisor multiplizieren. Haben wir richtig gerechnet, so erhalten wir den Dividenden.

Dividend Divisor Quotient

3 474 : 6 = 579

```
Probe: 579 · 6
       3474
```

Beispiele

D Berechne den Quotienten 4 808 : 8.

```
  4808 : 8 = 601
 -48
   00
  - 0
    08
   - 8
     0
```

48 geteilt durch 8 ist 6, Rest 0

0 geteilt durch 8 ist 0, Rest 0

8 geteilt durch 8 ist 1, Rest 0

```
Probe: 601 · 8
       4808
```

E Die 25 Kinder der Klasse 5 c haben für eine Klassenfahrt nach und nach 650 € gespart. Die Klasse will in Köln den Dom besuchen und eine Rheinschifffahrt machen. Aus der Klassenkasse sollen die Bahnfahrt nach Köln, die Fahrt mit dem Schiff und ein Mittagessen bezahlt werden. Pro Kind kostet alles zusammen 22 €. Reicht das Geld?
Man kann auf zwei Arten rechnen:

Wie viel hat jedes Kind gespart?

```
650 : 25 = 26
50
150
150
  0
```

Jedes Kind hat 26 € gespart.

Wie viel kostet der Ausflug für alle Kinder?

```
25 · 22
    500
     50
    550
```

Der Ausflug kostet für alle 550 €.

Der Ausflug kann aus der Klassenkasse bezahlt werden.

Übungen

4 Bilde alle möglichen Produkte aus je einer blauen und einer roten Zahl und rechne.

Blaue Zahlen: 34, 96, 23, 119

Rote Zahlen: 3, 8, 7, 5

4 Lösungen:
102, 272, 238, 170, 768, 672, 480, 84, 224, 196, 140, 280, 196, 140, 357, 952, 833, 595

Übungen

5 Merkwürdige Produkte. Fällt dir etwas auf?

a) 1 · 1 b) 11 · 11 c) 111 · 111 d) 1 111 · 1 111 e) 11 111 · 11 111
f) 12 · 9 g) 123 · 9 h) 1 234 · 9 i) 12 345 · 9 j) 123 456 · 9

Übung macht den Meister: Kein guter Sportler kommt ohne Training aus, kein guter Rechner ohne Training.

6 Leichtes Training

a) 28 · 7 b) 52 · 9 c) 74 · 6
d) 311 · 4 e) 582 · 3 f) 719 · 9
g) 1 234 · 5 h) 76 543 · 5

7 Intensives Training

a) 31 · 25 b) 52 · 81 c) 33 · 66
d) 82 · 82 e) 67 · 76 f) 95 · 34
g) 523 · 71 h) 648 · 293

8 Lösungen:
451, 578, 1375, 2848, 3432, 7128, 13703, 110723

8 *Zeittest*

a) Jetzt gilt's: Berechne die Produkte. Stoppe dabei die Zeit, die du zum Berechnen aller Produkte benötigst. Überprüfe deine Ergebnisse. Addiere für jede falsche Lösung 30 Strafsekunden zu deiner Bearbeitungszeit hinzu.

(1) 17 · 34 (2) 25 · 55 (3) 32 · 89 (4) 41 · 11
(5) 52 · 66 (6) 71 · 193 (7) 88 · 81 (8) 263 · 421

b) Wo liegst du im Vergleich zu deinen Klassenkameraden? Wir zeichnen dazu ein Stängel-Blatt-Diagramm. Alle Kinder in deiner Klasse schreiben die Zeit, die sie benötigt haben, auf Minuten gerundet auf einen Zettel. Ein Mitschüler oder eine Mitschülerin schreibt alle Angaben an die Tafel.
Erstelle ein Stängel-Blatt-Diagramm für die Bearbeitungszeiten. Wo liegt die Zeit, die du benötigt hast, am oberen Rand, am unteren Rand oder mehr in der Mitte?

Stängel-Blatt-Diagramm: siehe S. 22

9 Frau Jung spielt mit sieben Kolleginnen und Kollegen Lotto. Am vergangenen Wochenende hatten sie Glück und gewannen 3 688 €. Frau Jung hat ausgerechnet, dass jeder 461 € bekommt. Hat sie richtig gerechnet?

Kubikzahlen sind Potenzen mit der Hochzahl 3, z. B. 6^3.

10 *Quadratzahlen und Kubikzahlen*

a) Berechne die Quadratzahlen 11^2, 12^2, 13^2, 14^2, 15^2, 16^2, 17^2, 18^2, 19^2
b) Berechne die Kubikzahlen 2^3, 3^3, 4^3, 5^3, 6^3, 7^3, 8^3, 9^3, 10^3

Mit der Null muss man rechnen:

4	0	9	·	3	0	7	0
	1	2	2	7			
				0	0		
			2	8	6	3	
	1	2	5	5	6	3	0

11 Wie war das noch mit der Null? Berechne die Produkte. Mache zunächst eine Überschlagsrechnung.

a) 2 500 · 27 b) 2 050 · 27 c) 2 005 · 27 d) 36 · 1 800
e) 36 · 1 080 f) 36 · 1 008 g) 306 · 206 h) 5 600 · 240
i) 30 · 406 j) 8 008 · 2 002 k) 6 066 · 2 020

12 *Experimente mit Ziffern und Zahlen*

Wie muss man die Ziffern 1, 2, 3, 4 und 5 anordnen, um ein möglichst großes Produkt zu erhalten? Jede Ziffer darf dabei nur einmal vorkommen. Ein Faktor hat drei Stellen, der andere zwei.

1	2	5	·	3	4

a) 1 2 5 · 3 4 ist ein solches Produkt. Man muss nicht rechnen, um zu sehen, dass es größere Produkte gibt. Woran erkennt man das?
b) Schreibe Produkte auf, die ein großes Ergebnis versprechen und vergleiche deine Vermutungen mit deinem Nachbarn. Jetzt müsst ihr die verschiedenen Produkte ausrechnen. Auch dabei könnt ihr zusammenarbeiten.
c) Schau dir die Faktoren an, die das größte Produkt liefern. Erkennst du ein Muster?

13 Wie muss man die Ziffern 1, 2, 3, 4 und 5 anordnen, um das kleinste Produkt zweier Zahlen zu erhalten? Jede Ziffer darf dabei nur einmal vorkommen. Ein Faktor hat drei Stellen, der andere zwei. Verfahre wie in Aufgabe 12.

Übungen

14 *In der Schlosserei*
Ein Schlosser benötigt für ein Gitter 14 Eisenstäbe mit der Länge 35 cm. Im Lager befinden sich Eisenstangen der Längen 2,00 m; 2,90 m, 4 m und 4,90 m.
a) Welche Stange wählt er aus? Die Verluste beim Sägen sind sehr gering.
b) Kommt er auch mit einer Stange der Länge 2,00 m und einer Länge 2,90 m aus?

Training

15 Dividiere nacheinander
a) 86, 358, 8 282, 65 432 durch 2
b) 111, 258, 1 356, 22 593 durch 3
c) 138, 558, 2 736, 33 330 durch 6
d) 196, 329, 1 792, 45 801 durch 7

16 Berechne den Quotienten. Mache jeweils die Probe.
a) 324 : 12 b) 645 : 15
c) 7 254 : 18 d) 9 925 : 25
e) 1 395 : 31 f) 4 664 : 53

17 *Zeittest:* Schaffst du alle Divisionen in weniger als 10 Minuten? Solltest du in der angegebenen Zeit alle Aufgaben bearbeitet haben und dabei höchstens eine Aufgabe falsch gerechnet haben, bist du ein Champion.
a) 216 : 18 b) 180 : 15 c) 273 : 13
d) 544 : 17 e) 644 : 14 f) 441 : 21
g) 7 216 : 16 h) 1 089 : 11 i) 625 : 25

17 Lösungen:
12 12 21
21 25 32
46
99 451

18 Dividiere die folgenden Zahlen zunächst durch 2, den Quotienten dann durch 3, den neuen Quotienten durch 4 usw., so weit es geht. Was beobachtest du?
a) 720 b) 40 320 c) 8 064 d) 362 880 e) 39 916 800
Eine Zahl „tanzt" aus der Reihe.

5 040 : 2 = 2 520
2 520 : 3 = 840
840 : 4 = 210
……

1 495 : 31 → 1 500 : 30 = 50
Runden auf Zahlen, die man leicht dividieren kann.

19 Berechne den Quotienten. Mache zunächst einen Überschlag.
a) 1 218 : 42 b) 2 788 : 68
c) 1 485 : 33 d) 2 499 : 49
e) 2 704 : 52 f) 1 298 : 22
g) 7 296 : 19 h) 4 056 : 78

Dividieren mit Überschlagsrechnung

20 Finde die fehlende Zahl. Überlege dir bei jeder Aufgabe, wie du rechnen musst.
a) 405 : ■ = 9 b) 23 · ■ = 414 c) ■ : 14 = 3
d) 1 234 · ■ = 0 e) ■ · 32 = 736 f) ■ : 356 = 1
g) 6 105 : ■ = 55 h) 303 · ■ = 1 515 i) 4 711 · ■ = 9 422

Die Umkehrung der Multiplikation ist die Division.

Die Umkehrung der Division ist die Multiplikation.

20 Die Summe der fehlenden Zahlen von a) bis c) beträgt 105, von d) bis f) 379 und von g) bis i) 118.

21 Sandras Vater trägt eine Kiste Mineralwasser zum Auto. Getränkekisten mit Glasflaschen sind sehr schwer. Bereits die leere Wasserkiste hat ein ganz schönes Gewicht.
a) Wiege eine leere Wasserflasche (0,75 l) aus Glas. Wie schwer ist das Leergut (leere Flaschen und Kasten)?
b) In einer Flasche sind 0,75 l Mineralwasser. 0,75 l Wasser wiegen 750 g. Berechne das Gewicht des Wassers in allen Flaschen. Vergleiche das Gewicht des Leergutes (leere Flaschen und Kasten) mit dem Gewicht des Inhaltes der Flaschen.
c) Sollte man das Mineralwasser nicht besser in Plastikflaschen abfüllen? Diskutiere Vor- und Nachteile.

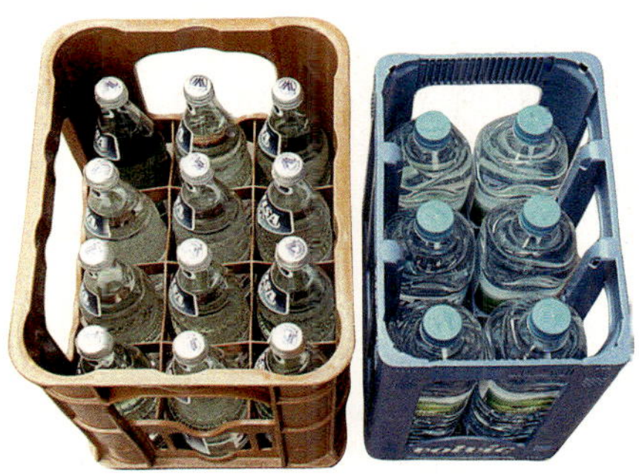

Übungen

22 Miriam lernt in einer Schreinerwerkstatt. Für eine Schranktür benötigt sie 30 Lamellen, die 28 cm lang sind. Sie sägt die Lamellen von 4 m langen Holzleisten ab.
a) Wie viele Lamellen kann sie von einer Holzleiste absägen? Welchen Abfall erhält sie?
b) Wie viele Holzleisten benötigt sie für alle Lamellen. Berechne den gesamten Abfall.

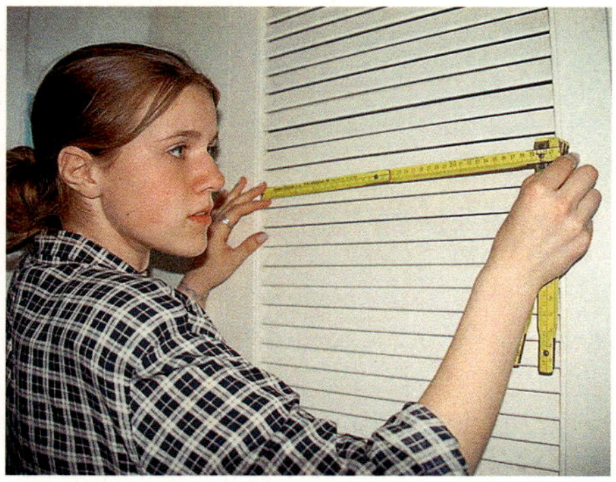

$45 \cdot 9 + 7 = 412$

23 Division mit Rest. Mache jeweils die Probe.

a) 213 : 8	b) 769 : 3	c) 610 : 23	d) 550 : 12
e) 69 : 14	f) 1 200 : 15	g) 561 : 19	h) 122 : 11

Im Durchschnitt verbringt ein Mensch 7 Stunden täglich im Bett. Das macht im Jahr $7 \cdot 365$, d. h. ungefähr 2 800 Stunden aus.

24 Schätze bei allen Fragen, ob die Antwort eine Zahl im Zehnerbereich, Hunderter-, Tausender-, Zehntausender-, Hunderttausender oder Millionenbereich ist.
Versuche nicht eine exakte Antwort zu geben, sondern schätze.

a) Ein Python kann in drei Monaten bis zu 75 Mäuse fressen. Wie viele Mäuse kann ein Python in drei Jahren fressen?
b) Täglich verlieben sich in Deutschland 2 806 Fünftklässler. Wie viele Fünftklässer verlieben sich in einer Woche?
c) In Quintalien werden täglich im Schnitt 53 Zwillinge geboren. Wie viele Zwillinge werden in einem Jahr geboren?
d) Max Knaller, der bekannte Fußballspieler, verdient jährlich 4 Millionen €, Stefan Anfang aus demselben Team nur 400 000 €. Wie viel verdient Max, wie viel Stefan an einem Tag?
e) Ein Jumbo-Jet kann bis zu 210 000 l Treibstoff tanken. In einen Autotank passen ungefähr 70 l. Wie viele Autos könnte man mit der Treibstoffmenge eines Jumbos betanken?

25 Der Eiffelturm in Paris wurde im Jahre 1889 fertiggestellt. Er besteht aus ungefähr 7 000 t Stahl. Man benötigt 40 t Farbe, um ihn anzustreichen.
a) Frage deinen Vater oder Mutter, wie viel euer Auto wiegt (steht in der Zulassung). Das wievielfache Gewicht hat der Eiffelturm?
b) Um ein Einfamilienhaus anzustreichen, benötigt man 60 kg Farbe. Wie viele Einfamilienhäuser kann man mit der Menge Farbe anstreichen, die man für den Eiffelturm benötigt?

26 *Essen und Trinken für eine große Stadt.*
In Hamburg leben 1 700 000 Menschen. Sie benötigen gewaltige Mengen an Nahrungsmittel und Getränken. Im Durchschnitt verzehrt jeder Mensch am Tag 950 g Nahrungsmittel und trinkt 1,5 l Getränke.
a) Wie viel Nahrungsmittel werden Tag für Tag von den Einwohnern Hamburgs verzehrt?
Rechne das Gewicht in Tonnen um.
b) Ein großer Sattelschlepper transportiert bis zu 36 t Gewicht. Wie viele Sattelschlepper würden benötigt, um den Bedarf an Nahrungsmitteln für eine Woche nach Hamburg zu transportieren?
c) Welche Mengen an Getränken werden in Hamburg täglich benötigt?
Angenommen, jeder Hamburger würde täglich zwei Flaschen Mineralwasser trinken. Wie viele Flaschen Mineralwasser wären das insgesamt? Wie viele Kisten mit 12 Flaschen ergäbe das? Dein Ergebnis müsste in etwa 200 Lkw-Ladungen mit je 1470 Kisten Mineralwasser entsprechen. Stimmt das?

Übungen

27 *Aus der Zeitung:* „Deutsche Weltmeister im Brotverzehr. Jeder Deutsche verzehrt pro Jahr 84,6 kg Brot. Damit kommt man auf einen täglichen Verbrauch von 300 g für jeden Deutschen". Hat sich der Redakteur verrechnet?

28 Jessica fährt mit ihren Eltern und ihrem Bruder mit dem Auto in den Urlaub. Aus lauter Langeweile zählt sie die Straßenpfähle zwischen Grünstadt und dem Nachbarort Wunschhausen. Sie kommt auf 53 Pfähle. Wenn ich wüsste, wie weit es von einem Begrenzungspfahl zum nächsten ist, denkt Jessica. Dann könnte ich die Entfernung von Grünstadt nach Wunschhausen berechnen.

a) Während einer Rast schreitet Jessica die Entfernung zwischen zwei Begrenzungspfählen ab (natürlich in ausreichendem Abstand zur Fahrbahn). Sie weiß, dass die Länge eines Schrittes bei ihr ungefähr 80 cm entspricht. Jessica benötigt 62 Schritte. Wie groß ist die Entfernung zwischen zwei Begrenzungspfählen?
b) Berechne die Entfernung von Grünstadt nach Wunschhausen.

29 Familie Reihl besitzt ein Ponygespann, mit dem sie fast jeden Tag Ausfahrten unternimmt. Sie besitzen vier Ponys, die sie auf einem Bauernhof untergestellt haben. Für jedes der Ponys benötigen die Reihls täglich zwei Ballen Heu und 3 Ballen Stroh. Herr Reihl kauft 640 Ballen Heu und 840 Ballen Stroh ein.
a) Wie lange reicht das Heu, wie lange das Stroh?
b) Der Ballen Heu kostet 1,50 €, der Ballen Stroh 0,30 €. Was kostet der Einkauf?

30 Frau Behrens besitzt einen Blumenladen. Sie kauft beim Großhändler. Auf einer Einkaufsliste trägt sie ein:

Artikel	Stückzahl	Stückpreis	Summe
Rosen	50	1,00 €	
Sonnenblumen	50	0,60 €	
Gerbera	75	0,80 €	
Tulpen	100	0,50 €	
Lilien	30	1,10 €	
Margeriten	75	0,40 €	

a) Übernimm die Tabelle in dein Heft und vervollständige sie. Welchen Betrag muss Frau Behrens insgesamt an den Großhändler zahlen?

b) Frau Behrens kann nicht alle Blumen verkaufen. Sie verkauft 32 Rosen, 44 Sonnenblumen, 65 Gerbera, 85 Tulpen, 26 Lilien und 48 Margeriten. Berechne ihre Einnahmen und ihren Gewinn.

Verkaufspreise

Rosen	**2,00 €**	**Tulpen**	**1,00 €**
Sonnenblumen	**1,50 €**	**Lilien**	**2,20 €**
Gerbera	**1,60 €**	**Margeriten**	**0,80 €**

31 Das Herz ist ein Wunder an Ausdauer und Kraft. Es pumpt stetig Blut durch die Adern und erhält uns so am Leben. In einem Biologiebuch steht: „Das Herz eines Menschen pumpt pro Minute 4,9 Liter Blut bei einem Puls von 70 durch den Körper."
a) Was versteht man unter „Puls"?
b) Wie viel l Blut pumpt das Herz in 1 Stunde [1 Tag] bei einem Puls von 70?
c) Bei großen Anstrengungen, z. B. beim Sport, kann der Puls in besonderen Fällen 210 erreichen. Wie viel Blut pumpt das Herz dann pro Minute?

Aufgaben

Eine Milliarde ist 1 000-mal eine Million. Warum hat mir das keiner gesagt?

32 Wie lange würde es dauern, eine Million [eine Milliarde, eine Billion] Mal auf den Tisch zu klopfen?
a) Schätze einmal wie lange es dauert. Sind es Tage, Stunden, Minuten?
b) Ermittle mit der Stoppuhr, wie oft du in 10 Sekunden auf den Tisch klopfen kannst. Man nennt dies Takt.
c) Angenommen, du könntest in diesem Takt ohne zu ermüden auf den Tisch klopfen. Wie oft kannst du in einer Minute [einer Stunde, in einem Tag] klopfen?
d) Wie viele Tage benötigst du, um in diesem Takt eine Million [eine Milliarde, eine Billion] Mal zu klopfen?

Große Zahlen kann man schlecht lesen, oder kannst du auf Anhieb die Zahl 26 000 000 lesen? Deshalb schreibt man an Stelle des Zahlenmonsters mit den vielen Nullen einfach 26 Millionen oder mit Zehnerpotenzen $26 \cdot 10^6$.
26 000 000 = 26 Millionen = $26 \cdot 10^6$

33 Übernimm die Tabelle in dein Heft und ergänze.

Zahl	in Worten	Zehnerpotenz
23 000	23 Tausend	■
7 000 000	■	$7 \cdot 10^6$
■	120 Millionen	■
25 000 000 000	■	■
■	■	$6 \cdot 10^9$

Nullen wegstreichen beim Dividieren:
27 ~~000~~ : 3 ~~000~~ = 27 : 3
= 9
Beim Dividieren darf man bei Divisor und Dividend die gleiche Anzahl von Nullen wegstreichen

34 Dividieren von großen Zahlen
a) 720 : 80
b) 72 000 : 900
c) 30 000 : 5 000
d) 60 000 000 : 50 000
e) 368 000 000 : 23 000
f) $(15 \cdot 10^9) : (5 \cdot 10^6)$
g) 1 Milliarde : 1 Million
h) 160 Milliarden : 80 Millionen

Projekt

Eine Reise durch unser Planetensystem
Große Zahlen begegnen uns außerhalb der Erde bei einer Reise durch unser Sonnensystem. Mit Zehnerpotenzen kann man die auftretenden großen Zahlen übersichtlich schreiben.

Erde:
- Durchmesser: 12 000 km = $1{,}2 \cdot 10^4$ km
- Entfernung zur Sonne: 150 Mill. km = $1{,}5 \cdot 10^8$ km
- Masse: $6 \cdot 10^{24}$ kg
- Umlaufzeit: 365 Tage
- Anzahl der Monde: 1
- Temperatur an der Oberfläche: – 90 °C bis + 60 °C

....
....

Steckbrief der Planeten
Erstellt für jeden Planeten einen Steckbrief nach der Vorlage. Ergänzt, was euch noch bemerkenswert erscheint.

Veranschaulichung der Größenverhältnisse
Die Größenverhältnisse der Entfernungen und der Größen der Planeten könnt ihr auf dem Schulhof maßstabsgerecht veranschaulichen.
Probiert für die Entfernungen den Maßstab: „1 m auf dem Schulhof entspricht 10 Millionen km in Wirklichkeit" (1 : 10 000 000 000).
Wollt ihr die Größenverhältnisse der Planeten miteinander vergleichen, dann zeichnet entsprechend große Kreise auf den Schulhof. Probiert den Maßstab: „1 m entspricht 10 000 km" (1 : 10 000 000).

3.5 Aufstellen und Berechnen von Rechenausdrücken

Was dich erwartet

Du hast sicher schon oft Text- und Sachaufgaben bearbeitet. Dabei hast du gelernt, Sachverhalte, die in der Alltagssprache gegeben sind, in mathematischer Sprache, d. h. mit Zahlen und Rechenzeichen auszudrücken. Beim anschließenden Rechnen ist es dann wie im Straßenverkehr: Ohne Vorfahrtsregeln entsteht ein großes Durcheinander. Die Vorfahrtsregel „Punkt- vor Strichrechnung" ist dir sicher schon bekannt. Ebenso gibt man mit Klammern bestimmten Rechnungen Vorfahrt und andere Rechnungen müssen warten.
Rechenausdrücke kann man mit „plus", „minus", „mal", „geteilt", „Klammer auf", „Klammer zu" aufschreiben und berechnen. Auf die Vorfahrtsregeln muss man dabei genau achten.

Aufgaben

1 Wie wird richtig gerechnet? Bei einfachen Rechenausdrücken ist das sofort klar.

$3 + 4 = 7$ $\qquad$ $3 \cdot 4 = 12$

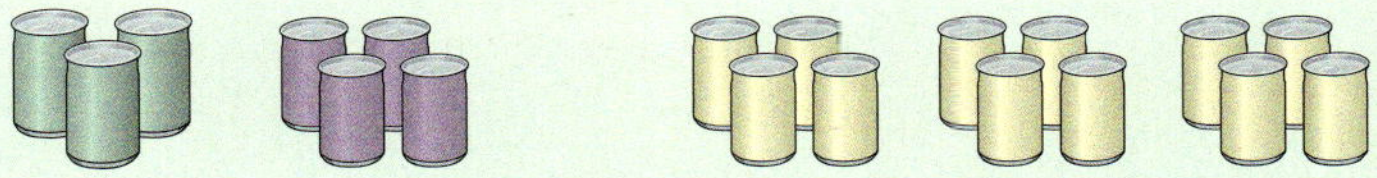

Kommen in einem Rechenausdruck verschiedene Rechenzeichen vor, dann benötigt man Vorfahrtsregeln. Weltweit haben Mathematiker festgelegt, dass man zuerst die Punktrechnung und dann die Strichrechnung ausführen muss.
a) Welches Bild wird durch den Rechenausdruck $4 + 6 \cdot 2$ beschrieben?

(1)

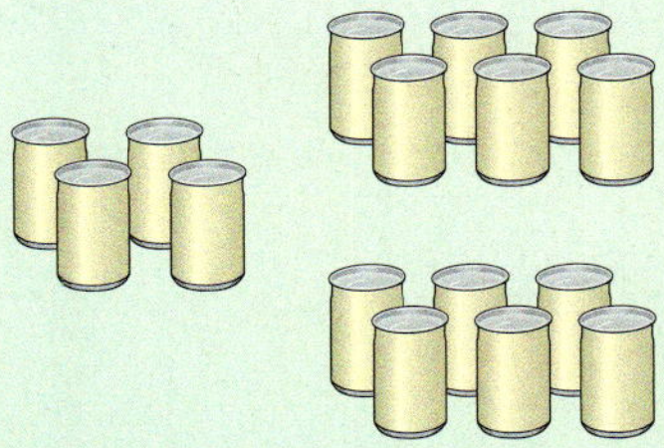

(2)

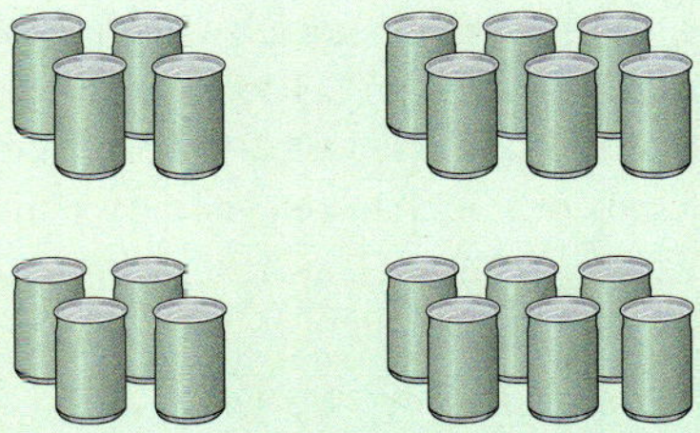

b) Mit Klammem erhalten Rechnungen „Vorfahrt", d. h. die Rechnungen in Klammern werden zuerst ausgeführt. Zu welchem der Bilder passt $(4 + 6) \cdot 2$?

2 Manchmal lohnt es sich, genau hinzuschauen, wenn man Rechenvorteile ausnutzen will. Besonders beim Kopfrechnen ist es wichtig, so vorteilhaft wie möglich zu rechnen.

Verteilen
$13 \cdot 4 = 10 \cdot 4 + 3 \cdot 4 = 40 + 12 = 52$

Zusammenfassen
$(8 + 2) \cdot 4 = 10 \cdot 4 = 40$

Entscheide dich für Verteilen oder Zusammenfassen und berechne.
a) $(20 + 7) \cdot 6$ b) $(91 + 9) \cdot 7$ c) $(24 + 6) \cdot 5$ d) $(30 + 3) \cdot 4$

Aufgaben

3 In Europa misst man die Temperatur in °C (Grad Celsius). In den USA wird die Temperatur in °F (Grad Fahrenheit) gemessen. Tanjas Freundin Carol hat geschrieben, dass es in diesem Sommer in New York 113 °F waren. Kann das sein? Tanjas Mutter weiß, wie man Temperaturen umrechnen kann. Von der Temperatur in °F subtrahiert man 32, dividiert die Differenz durch 9 und multipliziert dann mit 5. Das Ergebnis ist die Temperatur in °C. Du kannst die Umrechnungsvorschrift auf verschiedene Arten schreiben: Als Rechenausdruck, als Ablaufdiagramm oder als Rechenbaum.

Rechenbaum

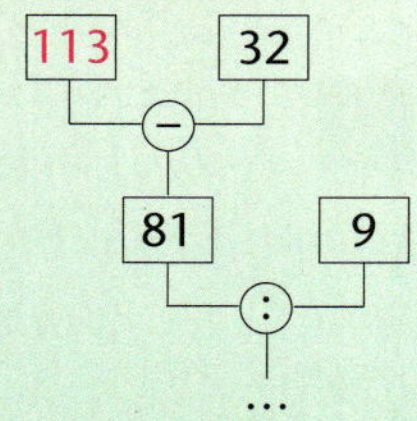

Rechenausdruck

(113 – 32) : 9 · 5

Ablaufdiagramm

[113] —(– 32)→ [ ] —(: 9)→ [ ] —(· 5)→ [ ]

a) Rechne 113 °F um in °C. Ganz schön heiß in New York oder?

b) Wie warm wird es, wenn der Wetterbericht 68 °F [41 °F, 32 °F] vorhersagt.

c) Carol hat geschrieben, dass sie krank gewesen sei. Sie habe sogar 103 °F Fieber gehabt. Ist das möglich?

Basiswissen

Die Anzahl der Wasserflaschen im Bild kann man durch abzählen herausbekommen. Schneller geht es aber mit einem Rechenausdruck. Die Anzahl der Flaschen ist 5 + 12 · 3.

In diesem Rechenausdruck kommen verschiedene Rechnungen vor. Man muss festlegen, in welcher Reihenfolge gerechnet wird.

Mit Rechenbäumen kann man deutlich machen, wie gerechnet werden muss.

Vorfahrtsregeln

1. *Nur Strichrechnungen (nur Punktrechnungen)*
   Rechnet man von links nach rechts, dann macht man nichts falsch.

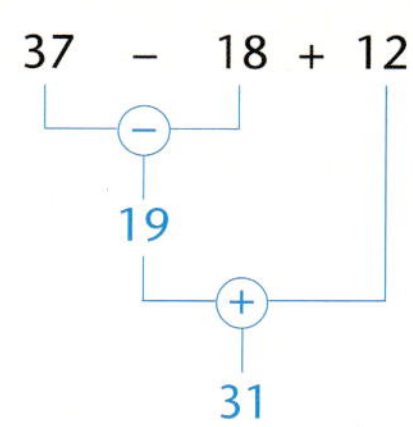

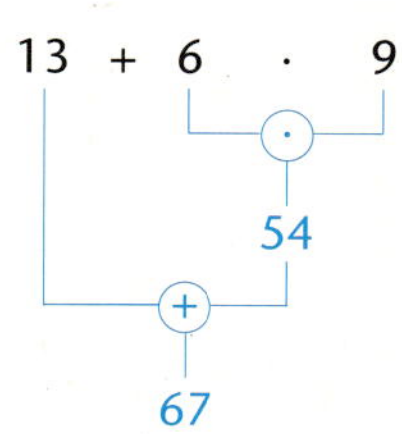

2. *Punkt- vor Strichrechnung*
   Punktrechnungen werden vor Strichrechnungen ausgeführt.

3. *Klammerregel*
   Was in Klammern steht, wird zuerst ausgerechnet.

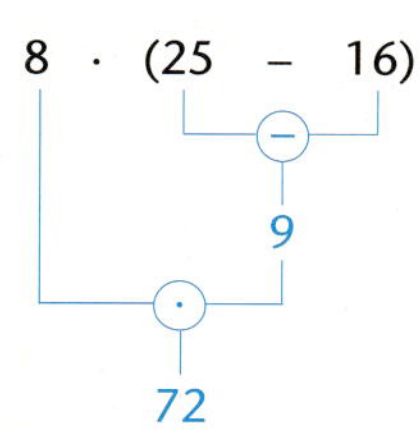

Basiswissen

Kannst du $(30 + 7) \cdot 8$ im Kopf berechnen? Wenn du 30 und 7 addierst und dann die Summe 37 mit 8 multiplizierst, schaffst du es wohl kaum. Aber es geht auch anders. Vielleicht haben einige von euch so gerechnet:

$30 \cdot 8 = 240$ $\qquad$ $7 \cdot 8 = 56$

$240 + 56 = 296$

Ihr habt dann nicht die Klammer zuerst ausgerechnet, sondern ein Gesetz angewandt, das die Mathematiker Verteilungsgesetz nennen.

Verteilungsgesetz (Distributivgesetz)

Man kann eine Summe mit einer Zahl multiplizieren, indem man $\qquad (10 + 7) \cdot 6$

jeden Summanden mit der Zahl multipliziert $\longrightarrow 10 \cdot 6 + 7 \cdot 6$

und

die Produkte addiert $\longrightarrow 60 + 42 = 102$

Manchmal führt die Vorfahrtsregel „Klammern zuerst" zu umständlicheren Rechnungen. Mit dem Verteilungsgesetz kann man sich Rechenvorteile verschaffen.

Beispiele

A Welcher Rechenausdruck gibt die Zahl der Eier richtig an

(1) $4 + 6 \cdot 3$

(2) $(4 + 6) \cdot 3$

(3) $4 \cdot 3 + 6 \cdot 3$

0000 000000
0000 000000
0000 000000

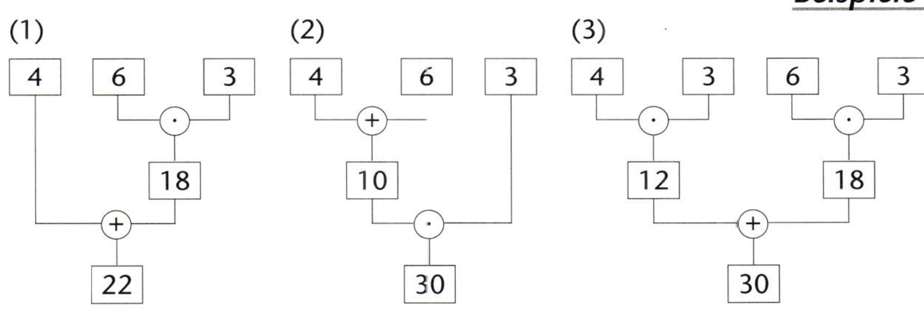

Die Rechenausdrücke (2) und (3) sind richtig.

B Berechne im Kopf so vorteilhaft wie möglich:

$(20 + 7) \cdot 6$

Distributivgesetz anwenden

$(20 + 7) \cdot 6 = 20 \cdot 6 + 7 \cdot 6$
$= 120 + 42$
$= 162$

$(32 + 8) \cdot 4$

Klammer zuerst berechnen, da die Summe in der Klammer 40 ergibt.

$40 \cdot 4 = 160$

Mal ist es einfacher, zuerst die Klammer auszurechnen, mal ist es besser das Verteilungsgesetz anzuwenden.

C Kai berechnet den Rechenausdruck $48 : 8 \cdot 6$. Welchen Fehler hat er gemacht?

Er hat sich nicht an die Regel: „Von links nach rechts rechnen" gehalten.

Richtig ist:

$48 : 8 \cdot 6 = 6 \cdot 6$
$= 36$

Beispiele

D Schreibe den Rechenausdruck (7 + 23) · 5 + 12 als Text. Benutze einen Rechenbaum, um ihn auszurechnen.

Addiere 7 und 23, multipliziere die Summe mit 5 und addiere zu dem Produkt 12.

Rechenbaum

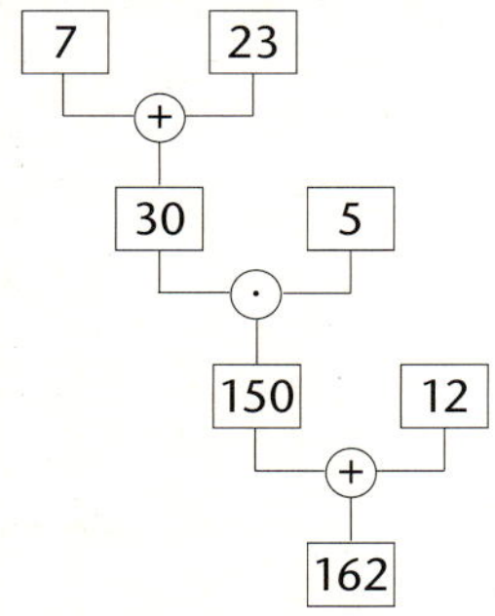

Übungen

4 Lösungen:
6 10 49 59
60 120 215
1025 1320

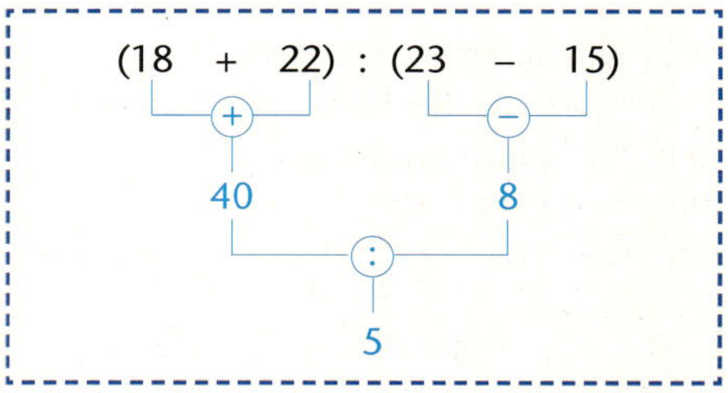

4 Rechenbäume können beim Berechnen von Rechenausdrücken sehr hilfreich sein. Berechne die Rechenausdrücke mit Hilfe eines Rechenbaums.

a) 17 + 8 · 4
b) (29 – 9) · 6
c) 33 · (16 + 24)
d) 40 · 5 + 3 · 5
e) (23 – 15) · 7 + 4
f) 18 + 9 · 2 + 23
g) (19 – 2 · 9) · 6
h) 11 · 10 – 100
i) (16 + 4) · (58 – 8) + 25

5 Lösungen:
20 51 65 74
180 189
364 11 000

5 Berechne. Führe die Rechnungen in der richtigen Reihenfolge aus. Rechenbäume können in schwierigen Fällen helfen. Zwischenrechnungen kannst du natürlich schriftlich ausführen.

a) (17 – 5 + 3) · 12
b) (104 + 36 : 6) · 100
c) (16 · 4 – 6 · 9) · 4 – 20
d) (204 – 11 · 9) : 3 + 16
e) (17 · 8 – 99) · (34 – 16 · 2)
f) 33 + (88 – 22 · 2) – (27 – 15)
g) 480 – 45 – (23 + 12 · 4)
h) 27 · (16 – 9) – (96 – 12 · 8) · 123

6 „Übersetze" die Rechenbäume in einen Rechenausdruck. Rechne.

a)
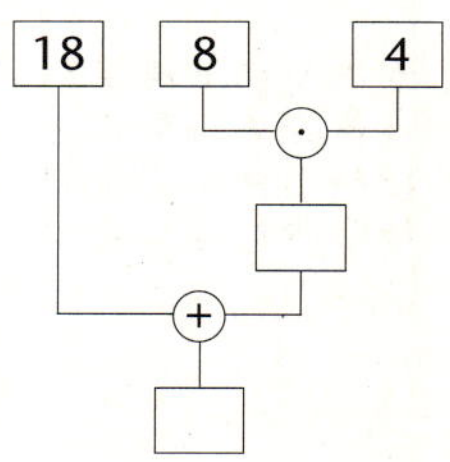

b)
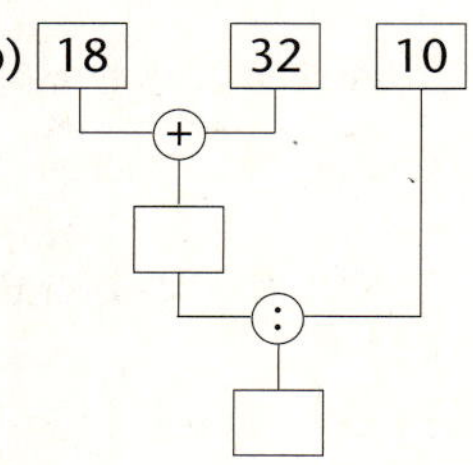

c)
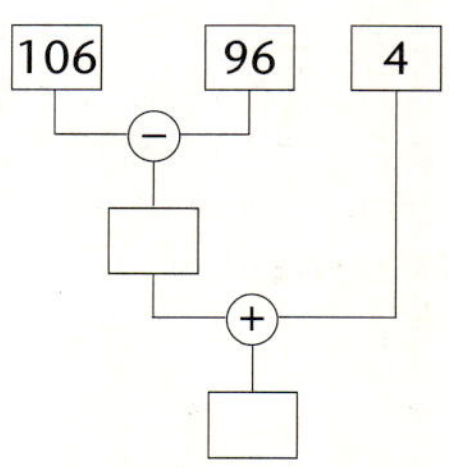

d)
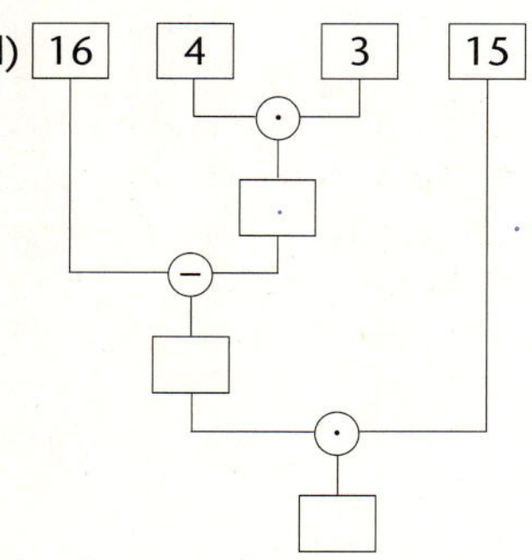

Übungen

7 Für Experten – „Übersetze" in einen Rechenausdruck. Rechne.

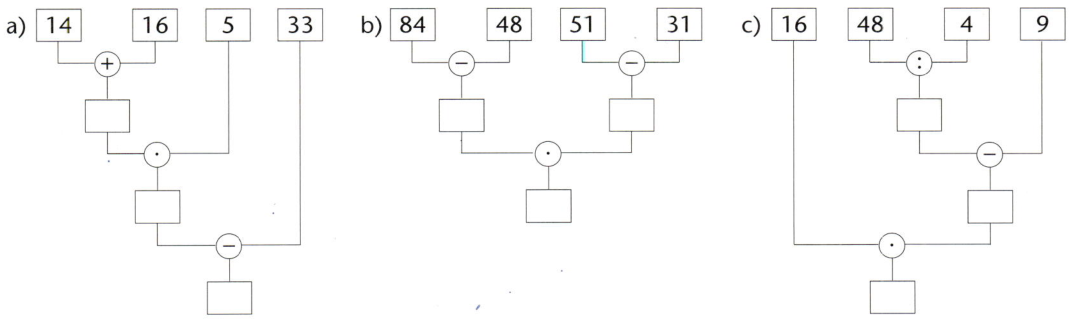

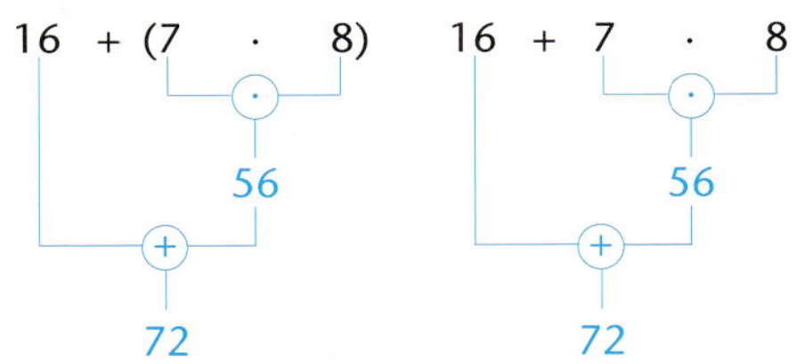

Punkt vor Strich

8 *Überflüssige Klammern*
In welchen der Rechenausdrücke kann man die Klammern weglassen?
Berechne jeweils den Rechenausdruck mit und ohne Klammern und vergleiche die Ergebnisse.

a) (3 · 12) + 15 b) (6 + 94) · 5
c) (17 + 23) + 46 d) 44 – (18 + 9)
e) (12 · 3) + (6 · 9)

Durch die Vorfahrtsregeln spart man Klammern.

9 Zählen ist oft langweilig und dauert lange. Manchmal kann man statt dessen auch rechnen. Das geht dann viel schneller.
„Zähle" die Anzahl der Punkte, in dem du rechnest. Findest du verschiedene Möglichkeiten, die Anzahl der Punkte zu berechnen?

Rechnen statt Zählen

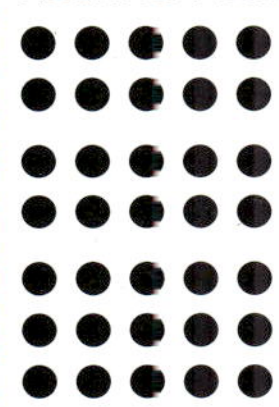

2 · 5 +

2 · 5 +

3 · 5

oder 7 · 5

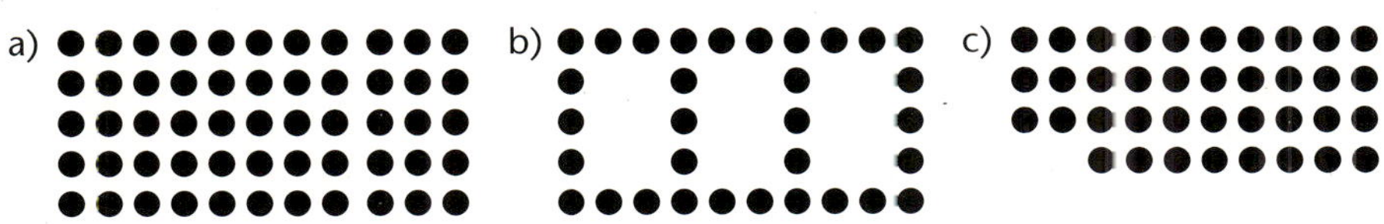

10 Zusammenfassen oder verteilen. Berechne möglichst geschickt im Kopf.

a) (23 + 7) · 5 b) 8 · (10 + 6) c) (23 + 17) · 5 d) (12 + 6) · 4
e) 8 · (36 – 6) f) (20 – 8) · 6 g) 56 · 5 h) (12 + 33) · 3

11 *Zeittest:* Überprüfe mit der Stoppuhr, ob du alle Aufgaben aus a) in weniger als 3 Minuten richtig lösen kannst. Notiere dazu zunächst alle Ergebnisse. Vergleiche dann mit den angegebenen Lösungen. Schaffst du das auch mit den Aufgaben in b)?

a) 16 · 4 17 · 3 12 · 8 15 · 9 11 · 5 19 · 4 18 · 2
b) 23 · 5 34 · 7 88 · 3 24 · 6 56 · 2 74 · 4 99 · 8

10 und **11**
Lösungen:
792 296 280
264 240 238
200 150 144
135 135 128
115 112 96
76 72 72 64
55 51 36

12 Rechne im Kopf

48 : 4	69 : 3	84 : 6
96 : 8	126 : 3	212 : 4
95 : 5	336 : 6	535 : 5

Dividieren durch Verteilen

96 : 3
/ \
(90 + 6) : 3
90 : 3 + 6 : 3 = 30 + 2 = 32

Übungen

13 Irina und Robin „basteln" aus Zahlen, Rechenzeichen und Klammern verschiedene Rechenausdrücke. Sie wollen den Rechenausdruck finden, der die größte Zahl liefert. Welcher ist es?

$17 \cdot 3 + 21$

$21 \cdot 3 + 17$

$17 \cdot 21 + 3$

$(17 + 3) \cdot 21$

$(21 + 3) \cdot 17$

14 Versuche mit den Teilen aus der „Materialkiste" den Rechenausdruck zu finden, der die größte (kleinste) Zahl liefert.
Spielregel: Verwende jedes Teil nur einmal.

a) 13, 8, 6, ·, –

b) 11, 10, 9, ·, –, (,)

c) 8, 6, 4, 5, ·, +, –, (,)

15
Lösungen:
46 65 404
630 648

15 Rechenausdrücke kann man auch mit Worten aufschreiben. „Übersetze" die Texte in einen Rechenausdruck mit mathematischen Zeichen. Rechne.

a) Multipliziere die Summe von 13 und 23 mit 12. Subtrahiere von dem Produkt die Zahl 28.

b) Multipliziere die Summe von 18 und 36 mit der Differenz von 26 und 14.

c) Dividiere die Summe von 36 und 44 durch 5. Addiere zu dem Quotienten das Produkt aus 6 und 5.

d) Multipliziere die Summe aus 36 und 54 mit der Differenz aus 36 und 29.

e) Addiere 15 zu dem Produkt aus 10 und 15. Subtrahiere von der Summe die Zahl 100.

16 Übersetze die Rechenausdrücke in Text und berechne sie.

a) $6 \cdot 21 + 15$ b) $16 \cdot (21 + 15)$ c) $(123 - 23) \cdot 50$

d) $(21 - 15) \cdot (34 + 12)$ e) $(31 - 12 \cdot 2) \cdot 4$ f) $(8 \cdot 9 + 4 \cdot 4) : 8$

17 Welcher Text passt zu welchem Rechenausdruck?

A) Multipliziere die Differenz von 170 und 5 mit der Summe von 18 und 6.

B) Subtrahiere das Produkt von 5 und der Summe von 18 und 6 von 170.

C) Subtrahiere das Produkt von 18 und 5 von 170 und addiere dann 6.

D) Multipliziere die Differenz von 170 und 5 mit 18 und addiere dann 6.

a) $170 - 5 \cdot (18 + 6)$

b) $(170 - 5) \cdot (18 + 6)$

c) $(170 - 5) \cdot 18 + 6$

d) $170 - 5 \cdot 18 + 6$

18 Der „Zahlenmodulator": Je nachdem welche Zahl man eingibt, kommt ein entsprechendes Ergebnis heraus. Gib dem Zahlenmodulator Futter. Berechne den Rechenausdruck für die verschiedenen Eingaben.

a) (■ + 6) · 3 – 16 Eingabe: 0, 1, 2, 3, 4, 5

b) (2 · ■ + 4) · 3 Eingabe: 0, 1, 2, 10, 20

c) (24 : ■ + 10) + 5 · ■ Eingabe: 1, 2, 3, 4

d) (■ + 1) · (■ – 1) Eingabe: 1, 2, 3, 4, 5

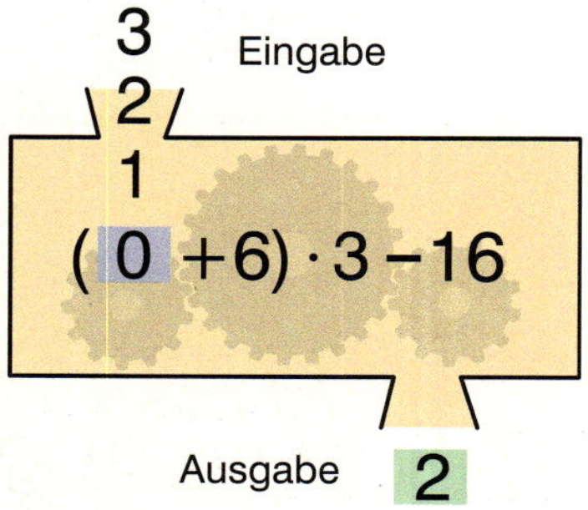

Übungen

19 Kerstin hat im Mathebuch ihres großen Bruders Zahlenrätsel gesehen. Vielleicht kann sie einige davon lösen.
„Addiert man zu einer Zahl 12 und multipliziert die Summe mit 4, so erhält man 72."
Kerstin versucht, die Aufgabe mit einem Rechenbaum zu lösen. Für die fehlende Zahl probiert sie die 1.

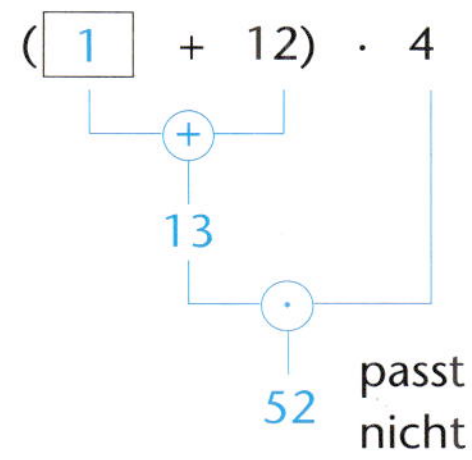

a) Überprüfe, ob 2 die gesuchte Zahl ist.
b) Versuche es mit den Zahlen 3, 4, 5, 6 und 7.

20 Finde die Zahl, die passt.

a) ■ – 16 = 37
b) 4 · (6 – ■) = 12
c) 5 · (8 – 2) · ■ = 120
d) 6 · ■ – 7 = 17
e) ■ · ■ = 9
f) (7 – ■) · 9 – 6 = 39
g) 4 · ■ = 20
h) (6 – ■) · ■ = 9

Zahl gesucht
3 · (■ + 4) = 27
3 · 9 = 27
Die gesuchte Zahl ist 5.

21 *Zahlenrätsel leicht gemacht.* Übersetze den Text in einen Rechenausdruck oder einen Rechenbaum. Finde die fehlende Zahl durch Ausprobieren.
a) Die Summe der gesuchten Zahl und 14 beträgt 32.
b) Addiere zu dem Produkt einer Zahl und 5 die Zahl 8 und du erhältst 23.
c) Addiere zu einer Zahl 16. Multipliziere die Summe mit 9 und subtrahiere anschließend 80 und du erhältst als Ergebnis 100.
d) Multipliziere eine Zahl mit 5. Subtrahiere von dem Produkt 23. Addiere zu dem Ergebnis das Produkt von 3 und 6 und du erhältst 45.
e) Multipliziere eine Zahl mit sich selbst und subtrahiere 1. Das Ergebnis ist 15.

22 Ein Installateur repariert in der Wohnung der Familie Moritz eine undichte Wasserleitung. Er verlangt für die Anfahrt 22 € und für die Arbeitsstunde 29 €.
a) Schreibe eine Rechnung, wenn die Reparatur 3 Stunden benötigt.
b) Der Installateur verlangt 167 €. Frau Moritz ist überrascht. Hat die Reparatur tatsächlich so lange gedauert? Du kannst die Anzahl der Arbeitsstunden durch Ausprobieren herausfinden. Wie hoch wäre die Rechnung des Handwerkers, wenn er z. B. 4 Stunden gearbeitet hätte?

23 Ann Sophie ist eine begeisterte Fotografin. Im Urlaub, aber auch bei jeder anderen Gelegenheit, macht sie viele Bilder. „Das ist ja ein teures Vergnügen", meinen die Eltern. Ann Sophie möchte sparen und vergleicht die Angebote für verschiedene Filme.

Kosten	36er Film Farbmax	36er Film Multicolor
Film	1,94 €	2,45 €
Entwicklung	1,50 €	1,50 €
Abzug pro Bild	0,14 €	0,13 €

Berechne die gesamten Kosten für die beiden Filme und die Entwicklung der Bilder. Vergleiche.

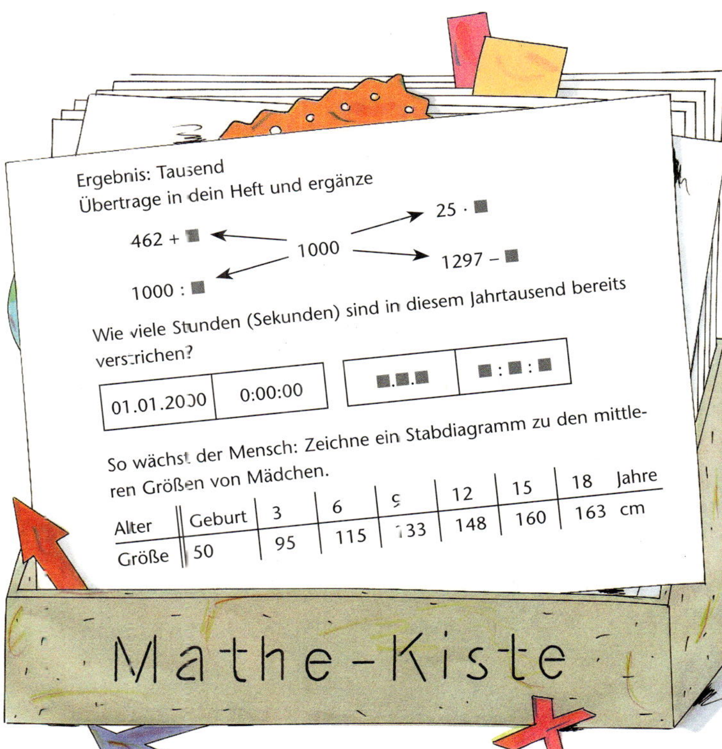

Übungen

24 Übertrage die Rechenbäume in dein Heft und ergänze die fehlenden Zahlen. Vergleiche die Lösungen in der Klasse. Gibt es mehrere Lösungen?

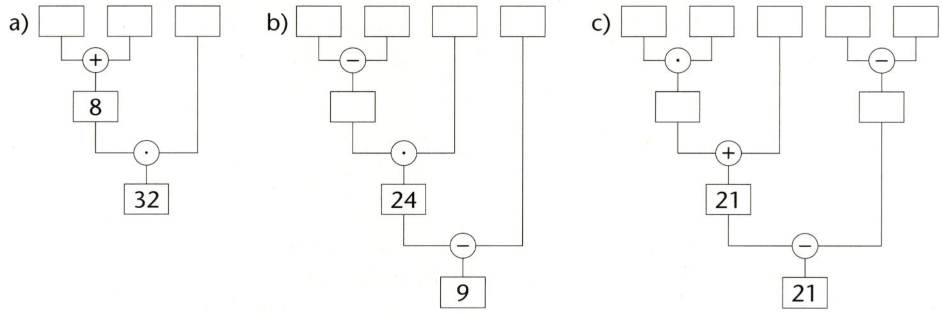

Aufgaben

25 Lösungen:
95 222
10
497

25 Dass in einer Klammer eine weitere Klammer vorkommt, ist neu. Mit den Vorfahrtsregeln kannst du aber auch solche Rechenausdrücke berechnen.

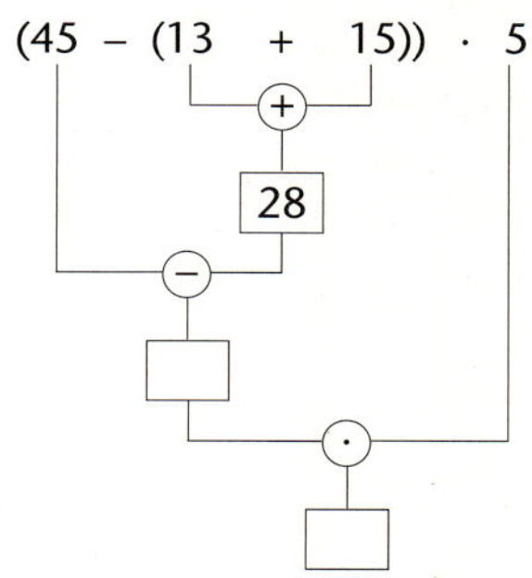

a) (45 – (13 + 25)) · 5
b) 6 · (5 · (4 + 3) + 2)
c) (((12 + 5) · 10) – 100) : 7
d) ((((1 + 2) · 3 + 4) · 5) + 6) · 7

26 Die Klassen 5c und d wollen einen dreitägigen Ausflug in ein Schullandheim machen. Für die drei Tage soll ein Bus gemietet werden. Die beiden Klassenlehrer holen bei verschiedenen Busunternehmen Angebote ein. Das günstigste Angebot kam von dem Unternehmen „Nah und Fern – Touristik“.

> **Nah und Fern – Touristik** Buschhausen, den 4. April
> *Das günstige*
> *und sichere Busunternehmen*
> *22222 Buschhausen*
>
> Sehr geehrte Frau Windhausen,
> sehr geehrter Herr Sommer,
> liebe 5 c und 5 d,
>
> wir freuen uns über Ihre Anfrage und können Ihnen das folgende Angebot unterbreiten:
> Busmiete (60-Sitzer) pro Tag 275 € mit 100 „Freikilometern“.
> Jeder weitere gefahrene Kilometer wird mit 0,50 € berechnet.
>
> Wir würden uns freuen, wenn Sie sich für unser Unternehmen entscheiden würden.
>
> Mit freundlichen Grüßen

Die Schülerinnen und Schüler berechnen zusammen mit Frau Windhausen und Herrn Sommer, was die Fahrt kosten wird.

a) Die Lehrer schätzen, dass sie mit dem Bus an den 3 Tagen insgesamt 550 km fahren werden. Was wird der Bus kosten?

b) Ein Tag kostet mit Übernachtung und Verpflegung pro Kopf 20 €. Die Klassen sind zwei ganze Tage in dem Schullandheim. 50 Kinder nehmen an der Fahrt teil. Wie viel muss jedes der Kinder bezahlen?

Aufgaben

27 Archäologen sind Forscher, die herauszufinden suchen, wie Menschen in der Vergangenheit gelebt haben. Häufig finden sie bei ihren Grabungen Teile menschlicher Skelette. Die Wissenschaftler wollen wissen, wie groß Menschen vor mehreren tausend Jahren waren. Es gibt eine Formel, mit der man die Größe eines Menschen gut schätzen kann, wenn man die Länge des Oberarmknochens kennt. Die Formel ist für Frauen und Männer verschieden

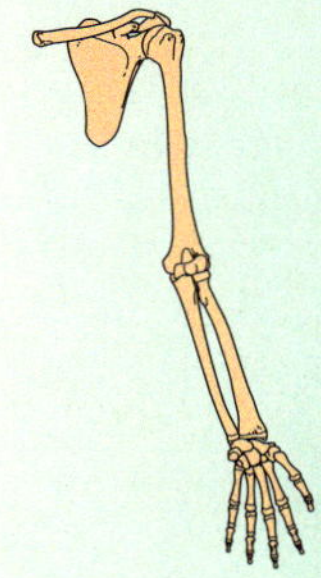

Größe eines Mannes in cm = ([Länge des Oberarm-Knochens in cm] · 29 + 700) : 10

a) Bei Ausgrabungen wurde ein 26 cm langer Oberarmknochen eines erwachsenen Mannes gefunden. Schätze die Größe des Mannes mit der Formel. Achte bei der Berechnung darauf, dass die Länge des Knochens in cm angegeben werden muss. Die Länge des Mannes ergibt sich dann ebenfalls in cm.
Vergleiche die Größe des Mannes mit der Größe eines Mannes heutzutage.
b) Bei Frauen muss man die Länge des Oberarmknochens mit 28 multiplizieren, 715 addieren und dann durch 10 dividieren, um die Größe zu schätzen. Schreibe die Angaben als eine Formel (siehe Aufgabe).
c) Wie groß war eine Frau, deren Oberarmknochen 25 cm lang war?

28 Sicher hast du schon deine Eltern über ihr Gewicht klagen hören. Du kannst ihnen mit einer Formel helfen, mit der sie ihr Idealgewicht berechnen können.
a) Wovon wird das Idealgewicht abhängig sein? Was vermutest du?
b) Mit der folgenden Formel kann man das Idealgewicht einer Frau schätzen, wenn man deren Größe kennt:

Idealgewicht in kg = ([Größe in cm] · 6 – 450) : 10

Berechne das Idealgewicht einer Frau der Größe 170 cm.
c) Frage deine Mutter, ob du ihr persönliches Idealgewicht berechnen sollst.

Die Gelosia-Methode ist von dem schottischen Baron John Napier vor mehr als 300 Jahren bekannt gemacht worden.

29 Eine alte Multiplikationsmethode. Um mehrstellige Zahlen miteinander zu multiplizieren, haben die Menschen vor langer Zeit ein besonderes Verfahren entwickelt.

Die Produkte werden auf etwas ungewöhnliche Weise eingetragen.

Berechne 74 · 56

Ohne schriftlich multiplizieren zu können, würde man schrittweise rechnen. Man „verteilt" die Zahlen

74 · 50 + 74 · 6

70 · 50 + 4 · 50 + 70 · 6 + 4 · 6

3 500 + 200 + 420 + 24

3 500
\+ 200
\+ 420
\+ 24
4 144

a) Finde heraus, wie die Gelosia-Methode funktioniert. Berechne mit dieser Methode das Produkt 39 · 82.
b) Berechne 287 · 57 nach der Gelosia-Methode.

CHECK-UP

Rechnen

Rechenvorteile durch
Vertauschen der Reihenfolge und Zusammenfassen

17 + 96 + 83 + 4 = ☐

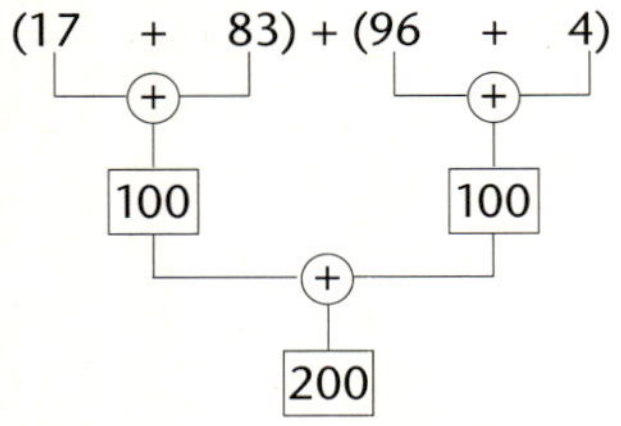

Probe durch Umkehrung der Rechnung

46 – 29 = 17 Probe: 17 + 29 = 46
84 : 7 = 12 Probe: 12 · 7 = 84

Schriftliches Multiplizieren

5	4	6	·	7	4
	3	8	2	2	
		2	1	8	4
	1		1		
	4	0	4	0	4

genau untereinander schreiben

Schriftliches Dividieren

7	8	2	:	2	3	=	3	4
6	9							
	9	2						
	9	2						
		0						

genau untereinander schreiben

Probe

3	4	·	2	3
		6	8	
		1	0	2
		7	8	2

1 **Kopfrechnen – Rechenvorteile ausnützen**
a) 17 + 134 b) 26 + 72 + 74 c) 103 + 84 + 97 + 16
d) 43 – 17 + 3 e) 12 + 14 + 16 + 16 + 18 + 20

2 Kann man Rechenvorteile ausnutzen?
a) 8 · 8 b) 7 · 9 c) 42 : 6 d) 45 : 5
e) 5 · 34 · 20 f) 25 · 13 · 4 g) 48 : 8 · 2

3 Auch mit größeren Zahlen kann man im Kopf rechnen. Welches Gesetz wendest du bei den Multiplikationen an?
a) 17 · 8 b) 34 · 5 c) 8 · 27 d) 35 · 3 e) 67 · 5 f) 9 · 21

4 **Schriftliches Rechnen**
a) 234 + 5 002 + 96 + 3 304 b) 345 – 258 + 711
c) 1000 – (341 + 205 + 184) d) 999 + 999 + 999

5 Mache zunächst eine Überschlagsrechnung im Kopf, indem du die Zahlen so rundest, dass man leicht rechnen kann. Rechne dann genau.
a) 23 · 38 b) 78 · 89 c) 618 · 49 d) 189 · 97
e) 392 : 7 f) 6 489 : 9 g) 572 : 11 h) 1 904 : 34

6 Finde die fehlende Zahl. Wie rechnest du jeweils?
a) ■ + 96 = 341 b) 563 – ■ = 212 c) 8 · ■ = 136
d) ■ : 6 = 25 e) 84 : ■ = 4 f) ■ – 82 = 410

7 Jessica hat zu ihrem Geburtstag mehrere Gutscheine geschenkt gekommen, die sie bei Soundmax einlösen kann. Reichen die Gutscheine für all ihre Wünsche?

8 Hättest du das gedacht? Ein großer Lastwagen verlässt eine Konservenfabrik. Er hat mittelgroße Dosen mit Erbsen geladen, wie du sie aus dem Supermarkt kennst. Die Dosen sind in Kartons verpackt. Auf der Ladefläche sind 25 × 10 × 15 Kartons gestapelt. Berechne die Anzahl der Dosen auf dem Lkw, wenn in jedem Karton 36 Dosen sind.

9 Die Kinder der 5 a planen eine Klassenreise. Sie haben von August bis Mai jeden Monat 5 € gespart. Die 4 Tage in der Jugendherberge und die Anreise kosten für alle 26 Schüler insgesamt 1482 €. Wie viel muss jedes Kind noch zuzahlen?

CHECK-UP

10 **Rechenausdrücke**
Welcher Rechenausdruck ergibt die größte Zahl?
a) $2 + 3 + 4$ b) $2 \cdot (3 + 4)$ c) $2 \cdot 3 + 4$
d) $2 \cdot 3 \cdot 4$ e) $(2^3) \cdot 4$

11 Berechne die Rechenausdrücke.
a) $9 \cdot (36 - 27)$ b) $38 - 19 - 9$ c) $(29 + 35) : (19 - 15)$
d) $24 \cdot (16 \cdot 5 - 60)$ e) $36 : 9 \cdot 4$ f) $(36 + 64) \cdot (32 - 8 \cdot 4)$

12 Schreibe für jedes Bild einen Rechenausdruck zur Berechnung der Zahl der Punkte auf. Welches Rechengesetz wird dargestellt?

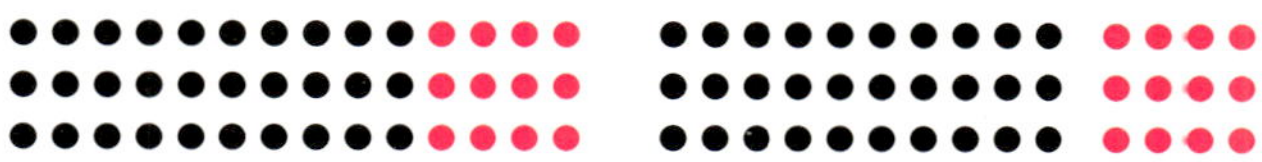

13 Schreibe zu jedem Rechenbaum den zugehörigen Rechenausdruck auf. Rechne.

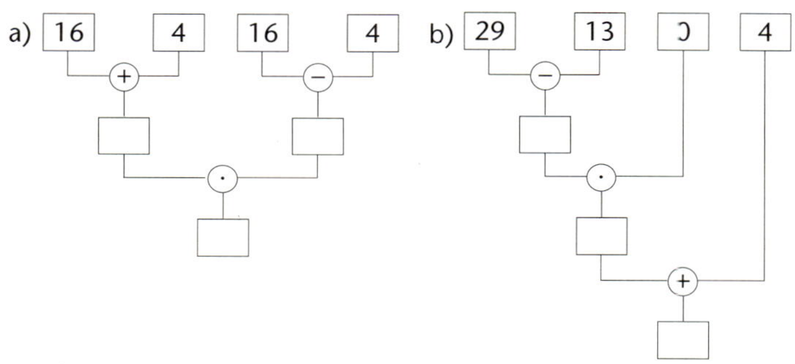

14 Schreibe die Rechenausdrücke mit Worten auf.
a) $23 \cdot (28 - 19)$ b) $(32 + 54) \cdot (48 - 27)$
c) $(6 \cdot 15 - 35) : 3$ d) $29 - (16 - 12) \cdot 5$

15 Übersetze die Texte in Rechenausdrücke und berechne.
a) Addiere zu dem Produkt aus 15 und 12 die Zahl 27. Subtrahiere von der Summe die Zahl 100.
b) Multipliziere die Summe aus 34 und 17 mit der Differenz aus 34 und 17.

16 Die Firma „Türauf" hilft, wenn man sich ausgeschlossen oder den Schlüssel verlegt hat. Im Stadtgebiet verlangt die Firma „Türauf" eine Grundgebühr von 55 €. Dafür ist die erste Arbeitsstunde kostenlos. Die weiteren Arbeitsstunden kosten 29 €. Schreibe eine Rechnung, wenn die Firma 1 Stunde (2 Stunden, 4 Stunden) arbeitet.

17 *Ein Amerikaner in Deutschland.* In Deutschland werden die Temperaturen in °C angegeben, in den USA misst man die Temperatur in °F. Mr. Cole schaut morgens auf das Thermometer im Hotel und liest 15 °C ab. Er rechnet um:
Temperatur in °F = (Temperatur in °C : 5 · 9 + 32)
a) Schreibe die Umrechnungsformel als Rechenbaum.
b) Rechne für Mr. Cole 15 °C in °F um.
c) Rechne 20 °C, 0 °C und 100 °C in °F um.

Überschlagsrechnung
$539 \cdot 27$
Runden: $500 \cdot 30 = 15\,000$

Vorfahrtsregeln
Punkt- vor Strichrechnung

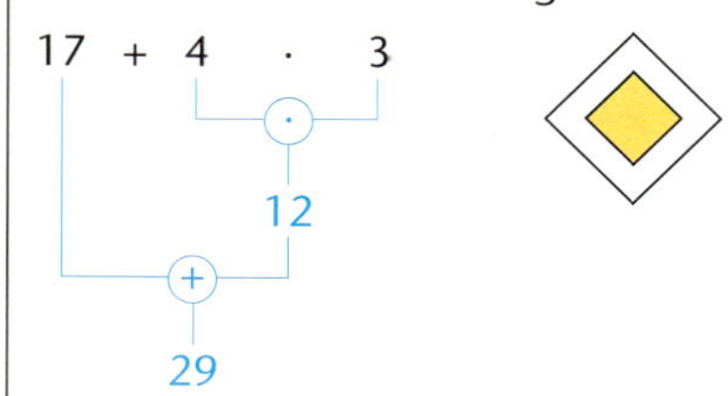

Klammern zuerst bearbeiten

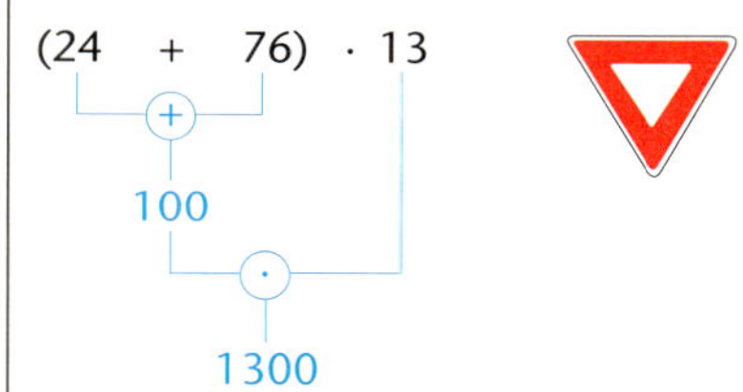

Rechenausdrücke berechnen
$(29 - 17) \cdot 5 - 30 =$
$12 \cdot 5 - 30 =$
$60 - 30 = 30$

Verteilen und Zusammenfassen
$18 \cdot 4$
$(10 + 8) \cdot 4$

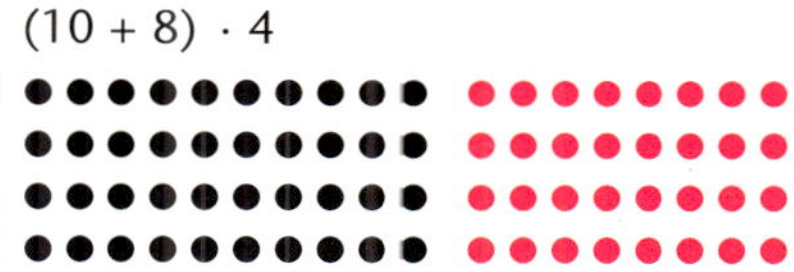

$10 \cdot 4 + 8 \cdot 4 = 72$
Verteilungsgesetz oder Distributivgesetz

Formeln verwenden
(95 – 32) : 9 · 5 = Einsetzen
63 : 9 · 5 = Ausrechnen
7 · 5 = 35

4 Zahldarstellungen

4.1 Alte Zahldarstellungen

Was dich erwartet

Die zehn Ziffern 0, 1, 2, 3, 4, 5, 6, 7, 8, 9 werden heute überall auf der Welt benutzt. In vielen Ländern, z. B. im alten Ägypten, bei den Maya in Mittelamerika und im alten China, gab es andere Schreibweisen, die du auch heute noch manchmal sehen kannst. Bei uns werden immer noch die römischen Zahlzeichen verwendet. Selbst in der Steinzeit konnten die Menschen bereits mit Zahlen umgehen. Du erfährst nun, wie unterschiedlich die Menschen früher Zahlen notiert haben.

Aufgaben

1 *Seemannsgarn:* Oliver liest ein spannendes Abenteuerbuch.

Jan, Hein, Klaas und Pit hatten ihr Segelboot repariert und konnten wieder weitersegeln. Doch das nächste Abenteuer wartete schon. Sie kamen in einen schweren Sturm und wurden auf eine einsame Insel verschlagen. Dort herrschte ein grausamer König. Die vier Freunde wurden einzeln in Gefängniszellen gesteckt. Jeder hoffte, bald wieder freigelassen zu werden. Sie durften genau am 50. Tag um Gnade bitten, keinen Tag früher und keinen Tag später, so hatte es der König bestimmt.

Bis 50 zu zählen, das konnte doch eigentlich nicht so schwer sein. Sie fürchteten aber, dabei doch einen Fehler zu machen. Jan hatte noch sein Messer und eine alte Schiffsplanke dabei. Hein fand ein Seil in seiner Tasche. Klaas entdeckte in der Ecke seiner Zelle sechs Steine und elf kleine Stöcke. Pit riss sich seine letzten zehn Haare aus. Alle vier schafften es, mit ihren Hilfsmitteln richtig bis 50 zu zählen.

Wie sind sie deiner Meinung nach vorgegangen? Schreibe die Geschichte mit eigenen Ideen weiter.

ägyptische Zahlzeichen

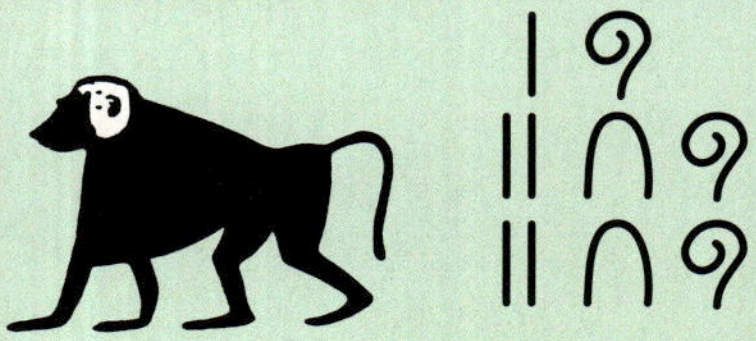

2 *Souvenirs:* Katharina war in den Ferien in Ägypten und hat auf Tempelinschriften alte Zahlzeichen entdeckt: Zählstriche, Bündel und Messleine. Jetzt zeichnet sie selbst ein ägyptisches Zahlenbild und sagt: „Dieser Pharao hat 325 Affen und 37 Adler von einer Reise mitgebracht."

a) Welche Zeichen benutzten die alten Ägypter für 1, 10 und 100?

b) Zeichne wie Katharina ein Zahlenbild mit 147 Löwen und 523 Stieren.

Aufgaben

Statt IIII schreiben wir heute IV

3 Auf alten Uhren findet man häufig römische Zahlzeichen.
a) Schreibe auf, wie die Römer die Zahlen von 1 bis 12 geschrieben haben.
b) Statt IIII wird bei römischen Zahlenangaben meistens IV geschrieben. Benutze die neue Darstellung der Vier und zähle bis XXV.

4 Obelix hat viele Hinkelsteine hergestellt und möchte sie an die Römer verkaufen. Asterix hilft ihm, die Preise in einen Katalog einzutragen. Nummer 1 kostet 122 Sesterzen. Der Katalog ist leider noch unvollständig.
a) Was bedeuten die Zeichen I, V, X, L, C und D?
b) Warum steht I manchmal vor und manchmal hinter X, z. B. IX und XI?
c) Übertrage den Katalog in dein Heft und vervollständige ihn.

Nummer	Preis	Nummer	Preis
1	122	I	CXXII
2	207	II	CCVII
9	153	IX	CLIII
12	510	XII	DX
14	430	XIV	CDXXX
42	610	XLII	■
62	163	■	■
71	114	■	■
■	■	LXXIII	CCCXIX
■	■	XCII	DCXII

Die Wege der Zahl nach Europa

Die Geschichten von Asterix und Obelix spielen ca. 50 Jahre vor Christi Geburt. Damals kannte man unsere jetzige Zahlschreibweise noch nicht. Sie wurde erst später in Indien entwickelt und kam über Arabien um 1500 nach Deutschland. Man bezeichnet 0, 1, 2, 3, 4, 5, 6, 7, 8, 9 daher auch als arabische Ziffern.

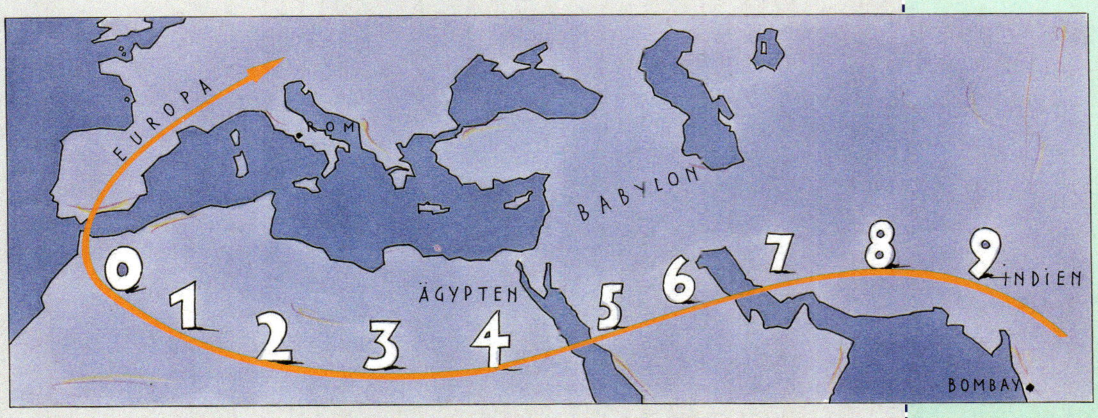

Unser Dezimalsystem wurde in Deutschland besonders durch den berühmten Rechenmeister **Adam Ries** bekannt gemacht, der 1522 ein Rechenbuch über das Rechnen mit diesen Zahlen schrieb. Weil man mit den neuen Zahlen so gut rechnen konnte, wurden die römischen Zahlen immer weiter zurückgedrängt.

Basiswissen

Die Römer verwendeten für Zahlen verschiedende Zeichen, die nach ganz bestimmten Regeln aufgeschrieben (aneinander gereiht) werden.

Römische Zahlzeichen

M = 1 000   D = 500   C = 100   L = 50   X = 10   V = 5   I = 1

Regeln für die römische Zahlschreibweise

Wenn der größere Wert vor dem kleineren steht, so wird addiert:
XI = X + I = 10 + 1 = 11

Wenn der kleinere Wert vor dem größeren steht, so wird subtrahiert:
CM = M – C = 1000 – 100 = 900

Manche der römischen Zahlzeichen kommen von lateinischen Wörtern, z. B. C von centum = hundert oder M von mille = tausend.
Der Zählstrich I steht für die Zahl 1. Durch einen Schrägstrich wird daraus X, ein Bündel von zehn.

Beispiele

A DCXXI = D + C + X + X + I
= 500 + 100 + 10 + 10 + 1
= 621

CDXIX = D – C + X + X – I
= 500 – 100 + 10 + 10 – 1
= 419

M, C, X, I kommen höchstens dreimal hintereinander vor. D, L, V kommen höchstens einmal vor. In umgedrehter Reihenfolge steht nur: CM = 900, CD = 400, XC = 90, XL = 40, IX = 9, IV = 4.

B Wenn man eine Zahl in die römische Schreibweise verwandelt, so prüft man jeweils, ob 1 000, 900, 500, 400, 100, 90, 50, 40, 10, 9, 5, 4, 1 noch hineinpasst:

484 = 400 + 50 + 10 + 10 + 10 + 4
= CD + L + X + X + X + IV
= CDLXXXIV

1 299 = 1 000 + 100 + 100 + 90 + 9
= M + C + C + XC + IX
= MCCXCIX

Übungen

5 Schreibe mit arabischen Ziffern:
a) XII, LX, DCC, ML, DII, CLXVI
b) IX, XC, CD, LXXIV, CCXL, CML
c) DCCCXX, MDCCCV, MMXLIX

6 Schreibe mit römischen Ziffern:
a) 6, 20, 30, 80, 200, 600, 800, 3 000
b) 62, 83, 106, 626, 1 022, 2 222, 3 003
c) 1 648, 1 900, 1 555, 1 792

7 Der Kölner Dom ist eines der bekanntesten Bauwerke in Deutschland.
a) Schreibe das Jahr des Baubeginns und das Jahr der Fertigstellung in römischer Zahlschreibweise.
b) Im und am Dom finden sich bekannte Persönlichkeiten wieder, so auch zwei Figuren stellvertretend für die Spieler des 1. FC Köln. Diese Figuren wurden im Jahr 1978 angebracht, das Jahr, in dem der 1. FC Köln deutscher Fußballmeister wurde. Schreibe die Jahreszahl der Meisterschaft in römischen Zahlzeichen.

Kölner Dom: Baubeginn 1248
Fertigstellung 1880

… stellvertretend für Spieler des 1. FC Köln

Übungen

8 Auf vielen Gebäuden sieht man römische Zahlen.
a) Wann wurde das abgebildete Gebäude errichtet?
b) Wie könnte die Inschrift auf einem Haus lauten, das 1843 gebaut und 1907 renoviert wurde.
c) Erkunde, ob es in deiner Umgebung Häuser, Kirchen oder andere Bauten mit römischen Zahlen gibt. Schreibe die Zahlen ab und übersetze sie. Was könnten sie bedeuten? Berichte in der Klasse von deinen Erkundungen.

9 Marian öffnet seine Kamera, um einen Film einzulegen – und belichtet den bereits einliegenden Film. Alle Bilder sind vernichtet. Du findest heraus, was er danach gesagt hat. Setze bei den folgenden Zahlen jeweils den ersten Buchstaben der zugehörigen römischen Zahldarstellung in die Lücken im Bild ein:
8 9 89 83 3 383 2 2 383 4 61 1 961
Finde einen eigenen Spruch, den du so mit Zahlen erzeugen kannst.

10 Auch die alten Römer kannten Würfelspiele. Beklebe drei Würfel mit den Buchstaben D, C, L, X, V, I. Wirf die drei Würfel. Wer aus den gewürfelten drei Buchstaben die größte Zahl bilden kann, hat gewonnen.

11 Ordne den Zahlen die römischen Schreibweisen zu.

213 409 1 203 704 888 11 97 703 2 951 32 182

CDIX XI CLXXXII CCXIII XCVII DCCIII DCCCLXXXVIII MCCIII MMCMLI DCCIV XXXII

12 Schreibe jeweils die beiden benachbarten Zahlen auf.
X XXV XL L LXXXV CCXIX CCLXV CCCLXXIX D CMXCIX MM

13 Mit Streichhölzern kann man römische Zahlen legen. Benutze fünf Streichhölzer und lege nacheinander die ersten römischen Zahlen. Bis zu welcher Zahl kommst du? Wie weit kommst du mit sechs Streichhölzern, wie weit mit sieben?

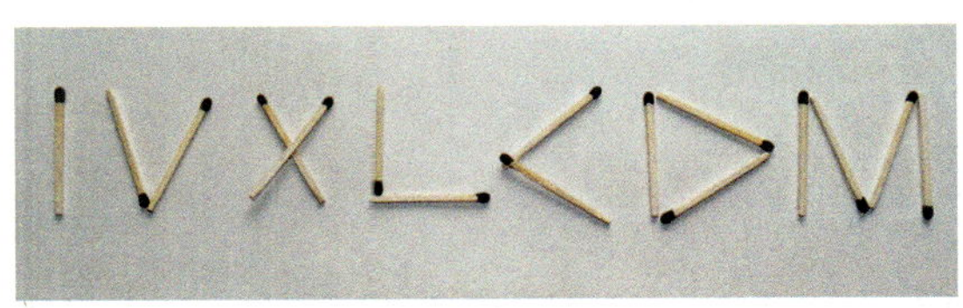

14 Wenn du ein Streichholz umlegst, ist die Rechnung richtig. Gibt es mehrere Lösungen?

a)
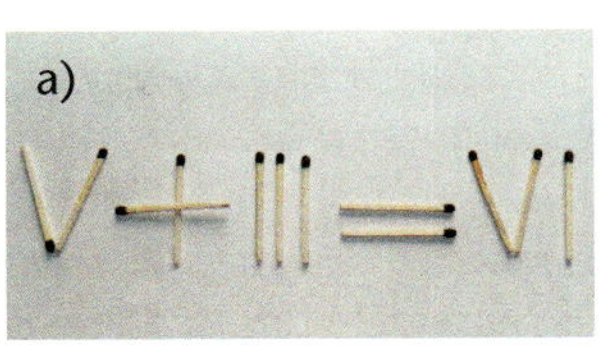

b)
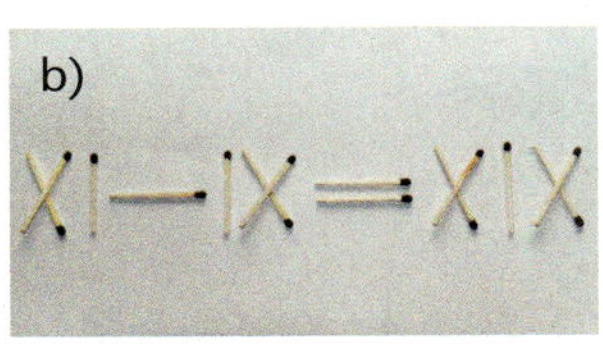

c)
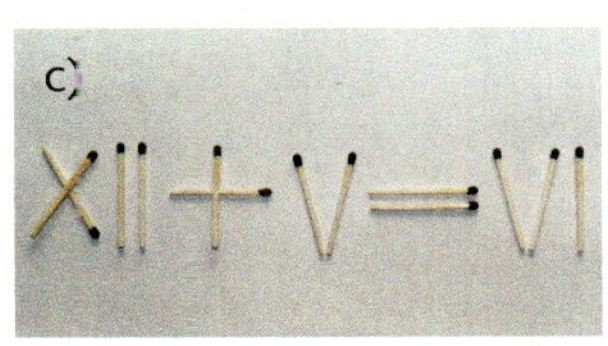

d) Wieso ist vier die Hälfte von neun? Wieso ist zwölf das Doppelte von sieben?
Erfinde eigene Streichholzaufgaben.

Übungen

15 Finde möglichst viele Zahlen,
a) die kleiner als vierzig sind und das Zeichen V enthalten;
b) die aus genau zwei römischen Ziffern bestehen;
c) die in der Mitte ein I haben;
d) die genau drei verschiedene römische Ziffern enthalten.

15
Es gibt
a) 20, b) 16,
c) 40, d) 54
Zahlen.

16 In manchen lateinischen Versen wird eine Jahreszahl versteckt. Die Kreuzinschrift „Jesus von Nazareth König der Juden" kann lateinisch so geschrieben werden:

IesVs nazarenVs reX IVDaeorVM

Die römischen Ziffern werden hervorgehoben, wobei in der lateinischen Schrift kein Unterschied zwischen U und V gemacht wird. Dieses **Chronogramm** (Zeitinschrift) gibt einen Hinweis auf das Jahr des Nürnberger Religionsfriedens.
Addiere: I + V + V + X + I + V +D + V + M. Du erhältst die Jahreszahl.

DeIparæ
VIrgInI
ChrIstIanorVM
aVXILIo

sVbInDe
eLapsIs CentenIs
bInIsqVe aÑIs
renoVata fVIt
ab aLIqVo
MarIophILo

17 Siehst du die Jahreszahlen? Auf diesem Denkmal in Wien sind zwei Jahreszahlen versteckt. In den Texten links findest du hervorgehobene Buchstaben. Sie stellen römische Ziffern dar. Wenn man die Ziffern des oberen Textes addiert, erhält man die Jahreszahl der zweiten Belagerung der Stadt durch die Türken. Die römischen Zahlzeichen im unteren Teil geben das Datum an, an dem das Denkmal aufgestellt wurde. Ermittle die beiden Jahreszahlen.

18 Die Geburtsanzeige unten stand vor einigen Jahren in der Zeitung.
a) In welchem Jahr wurden die Drillinge geboren? Addiere dazu alle römischen Ziffern.
b) Kannst du dein Geburtsjahr auch mit einem Spruch verschlüsseln?

sChneLLe DrILLInge:
MaX, XaVer, XenIa –
eLtern freuen sICh

XXXIII		Das Ergebnis muss	33
+ XXIII		noch richtig ge-	+ 23
		schrieben werden:	
XXXXXIIIIII	=	LVI	56

19 Römische Zahlen zu addieren ist schwierig, mit unseren Zahlen zu rechnen ist viel einfacher. Deshalb haben die Römer nur dann gerechnet, wenn es unbedingt notwendig war. Als Rechenhilfe benutzten sie einen Abakus (s. auch Seite 69). Rechne wie die Römer (in Aufgabe d) wird es besonders schwierig).

a) XXXV
+ XXVI

b) CCXXIII
+ CCXII

c) MDLXV
+ CDLXV

d) XXIV
+ XXIII

Die Mayas

Die Mayas waren vor ungefähr 1 500 Jahren wahre Meister im Rechnen. Sie lebten in Mittelamerika. Noch heute kann man ihre großartigen Bauwerke bewundern. In Yucatan, einem Teil von Mexiko, und in Guatemala findet man die Überreste großer Städte mit riesigen Pyramiden und Tempeln. Obwohl die Mayas keine Fernrohre hatten, beobachteten sie den Gang von Sonne, Mond und Sternen. Ohne Uhren konnten sie die Länge eines Jahres in Tagen berechnen und schufen damit einen eigenen Kalender. Der Kalender war so gut, dass er erst nach ca. 5 000 Jahren um einen Tag falsch gegangen wäre.

Woher wissen wir dies alles? Von den Mayas ist nur wenig überliefert. Fast alles Geschriebene wurde vernichtet. Eines der wichtigsten Maya-Bücher – Wissenschaftler nennen es Maya-Kodex – befindet sich in Dresden.

„Schneckenhaus"-Observatorium der Maya

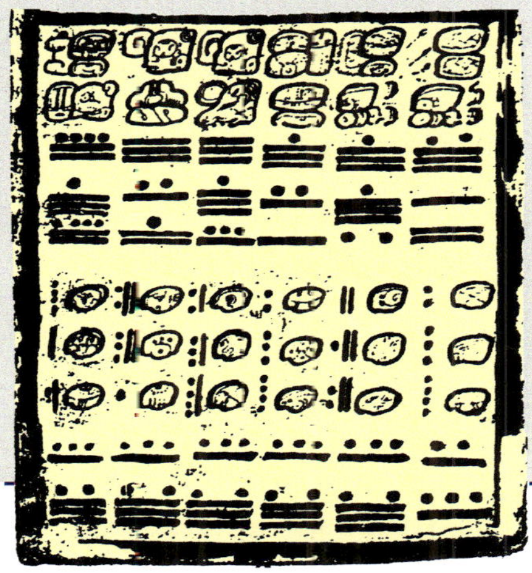

Maya-Kodex

Wie die Mayas rechneten? – In den Fußstapfen der *Archäologen*

Projekt

Wer waren die Mayas?
Wo und wann lebten sie?
Warum endete das Reich der Mayas so plötzlich? …

A *Wer waren die Mayas?* Bevor ihr euch daran macht zu entziffern, was die Mayas auf der abgebildeten Seite geschrieben haben, solltet ihr wichtige Informationen über die Mayas zusammentragen und „veröffentlichen".

B *Forschungsauftrag.* Schaut euch die Seite aus dem Maya-Kodex genau an.
- Welche Zeichen könnten Zahlen darstellen?
- Findet Regeln, nach denen Punkte und Striche aufgeschrieben sind.

(Die Antworten findest du auf dem Rand dieser Seite)

Lösung:
Regeln:
- Es stehen bis zu drei Striche untereinander und
- bis zu vier Punkte nebeneinander.
- Die Punkte stehen stets über den Strichen.

C *Entdeckung durch Ausprobieren*
Punkte und Striche können für Zahlen stehen. Doch was bedeuten sie? Beachtet bei allen folgenden Aufgaben die Regeln, die ihr bei eurer ersten Erforschung entdeckt habt.
- Vermutung: Ein Punkt steht für einen Einer und ein Strich für einen Zehner. Stellt die Zahlen 12 und 17 mit Strichen und Punkten dar. Was stellt ihr fest?
- Probiert die Zahl 12 und 17 zu schreiben, wenn der Strich für einen Fünfer steht. Ihr werdet feststellen, dass dies nicht schwierig ist.
- Wieso ist 19 die größte Zahl, die man mit Strichen und Punkte darstellen kann?

Rechnen wie die Mayas

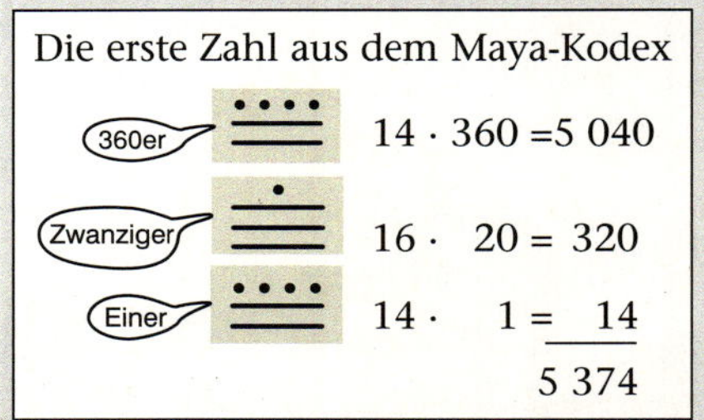

Für ihre wissenschaftlichen Berechnungen benötigten die Mayas sehr große Zahlen. Dabei half ihnen eine großartige Erfindung: Sie benutzten zum Schreiben ihrer Zahlen mehrere übereinander liegende Felder. Im untersten Feld hat ein Punkt den Wert 1, ein Strich den Wert 5. Im darüber liegenden Feld zählen Punkte und Striche das Zwanzigfache, sind also Zwanziger. Im nächsten Feld sind dann Punkte und Striche das 360fache.

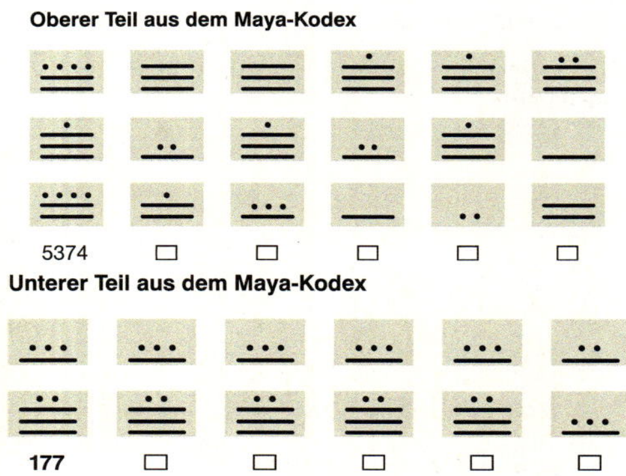

D *Jetzt geht's an die Arbeit*
Die Zahlen aus dem Maya-Kodex sind links nochmals in Schönschrift aufgeschrieben. Übertragt sie ins Heft und zeichnet die Felder ein.

a) Entschlüsselt die Zahlen aus dem unteren Teil.

b) Entschlüsselt nun die Zahlen aus dem oberen Teil.

c) Berechnet die Differenzen benachbarter Zahlen aus dem oberen Teil. Vergleicht die Differenzen mit den Zahlen aus dem unteren Teil.

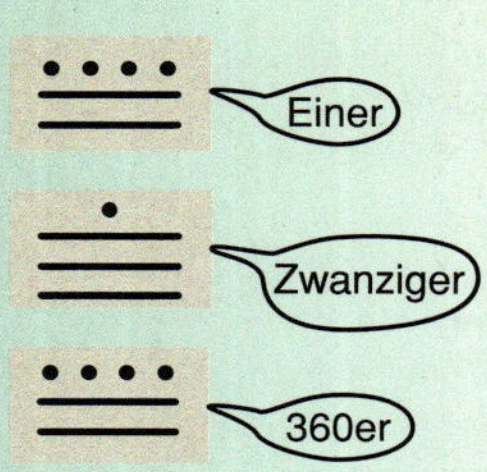

E *Entschlüsseln in die andere Richtung*
Forscher müssen jedem noch so kleinen Hinweis nachgehen. Woher wissen wir, dass die Mayas Zahlen von *unten nach oben* aufgeschrieben haben? Ihr könnt dies selbst erforschen. Von links nach rechts oder von rechts nach links gelesen würden wir riesige Zahlen erhalten. Wie ist es aber, wenn wir die Zahlen von *oben nach unten* lesen? Die Einer stehen oben, die Zwanziger darunter usw. Entschlüsselt die Zahlen aus dem oberen Teil des Maya-Kodex nun von oben nach unten. Ihr erhaltet eine Folge von Zahlen. Welche Zahlenfolge wird wohl eher in einem Buch stehen?

Der Maya-Kalender

Die Mayas hatten das Jahr in 18 Monate mit je 20 Tagen unterteilt. Dies macht zusammen 360 Tage. Selbstverständlich wussten die Mayas, dass das Jahr 365 Tage hat (exakt sogar etwas mehr als 365 Tage – auch das war den Mayas bekannt).
Damit alles wieder stimmte, hatten die Mayas einen zusätzlichen 19. Monat mit Sondertagen eingeführt. Dieser Monat heißt „Ualyeb", was „Namenlos" bedeutet. Die fünf Tage galten bei den Mayas als Unglückstage.
Vielleicht war der Kalender auch der Grund dafür, dass die Mayas mit 360ern rechneten.

4.2 Stellenwertsysteme

Was dich erwartet

Was sagst du dazu: 1 + 1 = 10! Die können ja noch nicht mal bis 2 zählen? Vielleicht doch, denn wusstest du, dass der Computer in seinem Inneren genauso rechnet? Die Zahl 10 bedeutet für uns: 1 Zehner und 0 Einer. Wir rechnen im Zehnersystem (Dezimalsystem). Der Computer macht alles anders. Er rechnet im Zweiersystem (Dualsystem). Nicht nur Computer, auch Menschen rechnen oder rechneten in verschiedenen Zahlsystemen. Auf französisch heißt achtzig auch heute noch quatrevingt, zu deutsch vier Zwanziger. Asterix und Obelix haben im Zwanzigersystem gerechnet.

Aufgaben

1 Patrick und Stefanie gehen am Samstag auf den Wochenmarkt und kaufen mit ihrem Vater Obst und Gemüse ein: 7 kg Erdbeeren (für Marmelade), 4 kg Äpfel, 2 kg Spargel, 12 kg Kartoffeln und 3 kg Möhren.
Besonders gerne sehen sie zu, wie die Marktfrau mit ihrer alten Waage wiegt. Sie legt Gewichtsstücke auf die eine Waagschale und die Ware auf die andere. In der Tabelle steht, welche Gewichtsstücke sie wie oft verwendet.

Gewicht Ware	Anzahl Gewichtsstücke 5 kg	2 kg	1 kg
7 kg	1	1	0
4 kg	0	2	0
2 kg	■	■	■
12 kg	■	■	■
3 kg	■	■	■

a) Übernimm die Tabelle in dein Heft und ergänze sie für alle Einkäufe.
b) Stefanie meint, dass man mit einem Gewichtssatz von fünf Gewichtsstücken besser wiegen kann. Sie erklärt es Patrick: „Mit den Gewichtsstücken 1 kg, 2 kg und 4 kg kannst du alles bis 7 kg auswiegen. Hast du auch noch die Gewichte 8 kg und 16 kg, dann kannst du noch viel mehr auswiegen.“
Wie kann Stefanie 9 kg, 17 kg, 25 kg, 28 kg, 31 kg auswiegen? Lege eine Tabelle an.

2 König Duo der Dritte regierte in seinem Reich Quintalien mit einer Frau und vier Kindern. Dort war es bei Strafe verboten die Ziffern 5 bis 9 zu verwenden. Seine Untertanen hatten sich an die Vorschrift gewöhnt, nur beim Abzählen gab es noch einige Schwierigkeiten.

a) Zählen in Quintalien: 1, 2, 3, 4, 10, 11, ... Wie wird weitergezählt? Ergänze die Liste bis zur 15. Zahl. Was steht in Quintalien an den Klassentüren der 5. Klassen?
b) Eine Schulklasse hat sich auf dem Schulhof hintereinander aufgestellt. Die Schülerinnen und Schüler zählen laut durch. Der letzte Schüler hat die Nummer 44. Wie viele Schülerinnen und Schüler sind in der Klasse?
c) Nach einiger Zeit wollte König Duo noch mehr sparen. Es waren nur noch die Ziffern 0 und 1 zugelassen. Was müsste nun auf der Klassentür der alten 5. Klasse stehen?

Zählvorschrift	
1	1
2	2
3	3
4	4
5	10
6	11
■	■
■	■
⋮	⋮

Aufgaben

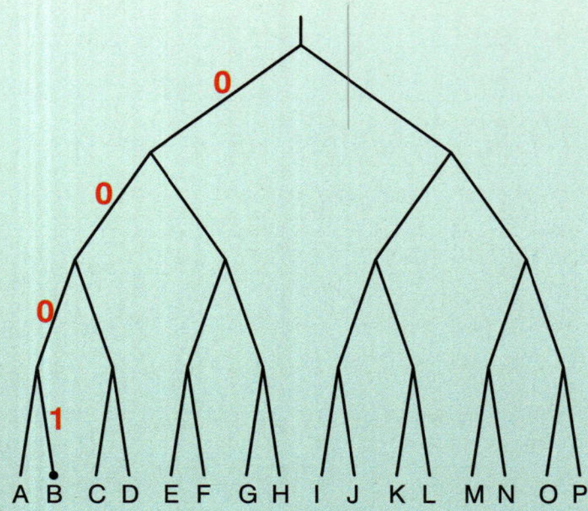

3 Auf großen Güterbahnhöfen werden die Güterwagen auf einen „Berg" geschoben und vom Zug abgekoppelt. Je nachdem, wie die Weichen stehen, rollt dann der Güterwagen an seinen Bestimmungsort auf dem Güterbahnhof.
An jeder Weiche kann der Waggon nur nach rechts (0) oder nach links (1) fahren. Der Rangiermeister hat die „Reise" für den ersten Waggon festgelegt: 0001. Der Waggon fährt in die Position B.

a) Wohin fährt der Waggon mit der Weichenstellung 0101?
b) Lege eine Tabelle für die Fahrten in Position A, B, C, ..., N, O, P an.

Basiswissen

Wir sind gewohnt Zahlen mit den zehn verschiedenen Ziffern 0 bis 9 aufzuschreiben (Zehnersystem). Zahlen größer als 9 haben dann mehrere Stellen. Je nachdem, an welcher Stelle die Ziffer steht, hat sie einen bestimmten Wert. Wir rechnen also mit einem Stellenwertsystem. Aber auch mit weniger Ziffern kann man alle Zahlen aufschreiben, z. B. im Zweier- oder im Fünfersystem.

Zahlen kann man in verschiedenen **Stellenwertsystemen** darstellen.

Zehnersystem oder Dezimalsystem

Zahl 111

Stellenwert	Hunderter	Zehner	Einer
Zahl	1	1	1

(· 10 von Einer zu Zehner, · 10 von Zehner zu Hunderter)

Zahlen im Zehnersystem heißen **Dezimalzahlen**.

Zweiersystem oder Dualsystem

Zahl $(111)_2$

Stellenwert	16er	8er	4er	2er	1er
Zahl			1	1	1

(· 2 jeweils von einer Stelle zur nächsten links)

Zahlen im Zweiersystem heißen **Dualzahlen.** Man liest sie meistens kurz „Eins Eins Eins" und schreibt $(111)_2$.

Fünfersystem

Zahl $(111)_5$

Stellenwert	25er	5er	1er
Zahl	1	1	1

(· 5 jeweils von einer Stelle zur nächsten links)

Beispiele

A Dualzahlen kann man mit einer **Stellenwerttafel** schnell in eine Zahl im Zehnersystem verwandeln.

Stellenwert	16er	8er	4er	2er	1er	
$(111)_2$			1	1	1	$1 \cdot 4 + 1 \cdot 2 + 1 \cdot 1 = 7$
$(11010)_2$	1	1	0	1	0	$1 \cdot 16 + 1 \cdot 8 + 0 \cdot 4 + 1 \cdot 2 + 0 \cdot 1 = 26$

Beispiele

B Wie schreibt man die Zahl 85 als Dualzahl? Man muss bei der Umwandlung die richtigen Stellenwerte berücksichtigen.

$$
\begin{aligned}
85 &= 1 \cdot 64 + 21 \\
&= 1 \cdot 64 + 0 \cdot 32 + 1 \cdot 16 + 5 \\
&= 1 \cdot 64 + 0 \cdot 32 + 1 \cdot 16 + 0 \cdot 8 + 1 \cdot 4 + 1 \\
&= 1 \cdot 64 + 0 \cdot 32 + 1 \cdot 16 + 0 \cdot 8 + 1 \cdot 4 + 0 \cdot 2 + 1 \cdot 1
\end{aligned}
$$

Stellenwert	128er	64er	32er	16er	8er	4er	2er	1er
Zahl		1	0	1	0	1	0	1

$85 = (1010101)_2$

C Der Tacho in einem Auto „zählt" die zurückgelegten Kilometer. Beim nächsten gefahrenen Kilometer werden die Einer auf 0 gesetzt und die Zehner um 1 erhöht. Da diese bereits auf 9 stehen, werden auch die Zehner auf 0 gesetzt und die Hunderter um 1 erhöht.
Im Fünfersystem wird die Zahl $(244)_5$ um 1 vergrößert. Bei den Einern kommt es zu einem „Überlauf". Daher werden die Einer auf 0 gesetzt und die Fünfer um 1 vergrößert. Da diese bereits auf 4 stehen, kommt es bei den Fünfern zu einem „Überlauf". Die Fünfer werden auf 0 gesetzt und die 25er um eins erhöht.

Stellenüberlauf

Übungen

4 Man kann mit Glühbirnen Dualzahlen darstellen. Wie lauten die Dualzahlen? Wie heißen sie im Zehnersystem?

a) 

b) 

c) 

d) 

e) 

f) 

5 Warum kann man Dualzahlen mit Glühbirnen darstellen und warum geht dies nicht so einfach mit Zahlen im Zehnersystem? Vielleicht hast du eine Idee, wie man Zahlen aus dem Zehnersystem mit Glühbirnen darstellen könnte.

6 Wandele die folgenden Zahlen aus dem Zweiersystem in das Zehnersystem um.
a) $(11011)_2$ b) $(101)_2$ c) $(11001100)_2$ d) $(10011)_2$
e) $(10101010)_2$ f) $(11111)_2$ g) $(10010010)_2$ h) $(10111)_2$

6 Lösungen:
170 23
27 5
146 31
204 19

7 Wie werden die folgenden Zahlen im Zweiersystem dargestellt?

a) 5	b) 99	c) 11	d) 300	e) 111	f) 100	g) 2 000
16	256	57	120	124	32	1 024

8 Wie heißt die kleinste und die größte a) dreistellige, b) sechsstellige Zahl im Zehnersystem, wie im Zweiersystem? Übersetze die Dualzahlen in Dezimalzahlen.

9 Finde jeweils den Vorgänger und den Nachfolger der folgenden Dualzahlen. Übertrage die Tabelle in dein Heft und ergänze die Zahlen.

Vorgänger	■	■	■	■	■
Zahl	$(1)_2$	$(100)_2$	$(1111)_2$	$(10101)_2$	$(10110)_2$
Nachfolger	■	■	■	■	■

Übungen

10 *Dualzähler:* Ihr könnt genauso wie Ali, Birgit, Christin, Dario und Eike „Dualzähler" spielen. Die fünf Kinder stellen sich nebeneinander auf und spielen Sechzehner, Achter, Vierer, Zweier, Einer. Sie zählen im Dualsystem, indem sie für 1 die rechte Hand heben und für 0 beide Hände unten lassen.

Zählen	16er Ali	8er Birgit	4er Christin	2er Dario	1er Eike
0	0	0	0	0	0
1	0	0	0	0	1
2	0	0	0	1	0
3	0	0	0	1	1
■	■	■	■	■	■

a) Übertrage die Tabelle in dein Heft und ergänze sie, indem du bis zur 9 zählst.
b) Welches Kind hat am meisten zu tun, welches am wenigsten?
c) Spielt „Dualzähler" in eurer Klasse. Fünf Kinder stellen sich nebeneinander auf. Legt fest, wer der „Einer", wer der „Zweier", der „Vierer", „Achter" und „Sechzehner" ist. Zählt zunächst langsam, indem ihr zum richtigen Zeitpunkt euren Arm hebt. Wenn ihr Experten seid, dann versucht schneller zu zählen. Welche Gruppe in eurer Klasse kann am schnellsten im Dualsystem zählen?

11 Die Summen im Zehnersystem:
a) 8 b) 63
c) 32
d) 28 e) 33
f) 24

Dualzahlen werden genauso addiert wie Dezimalzahlen:
1. Zahlen genau untereinander schreiben,
2. stellenweise addieren, dabei an Übertrag denken.

	8er	4er	2er	1er
		(	1	1)$_2$
+ (	1	0	1	1)$_2$
		1	1	
(	1	1	1	0)$_2$

11 *Addieren im Zweiersystem*

0	1	0	1
+ 0	+ 0	+ 1	+ (1) 1
0	1	1	1 0

Addiere.
a) $(111)_2 + (1)_2$ b) $(101010)_2 + (10101)_2$ c) $(11011)_2 + (101)_2$
d) $(10111)_2 + (101)_2$ e) $(11011)_2 + (110)_2$ f) $(10001)_2 + (111)_2$

12 *Multiplizieren von Dualzahlen*
Wie man Zahlen schriftlich multipliziert, ist dir bekannt.
a) Überprüfe deine Fertigkeiten, indem du schriftlich 17 · 45 berechnest.
b) Multipliziere nach demselben Verfahren zwei Dualzahlen. Überprüfe, ob du richtig gerechnet hast, indem du die Zahlen und die Ergebnisse aus dem Zweiersystem in das Zehnersystem umwandelst.

$(11)_2 \cdot (11)_2$
11
 11
$(1001)_2$

$(11)_2 \cdot (10)_2$ $(101)_2 \cdot (11)_2$ $(1101)_2 \cdot (101)_2$ $(11)_2 \cdot (111)_2$

13 *Etwas zum Nachdenken*

Mit Dualzahlen ist das „Kleine Einmaleins" ganz einfach.

a) Weißt du noch was das kleine „Einmaleins" ist? Überprüft eure Fähigkeiten, indem ihr euch gegenseitig Aufgaben zum kleinen Einmaleins stellt.
b) Stimmt es, dass das kleine Einmaleins mit Dualzahlen einfach ist?
c) Was meint ihr, ist das Rechnen mit Dualzahlen ganz einfach?

Übungen

14 *Aus einem Buch für Computerfachleute:*
Das Multiplizieren mit 2 entspricht einem „Linksshift" der Dualzahl. Was könnte das bedeuten?

Etwas für Experten

15 Dennis hat sich die Stellenwerttabelle für das Zweiersystem genau angeschaut. Er stellt fest, dass man die Stellenwerte auch mit Potenzen der Zahl 2 schreiben kann.

Potenzschreibweise

Stelle	7.	6.	5.	4.	3.	2.	1.
Stellenwert	64er	32er	16er	8er	4er	2er	1er
Potenz	■	■	■	■	2^2	2^1	2^0

· 2 · 2 · 2

Erinnere dich:
$2^0 = 1$

a) Übernimm die Tabelle in dein Heft und ergänze die fehlenden Potenzen.
b) Welchen Wert hat die 10. [20.] Stelle im Zweiersystem in Potenzschreibweise? Berechne den Wert der 10. Stelle.
c) Schreibe mithilfe der Potenzen eine Stellenwerttabelle für das Zehnersystem. Übernimm dazu die Tabelle unten in dein Heft und ergänze. Welchen Wert hat die 7. [10.] Stelle in Potenzschreibweise, als Zahl und in Worten?

Name	Milliarden			Millionen			Tausend					
Stelle	12.	11.	10.	9.	8.	7.	6.	5.	4.	3.	2.	1.
Stellenwert	H	Z	E	H	Z	E	H	Z	E	H	Z	E
Potenz	■	■	■	■	■	■	■	■	■	10^2	10^1	10^0

· 10 · 10 · 10

Alte Mengenangaben – andere Stellenwertsysteme

In der Vergangenheit haben die Menschen in verschiedenen Stellenwertsystemen gerechnet.
Vor ungefähr 4 000 Jahren verwendeten die Babylonier ein Sechzigersystem. Unsere heutige Zeiteinteilung stammt daher:
1 Stunde = 60 Minuten
= 60 · 60 Sekunden

Die Gallier rechneten vor ungefähr 2 000 Jahren im Zwanzigersystem. Noch heute sagen die Franzosen für 80 quatre-vingt (4 Zwanziger). Wie du schon weißt, verwendeten auch die Maya in Mittelamerika ein Zwanzigersystem (s. Seite 102).
Das Zwölfersystem wurde ebenfalls oft benutzt. Noch heute kennen wir die Mengenangabe ein Dutzend (= 12 Stück). Ganz selten, z. B. in Kreuzworträtseln, findet man noch das Gros (1 Gros = 12 Dutzend = 12 · 12 Stück).

16 Verwandle in Sekunden:
a) 4 Stunden 35 Minuten 12 Sekunden
b) 12 Stunden 5 Minuten 30 Sekunden
c) 2 Stunden 45 Sekunden
d) 1 Stunde 56 Minuten 12 Sekunden
e) die Länge eines Schultages von der ersten bis zur sechsten Stunde

17 Annika zählt im Getränkemarkt die Mineralwasserkisten. Es sind 3 Dutzend. Jede Kiste enthält 12 Flaschen. Wie viele Flaschen sind es insgesamt?

Übungen

„Aufschreibregeln“:
– bis zu drei Striche übereinander
. bis zu vier Punkte nebeneinander

18 Die Mayas in Mittelamerika rechneten im „Zwanziger-System“. Sie verwendeten daher u. a. 19 „Einer“. Diese stellten sie mit Hilfe von Strichen, die 5 zählten, und Punkten, die für 1 standen, dar.

 = 12  = 9  = 19

Die nächste Stelle stellten die „Zwanziger“ dar.

a) Welches ist die größte Zahl, die sich mit Einern und Zwanzigern schreiben lässt? „Entschlüssele“ die nebenstehende zweistellige „Maya-Zahl“.
b) Welchen Wert hat die dritte Stelle im Zwanziger-System?
c) Lies auf den Seiten 91 und 92 nach, wie die Mayas wirklich gerechnet haben.

Im Sport haben viele Spielfelder ganz eigentümliche Maße, denn diese Sportarten kommen aus England oder den USA und dort wurde oder wird in yards, feet und inches gemessen.

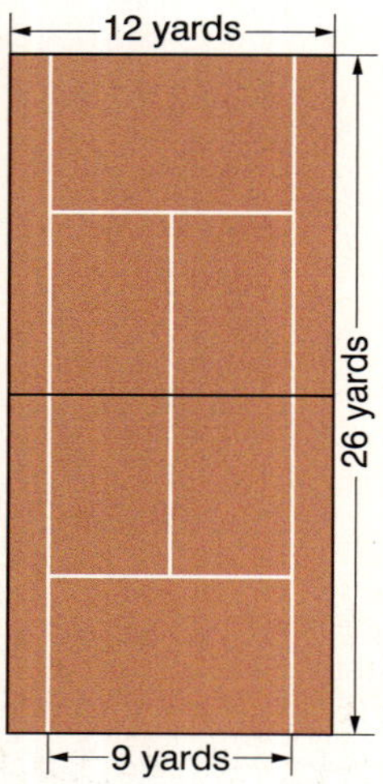

19 In den USA werden Längen noch immer in miles, yards, feet und inches gemessen. Zum Umrechnen von einer Einheit in eine andere benötigt man eine Umrechnungs- oder auch Stellenwerttabelle.

	1760	3	12	
Stellenwert	miles	yards (yd)	feet (′)	inches (″)
Zahl		8	2	11

a) *Aus den Sportnachrichten:* Scott Eman ist bei einer Leichtathletikveranstaltung in New York 8 yards 2 feet 11 inches weit gesprungen. Wie viel inches beträgt seine Sprungweite?
Rechne die Weite in Meter und Zentimeter um. 1 inch ist etwa 2,5 cm.
b) In den USA können viele Kinder und Erwachsene nicht gut mit den Längeneinheiten rechnen. Woran könnte das liegen?
c) In den USA sollen die Längen in ein Zehnersystem, man sagt ein metrisches System (von Meter), umgewandelt werden. Welche Gründe sprechen für diese Umwandlung? Leicht wird dies jedoch nicht sein. Warum?

20 *Zählen im Dreiersystem*
a) Übertrage die angefangene „Zähltabelle“ in dein Heft und fülle sie aus.

Zehnersystem	1	2	3	4	5	6	7	8	9
Dreiersystem	1	2	10	11	■	■	■	■	■

b) Beim Zählen im Dreiersystem ist Sina bis $(100)_3$ gekommen. Welcher Zahl entspricht dies im Zehnersystem?

21 Fertige eine Stellenwerttafel für das Dreiersystem an. Benutze die Tafel, um die folgenden Zahlen in Zahlen des Zehnersystems umzuwandeln.
a) $(201)_3$ b) $(122)_3$ c) $(2000)_3$ d) $(2222)_3$ e) $(1001)_3$

Addieren im Dreiersystem

0	0	0	1	1	■
+ 0	+ 1	+ 2	+ 0	+ 1	+ ■
0	1	2	1	■	■

22 Schreibe die fehlenden Aufgaben zum Addieren im Dreiersystem auf. Insgesamt sind es 9 Aufgaben. Schaue dazu bei den Dualzahlen im Kasten von Aufgabe 11 nach.

23 Sieh dir noch einmal die Aufgabe 11 auf Seite 106 an. Wie viele verschiedene Rechnungen erhältst du beim Addieren im Zehnersystem?
Vergleiche mit dem Dualsystem und dem Dreiersystem. Wo kann man wohl einfacher addieren? Geht es auch schneller?

Aufgaben

Kodierungen

24 In der Firma NurSix wird Limonade in Dosen abgefüllt. Die Dosen werden in Sechser-Packungen (Six-Pack) verpackt. Je sechs dieser Packungen kommen in einen größeren Karton, sechs von diesen Kartons werden in eine große Plastikplane zu einem so genannten „Gebinde“ eingeschweißt. Von diesen Gebinden werden sechs auf eine Palette gesetzt. Mit einem Gabelstapler werden die Paletten von der Abfüllanlage zum wartenden Lkw gefahren. Ein Mitarbeiter hat nach 10 Minuten registriert 5 3 4 5 1

a) Was könnte er notiert haben?

b) Wie viele Dosen sind in den 10 Minuten gefüllt worden?

c) Der Leiter der Abfüllanlage sagt, dass die Anlage in 2 Minuten ungefähr 1 500 Dosen abfüllt. Passt dein Ergebnis zu der Angabe des Werksleiters?

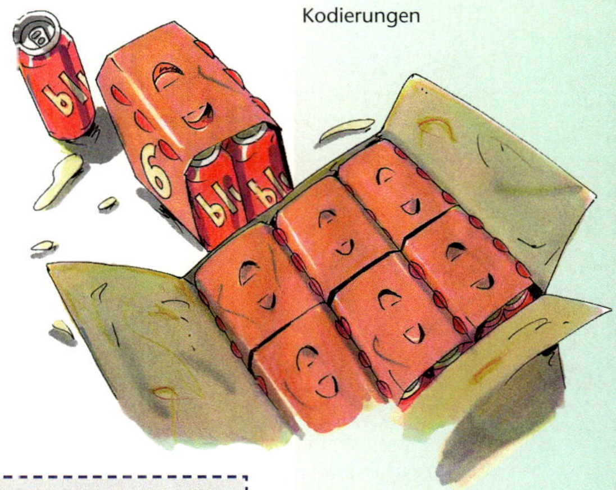

Morsen

Über größere Entfernungen wurden Nachrichten früher mit Buschtrommeln, Feuer- oder Rauchzeichen übertragen. Vor mehr als 150 Jahren gelang dem amerikanischen Erfinder und Maler Samuel Morse der entscheidende Durchbruch. Er erfand einen Schreibtelegrafen, mit dem Nachrichten über weite Entfernungen durch elektrische Leitungen sehr schnell übertragen werden können. Dazu kodiert (verschlüsselt) man die Nachrichten Zeichen für Zeichen mithilfe des Morsealphabets. Das geschieht mit Punkten und Strichen. Ein Strich ist etwa dreimal so lang wie ein Punkt. Zwischen den Zeichenfolgen für einen Buchstaben oder eine Ziffer wird eine kurze Pause gemacht, zwischen einzelnen Wörtern eine etwas längere.

Bereits 1857/58 wurden die ersten Seekabel von Europa nach Amerika verlegt. Heute sind viele Telegrafen durch Faxgeräte ersetzt worden. Die Funker auf Schiffen müssen aber immer noch das Morsealphabet beherrschen.

Das Morsealphabet

a .-	j .---	s ...	1 .----
b -...	k -.-	t -	2 ..---
c -.-.	l .-..	u ..-	3 ...--
d -..	m --	v ...-	4 ....-
e .	n -.	w .--	5 .....
f ..-.	o ---	x -..-	6 -....
g --.	p .--.	y -.--	7 --...
h	q --.-	z --..	8 ---..
i ..	r .-.		9 ----.
			0 -----

25 *Eine kleine Übung zum Morsen mit dem Bleistift*

a) SOS (**S**ave **O**ur **S**ouls) heißt der Notruf beim Morsen. Morse deinem Nachbarn SOS (Kurz, Kurz, Kurz, Pause, Lang, Lang, Lang, Pause, Kurz, Kurz, Kurz).

b) Morse deiner Nachbarin ein Wort (eine dreistellige Zahl) und lasse sie herausfinden, was du gemorst hast.

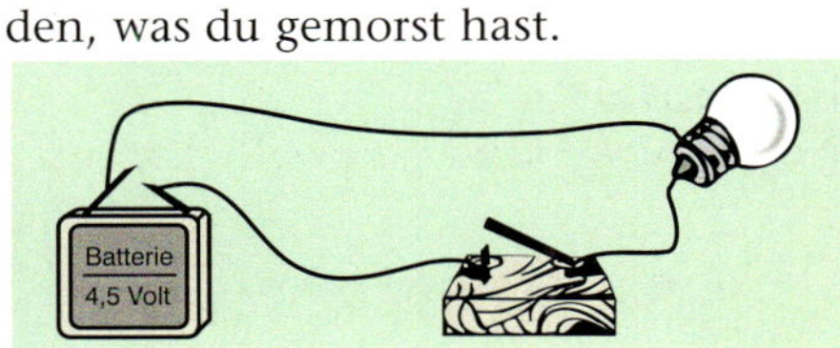

c) Wie könnte man mit einem Scheinwerfer morsen? Wenn du gut im Basteln bist, dann kannst du dir mit einer Batterie, einem Lämpchen und einem Schalter eine „Scheinwerfermorseanlage“ bauen.

Aufgaben

Umrechnungstabelle hexadezimal	dezimal
0	0
1	1
2	2
3	3
4	4
5	5
6	6
7	7
8	8
9	9
A	10
B	11
C	12
D	13
E	14
F	15

26 Computerfachleute verwenden gerne Zahlen im 16er-System. Sie nennen dieses Stellenwertsystem auch **Hexadezimalsystem.** Die Zahlen im Hexadezimalsystem sehen recht seltsam aus. So sind z. B. 4E oder auch A9 Zahlen. Das kommt daher, dass man im 16er-System 16 verschiedene „Ziffern" benötigt.

a) Übertrage die Zahlen 4E und A9 mithilfe der Umrechnungstabelle ins Zehnersystem.

b) Übertrage die Zahl 2A4 aus dem Hexadezimalsystem ins Zehnersystem.

c) Wie lautet die Zahl 89 im Hexadezimalsystem?

Stellenwert	16^2er	16er	1er
Zahl	2	A	4

Blindenschrift

Wegen des fehlenden Augenlichtes müssen Blinde Informationen mit anderen Sinnen aufnehmen, z. B. mit ihrem Gehör oder durch Fühlen. Zum Fühlen wurde vor mehr als 170 Jahren eine Punktschrift entwickelt, die noch heute gebräuchlich ist. LOUIS BRAILLE, ein Franzose, war erst 15 Jahre alt, als er diese Punktschrift erfand. Es dauerte allerdings mehr als 50 Jahre, bis die Schrift offiziell anerkannt wurde. Die Blindenschrift wird zu Ehren ihres Erfinders auch Brailleschrift genannt. Viele Bücher und Zeitschriften erscheinen heute auch in Brailleschrift.

Aus bis zu 6 Punkten werden alle Buchstaben, Ziffern und Zeichen gebildet.

Die einzelnen Punkte sind erhaben.

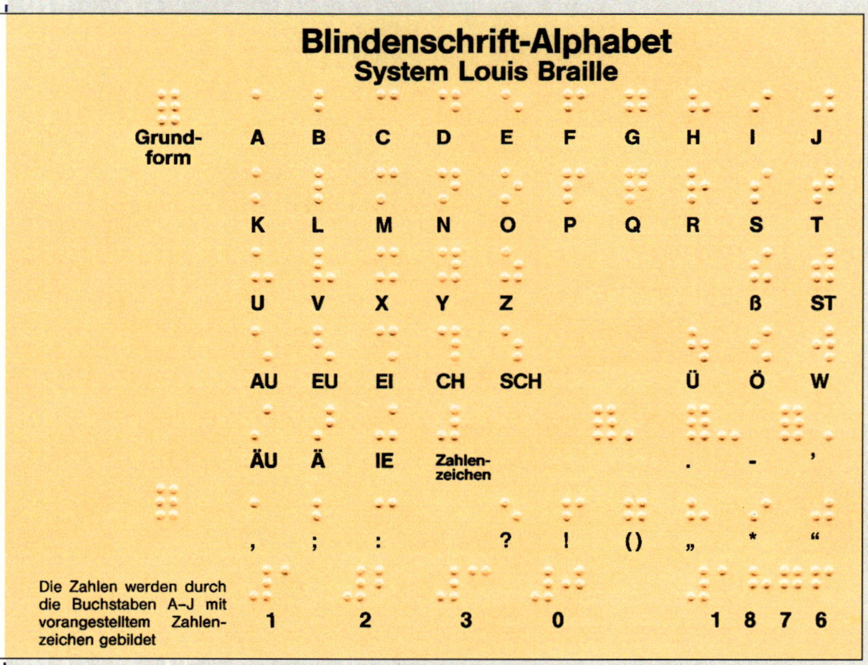

27 Wir sammeln ein bisschen Erfahrung mit der Blindenschrift.

a) Schreibe deinen Namen in Blindenschrift.

b) Schreibe die Zahlen 49 und 2001 in Blindenschrift. Denke daran, dass alle Zahlen mit dem Zahlenzeichen beginnen.

c) Versuche das Wort rechts zu entschlüsseln.

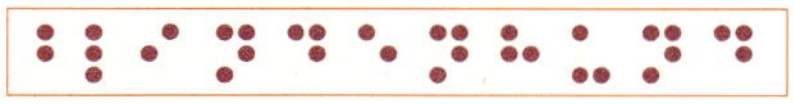

d) Wie viele Seiten wird ein in Blindenschrift geschriebenes Buch im Vergleich zu einem Buch in herkömmlicher Schrift haben?

5 Entdeckungen bei natürlichen Zahlen

5.1 Besondere Zahlen und ihre Eigenschaften

Was dich erwartet

Kannst du dir deinen Alltag ohne Zahlen vorstellen? Du gebrauchst Zahlen beim Telefonieren, beim Messen, beim Bezahlen und anderen Gelegenheiten. In diesem Lernabschnitt wollen wir nur die Zahlen selbst ein wenig erforschen. Zahlen können interessante Eigenschaften haben und stehen in vielen Beziehungen zueinander. Durch Addition oder Multiplikation können besondere Zahlen, wie z. B. Quadratzahlen oder Potenzzahlen entstehen.

Aufgaben

Natürliche Zahlen sind die Zahlen, die du schon als kleines Kind entdeckt hast, also die Zahlen 1, 2, 3, 4, … Bei Größen hast du auch schon andere Zahlen gesehen, z. B. 1,25 m oder $\frac{1}{2}$ kg.

1 *Zahlenfamilien in der Multiplikationstabelle*
Beim Rechnen mit natürlichen Zahlen hast du Zahlen nach bestimmten Eigenschaften zu Zahlenfamilien zusammengefasst. So kennst du z. B. gerade und ungerade Zahlen sowie die 3er-Reihe, 4er-Reihe, … aus dem kleinen Einmaleins; im Dualsystem spielen die Zweierpotenzen 2, 4, 8, … eine wichtige Rolle.

	1	2	3	4	5	6	7	8	9	10
1	1	2	3	4	5	6	7	8	9	10
2	2	4	6	8	10	12	14	16	18	20
3	3	6	9	12	15	18	21	24	27	30
4	4	8	12	16	20	24	28	32	36	40
5	5	10	15	20	25	30	35	40	45	50
6	6	12	18	24	30	36	42	48	54	60
7	7	14	21	28	35	42	49	56	63	70
8	8	16	24	32	40	48	56	64	72	80
9	9	18	27	36	45	54	63	72	81	90
10	10	20	30	40	50	60	70	80	90	100

a) Wo findest du diese speziellen Zahlen in der Multiplikationstabelle? Übertrage die Tabelle in dein Heft und kennzeichne die Zahlenfamilien jeweils in einer eigenen Farbe. Beschreibe deren Lage in der Tabelle. Findest du noch andere Zahlenfamilien?
b) Familien halten zusammen. Wenn du zwei gerade Zahlen addierst, erhältst du wieder eine gerade Zahl, ebenso beim Multiplizieren. Gilt dies auch für andere Zahlenfamilien?

2 In Zeitungen findet man häufig Tabellen. Damit lassen sich Zahlen und Daten übersichtlich darstellen. Mit einem Textverarbeitungsprogramm kann man im Computer ganz schnell eine Tabelle erzeugen. Man muss nur die Anzahl der Zeilen und die Anzahl der Spalten eingeben und schon wird die Tabelle automatisch mit der passenden Anzahl von Feldern ausgegeben.
a) Wie viele Felder hat eine Tabelle mit vier Zeilen und fünf Spalten? Wie viele Zeilen und Spalten hat eine Tabelle mit 36 Feldern? Gibt es mehrere Möglichkeiten?
b) Wenn die Anzahl der Zeilen gleich der Anzahl der Spalten ist, erhältst du eine quadratische Tabelle. Welche Zahlen kommen für die Anzahl der Felder von quadratischen Tabellen infrage? Schreibe die ersten 10 dieser Quadratzahlen auf. Wo findest du Quadratzahlen in der Multiplikationstabelle?

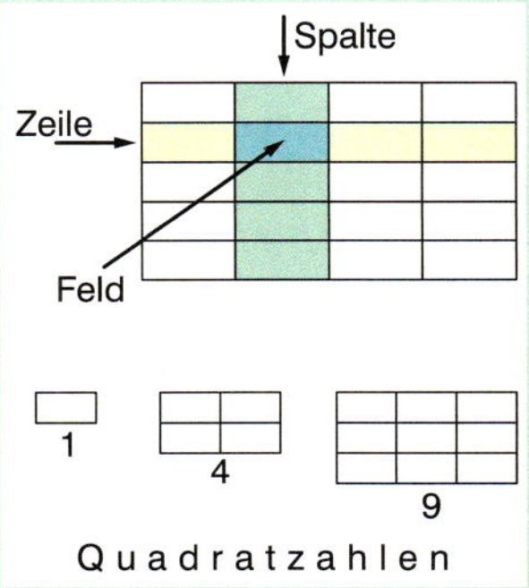

Aufgaben

3 In der Pause spielen sieben Freundinnen „Händeschütteln“. Jede gibt jeder die Hand. Wie viele Handschläge sind dies insgesamt? Nicole geht die Sache systematisch an:

Bei zwei Personen ist es ganz einfach: 1 Handschlag.

Kommt eine dritte Person hinzu, so bedeutet das zwei zusätzliche Handschläge, insgesamt also 1 + 2 = 3 Handschläge.

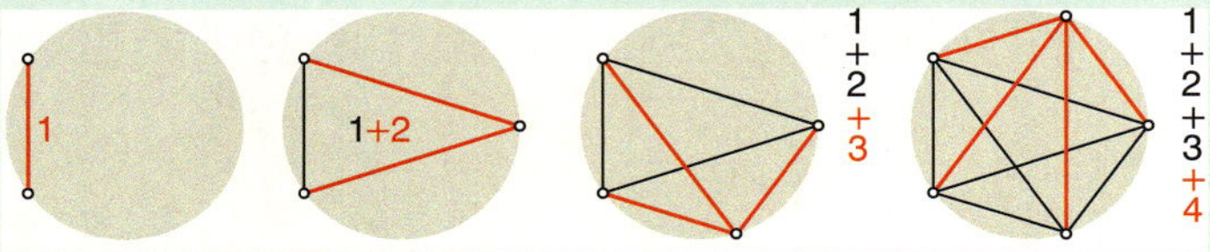

Trifft eine vierte Person ein, kommen 3 Handschläge hinzu, insgesamt also (1 + 2) + 3 = 6.

Nun kommt eine fünfte Person hinzu. Dies bedeutet …

a) Schreibe wie Nicole auf, wie es bei 5, 6 und 7 Personen weitergeht. Zeichne auch die Skizzen dazu. Wie viele Handschläge sind es insgesamt bei 7 Personen?
b) Erkennst du eine einfache Regel zum Zählen? Bei wie vielen Personen kommt es zu 55 Handschlägen? Ab wie viel Personen sind es mehr als 100?

Liebe ....,
dies ist ein Freundschaftsbrief. Schreibe ihn bitte zweimal ab und schicke ihn an zwei Freunde weiter.
Herzliche Grüße
...

4 *Freundschaftsbriefe und Potenzzahlen*
Judith freut sich über jeden Brief. Sie möchte diese Freude auf möglichst viele Menschen übertragen. Deswegen startet sie eine Freundschaftsbriefaktion und schickt den abgebildeten Brief an zwei Freundinnen. Sie überlegt: Wenn jeder Empfänger seine beiden Briefe an zwei neue Adressen schickt, dann sind im ersten Schritt 2 Briefe unterwegs, im zweiten Schritt 4, im dritten Schritt 8 usw.
a) Wie viele Briefe sind im 4., 5., …, 8. Schritt unterwegs? Im wievielten Schritt sind mehr als 1000 Briefe im Umlauf?
b) Angenommen, der Freundschaftsbrief wird jeweils an drei Personen geschickt. Schreibe die Anzahl der Briefe für die ersten fünf Schritte auf.

5 *Centtürme auf einem Schachbrett*
Auf einem (3 × 3)-Minischachbrett werden auf den einzelnen Feldern Centtürme aufgebaut. Auf jedem Brett gilt eine spezielle Regel:

Ein Turm mit 10 Ein-Cent ist etwa 13 mm hoch.

Zum Glück ist dies eine Denkaufgabe und du musst die Türme nicht wirklich bauen.

1 Cent auf dem 1. Feld, von Feld zu Feld wird die Anzahl der Cent-Münzen verdoppelt.

1 Cent auf dem 1. Feld, von Feld zu Feld wird die Anzahl der Cent-Münzen verdreifacht.

1 Cent auf dem 1. Feld, von Feld zu Feld wird die Anzahl der Cent-Münzen verfünffacht.

Welche Höhe hätten jeweils die Türme auf Feld 9? Schreibe zunächst drei Schätzwerte auf. Zeichne die Spielbretter in dein Heft und trage in die Felder die passenden Zahlen ein. Berechne dann die jeweiligen Höhen auf dem letzten Feld.

Basiswissen

Durch Addition oder Multiplikation von Zahlen entstehen neue Zahlen. Mit bestimmten Regeln erhältst du dabei besondere Zahlen. An den besonderen Zahlen gibt es viel zu entdecken.

Summenzahlen

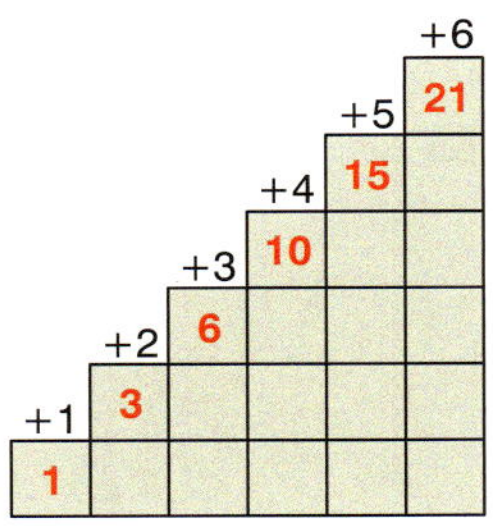

$1 = 1$
$1 + 2 = 3$
$1 + 2 + 3 = 6$
$1 + 2 + 3 + 4 = 10$
$1 + 2 + 3 + 4 + 5 = 15$
$1 + 2 + 3 + 4 + 5 + 6 = 21$
$1 + 2 + 3 + 4 + 5 + 6 + 7 = 28$
$1 + 2 + 3 + 4 + 5 + 6 + 7 + 8 = 36$
$1 + 2 + 3 + 4 + 5 + 6 + 7 + 8 + 9 = 45$
$1 + 2 + 3 + 4 + 5 + 6 + 7 + 8 + 9 + 10 = 55$

Quadratzahlen

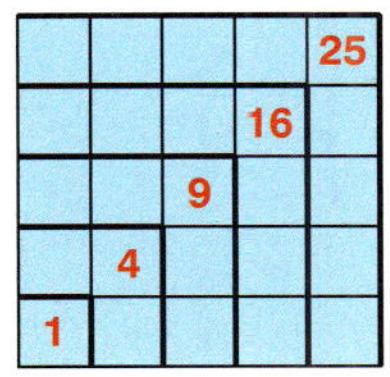

$1 \cdot 1 = 1^2 = 1$
$2 \cdot 2 = 2^2 = 4$
$3 \cdot 3 = 3^2 = 9$
$4 \cdot 4 = 4^2 = 16$
$5 \cdot 5 = 5^2 = 25$
$6 \cdot 6 = 6^2 = 36$
$7 \cdot 7 = 7^2 = 49$
$8 \cdot 8 = 8^2 = 64$
$9 \cdot 9 = 9^2 = 81$
$10 \cdot 10 = 10^2 = 100$

Potenzzahlen

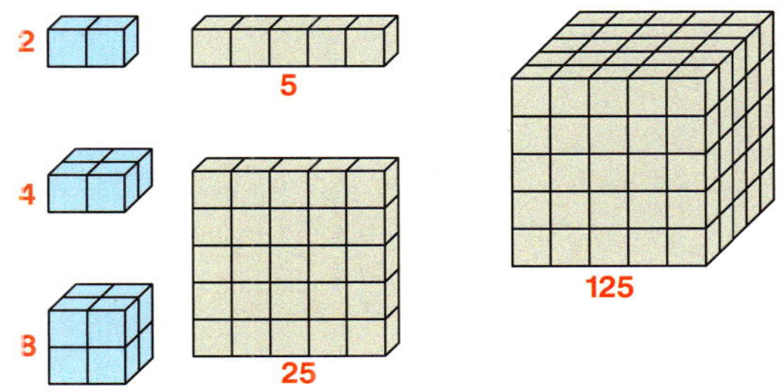

$2^1 = 2$	$5^1 = 5$
$2^2 = 4$	$5^2 = 25$
$2^3 = 8$	$5^3 = 125$
$2^4 = 16$	$5^4 = 625$
$2^5 = 32$	$5^5 = 3125$
$2^6 = 64$	$5^6 = 15625$
$2^7 = 128$	$5^7 = 78125$
$2^8 = 256$	$5^8 = 390625$
$2^9 = 512$	$5^9 = 1953125$
$2^{10} = 1024$	$5^{10} = 9765625$

Beispiele

A Bilde immer die Differenz zweier aufeinander folgender Quadratzahlen. Du erhältst ungerade Zahlen 3, 5, 7, …

1	4	9	16	25	36	49	64	81	100	121	144
	3	5	7	9	11	13	15	17	19	21	23

$4 - 1 = 3$
$9 - 4 = 5$
$16 - 9 = 7$
⋮ ⋮

B Die großen Tennisturniere werden im K.o.-System ausgetragen. Gestartet wird oft mit 128 Teilnehmern. Bei kleineren Turnieren beginnt man mit 64 oder 32 oder auch nur mit 16 Spielern. All diese Zahlen sind Zweierpotenzen. Von Runde zu Runde halbiert sich die Zahl der Teilnehmer, bis schließlich im Finale zwei Spieler um den Turniersieg spielen. Auch die Anzahl der Spielpaarungen (Spiele) in jeder Runde ist eine Zweierpotenzzahl, sie halbiert sich ebenfalls von Runde zu Runde.

1. Runde:	**128** Spieler	**64** Spiele
2. Runde:	**64** Spieler	**32** Spiele
3. Runde:	**32** Spieler	**16** Spiele
Achtelfinale:	**16** Spieler	**8** Spiele
Viertelfinale:	**8** Spieler	**4** Spiele
Halbfinale:	**4** Spieler	**2** Spiele
Finale:	**2** Spieler	**1** Spiel
	1 Sieger	

Gesamtzahl der Spiele:
$64 + 32 + 16 + 8 + 4 + 2 + 1 = 127$

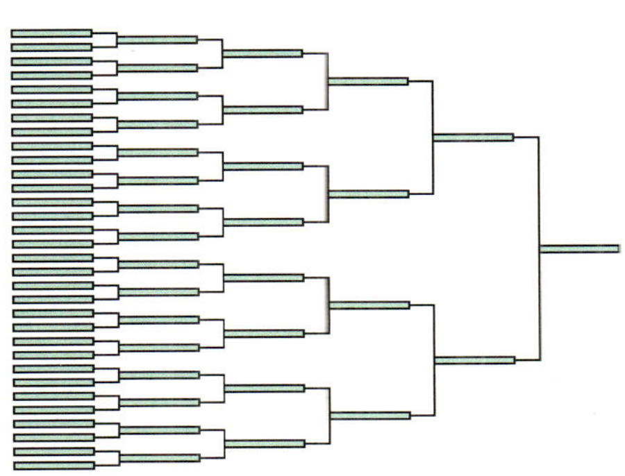

Maike kommt ganz einfach auf die Gesamtzahl der Spiele: In jedem Spiel scheidet ein Spieler aus, alle bis auf den Turniersieger scheiden aus. Also braucht man 127 Spiele!

Übungen

6 Schreibe alle Quadratzahlen von 11^2 bis 20^2 auf. Berechne jeweils die Differenz zweier aufeinander folgender Quadratzahlen. Was stellst du fest?

7 Suche aus dem Zahlensalat alle Summenzahlen, Quadratzahlen, und Zweierpotenzzahlen. Trage die Zahlen in eine Tabelle ein. Achtung, eine Zahl kann mehrere Eigenschaften haben!

Die Summe ♡ + ☆ + ☾ ist eine Quadratzahl.

Summenzahlen	Quadratzahlen	Zweierpotenzzahlen
21	64	64
⋮	⋮	⋮
Anzahl ♡	Anzahl ☆	Anzahl ☾

8 Überprüfe die Aussagen und begründe. Kannst du auch für die Summenzahlen eine Regelmäßigkeit finden?

Gerade oder ungerade?

Die Zweierpotenzen sind alle gerade.	Die Fünferpotenzen sind alle ungerade.	Die Quadratzahlen sind abwechselnd ungerade und gerade.

Subtraktionsmauern: Unter zwei Zahlen wird jeweils die Differenz dieser Zahlen eingetragen

9 *Subtraktionsmauern*

a) In der oberen Reihe der Mauer sind die Zweierpotenzen eingetragen. Übertrage die Mauer in dein Heft. Schreibe in die zweite Mauersteinreihe jeweils die Differenz der darüber liegenden Zahlen, ebenso in die dritte und die vierte Reihe. Was beobachtest du?

2	4	8	16	32	64	128	256
2	4	8					
2	4						
2							

b) Zeichne eine zweite [dritte] Mauer in dein Heft. Trage in die obere Reihe die Dreierpotenzen [Fünferpotenzen] ein und fülle die Mauersteine wie in Aufgabe a) mit den Differenzen aus. Was beobachtest du?

3	9	27	81			

10 Wie verhalten sich andere besondere Zahlen beim Bilden von Differenzen? Fülle die Subtraktionsmauern in deinem Heft aus. Beschreibe deine Ergebnisse.

1	3	6	10	15	21	28	36	45
2	3							
1								

1	4	9	16	25	36	49	64
3	5						
2							

11 Bei den Summenzahlen werden jeweils die ersten aufeinander folgenden Zahlen addiert. Welche Zahlen entstehen, wenn man
a) nur die ungeraden,
b) nur die geraden Zahlen addiert?
Kannst du etwas Besonderes feststellen?

1+3+5+7

2+4+6+8

Übungen

12 An Hochschulen und Universitäten erforschen Mathematikprofessoren die Zahlen immer weiter und genauer. Dabei kam man zu der Vermutung, dass sich jede Zahl als Summe von höchstens vier Quadratzahlen schreiben lässt. Kannst du die Vermutung für die Zahlen zwischen 50 und 60 [zwischen 160 und 170] bestätigen?

$21 = 4^2 + 2^2 + 1^2$

$120 = 10^2 + 4^2 + 2^2$

$249 = 15^2 + 4^2 + 2^2 + 2^2$

13 Frau Vogt hat die Geheimzahl ihres Schmucksafes vergessen. Zum Glück liegt noch eine verschlüsselte Notiz vor. Da du die Quadratzahlen gut kennst, kannst du ihr sicher bei der Entschlüsselung helfen.

14 In der Multiplikationstabelle stehen die Quadratzahlen in der Diagonalen.
a) Was fällt dir an den Zahlen in den grün gefärbten „Nebendiagonalen" auf? Vergleiche mit den Quadratzahlen.
b) 24 ist z. B. eine solche Zahl in der Nebendiagonalen. Sie steht als Produkt $4 \cdot 6$ ganz nah an der Quadratzahl $5 \cdot 5$. Für welche Produkte stehen die anderen Zahlen der Nebendiagonale? Welche Quadratzahl steht jeweils schräg darunter?

	1	2	3	4	5	6	7	8	9	10
1	1	2	3	4	5	6	7	8	9	10
2	2	4	6	8	10	12	14	16	18	20
3	3	6	9	12	15	18	21	24	27	30
4	4	8	12	16	20	24	28	32	36	40
5	5	10	15	20	25	30	35	40	45	50
6	6	12	18	24	30	36	42	48	54	60
7	7	14	21	28	35	42	49	56	63	70
8	8	16	24	32	40	48	56	64	72	80
9	9	18	27	36	45	54	63	72	81	90
10	10	20	30	40	50	60	70	80	90	100

15 Die Beobachtungen in Aufgabe 14 ermöglichen einen Schnellrechentrick: Statt $7 \cdot 9$ kannst du $8^2 - 1$ rechnen. Du erhältst in beiden Rechnungen 63 als Ergebnis. Ebenso gilt:
$14 \cdot 16 = 15^2 - 1 = 224$ oder
$29 \cdot 31 = 30^2 - 1 = 899$
a) Berechne auf die gleiche Weise:
$7 \cdot 5$ $\quad 9 \cdot 11$ $\quad 19 \cdot 21$ $\quad 99 \cdot 101$
$11 \cdot 13$ $\quad 24 \cdot 26$ $\quad 49 \cdot 51$ $\quad 999 \cdot 1001$
b) Denke dir selbst vier weitere solcher Aufgaben aus und überprüfe den Trick.
c) Beschreibe, bei welchen Produkten du den Trick verwenden kannst.

16 Kai kennt auch einen Rechentrick. Er rechnet:
$8 \cdot 12 = 10^2 - 4 = 96$ oder
$23 \cdot 27 = 25^2 - 4 = 621$
a) Erkennst du die Regel? Schreibe sie auf.
b) Suche in der Multiplikationstafel die Produkte $1 \cdot 5$, $2 \cdot 6$, $3 \cdot 7$, $4 \cdot 8$, $5 \cdot 9$ und $6 \cdot 10$ und überprüfe daran die Regel.
c) Berechne nach der Regel
$9 \cdot 13$ $\quad 13 \cdot 17$ $\quad 18 \cdot 22$ $\quad 98 \cdot 102$
d) Stelle dir selbst vier Multiplikationsaufgaben, die du auf diese Weise lösen kannst.

Es lohnt sich, die Quadratzahlen zu den Zahlen 1 bis 15 auswendig zu lernen, dazu noch 20^2, 25^2, 50^2 und 100^2. Das hilft beim Kopfrechnen und beim Überschlagsrechnen.

17 Die ungeraden Zahlen lassen sich als Differenz von zwei Quadratzahlen darstellen.
a) Schreibe als Differenz von zwei Quadratzahlen:

5	11	15	21	29	31	45	99

$7 = 16 - 9$
$13 = 49 - 36$
$23 = 144 - 121$
$81 = 225 - 144$

b) Findest du auch gerade Zahlen, die sich als Differenz von nur zwei Quadratzahlen schreiben lassen?
c) Suche Quadratzahlen, die sich als Differenz zweier anderer Quadratzahlen schreiben lassen.

Übungen

Palindrome sind Worte oder Zahlen, die von vorne und hinten gelesen gleich sind, z. B. ANNA 12321

18 Wenn man die letzten Ziffern der ersten neun Quadratzahlen hintereinander schreibt, so erhält man ein Palindrom.

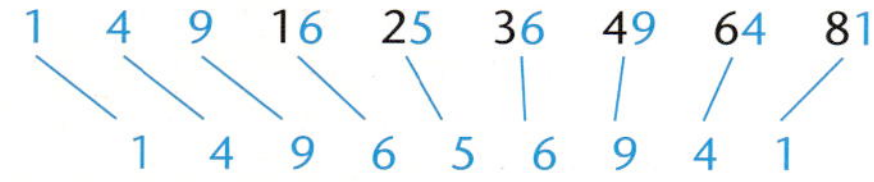

Untersuche, ob dies auch für die Quadratzahlen von 11 bis 19 [von 21 bis 29] gilt. Fällt dir eine Begründung ein, ohne dass du alle Quadratzahlen berechnen musst?

19 Die Quadratzahl von 13 hat eine merkwürdige Eigenschaft:
Findest du noch weitere Quadratzahlen mit dieser Eigenschaft?

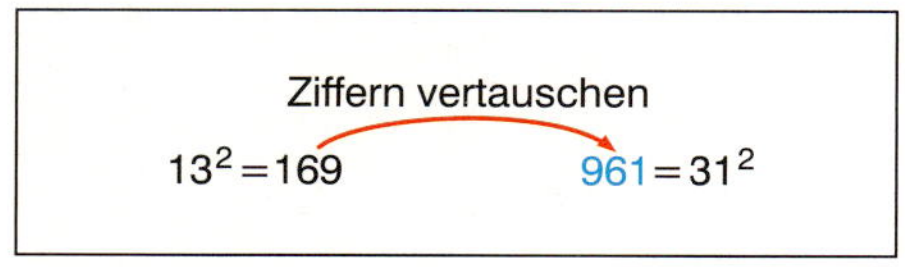

Eine merkwürdige Verwandtschaft zwischen Summenzahlen und Quadratzahlen.

	1	2	3	4	5	6	7	8	9	10
1	1	2	3	4	5	6	7	8	9	10
2	2	4	6	8	10	12	14	16	18	20
3	3	6	9	12	15	18	21	24	27	30
4	4	8	12	16	20	24	28	32	36	40
5	5	10	15	20	25	30	35	40	45	50
6	6	12	18	24	30	36	42	48	54	60
7	7	14	21	28	35	42	49	56	63	70
8	8	16	24	32	40	48	56	64	72	80
9	9	18	27	36	45	54	63	72	81	90
10	10	20	30	40	50	60	70	80	90	100

20 In der Multiplikationstabelle sind quadratische Tabellen farblich markiert. Die Summe der vier Zahlen in der 2×2-Tabelle ist 9, die Summe der neun Zahlen in der 3×3-Tabelle ist 36. Berechne ebenso die Summe der Zahlen in der 4×4- und der 5×5-Tabelle. Was stellst du fest?
Kannst du ohne zu rechnen voraussagen, wie groß die Summen in der 6×6-, 7×7-, …-Tabelle sind?

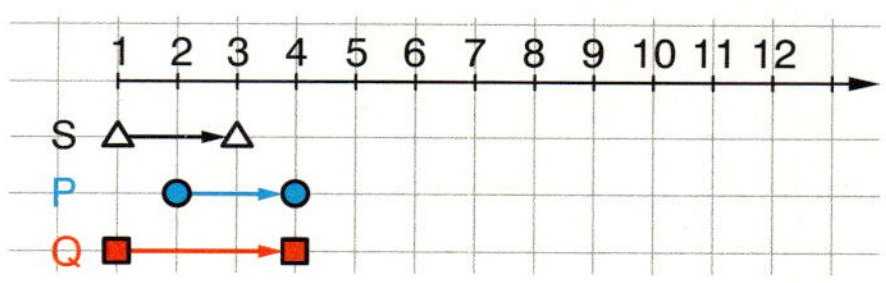

21 *Wer wächst am schnellsten?*
Die Summenzahlen, die Zweierpotenzzahlen und die Quadratzahlen treten zum Wettkampf auf der Zahlengeraden an. Die Positionen für die ersten zwei Schritte sind auf den Bahnen im Gitterpapier eingetragen, nach zehn Schritten ist das Rennen zu Ende.

Die Zweierpotenzen haben einen Startvorteil. Im 2. Schritt liegen Zweierpotenzen und Quadratzahlen gleich auf, dicht gefolgt von den Summenzahlen. Im nächsten Schritt …

a) Übertrage den Zahlenstrahl auf Karopapier und trage die Positionen bis zum 6. Schritt ein. (DIN-A 4-Blatt quer)
b) Setze die Reportage mit deinen eigenen Worten fort. Wer gewinnt das Rennen, welchen Vorsprung hat der Sieger auf den Zweit- und Drittplatzierten?
c) Wie würden die Dreierpotenzzahlen bei einem solchen Wettrennen abschneiden?

Ein faszinierendes Zahlendreieck

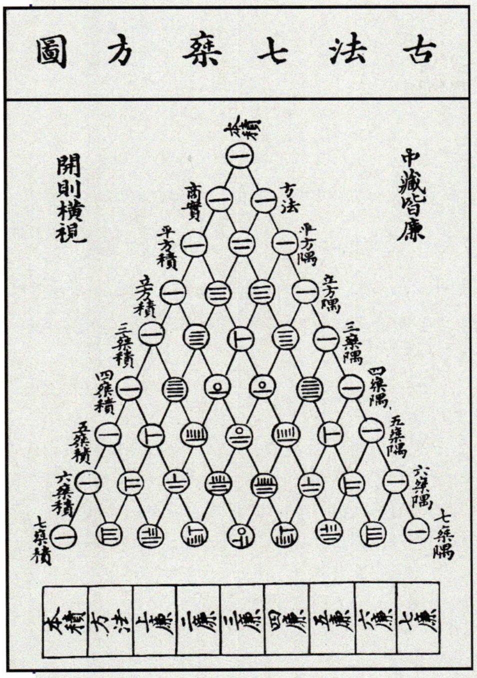

Entdeckungen an Zahlen haben die Menschen seit jeher in ihren Bann geschlagen. Aus einem alten chinesischen Buch (um 1300) mit dem Titel „Der kostbare Spiegel der vier Elemente“ ist ein dreieckiges Zahlenschema überliefert. Es trägt den etwas geheimnisvollen Titel „Altes Schema der 7 vervielfachenden Quadrate“. Dieses Zahlendreieck taucht in ähnlicher Form in alten indischen und arabischen Schriften auf. Auch in Europa war dieses Dreieck schon lange bekannt, bevor es an dem französischen Gelehrten BLAISE PASCAL in einer eigenen Abhandlung (1654) ausführlich untersucht wurde. PASCAL entdeckte an diesem Dreieck viele besondere Zahlen und Eigenschaften. Heute ist dieses Dreieck unter seinem Namen bekannt als „Pascal'sches Dreieck“.

BLAISE PASCAL
* 1623 † 1662

Aufgaben

22 Nach welcher Regel werden die Zahlen in dem Dreieck aufgebaut? Übertrage die links abgebildete Dreiecksmauer in dein Heft und vervollständige die Eintragungen.
Setze das Dreieck um zwei weitere Reihen fort.

23 Schau dir das chinesische Dreieck oben und die Zeichnung rechts nochmals genau an. Du kannst jetzt herausfinden, wie dort die Zahlen geschrieben werden.

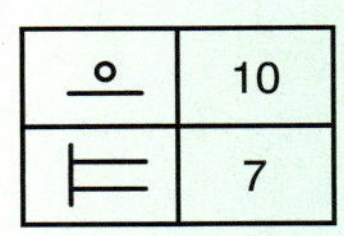

24 Es gibt viele sehr schöne Darstellungen des Pascal'schen Dreiecks. Entwirf ein schönes Dreieck nach deinem Geschmack.

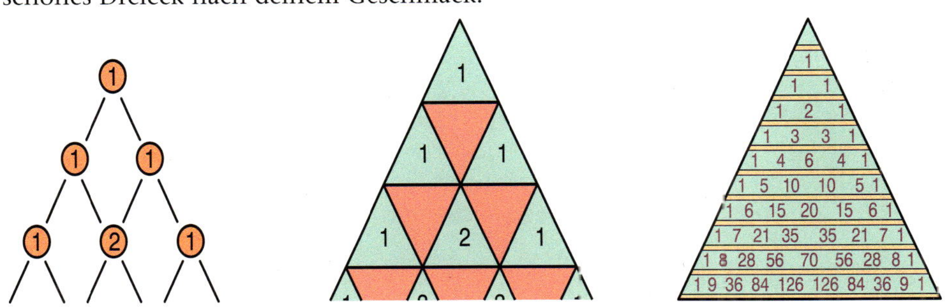

Projekt

Zahlenmuster

Entdeckungen am Pascal'schen Dreieck

Zur besseren Orientierung unterscheiden wir Zeilen und Schrägspalten und nummerieren mit 0, 1, 2 usw. wie in dem nebenstehenden Bild. Nun kann die Entdeckungsreise losgehen.

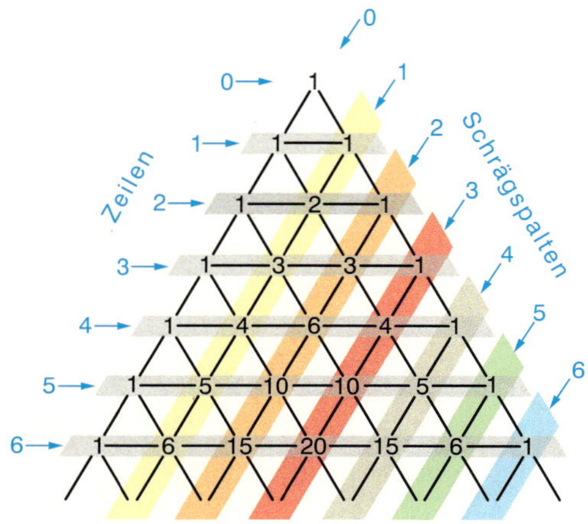

a) Welche Zahlen erkennst du in den Schrägspalten 1 und 2?

b) Addiere jeweils zwei aufeinander folgende Zahlen in Schrägspalte 2.
1 + 3, 3 + 6, 6 + 10, …
Welche Zahlen entstehen?

c) Bilde nacheinander Summenzahlen in Schrägspalte 2.
1, 1 + 3, 1 + 3 + 6, 1 + 3 + 6 + 10, …
Wo findest du diese Zahlen im Pascal'schen Dreieck wieder?

PASCAL nannte die Zahlen der 3. Schrägspalte „Pyramidenzahlen". Eine davon gibt die Anzahl der Kugeln in dieser Kugelpyramide wider.

d) Addiere jeweils die Zahlen innerhalb einer Zeile. Schreibe die Zeilensummen nacheinander auf. Kommen sie dir bekannt vor?

e) Wir bauen das Pascal'sche Dreieck als Dreiecksmauer in einzelnen Stufen auf. Die 1. Stufe besteht aus der obersten Reihe mit nur einem Stein, die 2. Stufe aus den beiden oberen Reihen mit insgesamt drei Steinen, die 3. Stufe aus 3 Reihen mit insgesamt 6 Steinen usw. Wie viele Steine hat die Dreiecksmauer der 5. [der 10., 20.] Stufe?

f) Findest du noch weitere Zahlenmuster im Pascal'schen Dreieck? Beschreibe deine Entdeckungen und teile sie der Klasse mit.

„Färbungregeln"

Geometrische Muster

Schreibe das Pascal'sche Dreieck in ein Dreiecksmuster. (Du kannst dafür eine Kopie des isometrischen Papiers auf dem hinteren Buchdeckel verwenden.)

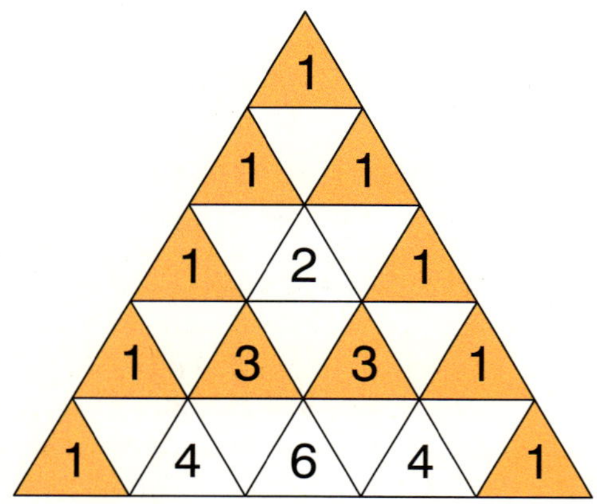

a) Färbe nun alle Dreiecke mit ungeraden Zahlen. In dem Bild ist ein Anfang gemacht, setze es um möglichst viele Zeilen fort.
Das Färben der ungeraden Zahlen kannst du sogar vornehmen, ohne die Zahlen in die Dreiecke zu schreiben. Du brauchst dabei nur die vier „Färbungsregeln". (Warum?) Beschreibe das entstehende Muster.

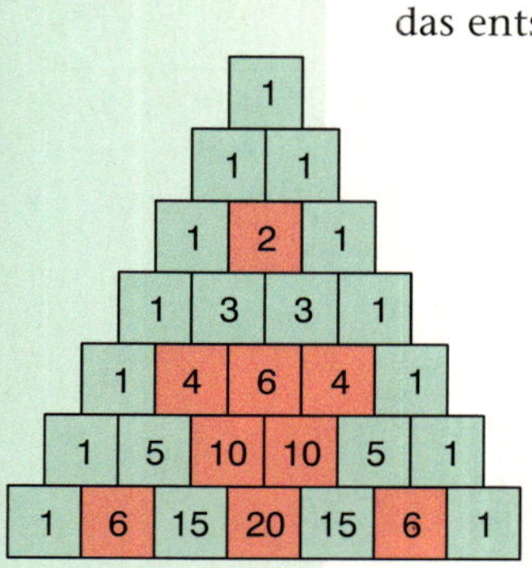

Quadrate

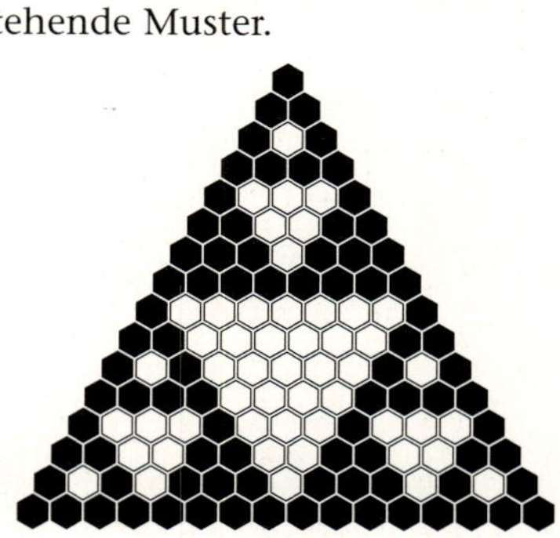

Sechsecke

b) Welches Muster entsteht, wenn du alle Dreiecke mit geraden Zahlen einfärbst oder die ungeraden Zahlen und die geraden Zahlen verschieden einfärbst?

c) Wie sehen die Muster aus, wenn man unterschiedliche Darstellungen (Dreiecke, Quadrate, Sechsecke, …) für das Pascal'sche Dreieck wie oben einfärbt? Welche Gemeinsamkeiten gibt es?

d) Was geschieht, wenn man nur die Zahlen der 3er-Reihe (4er-Reihe, 5er-Reihe, …) einfärbt. Beobachte, vergleiche und beschreibe.

5.2 Teiler und Primzahlen

Was dich erwartet

Schon immer bedeuteten die Zahlen uns Menschen viel mehr als nur eine Möglichkeit zum Zählen und Rechnen. Oft werden den Zahlen auch persönliche Eigenschaften zugeschrieben, wie z. B. der Pech- oder Glückszahl 13, der verflixten 7, … Eine besondere Rolle spielt die Teilbarkeit von Zahlen. Darüber lernst du die Zahlen und das Rechnen mit ihnen noch besser kennen. Zudem begegnen dir besondere Zahlen wie Primzahlen, arme und reiche Zahlen oder sogar befreundete Zahlen.

Aufgaben

1 Sportlehrer Friedsam hält viel vom „Teamgeist“. Deshalb führt er in seinem Sportunterricht am liebsten Mannschaftswettbewerbe durch, z. B. eine 8 × 50 m-Staffel, Circle-Training zu dritt oder auch Prellball in Fünferteams. Am liebsten teilt er seine Klassen in gleich große Teams auf. In der Klasse 5 b sind 20 Schülerinnen und Schüler. Dort kann er 2er-, 4er-, 5er- und 10er-Teams bilden.

a) Welche Möglichkeiten hat er in der 5 a mit 24 Schülerinnen und Schülern? Schreibe alle Möglichkeiten auf und zeichne die Bilder dazu.

b) In der Sportstunde der 5 a am Montag fehlen 3 Schüler. Welche Möglichkeiten bleiben nun. Wie sieht es aus, wenn nur eine Schülerin fehlt?

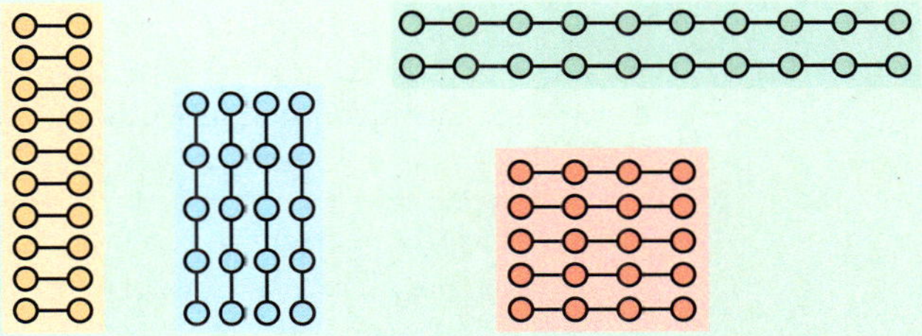

2 Im Innern der 12 × 12-Multiplikationstabelle taucht jede der Zahlen von 1 bis 12 unterschiedlich oft auf. So findet man die Zahl 5 zweimal, die 9 dreimal und die 12 sogar sechsmal. Wir tragen die Häufigkeiten für die Randzahlen in ein Stabdiagramm ein.

a) Zähle, wie oft die einzelnen Zahlen von 1 bis 12 im Innern vorkommen und zeichne in deinem Heft das vollständige Stabdiagramm. Schreibe auf, was dir dabei auffällt.

b) Wir erweitern unsere Tabelle zu einer 15 × 15-Multiplikationstabelle. Wie oft tauchen die Zahlen 13, 14 und 15 im Innern jeweils auf. Kannst du die Frage beantworten, ohne die erweiterte Multiplikationstabelle auszufüllen?

c) Ergänze das Stabdiagramm bis zur Zahl 24. Du musst dir dazu eine 24 × 24-Multiplikationstabelle vorstellen. Wie viele Linien mit der Höhe 2 kommen darin vor? Zu welchen Zahlen gehören die höchsten Linien?

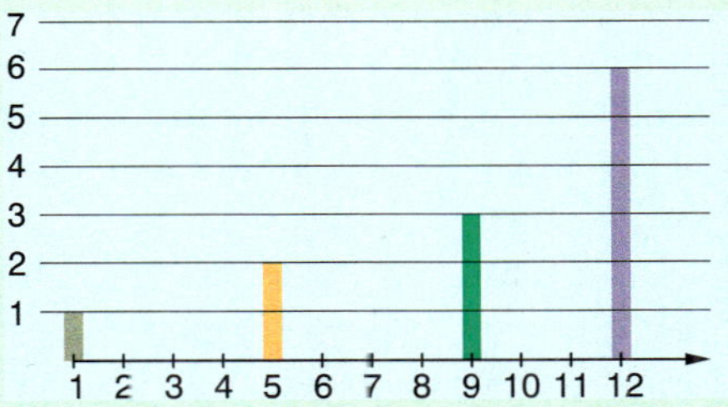

Die Höhe jedes Stabes entspricht der Häufigkeit der Zahl in der Tabelle.

	1	2	3	4	5	6	7	8	9	10	11	12
1	1	2	3	4	5	6	7	8	9	10	11	12
2	2	4	6	8	10	12	14	16	18	20	22	24
3	3	6	9	12	15	18	21	24	27	30	33	36
4	4	8	12	16	20	24	28	32	36	40	44	48
5	5	10	15	20	25	30	35	40	45	50	55	60
6	6	12	18	24	30	36	42	48	54	60	66	72
7	7	14	21	28	35	42	49	56	63	70	77	84
8	8	16	24	32	40	48	56	64	72	80	88	96
9	9	18	27	36	45	54	63	72	81	90	99	108
10	10	20	30	40	50	60	70	80	90	100	110	120
11	11	22	33	44	55	66	77	88	99	110	121	132
12	12	24	36	48	60	72	84	96	108	120	132	144

Aufgaben

3 Fünf Flöhe treten zum Zielspringen auf dem Zahlenstrahl an. Jeder hat sich auf eine bestimmte Sprunglänge spezialisiert. Sie starten alle bei 0, das Ziel ist die Zahl 42. Die festgelegte Zielzahl soll genau getroffen werden.

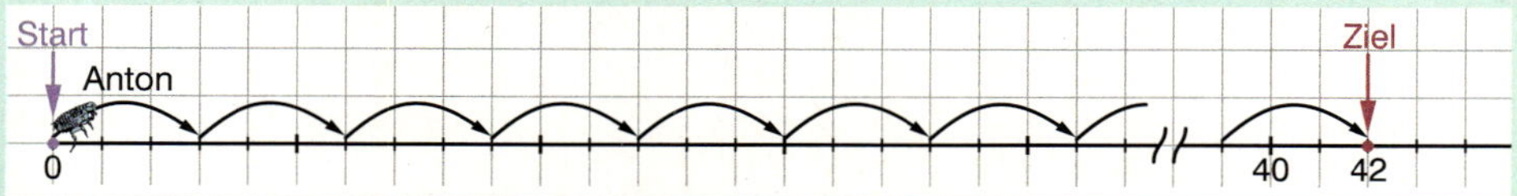

Floh	Anton	Berta	Carl	Dora	Elli
Sprunglänge	3	4	6	7	8

a) Welche Flöhe treffen die Zielzahl genau? Wie viele Sprünge brauchen sie?
b) Als Zielzahl kann nun eine andere Zahl im Bereich zwischen 40 und 60 gewählt werden. Bei welchen Zielzahlen treffen möglichst viele Flöhe das Ziel?
Für welchen Floh gibt es die meisten günstigen Zielzahlen?
Gibt es Zielzahlen, bei denen kein Floh erfolgreich ist?
c) Suche nun die kleinste Zielzahl, bei der alle fünf Flöhe das Ziel treffen.

Basiswissen

Die natürlichen Zahlen lassen sich in Produkte zerlegen. Bei manchen Zahlen gibt es viele verschiedene Möglichkeiten, bei anderen nur sehr wenige.

Teiler und Vielfache

Du kannst die Zahl 12 als Produkt $3 \cdot 4$ schreiben. Die Zahl 12 ist ein **Vielfaches** von 3 und ein Vielfaches von 4.
Die Zahl 12 lässt sich ohne Rest durch 3 dividieren, ebenso durch 4. Die Zahlen 3 und 4 sind **Teiler** von 12.
Die Zahl 5 ist kein Teiler von 12. Bei der Division bleibt ein Rest: $12 = 5 \cdot 2 + 2$
Jede Zahl hat ihre eigene **Teilermenge.** Die Zahl selbst und die 1 gehören immer zur Teilermenge.

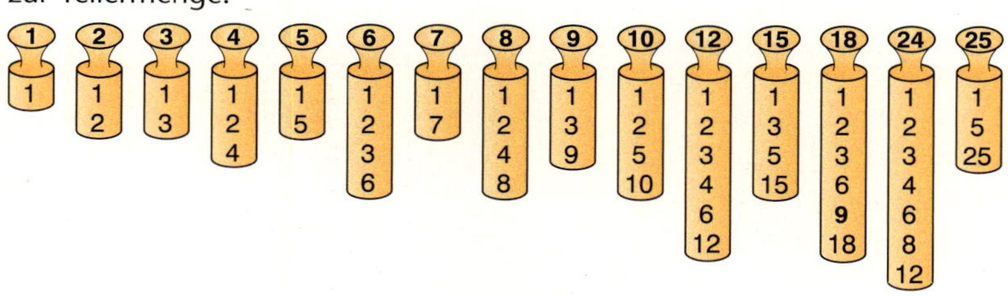

Die Zahlen mit genau zwei Teilern heißen **Primzahlen.** Eine Primzahl ist nur durch 1 und durch sich selbst teilbar. Die ersten Primzahlen sind:
2 3 5 7 11 13 17 19 23 29 31 37 41 …

Die Zahl 1 hat nur einen Teiler. Sie ist keine Primzahl.

Beispiele

A Ist die Zahl 8 ein Teiler von 192?

```
192 : 8 = 24
16
 32
 32
  0
```

8 ist Teiler von 192. 8 teilt 192.

Ist die Zahl 9 ein Teiler von 210?

```
210 : 9 = 23 + 3 : 9
18
 30
 27
  3
```

Bei der Division von 210 durch 9 bleibt ein Rest. 9 ist kein Teiler von 210.

Beispiele

B Bestimme die Teilermenge von 30.
Wenn man eine Zahl als Produkt von zwei Zahlen schreibt, so gewinnt man auf einen Schlag zwei Teiler. Um alle Teiler von 30 zu finden, schreiben wir 30 auf alle möglichen Arten als Produkt von zwei Zahlen: $30 = 1 \cdot 30 = 2 \cdot 15 = 3 \cdot 10 = 5 \cdot 6$
Teilermenge von 30: | 1 2 3 5 6 10 15 30 |

Kurzschreibweise:
$T_{30} = \{1, 2, 3, 5, 6, 10, 15, 30\}$

C Wie viele Primzahlen gibt es zwischen 90 und 100?
Alle geraden Zahlen scheiden aus, weil sie neben 1 und sich selbst auch den Teiler 2 haben. Ebenso scheiden aus: $93 = 3 \cdot 31$, $99 = 3 \cdot 33$, $95 = 5 \cdot 19$ und $91 = 7 \cdot 13$.
Für die Zahl 97 finden wir keinen weiteren Teiler außer 1 und 97, sie ist somit die einzige Primzahl zwischen 90 und 100.

Übungen

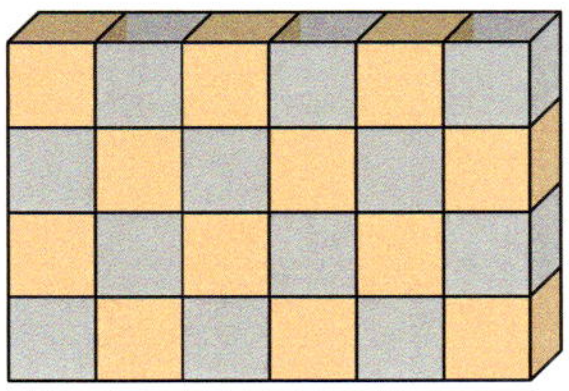

4 32 Karten sollen gleichmäßig an die Mitspieler verteilt werden. Für welche Anzahl von Spielern ist dies möglich?

5 Aus einem Baukasten mit 24 Würfeln lässt sich ein Quader mit vier Reihen zu je sechs Würfeln zusammenbauen. Kannst du noch andere Quader bauen?

6 Schreibe die Teilermengen für die Zahlen 20, 35, 36, 41, 48 und 120 auf. Welche dieser Zahlen hat die meisten Teiler, welche die wenigsten? Welcher Teiler außer der 1 kommt in den meisten Teilermengen vor?

7 Die Zahl 20 kann auf drei verschiedene Arten als Produkt von zwei Zahlen geschrieben werden. Schreibe ebenso alle Möglichkeiten für die Zahlen 45, 50, 53, 72 und 121 auf. Welche dieser Zahlen hat die meisten Teiler?

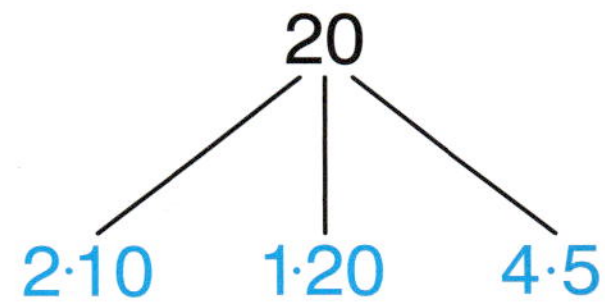

8
a) Setze die Tabelle bis zur Zahl 50 fort.
b) Erstelle eine Tabelle für die Vielfachen von 6 bis zur Zahl 60.

Vielfaches von 5	5	10	15	20	…
Anzahl der Teiler	2	4	4	6	…

9 Wenn du die drei Karten hintereinander legst, so kannst du verschiedene dreistellige Zahlen bilden. Welche dieser Zahlen hat die meisten Teiler, welche die wenigsten?

Es gibt 6 verschiedene Möglichkeiten.

10 Leo und Mario würfeln abwechselnd mit zwei Würfeln. Jeder darf aus den Augenzahlen seines Wurfes eine zweiziffrige Zahl zusammensetzen. Die Anzahl der Teiler dieser Zahl wird als Punktzahl gutgeschrieben. Gewonnen hat, wer nach 5 Würfen die meisten [die wenigsten] Punkte auf seinem Konto hat.

Wurf	viele Punkte		wenig Punkte	
	Zahl	Teiler	Zahl	Teiler
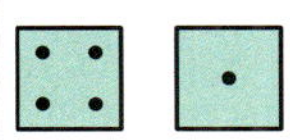	14	4	41	2
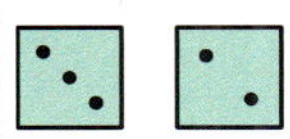	32	6	23	2

11 Ergänze bei den folgenden Mengen die fehlenden Zahlen so, dass Teilermengen entstehen.

| 1 | 3 | 5 | ? | 15 | 45 |

| 1 | 2 | ? | 6 | ? | 18 |

| 1 | 2 | 3 | ? | 7 | 14 | 21 | ? |

Zum Knobeln:
Jeder von drei aufeinander folgenden Monaten hat genau vier Sonntage. Einer dieser Monate muss der Februar sein!

Übungen

12 Jan hat eine interessante Entdeckung gemacht: Er hat die Teilermengen der Quadratzahlen 4, 9, 16 und 25 aufgeschrieben. Dabei ist ihm aufgefallen, dass bei diesen Zahlen die Anzahl aller Teiler immer ungerade ist. Bei den anderen Zahlen bis 25 hat er nur gerade Anzahlen von Teilern gefunden.
a) Prüfe nach, ob du zum gleichen Ergebnis kommst.
b) Wie sieht es für die weiteren Quadratzahlen 36, 49, … bis 100 aus? Begründe.

13 Unter den Zahlen von 1 bis 10 findest du vier Primzahlen. Wie viele Primzahlen gibt es von 11 bis 20, wie viele von 21 bis 30?

Dieses Verfahren wird auch als „Sieb des Eratosthenes" bezeichnet. Der Grieche Eratosthenes lebte im 3. Jh. v. Chr. und war zeitweise Leiter der berühmten Bibliothek von Alexandria im heutigen Ägypten.

14 Du möchtest die Primzahlen von 1 bis 100 herausfinden. Dies ist kein Problem, wenn du nach der folgenden Strategie vorgehst:

1	2	3	4	5	6	7	8	9	10
11	12	13	14	15	16	17	18	19	20
21	22	23	24	25	26	27	28	29	30
31	32	33	34	35	36	37	38	39	40
41	42	43	44	45	46	47	48	49	50
51	52	53	54	55	56	57	58	59	60
61	62	63	64	65	66	67	68	69	70
71	72	73	74	75	76	77	78	79	80
81	82	83	84	85	86	87	88	89	90
91	92	93	94	95	96	97	98	99	100

- Schreibe die Zahlen von 1 bis 100 zeilenweise in eine 10 × 10-Tabelle.
- Streiche die Zahl 1.
- Streiche die Vielfachen von 2 außer der 2 selbst.
- Die 3 ist noch nicht gestrichen. Streiche alle Vielfachen von 3 außer der 3 selbst.
- Die nächste noch nicht gestrichene Zahl ist die 5. Streiche alle Vielfachen von 5 außer der 5 selbst. …
- Alle Zahlen, die zum Schluss nicht gestrichen sind, sind Primzahlen.

15 Welche der folgenden Zahlen sind Primzahlen?

17 T	12 F	3 R	19 H	21 K	34 B	11 O	7 T	20 H	2 E
13 S	5 A	41 N	42 Z	23 E	51 L	61 E	9 X	18 C	97 S

Wenn du die Primzahlen der Größe nach ordnest, so ergeben die Buchstaben den Namen eines berühmten Griechen.

16 Bei großen Zahlen ist es nicht so einfach, wenigstens einige Teiler zu finden. Da helfen die Teilerregeln. Einige kennst du vielleicht schon oder du kannst sie leicht entdecken.
a) Schreibe die Teilerregeln mit den ausgefüllten Lücken in dein Heft.

Teilerregeln

Eine Zahl ist durch 2 teilbar, wenn die letzte Ziffer 0 oder ■ oder ■ oder ■ oder ■ ist.

Eine Zahl ist durch 5 teilbar, wenn die letzte Ziffer ■ oder ■ ist.

Eine Zahl ist durch 10 teilbar, wenn …

b) Überlege dir selbst Teilerregeln für 25, 50 und 100.

17 Welche der Zahlen sind durch 2 teilbar [welche durch 5, welche durch 10, welche durch 25]?
Schreibe diese Zahlen jeweils als Produkt mit dem Faktor 2 [5, 10, 25].

a) 1115	b) 2 010	c) 8 202	d) 4 500
e) 1 698	f) 3 640	g) 7 545	h) 9 375
i) 1 234	k) 4 321	l) 1000	m) 12 300

18 Rechne im Kopf oder schriftlich.
a) Welche der folgenden Zahlen sind durch 4 teilbar?
124 114 128 238 126 116 1014 1024 2052
b) Wende die Viererregel auf die Zahlen an. Kommst du zu den gleichen Ergebnissen wie in a)?

Viererregel

Eine Zahl ist durch 4 teilbar, wenn ihre letzten beiden Ziffern 00 sind oder eine durch 4 teilbare Zahl bilden.

19 *Teilbar oder nicht?*
a) Welche Zahlen zwischen 450 und 470 sind durch 4 teilbar?
b) Welche Zahlen zwischen 580 und 600 sind durch 2 und 5 teilbar?

20 Ergänze bei den Zahlen die fehlende Ziffer so, dass die Zahl durch 4 teilbar ist. Ist dies bei allen Zahlen möglich? Gibt es manchmal mehrere Möglichkeiten? Begründe.

21 *Teilbar!*
a) Bestimme jeweils die nächstgrößere [nächstkleinere] Zahl, die durch 4 teilbar ist.
b) Beantworte die Frage auch für die Teiler 2, 5, und 10.

17 321 93
123 117
107 41 62

22 Rechne im Kopf oder schriftlich.
a) Welche der folgenden Zahlen sind durch 3 teilbar?
123 211 128 327 23 821 1055 1155 2052
b) Bilde von jeder Zahl die Quersumme. Die Quersumme von 123 ist 1 + 2 + 3 = 6.
Wende die Dreierregel auf die Quersummen an. Kommst du zu den gleichen Ergebnissen wie in a)?

Dreierregel

Eine Zahl ist durch 3 teilbar, wenn ihre Quersumme durch 3 teilbar ist.

23 Erinnerst du dich an die Summenzahlen und die Quadratzahlen? Schreibe jeweils die ersten 10 dieser Zahlen auf und überprüfe, wie viele davon durch 3 teilbar sind. Wie viele sind durch 2, 4 oder 5 teilbar?

1, 3, 6, 10, …
1, 4, 9, 16, …

24 Wer schafft es bis ins Ziel?

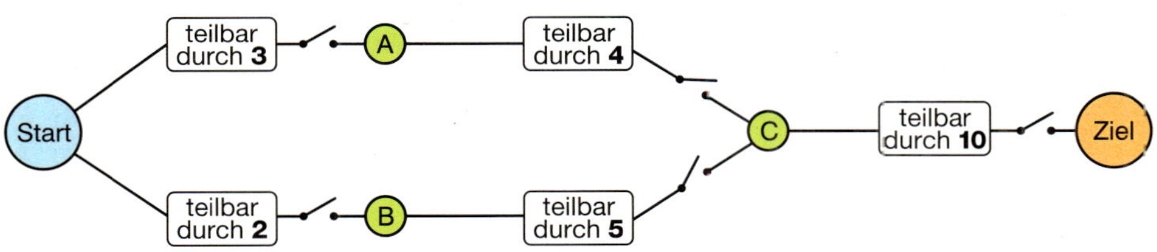

a) Die Zahlen 24, 135, 552, 1000, 1230, 3252 machen sich auf den Weg. Sie dürfen jede Schranke nur passieren, wenn sie die dort notierte Teilbarkeitsbedingung erfüllen. Welche Zahlen erreichen das Ziel? Auf welchen Feldern bleiben die anderen Zahlen stehen?
b) Würfle mit drei Würfeln. Berechne das Produkt der drei Augenzahlen. Bei welcher Schranke bleibt diese Zahl hängen?
c) Setze aus den gewürfelten Augenzahlen eine dreistellige Zahl zusammen, die möglichst viele Schranken passieren kann.

25 *Fehlererkennen bei der Multiplikation:* Wenn ein Faktor durch eine Zahl teilbar ist, dann muss auch das Produkt durch diese Zahl teilbar sein. Bei drei der folgenden fünf Multiplikationen kannst du mit dieser Regel einen Fehler finden.
(1) $12 \cdot 321 = 3854$ (2) $45 \cdot 92 = 4140$ (3) $321 \cdot 123 = 38\,483$
(4) $235 \cdot 73 = 17\,159$ (5) $24 \cdot 505 = 12\,120$

Zahlenforscher im Altertum: Pythagoras und die Pythagoreer

Hast du schon einmal den Namen PYTHAGORAS gehört? Der Name hat in der Mathematik eine große Bedeutung. PYTHAGORAS war ein griechischer Philosoph und lebte etwa von 580 bis 500 v. Chr. In Griechenland gründete er den Geheimbund der „Pythagoreer“. Diese widmeten sich der Erforschung der natürlichen Zahlen. Für sie waren die Zahlen mit geheimnisvollen Kräften und Eigenschaften ausgestattet, die vieles in der Welt erklären konnten. So nannten sie z. B. die geraden Zahlen weiblich, die ungeraden männlich. Es gab glückliche und unglückliche Zahlen, arme und reiche Zahlen, vollkommene und befreundete Zahlen usw.

Aufgaben

Echte Teiler einer Zahl sind alle Teiler außer der Zahl selbst.
12: 1 2 3 4 6 ~~12~~

26 *Arme und reiche Zahlen*

Eine Zahl ist arm, wenn die Summe der echten Teiler kleiner ist als die Zahl selbst, sie ist reich, wenn die Summe der echten Teiler größer ist als die Zahl selbst. Die Zahl 12 ist reich, die Zahl 8 arm.

a) Gibt es unter den Zahlen 9, 16, 18, 20, 25 und 36 reiche Zahlen?

b) Suche unter den Zahlen bis 100 die kleinste und die größte reiche Zahl.

c) „Primzahlen sind die ärmsten Zahlen“. Stimmt das?

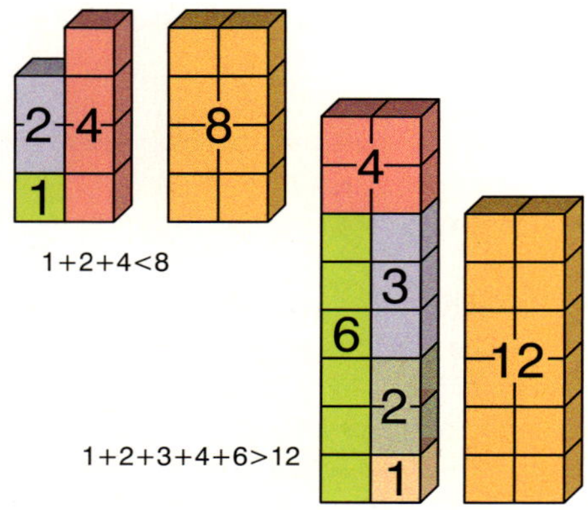

Der Mönch Alcuin, ein Lehrer Karls des Großen, fand im frühen Mittelalter einen Grund für die Vollkommenheit der Zahlen: Gott habe die Welt in 6 Tagen erschaffen; außerdem umkreise der Mond die Erde ja in 28 Tagen!

27 *Vollkommene Zahlen*

Die Griechen entdeckten bei ihren Untersuchungen auch Zahlen, die weder arm noch reich sind. Sie nannten diese Zahlen vollkommene Zahlen. Bei ihnen ist die Summe der echten Teiler wieder die Zahl selbst. Die kleinste vollkommene Zahl ist die 6.

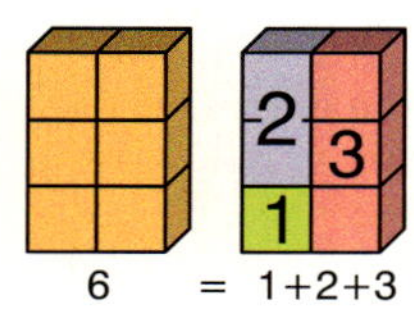

a) 28 ist die nächste vollkommene Zahl. Rechne nach und zeige, dass es zwischen 6 und 28 keine weitere vollkommenen Zahlen gibt.

b) Der nächste Kandidat ist die Zahl 496. Ist sie vollkommen?

28 *Befreundete Zahlen*

Pythagoras verkündete: „Ein Freund ist einer, der ein anderes Ich ist“. So fand er auch Freundschaften zwischen Zahlen: Addiert man die echten Teiler der einen, so erhält man die andere – und umgekehrt. Sind die Zahlen 220 und 284 befreundet?

Die Jagd nach vollkommenen Zahlen und Freundespaaren

Gerade in der Zahlenforschung gibt es auch heute noch viele unbeantwortete Fragen. Wie viele vollkommene Zahlen gibt es? Die Griechen kannten bereits vier, die größte war 8128. Bis heute sind die Forscher mithilfe der Computer auf insgesamt 30 dieser Zahlen gestoßen, die sämtlich gerade sind: die größte bis 1997 bekannte ist ein Zahlenmonster mit insgesamt 130 100 Stellen. Bei den befreundeten Zahlen blieb das von den Griechen entdeckte Paar (220; 284) lange Zeit das einzige. Im 17. Jahrhundert fanden französische Gelehrte zwei weitere befreundete Paare (17 296; 18 416) und (9 363 584; 9 437 056). Es ist schon erstaunlich, wie ihnen dies ohne Computer gelang. Mit dem Computer hat man heute bereits über 10 000 Freundespaare gefunden.

6 Anordnungen und Muster – Abzählverfahren

6.1 Muster und Folgen

Was dich erwartet

Wie viele Gepäckstücke siehst du auf den Bildern? Richtig, es sind auf beiden Bildern je 23 Stücke. Welchen „Gepäckberg" konntest du leichter zählen? Zählprofis suchen in den Dingen, die sie zählen wollen, regelmäßige Muster und können dann einfacher zählen und rechnen. Manchmal müssen die Dinge vorher erst selbst in eine schöne Ordnung gebracht werden. Du wirst nun solche Muster kennen und anwenden lernen.

Aufgaben

1 Bei einem Wandertag will die Klassenlehrerin der 5b, Frau Evens, ihre Schülerinnen und Schüler abzählen. Das ist gar nicht so einfach, da alle Schüler durcheinander laufen. Gib Frau Evens einen Rat, sodass sie die Schülerinnen und Schüler ihrer Klasse leicht und schnell zählen kann.

2 Die Ahnentafel: Katrin hat die Ahnentafel ihres Vaters Christian gefunden. Ihr Vater hat darin die Namen seiner Eltern und Großeltern festgehalten. „Die Tafel kann ich sicher gut gebrauchen, wenn Vater das nächste Mal ‚von früher' erzählt", denkt Katrin. Sie beschließt, eine eigene Ahnentafel anzufertigen. Sie befragt ihre Mutter nach deren Vorfahren.

Katrins Ahnenforschung:
Katrins Mutter trägt den Vornamen ihrer Oma Maria. Mutters Eltern heißen Gerhard und Anne. Oma Marias Mann hieß Helmut; die Eltern von Gerhard waren Franz und Helga.

a) Verwende Katrins Notizen und zeichne die Ahnentafel. Natürlich steht Katrin an der Spitze.
b) Wie viele Namen muss Katrin ergänzen, wenn sie ihre Ahnentafel um eine Generation erweitern möchte? Die Ahnentafel reicht dann bereits vier Generationen zurück. Sind das dann die Urgroßeltern oder die Ururgroßeltern?
Blicke 5 [6, 7, ..., 10] Generationen zurück. Wie viele direkte Vorfahren hat Katrin jeweils? Katrins Opa erzählt immer ganz stolz, dass alle Familienmitglieder seit Generationen aus Neudorf stammen. Neudorf ist ein Ort mit ungefähr 1000 Einwohnern. Was haltet ihr von Opas Behauptung?

Aufgaben

3 Inventur im Supermarkt. Herr Wagner zählt: „4, 8, …“. Hilf Herrn Wagner und zähle weiter.

Natürlich könnte Herr Wagner auch noch schneller zählen. Du auch?

4 In der Pizzeria „da Carlo“ hat Pizzabäcker Toni Teig für Pizza vorbereitet und auf Backbleche verteilt. Restaurantchef Carlo sieht die vielen Backbleche und beginnt zu zählen: „1 plus 2 gleich drei, dazu noch die drei der nächsten Reihe ergibt 6, dann die nächsten vier ergibt …“
Hilf Carlo beim Zählen. Wie viele Pizzas sind es insgesamt, wenn Toni eine „Pyramide“ mit 10 Reihen aufgestapelt hat?

5 Auf dem karierten Papier deines Mathematikheftes kannst du leicht ein Schachbrett-Muster malen. Du beginnst mit einem gefärbten (z. B. blauen) Karo in der Mitte. Dann „baust“ du in alle Richtungen Karos an und färbst sie in einer anderen Farbe (z. B. rot) usw. Um dir das Nachmalen zu erleichtern, siehst du hier die ersten drei Malschritte.

Hier benötigst du viele Farben

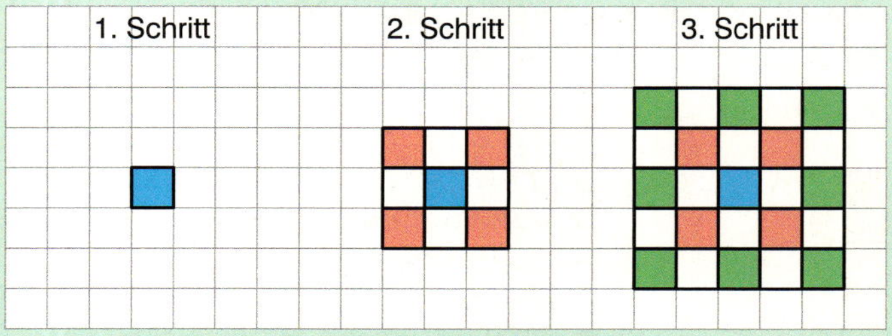

Schritt	Farbe	Anzahl
1	blau	1
2	rot	4
3	grün	8
4		12
5		■

a) Zeichne das Schachbrett-Muster in dein Heft. Sei aber fleißiger, als wir es waren, und zeichne das Muster nach insgesamt 5 Schritten. Kannst du vorhersagen, wie viele Kästchen lang und breit das Muster wird?
b) Mit jedem Schritt muss man mehr Karos färben. Wie viele waren es bei jedem Schritt? Übertrage die Tabelle in dein Heft und ergänze.
c) Wie viele farbige und wie viele farblose Karos hat das Schachbrett-Muster nach jedem Schritt?
d) Vergleiche dein Schachbrett-Muster mit einem echten Schachbrett. Was stellst du fest?

Basiswissen

Beim Zählen gibt es zeitsparende Tricks. Kaufleute zählen zum Beispiel das Münzgeld nicht einzeln. Sie schieben die Münzen paarweise in die offene Hand und zählen „2, 4, 6, 8, 10, 12, …". Sie benutzen die Zahlenfolge der geraden Zahlen.

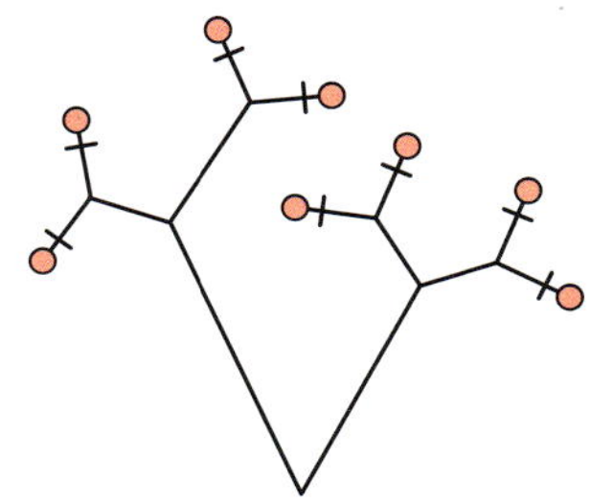

Beim Zählen in Mustern stößt man auf Zahlenfolgen. Biologen untersuchen zum Beispiel Regelmäßigkeiten in den Blütenständen von Pflanzen, hier der „Weißen Lichtnelke". Siehst du, wie sich die Blütenstände verzweigen? Es entsteht ein schönes Muster. Zählt man die Blüten, von unten beginnend, so erhält man die Zahlenfolge 1, 2, 4, 8. Bestimmte **Zahlenfolgen** und **Muster** kommen häufig vor. Die drei folgenden wollen wir uns merken.

1. **Rechtecksmuster**

   Es wird immer die **gleiche Zahl addiert.**
   Die Zahlenfolge schreiben wir so:

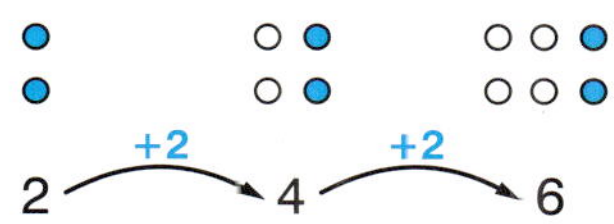

2. **Baummuster**

   Es wird immer mit der **gleichen Zahl multipliziert.**
   Die Zahlenfolge schreiben wir so:

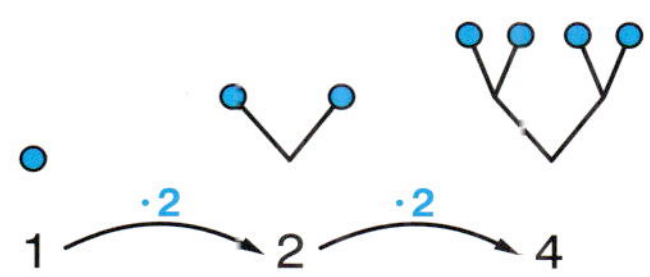

3. **Dreiecksmuster**

   Es wird immer **eine um eins größere Zahl addiert.**
   Die Zahlenfolge schreiben wir so:

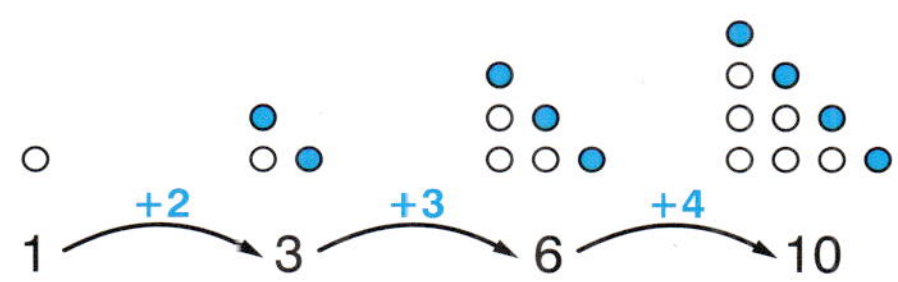

Zahlenfolgen und Muster sind häufig nach bestimmten Regeln aufgebaut. Kennt man die Regel, so kann man die Zahlenfolgen fortsetzen und Muster nach- und weiterzeichnen.

Beispiele

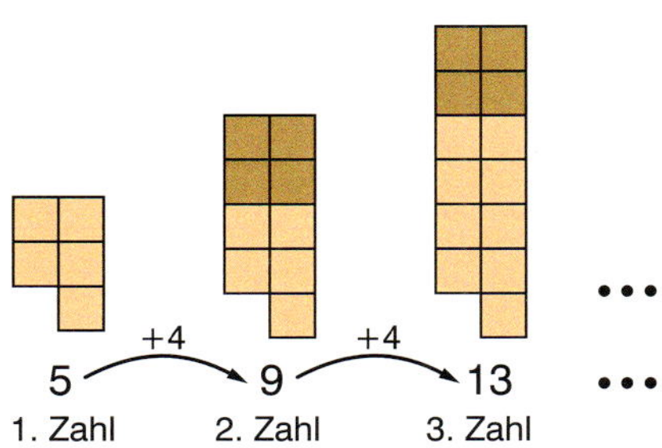

A Auch das ist ein Rechtecksmuster: Ohne zu zeichnen kannst du berechnen, wie es weitergeht.
Die 3. Zahl ist $5 + 2 \cdot 4 = 13$
Die 4. Zahl ist $5 + 3 \cdot 4 = 17$
Die 5. Zahl ist $5 + 4 \cdot 4 = 21$.
Wir machen einen Sprung:
Die 10. Zahl ist $5 + 9 \cdot 4 = 41$

B Am Baummuster erkennst du die Zahlenfolge 1, 3, 9 … Die Zahlen der Folge berechnet man so:

1. Zahl	1	$= 1$
2. Zahl	$1 \cdot 3$	$= 3$
3. Zahl	$1 \cdot 3 \cdot 3$	$= 9$
4. Zahl	$1 \cdot 3 \cdot 3 \cdot 3$	$= 27$
…		
10. Zahl	$1 \cdot 3 \cdot 3 \cdot 3 \cdot 3 \cdot 3 \cdot 3 \cdot 3 \cdot 3 \cdot 3 \cdot 3$	$= 19\,683$

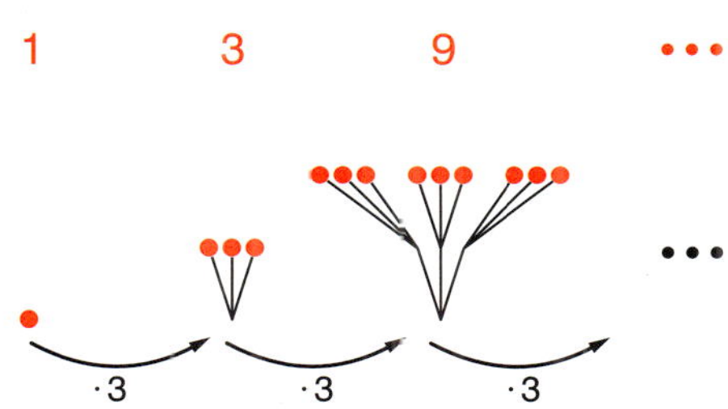

So verzweigt sich das Schleierkraut.

Übungen

6 Betrachte noch einmal die Zahlen- und Musterfolgen im roten Kasten.
a) Zeichne jeweils zwei weitere Rechtecks-, Baum- und Dreiecksmuster in dein Heft. Notiere dazu die Zahlenfolgen bis zur 5. Zahl.
b) Berechne zu jeder Zahlenfolge die 10. Zahl.

7 *Ein Strichlistenmuster*
a) Notiere die ersten 6 Zahlen der Folge.
b) Wie lautet die 21. Zahl der Folge?

8 Die 8. Zahl:
17, 26, 37, 64, 113

8 *Erkennst du die Regel?*
Zeichne die Musterfolgen ab und ergänze sie um zwei Muster. Welche Zahlenfolgen gehören dazu? Schreibe die ersten 5 Zahlen auf. Berechne dann die 8. Zahl der Folge, ohne das Muster zu zeichnen.

a)
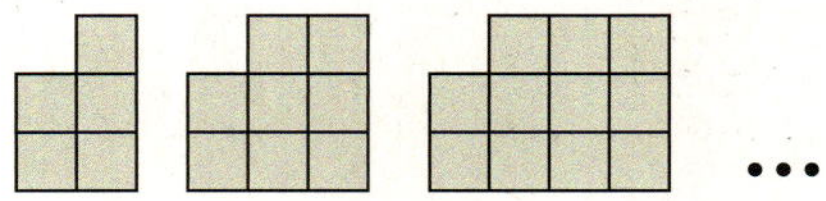

b)

c)

d)

e)
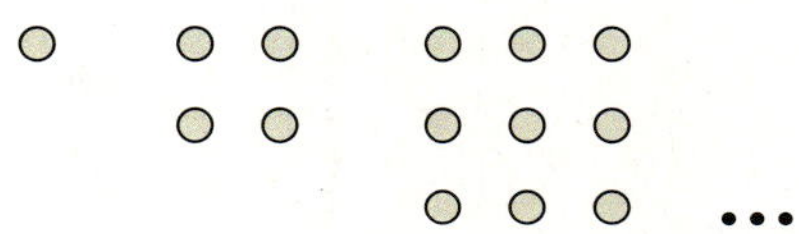

f)
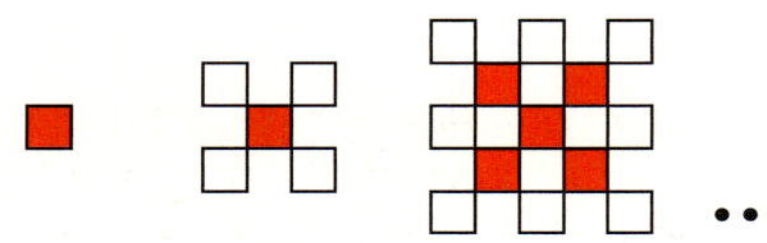

9 Zähle die Äste der Blütenstände. Welche Zahlenfolge erkennst du?

a)
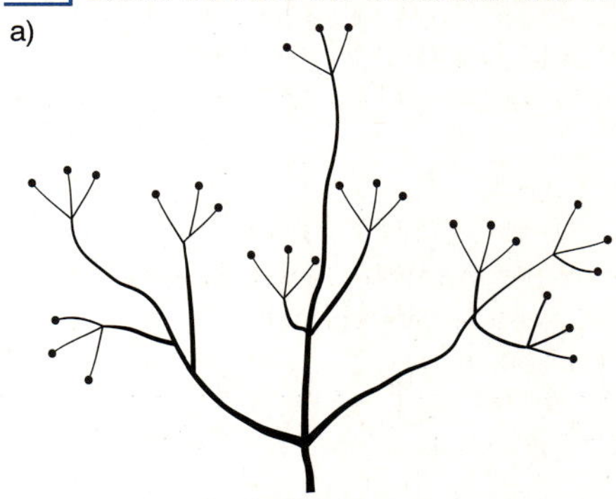
Schleierkraut

b)
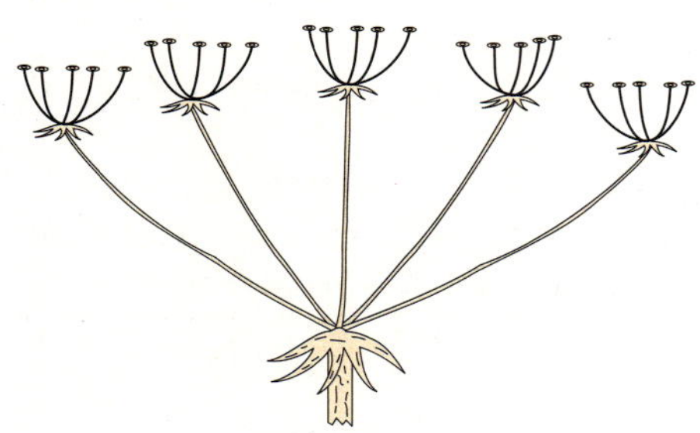
Kümmel

10 Zeichne die Blütenstände nach den folgenden Beschreibungen:
a) Eine „Efeublüte“ verzweigt sich zweimal in jeweils vier Äste.
b) Eine „Wolfsmilchblüte“ verzweigt sich zweimal, erst in 4, dann in jeweils 2 Äste.

11 Lösungen für die 1. Zahl:
2 7 10
16 22 26 32
35 96

11 Erkennst du die Regeln? Manchmal muss man genau hinschauen. Setze jede Zahlenfolge mit fünf weiteren Zahlen fort.

a) 2, 8, 14, 20, 26, …
b) 1, 4, 7, 10, 13, …
c) 1, 2, 5, 10, 17, …
d) 3, 5, 4, 6, 5, …
e) 1, 2, 4, 5, 7, 8, …
f) 4, 5, 7, 11, 19, …
g) 3, 6, 12, 24, 48, …
h) 2, 4, 5, 10, 11, …
i) 5, 0, 6, 1, 7, …

Übungen

12 *Mitten in der Zahlenfolge:* Erkenne die Rechenregel und rechne soweit zurück, wie es geht.

a) …, 29, 34, 39, 44, 49, …
b) …, 68, 136, 272, 544, 1 088, …
c) …, 117, 135, 153, 171, 189, …
d) …, 110, 121, 133, 146, 160, …

12 Lösungen für die 1. Zahl:
9 55
17 4

13 *Eine ungewöhnliche Zahlenfolge:*
Wie lautet die 19. Zahl der Folge?

1, 2, 5, 6	1, 2, 5, 6	1, 2, …

14 Bernd geht mit seinem Kollegen Hans ins Lager und zählt die Wäschetrockner: „ 2, 5, 8, …“.
„Du zählst doch viel zu kompliziert“, unterbricht ihn Hans. Wie könnte Hans gerechnet haben, um die Zahl der vorrätigen Wäschetrockner schnell zu bestimmen?

15 Eine neue Kerze wird angezündet und brennt gleichmäßig nieder.

Brenndauer in h	1	2	3	4
Resthöhe in cm	24	21	18	

a) Wie lange kann die Kerze insgesamt brennen?
b) Wie hoch müsste die Kerze zu Beginn sein, wenn sie 24 Stunden lang Licht spenden sollte?

16 In Thüringen wurde der längste Straßentunnel Deutschlands gebaut (Stand 2006). Er ist 7 914 m lang. Die Arbeit der Tunnelbauer ist hart. Am Tunneleingang ist es im Winter oft nur 0 °C, und es weht ein kalter Wind. Im Inneren des Tunnels, 720 m unter der Erdoberfläche, ist es wärmer, denn dort nimmt die Temperatur um 1 °C pro 30 m Tiefe zu.

Tiefe	Temperaturzunahme *)
30 m	+ 1 °C
60 m	+ 2 °C
90 m	+ 3 °C
⋮	

*) gegenüber der Außentemperatur

a) Übertrage die Tabelle in dein Heft und ergänze die Temperaturen bis auf eine Tiefe von 720 m. Müssen sich die Tunnelbauer an ihrem Arbeitsort warm anziehen?
b) Wie warm wird es in einer Tiefe von 1200 m sein?

17 Kennt man die Regel, nach der die Zahlen einer Zahlenfolge berechnet werden, kann man häufig schnell „weit entfernte“ Zahlen der Folge berechnen.
Finde die Regel und berechne jeweils die 50. und 100. Zahl.

a) 8, 13, 18, 23, …
b) 9, 20, 31, 42, …
c) 42, 55, 68, 81, …
d) 7, 14, 21, 28, …
e) 15, 24, 33, 42, …

1. Zahl	2. Zahl	3. Zahl	4. Zahl	…	50. Zahl	…	100. Zahl
7	10	13	16	…	154	…	304
	$7 + 1 \cdot 3$	$7 + 2 \cdot 3$	$7 + 3 \cdot 3$		$7 + 49 \cdot 3$		$7 + 99 \cdot 3$

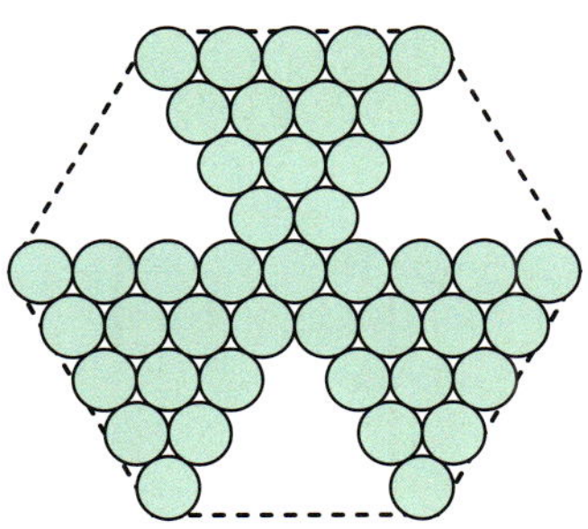

18 Diese Figur kann man z. B. mit Münzen, Unterlegscheiben oder Bonbons legen. Die verwendeten Kreisscheiben müssen nur alle die gleiche Größe haben.
Bestimme die Anzahl der Münzen.
Rechne geschickt.

Übungen

19 Lösungen:
298, 496
10 200,
199

19 Betrachte die Musterfolgen. Wie viele Würfel bilden das 100. Muster?

a)
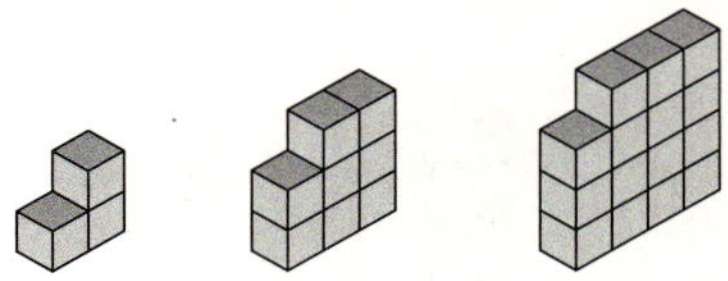

b)
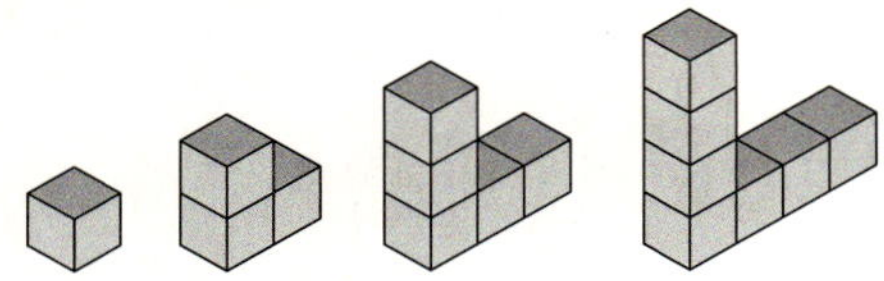

c)
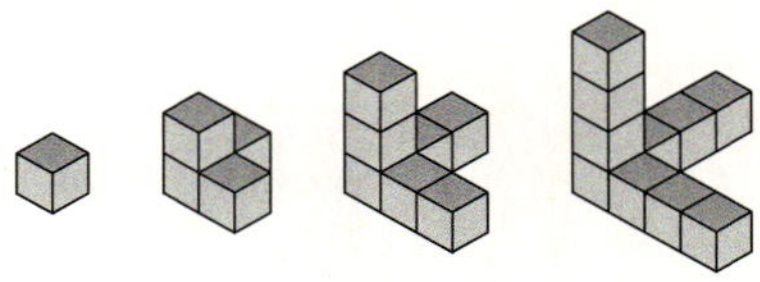

d)
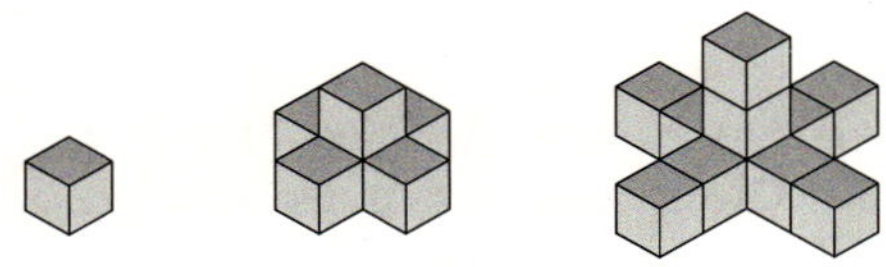

20 *Die Folge der Dreieckszahlen*

a) Erinnere dich an die Zahlen aus dem Dreiecksmuster (Seite 127). Schreibe die ersten 10 dieser sogenannten Dreieckszahlen auf.

b) Die 100. Dreieckszahl wirst du sicher nur mit großer Ausdauer ermitteln können. Die Griechen kannten aber schon vor mehr als 2 000 Jahren einen Trick, wie man die hundertste Dreieckszahl schnell ausrechnen kann. Versuche den Trick zu entdecken und berechne die 100. Dreieckszahl.

1. Dreieckszahl	2. Dreieckszahl	3. Dreieckszahl	4. Dreieckszahl
$1 = 1 \cdot 2 : 2$	$3 = 2 \cdot 3 : 2$	$6 = 3 \cdot 4 : 2$	$10 = 4 \cdot 5 : 2$

21 Um „weit entfernte" Zahlen schnell zu berechnen, muss man sich die zugehörigen Muster genau anschauen.
Versuche bei den Quadratzahlen und bei den Rechteckszahlen die 100. Zahl zu berechnen.

a) Quadratzahlen

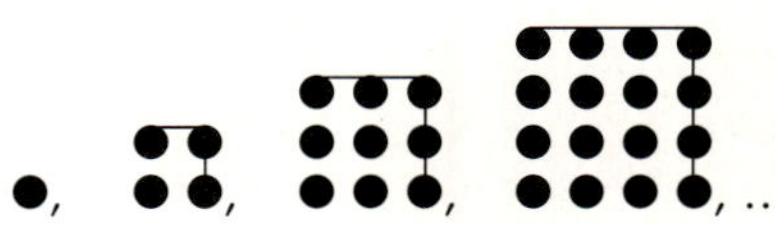

$1 \xrightarrow{+3} 4 \xrightarrow{+5} 9 \xrightarrow{+7} 16 \ldots$

b) Rechteckszahlen

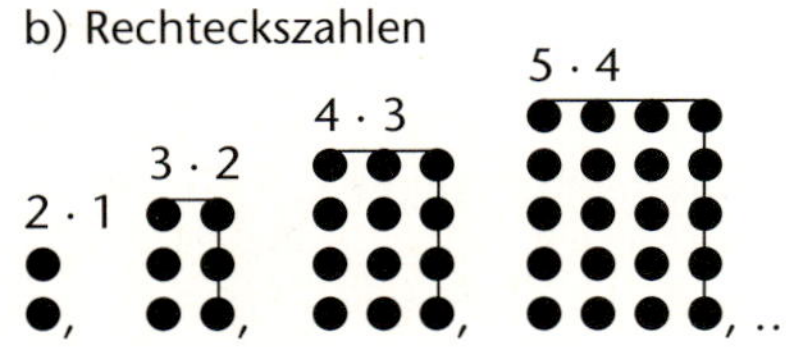

$2 \xrightarrow{+4} 6 \xrightarrow{+6} 12 \xrightarrow{+8} 20 \ldots$

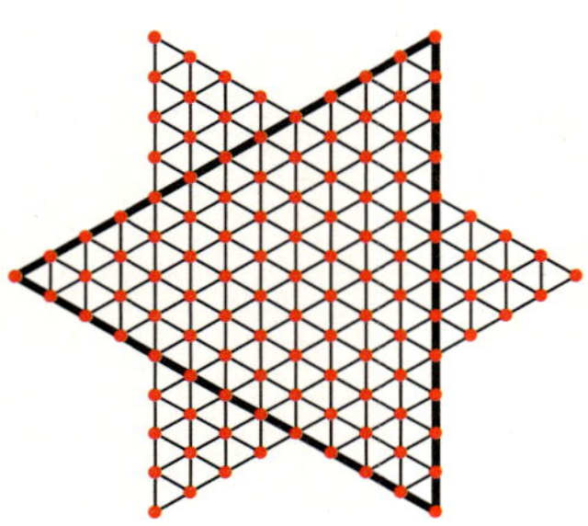

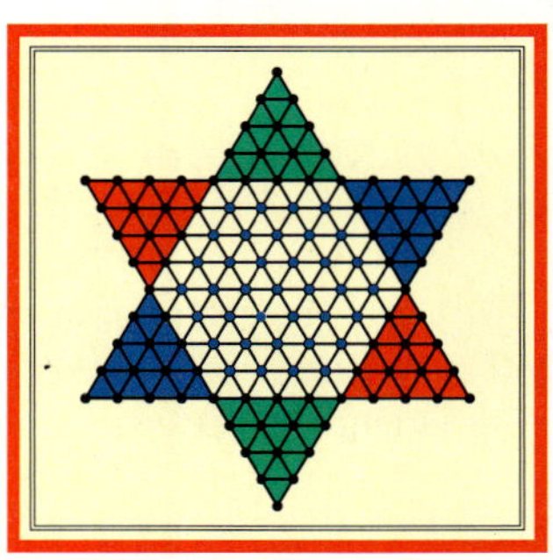

22 Bereits vor Christi Geburt kannte man das „Halma"-Spiel. Beim modernen „Sternhalma" können drei Spieler ihre Spielfiguren entlang der Linien ziehen und auf die kreisförmigen Felder setzen. Wie viele kreisförmige Felder hat der Spielplan?
Tipp: In dem linken (veränderten) Spielplan ist eine Figur durch dicke Linien hervorgehoben. Entdeckst du dir bekannte Muster?

Aufgaben

23 Welche Zahlenfolge passt jeweils dazu? Berechne für beide Folgen die 100. Zahl.

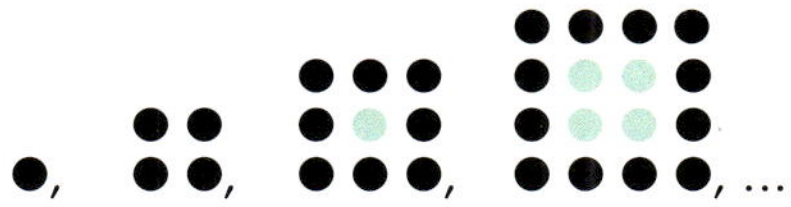

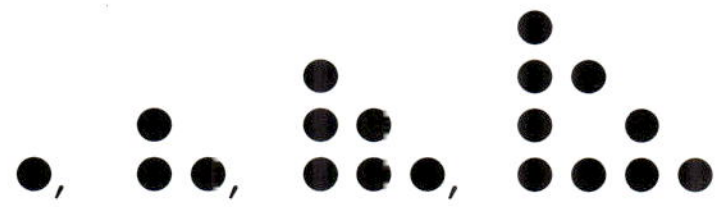

24 Hast du schon einmal probiert, ein Kartenhaus aus Spielkarten zu bauen? Versuche es doch einmal. Wie viele Stockwerke schaffst du?
a) Für ein großes Kartenhaus benötigt man viele Spielkarten. Wie viele sind es für 1, 2, 3, 4, 5 Stockwerke?
b) Sina erzählt, ihre Tante habe einmal ein Kartenhaus mit 10 Stockwerken gebaut. Wie viele Karten hat sie für das Riesenhaus benötigt? Du kannst die Anzahl berechnen.
Tipp: Die Karten für die Decken und die Wände sind verschieden gefärbt. Schreibe die Folgen der „roten" Karten und dann die Folge der „blauen" Karten auf. Erkennst du eine Regel?

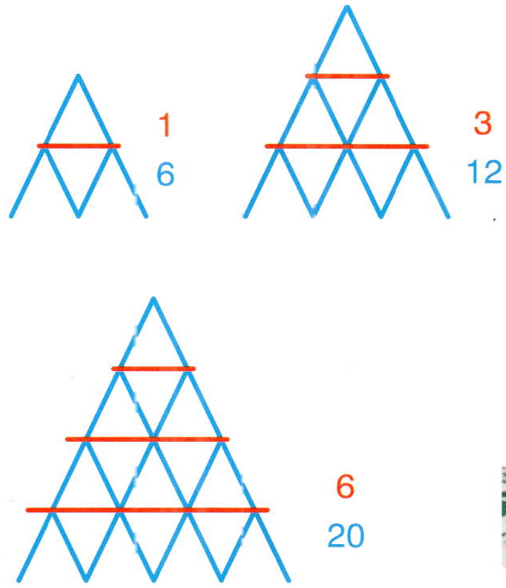

25 Zähle in den Figuren jeweils die Zahl der roten Linien. Wie viele rote Linien sind wohl in der dritten (neunten) Figur eingezeichnet?

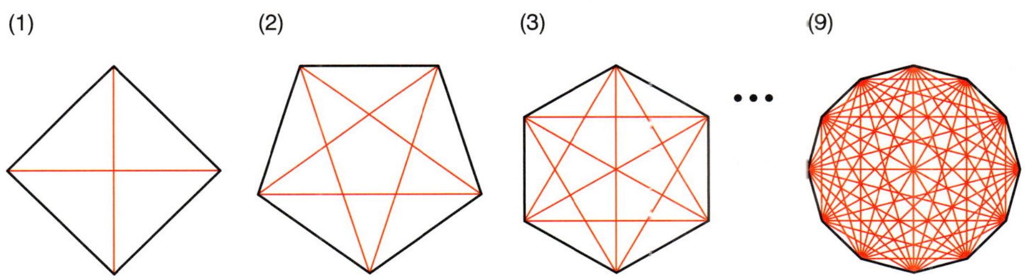

26 Mit Fünfecken kann man eine interessante Musterfolge bilden. Schreibe die ersten 10 Zahlen der zugehörigen Zahlenfolge auf.

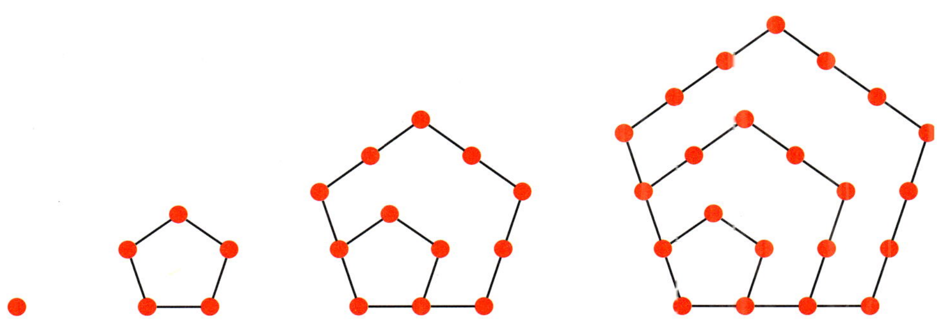

Aufgaben

27 Frau Hartmann bewirbt sich bei einer großen Firma um einen Arbeitsplatz. Sie wird zu einem Gespräch und einem Test eingeladen. Mit dem Test möchte die Firma herausfinden, was die Bewerberin besonders gut kann und was nicht so gut. In dem Test gibt es auch Aufgaben zur Mustererkennung. Frau Hartmann soll die Regelmäßigkeit jedes Musters erkennen. Dann soll sie jedes Muster mit einem der sechs verschiedenen Vorschläge fortsetzen.
In Aufgabe 1 ist Buchstabe D die richtige Lösung.
Finde für die andere Musterfolgen jeweils die richtige Fortsetzung.

Lösungsspruch:
_ _ _
_ _ _ _
_ _ _ !

(1)

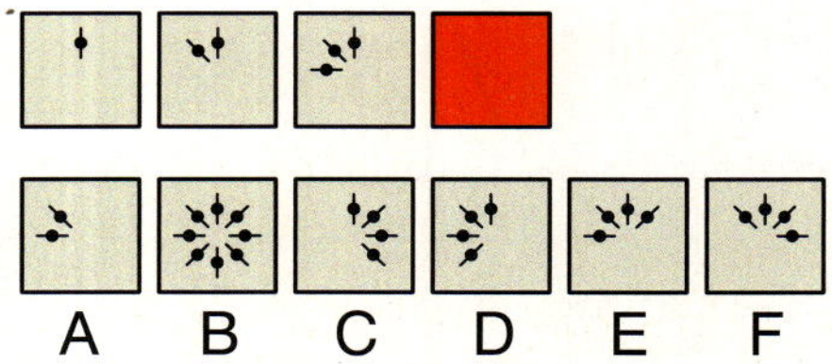

(2)

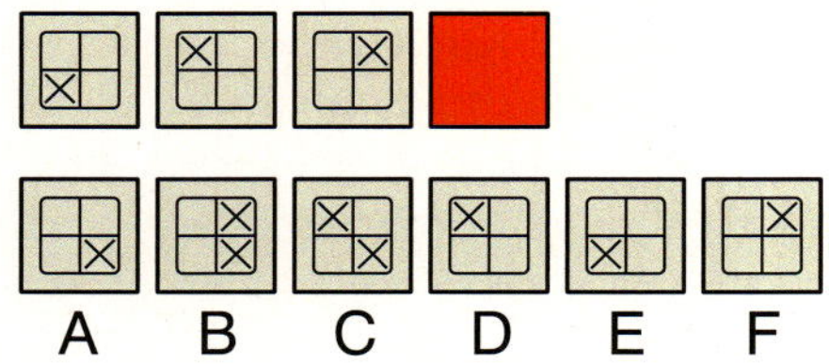

(3)

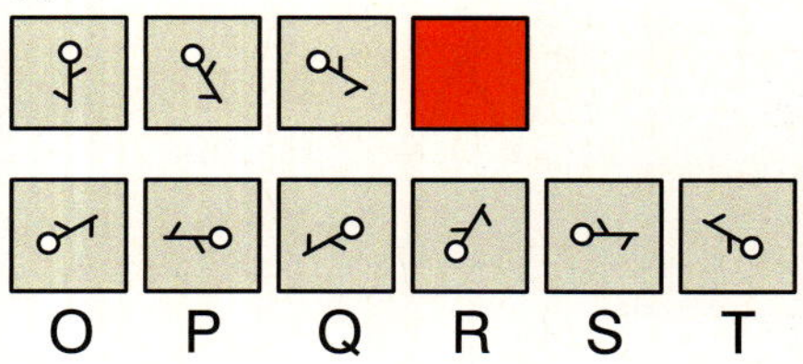

(4)

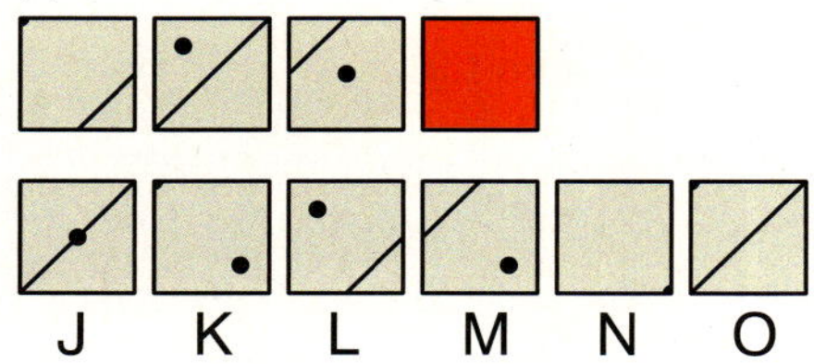

(5)

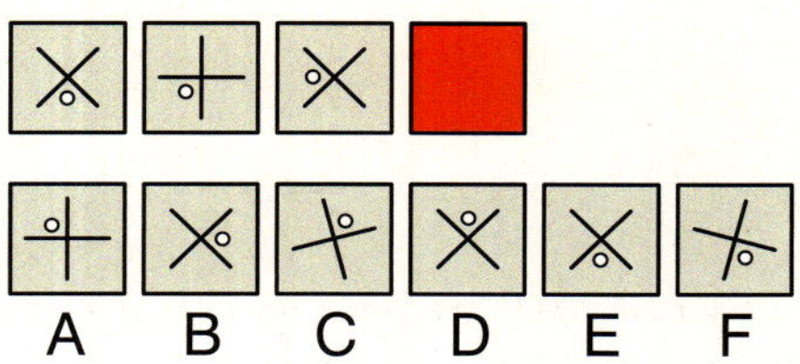

(6)

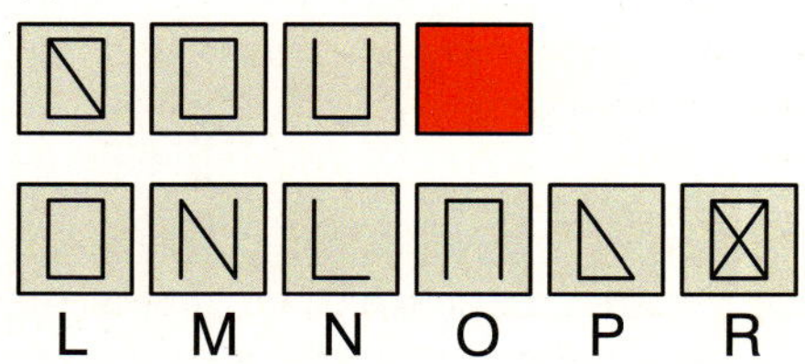

(7)

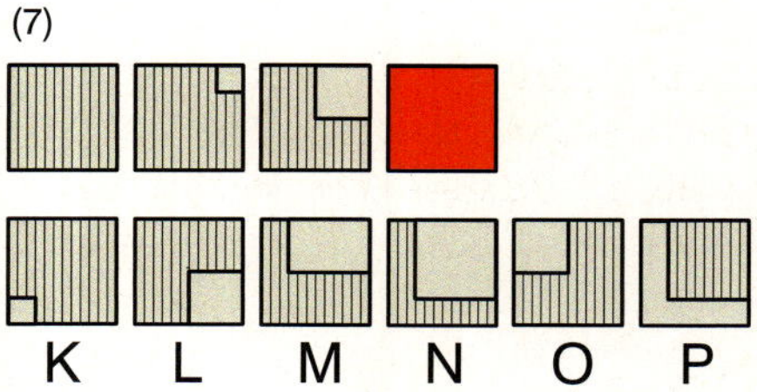

(8)

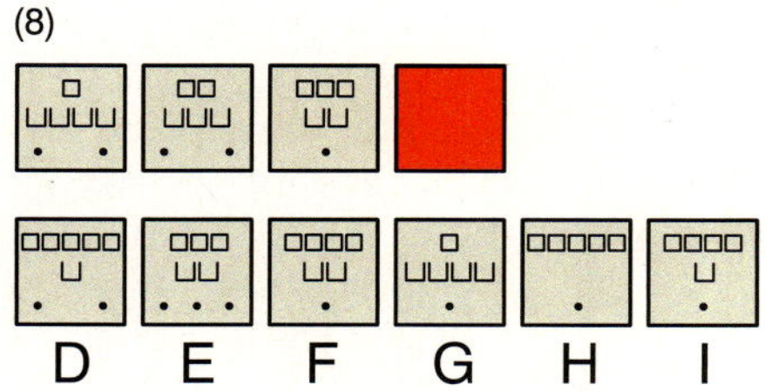

(9)

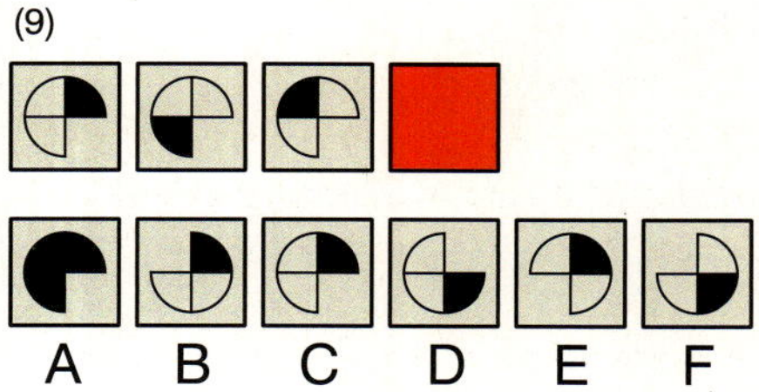

(10)

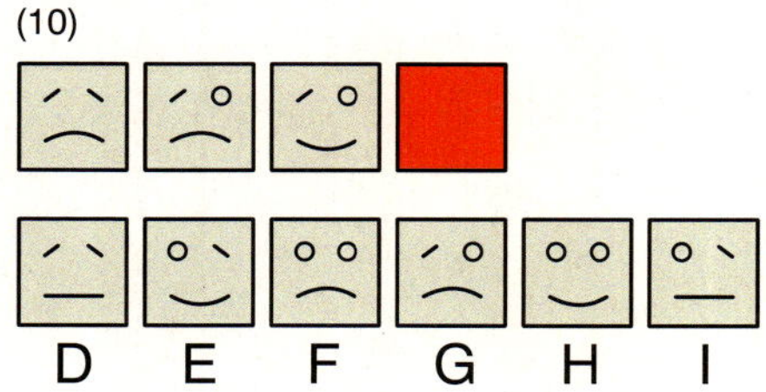

6.2 Gitter – Koordinatensystem

Was dich erwartet

Reisende fragen manchmal: „Wo bin ich hier?“ oder „Wie komme ich dorthin?“ In manchen Autos gibt es bereits ein Navigationsgerät, mit dem man feststellen kann, wo man sich gerade befindet. Man kann aber auch andere Menschen nach dem Weg fragen. Karten und Stadtpläne sind sehr hilfreich, um sich zu orientieren oder sich den Weg zeigen zu lassen. Nun lernst du Grundlagen von Lagebeschreibungen kennen, Gitter und Koordinatensystem.

Aufgaben

1 „Lehne deinen Rücken während der Mittagsglut gegen die Schattenseite der knorrigen Zeder. Schreite ruhigen Blutes voraus und wende dich nach dem 10. Pulsschlag dem großen Vater zu. Vier lange Klapperschlangen trennen den Furchtlosen von den Juwelen.“
Rätselhafte Schatzsuche: Wie ist der Text zu verstehen? Kopiere die Landkarte und markiere darin den geheimnisvollen Weg.
Welche Bedeutung hat die Zeder für den Schatzsucher? Kannst du eine andere Wegbeschreibung formulieren?
Warum findet man solche spannenden Wegbeschreibungen in keinem Stadtführer?

2 *Urlaubszeit, Reisezeit:* Petra verbringt mit ihren Eltern die Sommerferien in der Nähe von Iraklion. Sie freut sich schon auf den Urlaub, denn der Ort liegt am Meer und es soll dort schön warm sein. Sie möchte ihren Freundinnen erzählen, wo Iraklion genau liegt und schaut im Atlas nach.
a) Hilf Petra bei der Suche mit deinem Atlas. Schaue im Register des Atlas nach. Was ist im Register angegeben, damit du den gesuchten Ort schnell findest?
b) Wie würde wohl ein Pilot oder der Kapitän eines Schiffes die Lage von Iraklion genau angeben?

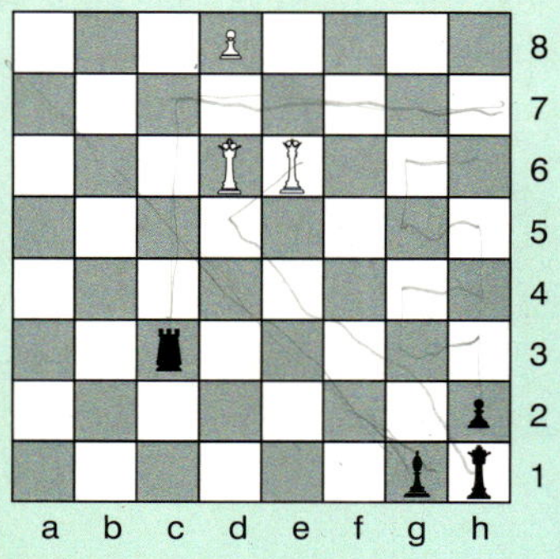

weiße Dame von e 6 nach d 5
schwarzer Turm ....

3 Beim Schach geht es darum, dass man den König des Gegenspielers „schlägt“.
a) Informiere dich, welche unterschiedlichen Figuren in einem Schachspiel vorkommen und welche Bewegungen sie ausführen können.
b) Auf dem Schachbrett befinden sich nur noch wenige Figuren. Selbst wenn du nicht Schach spielst, kannst du mit den Angaben die Partie zu Ende spielen. Wer gewinnt?

Basiswissen

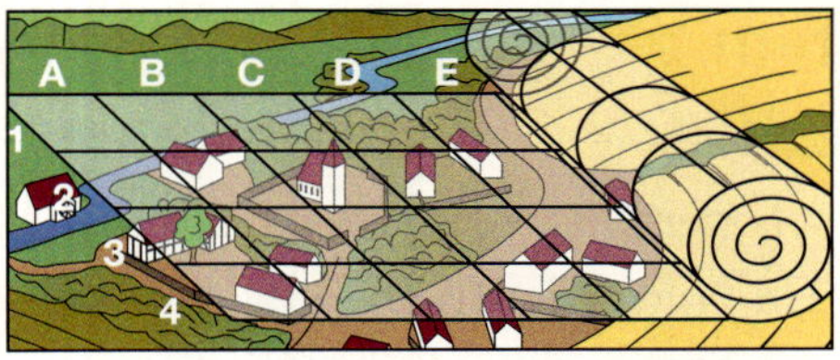

Zur Orientierung wird die Ebene mit einem **Gitter** „überzogen". Gibt man den einzelnen Quadraten noch Namen, dann kann man leicht angeben, wo sich was befindet. Der Baum steht z. B. in dem Quadrat mit dem Namen A 3.

Für grobe Lagebeschreibungen benutzt man große Gittermaschen, die **Planquadrate.** Man legt einen Startpunkt fest. Von dort aus gibt man jedem Planquadrat einen Namen oder „Adresse". Zum Planquadrat C2 kommt man, indem man vom Startpunkt aus drei Quadrate nach rechts und zwei nach unten zählt.

Planquadrate

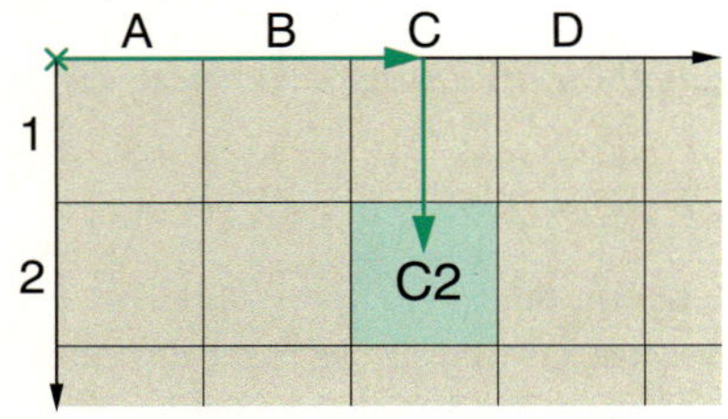

Für genaue Ortsangaben benutzt man keine Planquadrate, sondern die Knotenpunkte eines Gitters, sogenannte **Gitterpunkte.** Zum Gitterpunkt A kommt man, indem man vom Startpunkt (Ursprung) aus 5 Knoten nach rechts und 2 Knoten nach oben zählt.

Wir schreiben auf: A (5 | 2) und merken uns

Rechtswert Hochwert

Wir nennen Rechtswert und Hochwert die **Koordinaten** des Punktes.

Koordinaten

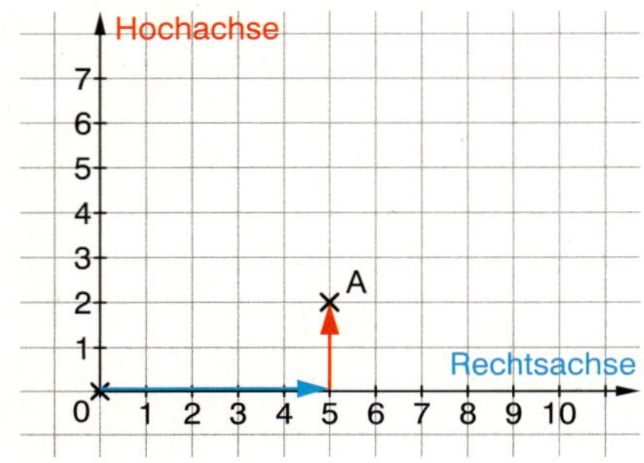

Beispiele

A Auf einem Stadtplan kann man sich zurechtfinden. Das Rathaus findet man leicht, wenn man das Planquadrat angibt, in dem es liegt. Findest du das Rathaus? Es liegt im Planquadrat B 4.
Die Kirche liegt im Planquadrat C 1.

B Alle Schüler der Klasse 5a sollen dasselbe Viereck in ihr Heft zeichnen. Die Lehrerin gibt die 4 Eckpunkte mit Koordinaten an: A (3 | 9), B (0 | 6), C (3 | 0), D (6 | 6). Zunächst legen wir einen Startpunkt (Ursprung) fest und zeichnen von da aus eine Rechts- und eine Hochachse. Dann tragen wir die Punkte ein. Nun verbinden wir die Punkte in alphabetischer Reihenfolge. Zum Zeichnen verwenden wir ein Lineal. Welche Figur entsteht? Ein Drachen.

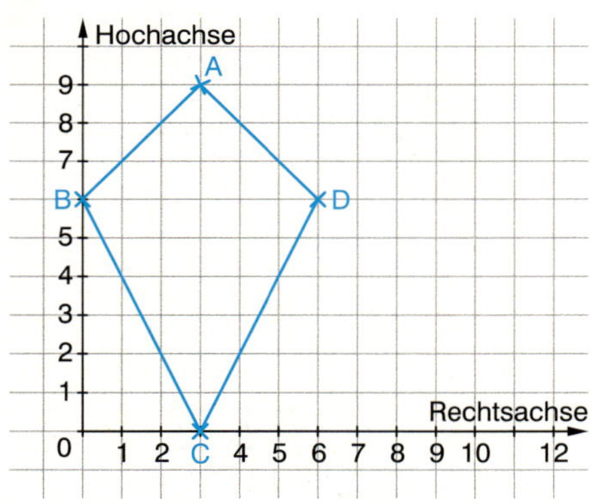

Beispiele

C Die Feuerwehr muss bei einem Feuer ihre Schläuche an einen Wasserhydranten anschließen. Auch wenn Schnee liegt, können die Feuerwehrleute den Hydranten durch ein Hinweisschild finden. Wie muss man das Schild lesen? Vom „Startpunkt" direkt unter dem Schild, geht man 11,8 m entlang der Straße nach links. Dann geht man 6,1 m zur Straßenmitte.
Auf dem Schild steht oben die Dicke des Schlauchanschlusses (150 mm). Die Feuerwehrleute können also sofort den richtigen Schlauch ausrollen.

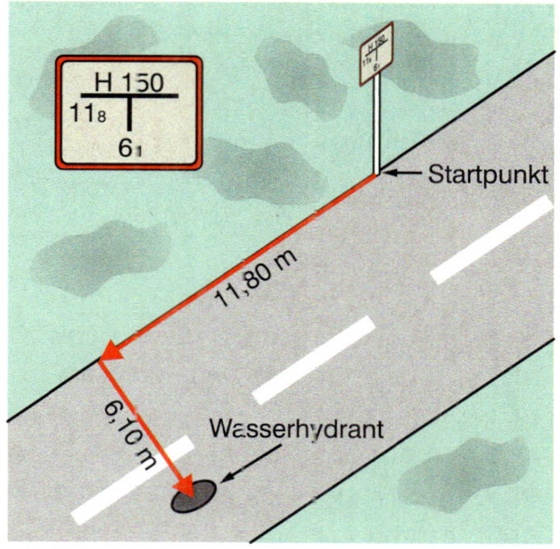

Übungen

4 Zeichne die Punkte in dein Heft, verbinde sie in alphabetischer Reihenfolge und verbinde den letzten Punkt wieder mit A. Welche Figuren entstehen?
Anleitung: Lege den Startpunkt fest und zeichne von dort aus die Rechts- und Hochachse.
a) A (1|1), B (11|1), C (9|6), D (3|6), A (1|1)
b) A (2|2), B (4|0), C (6|2), D (6|4), E (4|6), F (2|4), A (2|2)
c) A (2|1), B (7|1), C (7|3), D (4|3), E (4|9), F (2|9), A (2|1)
d) A (1|6), B (5|5), C (6|1), D (7|5), E (11|6), F (7|7), G (6|11), H (5|7), A (1|6)

5 Roboter schneiden Formen aus. Um den Roboter zu steuern, gibt man die Eckpunkte mit ihren Koordinaten in den Computer, der den Roboter steuert, ein. Der Roboter wird dann so programmiert, dass er jeweils auf einer geraden Linie von einem Punkt zum nächsten schneidet. Welche Figuren entstehen?
a) A (6|1), B (13|1), C (13|5), D (11|5), E (9|3), F (4|3), A (6|1)
b) A (2|3), B (6|3), C (6|4), D (9|4), E (6|6), F (6|5), G (2|5), A (2|3)
c) A (1|2), B (3|2), C (4|6), D (5|2), E (7|2), F (6|10), G (2|10), A (1|2)

6 Will man den Roboter Blech zuschneiden lassen, so zeichnet man die Umrisse der Figur in ein Koordinatensystem und liest dann die Koordinaten der Eckpunkte ab. Dann gibt man die Punkte in den Computer ein und schon kann der Roboter das Werkstück ausschneiden. Bestimme jeweils die Koordinaten der Eckpunkte.

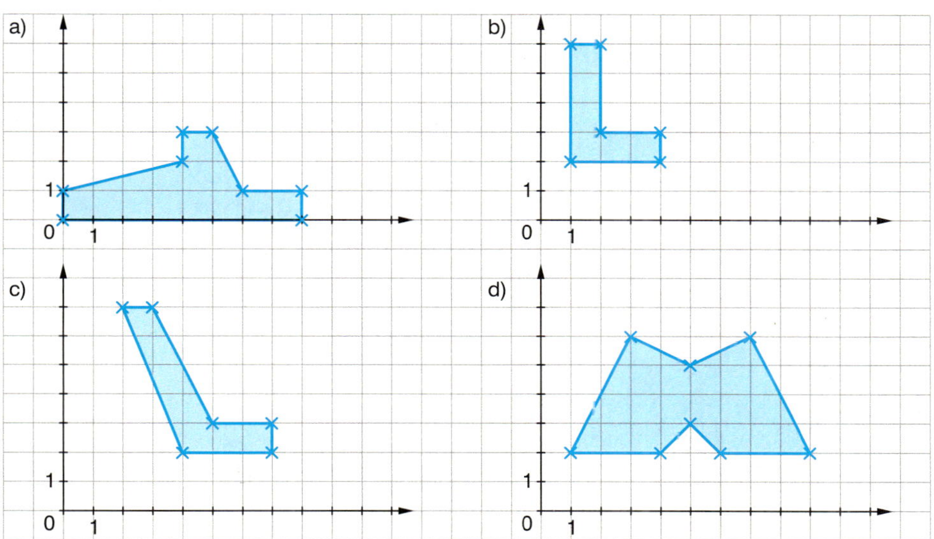

Der Roboter schneidet auf einer geraden Linie von einem Punkt zum nächsten.

Übungen

7 *Alphabetisches Straßenverzeichnis*

a) Im Stadtplan steht: Neustädter Straße D1-D2. Was bedeutet das?

b) Erstelle ein vollständiges Straßenverzeichnis zu dem abgebildeten Stadtplan.

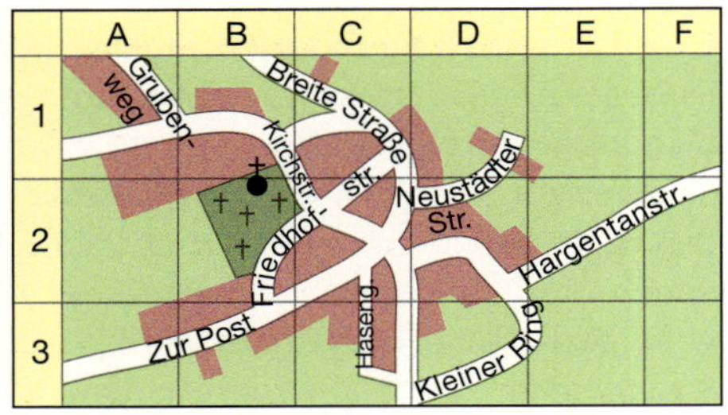

8 Eine Wettfahrt für Segelboote heißt Regatta. Bei der heutigen Übungsregatta sollen die Segelboote einen Dreieckskurs abfahren. Der Kurs mit den Wendebojen ist auf der Karte eingezeichnet.

a) Bestimme die Koordinaten des Startpunktes und der Wendepunkte.

b) Ermittle die Länge des Kurses.

Der Maßstab der Karte ist 1:10 000 (1 cm entspricht 100 m).

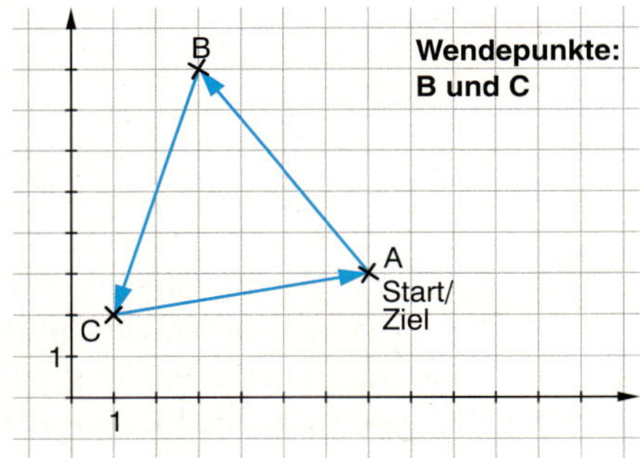

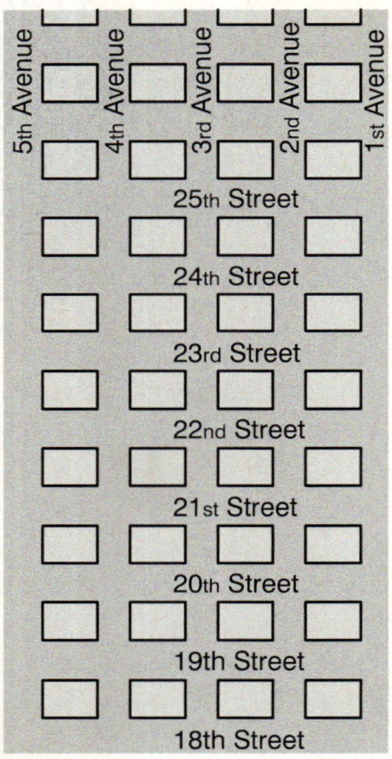

9 In vielen amerikanischen Städten sind die Straßen übersichtlich angelegt. In New York heißen alle Straßen, die von Norden nach Süden verlaufen „Avenues" und die, die von Ost nach West verlaufen „Streets". Tanja aus Deutschland besucht ihre Freundin Carol in New York.

a) Carol wohnt an der Ecke 22. Straße, 3. Avenue. Finde auf der Karte, wo Carol wohnt.

b) Ist Carol Haus weit entfernt von dem Hotel, in dem Tanja mit ihren Eltern wohnt? Das Hotel liegt an der 25. Straße, 4. Avenue. Kannst du ohne Karte vorhersagen, wie man von Tanjas Hotel zu Carols Wohnung kommt?

c) Warum gibt es in den Stadtplänen von New York kein Register?

10 *Spezielle Punkte gesucht!*

a) Der Punkt A (2 | 2) hat den gleichen Rechts- und Hochwert. Schreibe noch weitere Punkte mit gleichen Koordinaten auf. Zeichne in ein Gitter alle Punkte mit roter Farbe ein, deren Koordinaten gleich sind. Fällt dir etwas auf?

b) Markiere alle Punkte in dem Gitter mit blauer Farbe, deren Hochwert größer als der Rechtswert ist.

c) In deinem Gitter gibt es viele Punkte, die ungefärbt sind. Schreibe einige davon auf. Vergleiche jeweils den Hochwert mit dem Rechtswert.

11 Im Gitter rechts sind Punkte verschieden gefärbt.

a) Schreibe einige „blaue" Punkte auf. Vergleiche jeweils den Rechts- mit dem Hochwert. Was stellst du fest?

b) Was gilt für die Koordinaten der „roten" Punkte, was für die Koordinaten der „schwarzen" Punkte?

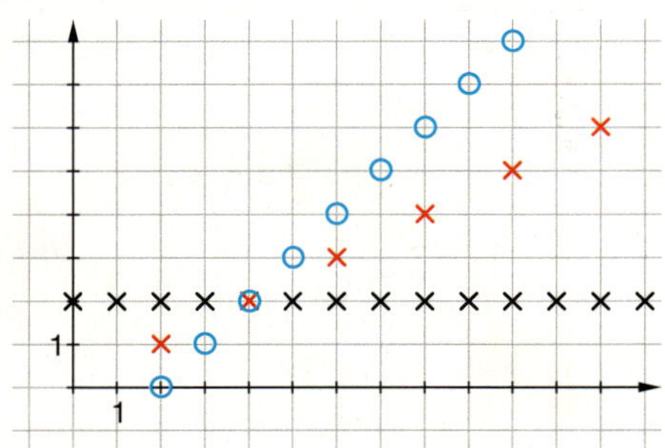

(0 | 10),(1 | 9), … (0 | 9), …

(2 | 7), (6 | 1), …

12 Färbe in einem Gitter alle Punkte

a) rot, bei denen die Koordinatensumme kleiner oder gleich 10 ist,

b) blau, bei denen der Rechtswert sich vom Hochwert um weniger als 6 unterscheidet.

Übungen

13 Janis und Alina zeichnen eine Figur, ein Dreieck mit den Punkten A (2 | 1), B (3 | 3) und C (1 | 4), und wundern sich. Zeichne das Dreieck selbst. Welcher Fehler wurde von wem gemacht?

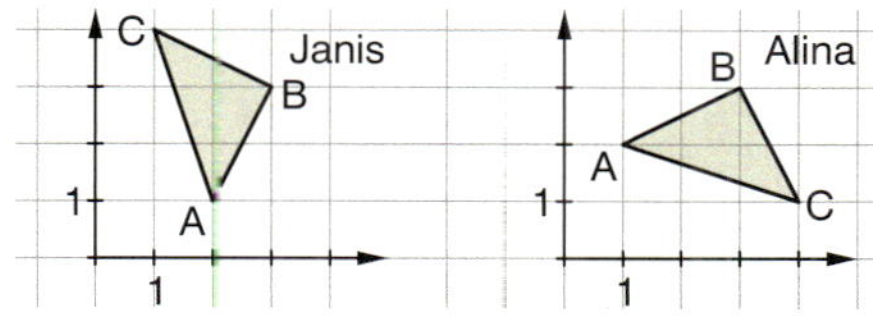

14 Koordinaten gibt es auch in einem Stadion und sogar im Kino. Kannst du das erklären? Wenn du dir eine Eintrittskarte für ein Fußballspiel oder einen Kinobesuch genau anschaust, findest du die Antwort. Kennst du noch andere Orte, an denen Koordinaten helfen?

15 Mit Koordinaten kann man sich auch auf der Erde orientieren. Die Gitterpunkte sind die Schnittpunkte der Längen- und Breitenkreise. Mit deinem Atlas kannst du herausfinden, welche große Stadt in Deutschland nahe bei dem Schnittpunkt des
a) 50. Breitenkreises und des 8. Längenkreises,
b) 53. Breitenkreises und des 9. Längenkreises,
c) 51. Breitenkreises und des 14. Längenkreises,
d) 48. Breitenkreises und des 8. Längenkreises liegt.

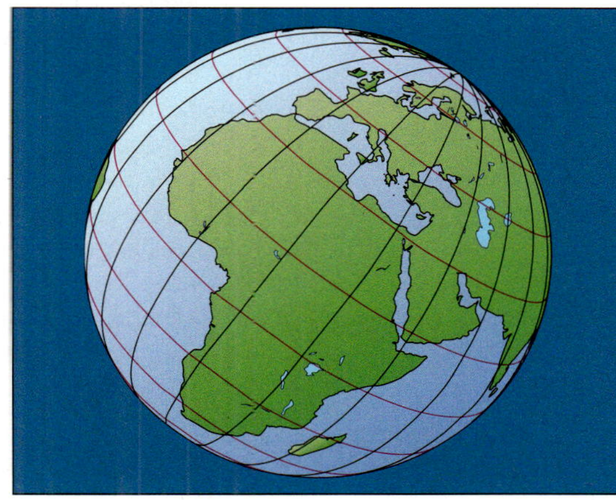

■ Längenkreise
■ Breitenkreise

16 In der Nähe welcher Gitterpunkte liegen die Städte Köln, München und Siegen?
Oft liegen Orte nicht genau auf Gitterpunkten. Frage deinen Geographielehrer, wie man die Lage dieser Orte genau angeben kann.

17 Auf welchem Gitterpunkt liegt der Nordpol, auf welchem der Südpol? Schaue auf einem Globus nach und finde den Längen- und Breitengrad der beiden Pole. Was stellst du fest?

18 „Seltsam", sagt Hein Blöd „in meinem Atlas steht am Äquator 0°. Dabei soll es dort doch so warm sein."

19 Der Roboter kann nur auf die Befehle „vorwärts", „rückwärts", „seitwärts nach rechts" und „seitwärts nach links" ausführen. So gehorcht er z. B. den Befehlen: „links drei", „vorwärts vier"; usw. Steuere den Roboter ins Ziel. Schreibe die Folge der Befehle auf, die den Roboter zum Ziel führen. Du hast dann ein kleines Programm für den Roboter geschrieben.

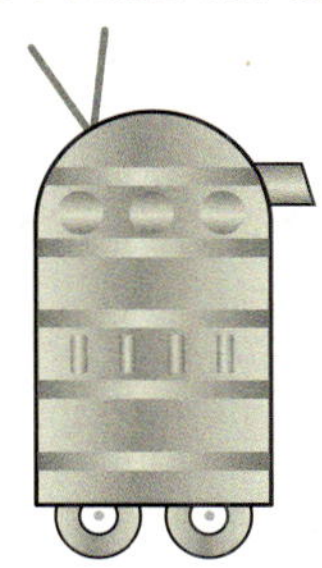

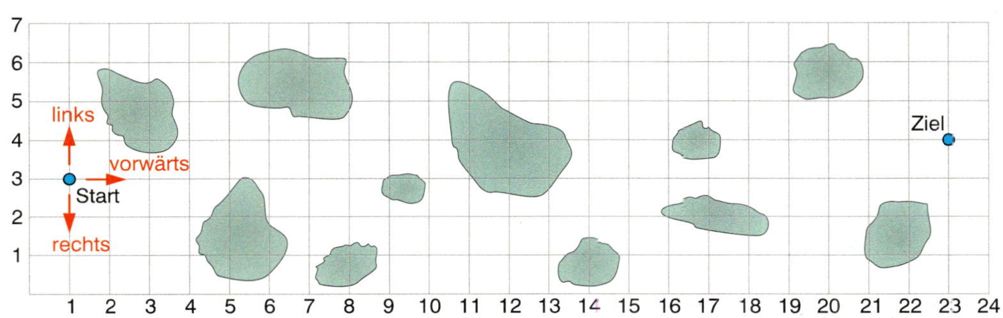

Übungen

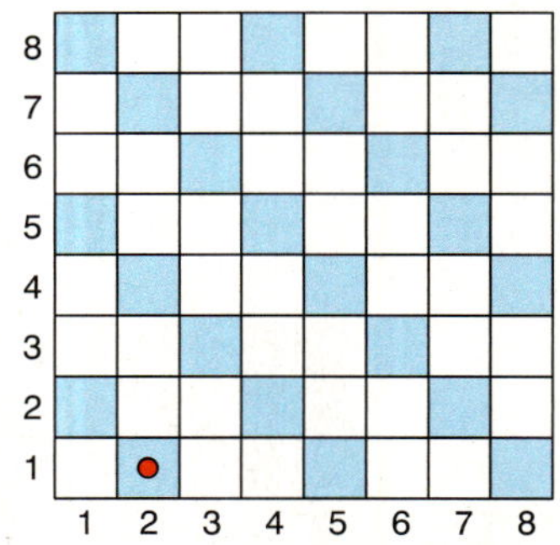

20 Im Bild links siehst du 64 Planquadrate. Jedes Quadrat ist durch seine Koordinaten festgelegt. (2 | 1) ist z. B. das Quadrat mit dem roten Punkt. Bei allen blau gefärbten Quadraten gilt: Die Summe der beiden Koordinaten (Koordinatensumme) ist ein Vielfaches von 3.

Beispiel: (2 | 1); 2 + 1 = 3

Welches Muster entsteht, wenn man die Planquadrate einfärbt, …

a) … deren Koordinatensumme gerade ist?
b) … deren Koordinatensumme kleiner als 13 ist?
c) … deren Koordinatenprodukt kleiner als 13 ist?
d) … bei denen man die zweite Koordinate von der ersten Koordinate subtrahieren kann?
e) … bei denen man die erste Koordinate durch die zweite Koordinate dividieren kann?
f) Erfinde selbst Vorschriften, die zu Mustern führen.

21 Bei vielen Figuren weiß man schon, wie sie aussehen, wenn man nur einen Teil sieht. Der fehlende Teil sieht genauso aus, wie der Teil, den man sieht. Im blauen Kasten ist der fehlende Teil ergänzt. Du kannst die neuen Eckpunkte leicht ablesen. Zeichne die Figuren in dein Heft ab und ergänze die fehlenden Hälften. Gib jeweils die Koordinaten der Eckpunkte an.

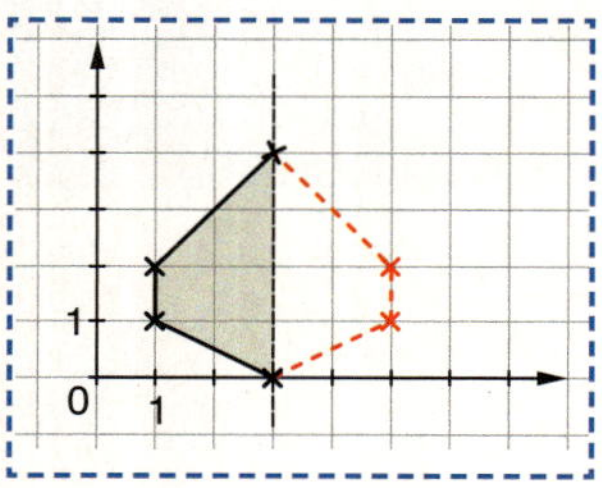

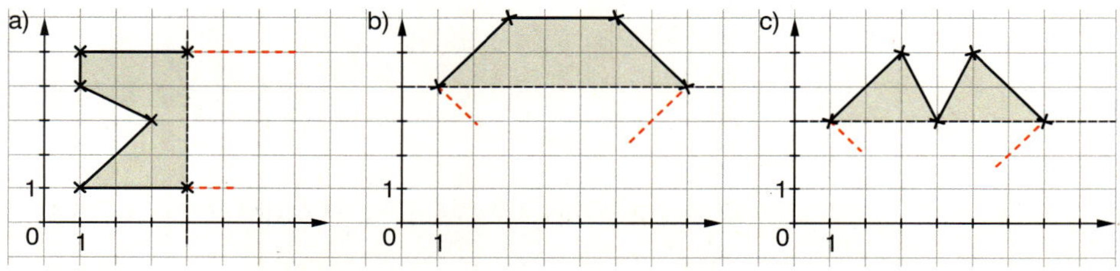

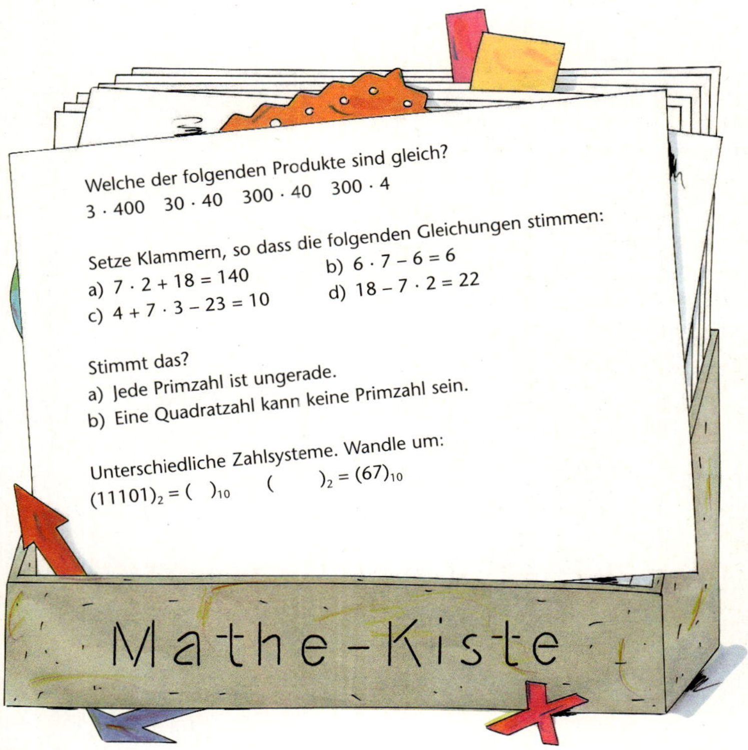

22 In einer Fabrik werden Autos gebaut. Ein Roboter legt das Ersatzrad in den Kofferraum. Dazu muss sich der Arm des Roboters von Punkt A (1 | 1) nach Punkt B (7 | 2) bewegen. Der Roboterarm kann sich nur geradlinig von einem Punkt zu einem anderen bewegen.
a) Welches Problem tritt auf?
b) Zu welchem Punkt muss man den Roboterarm zunächst bewegen, damit er von dort aus in den Kofferraum gelangt? Es gibt mehrere Lösungen.

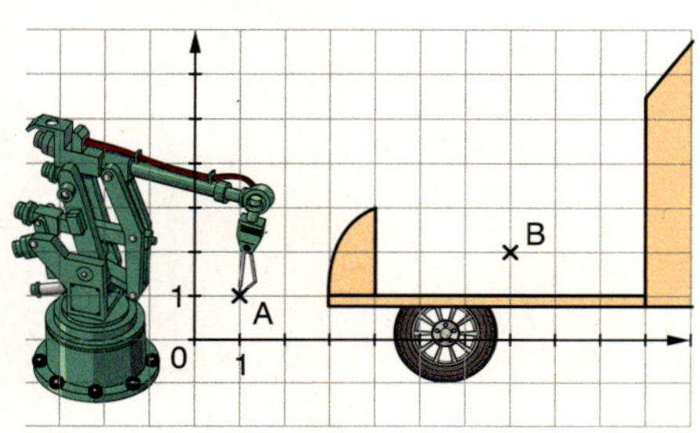

Aufgaben

23 Wir gehen auf Entdeckungsreise am Sternenhimmel. Schaut man an einem klaren Abend zum Sternenhimmel, dann sieht man viele Sterne leuchten. Manche stehen in einem ganz bestimmten Muster zusammen. Einige dieser Muster sind als Sternbilder bekannt. Das wohl bekannteste ist der „Große Bär". Wegen der Form des Musters wird ein Teil davon der „Große Wagen" genannt. Wir wollen den „Großen Wagen" aufzeichnen und dann am Himmel suchen.

a) Der „Große Himmelswagen" besteht aus 7 Sternen. Zeichne in ein Gitter die sieben Punkte A (0|5), B (4|6), C (7|5), D (11|4), E (13|1), F (19|1) und G (19|4) ein. Verbinde die Punkte in der angegebenen Reihenfolge. Verbinde schließlich auch noch den Punkt G (19|4) mit dem Punkt D (11|4). Erkennst du den Wagen?

b) Verlängert man die Verbindungslinie von F nach G fünfmal über G hinaus, so findet man den Polarstern. Trage den Polarstern in die Zeichnung ein. Welche Koordinaten hat er?

c) An einem klaren Abend kannst auch du den „Großen Wagen" entdecken. Versuche es doch einmal. Findest du auch den Polarstern am Himmel? In der Nähe des Polarsterns siehst du den „Kleinen Wagen".

24 Andere Fahrzeuge, andere Positionsangaben: Wie gibt

a) eine Autofahrerin
b) ein Rheinschiffer
c) ein Zugführer bei der Bahn
d) ein Schiffskapitän
e) eine Flugzeugpilotin
f) eine Ballonfahrerin

seine (ihre) augenblickliche Position an?

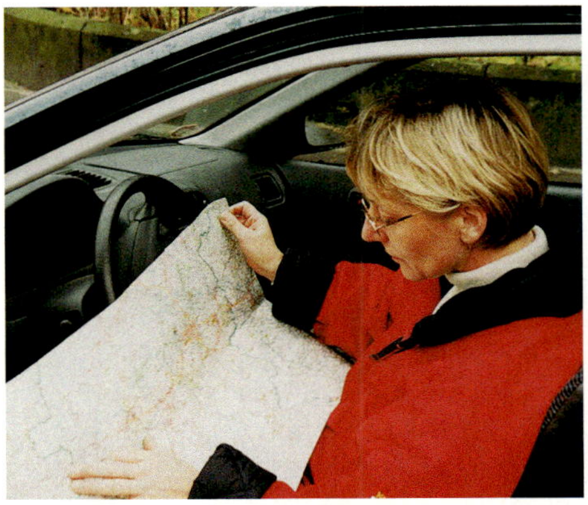

Spiele

25 *Schatzsuche*

2 Stifte, Karopapier, Würfel

26 *Lindwürmer im Quadrat:* Zwei Spieler würfeln abwechselnd mit zwei Würfeln ein Planquadrat aus, in das sie ein Kreuz oder einen Kreis markieren.

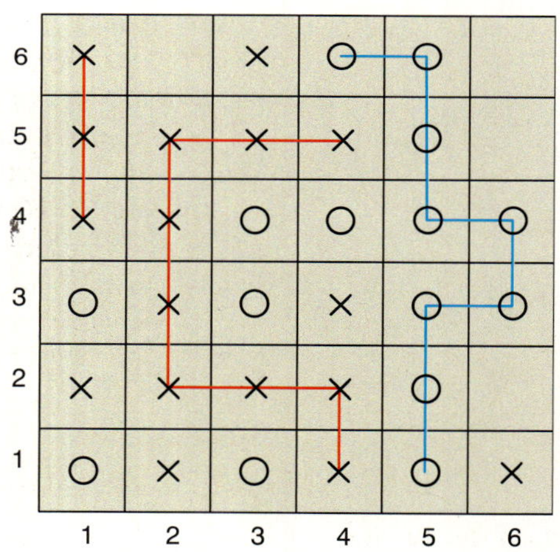

Spielregeln

1. Wer die höchste Zahl würfelt, beginnt.
2. Würfelt der erste Spieler eine 2 und eine 3, dann darf er entweder ein Kreuz in das Planquadrat (2 | 3) oder in das Planquadrat (3 | 2) setzen. Danach kommt der andere Spieler an die Reihe.
3. Sind die Planquadrate schon besetzt, würfelt der andere Spieler weiter.
4. Würfelt der Spieler einen Pasch, darf er noch einmal würfeln, auch wenn das „Paschplanquadrat" schon besetzt ist.
5. Wenn alle „Paschplanquadrate" besetzt sind, wird ausgewertet.

Auswertung

Die Spieler verbinden ihre Felder zu möglichst langen Lindwürmern, die sich aus benachbarten Feldern zusammensetzen. Ein Lindwurm mit einem Feld liefert 1 Punkt. Ein Lindwurm mit zwei Feldern liefert $2 \cdot 2 = 4$ Punkte, ein Lindwurm mit drei Feldern liefert $3 \cdot 3 = 9$ Punkte usw.

Der Spieler mit der höchsten Gesamtpunktzahl gewinnt. Viel Spaß!

So könnte das Spiel zu Ende gehen:
Die Kreis-Lindwürmer bringen ihrem Spieler 94 Punkte, aber der andere Spieler mit den Kreuz-Lindwürmern gewinnt mit 96 Punkten.

CHECK-UP

Zahlen mit System

1 Übertrage die römische Zahldarstellung ins Dezimalsystem:
a) VI XXVII LXI CCLV DCCL MMII MDCLXVI
b) IV IX XL XC CD CM XXIV LXIX MCDIX
c) CCCXLVIII CDXXXIX MMXCIV CDXLIX

2 Die Zahlen sind nicht korrekt geschrieben. Verwende die richtige Schreibweise und übertrage sie ins Dezimalsystem:
a) VIIII XXC VVII LLLXIX IC CLLX IXX CCLIIX
b) LXXXXVIII CLC CCCIIC XD LXXXVIV

3 Übertrage die Dezimalzahlen in die römische Schreibweise:
a) 8 21 55 62 211 270 320 523 750 862 1 616
b) 14 19 40 90 124 243 420 434 640 719 942
c) 94 297 489 639 799 944 2 049 1 999 2 088 3 888

4 Der Mathematiker ADAM RIES ist 1559 gestorben. Findest du heraus, wann er geboren wurde? Schreibe Geburts- und Todesjahr in römischer Zahldarstellung.

5 Schreibe jeweils die beiden benachbarten Zahlen auf:
V XXVIII C CXC CCIX CDL MCM MMCD

6 Addiere und schreibe das Ergebnis „römisch“:
a) L + L + L + V + V + I
b) X + X + C + D + D
c) IX + XI + IX + XI + IX + XI
d) MCM + C + C

7 Verwandle die Dualzahlen in Dezimalzahlen:

Stellenwerte	16	8	4	2	1
1. Dualzahl	1	0	0	0	1
2. Dualzahl	1	1	1	0	0
3. Dualzahl	0	1	1	1	1
4. Dualzahl	1	0	1	0	1

8 Trage die Dualzahlen in eine Stellenwerttafel des Zweiersystems ein und verwandle sie dann in Dezimalzahlen
$(1100)_2$ $(10100)_2$ $(111000)_2$ $(11001100)_2$ $(1010101)_2$

9 Schreibe die Zahlen als Summe von Zweierpotenzen:
5 12 14 15 20 23 28
33 66 89 90 91 96 130

10 Verwandle die Dezimalzahlen in Dualzahlen:
6 11 17 22 26 31 32
38 65 70 80 97 100 128

Römische Zahlzeichen werden auch heute noch benutzt. Sie bilden kein Stellenwertsystem. Du musst dir die Werte von sieben Zeichen merken:

M	D	C	L	X	V	I
1000	500	100	50	10	5	1

D, L und V dürfen in einer Zahl nur einmal vorkommen.
M, C, X und I dürfen höchstens dreimal hintereinander vorkommen.
Bei IV, IX, XL, XC, CD, CM wird der kleinere Wert vom größeren subtrahiert. (Wenn die größeren Werte vor den kleineren stehen, so wird addiert.)
MDXXIII = 1 523 CDXCVIII = 498

Bei einem **Stellenwertsystem** kommt es nicht nur auf den Wert der Ziffer an, sondern auch darauf, an welcher Stelle die Ziffer steht. Beim **Dezimalsystem** verzehnfachen sich die Stellenwerte von Stelle zu Stelle. Bei der Zahl 555 gibt die 5 vorn 5 Hunderter an, zählt also 500. Die mittlere 5 gibt 5 Zehner an, zählt also 50. Nur die letzte 5 zählt wirklich 5. Am deutlichsten kannst du das in einer Stellenwerttabelle erkennen.

Stellenwert	10^4	10^3	10^2	10^1	10^0
Dezimalzahl	7	2	4	2	6

↓ 2 Tausender ↓ 2 Zehner

Beim **Dualsystem** werden nur die Ziffern 0 und 1 verwendet. Als Stellenwerte treten die Zweierpotenzen auf: 1, 2, 4, 8, 16, 32, ...

Stellenwert	2^4	2^3	2^2	2^1	2^0
Dualzahl	1	1	0	0	1

$(11001)_2 = 1 \cdot 16 + 1 \cdot 8 + 0 \cdot 4 + 0 \cdot 2 + 1 \cdot 1 = 25$

CHECK-UP

Quadratzahlen entstehen, wenn du eine Zahl mit sich selbst multiplizierst:

$1 \cdot 1 = 1^2 = 1$
$2 \cdot 2 = 2^2 = 4$
$3 \cdot 3 = 3^2 = 9$ usw.

Lege eine Liste der Quadratzahlen von $1^2 = 1$ bis $25^2 = 625$ an und lerne die Liste auswendig.

2^5 ist eine **Potenz.** Die Hochzahl 5 gibt an, wie oft die Grundzahl 2 mit sich selbst multipliziert wird:

$2^5 = 2 \cdot 2 \cdot 2 \cdot 2 \cdot 2 = 32$

Lege eine Liste der Zweierpotenzen von $2^0 = 1$ bis $2^{10} = 1\,024$ an und lerne diese Liste auswendig.

Die Zahlen 2, 3, 5, 7, 11, 13, 17, 19 usw. sind **Primzahlen.** Sie haben genau zwei **Teiler,** nämlich 1 und sich selbst.

28 hat mehr als 2 Teiler. Die **Teilermenge** ist $T_{28} = \{1, 2, 4, 7, 14, 28\}$.

Bei vielen Zahlen kannst du schnell erkennen, dass es keine Primzahlen sind.

1 044 ist gerade und somit durch 2 teilbar, kann also keine Primzahl sein.

735 hat am Ende eine 5, ist also durch 5 teilbar und damit keine Primzahl.

813 hat die Quersumme 12, ist also durch 3 teilbar und somit keine Primzahl.

113 ist eine Primzahl. Um das herauszubekommen, musst du nur prüfen, dass 113 nicht durch 2, 3, 5 und 7 teilbar ist. Das Quadrat der nächsten Primzahl $11^2 = 121$ ist schon größer als 113.

11 Gina fertigt im Kunstunterricht ein Bild aus lauter Quadraten an, die sie auf Karopapier aufgezeichnet hat und dann ausschneidet. Als Seitenlängen hat sie alle Kästchenzahlen von 5 bis 12 benutzt.
a) Wie viele Kästchen enthält jedes der insgesamt 8 Quadrate?
b) Wie viele Kästchen hat Gina insgesamt ausgeschnitten?

12 Dennis hat immer noch Schwierigkeiten, die Quadratzahlen richtig aufzusagen. Florian verrät ihm einen Trick: „$10^2 = 100$, das weißt du. Bei 11^2 kommen jetzt $2 \cdot 10 + 1 = 21$ hinzu, also $11^2 = 10^2 + 2 \cdot 10 + 1 = 121$. Bei 12^2 kommen $2 \cdot 11 + 1 = 23$ hinzu, also $12^2 = 11^2 + 2 \cdot 11 + 1 = 144$ usw."
a) Überprüfe den Trick für die Quadratzahlen von 5^2 bis 10^2.
b) Gib die Differenzen zwischen aufeinander folgenden Quadratzahlen von 20^2 bis 25^2 an.
c) Wie ermittelt Dennis die Quadratzahl von 1001?

13 Es ist $11 = 6^2 - 5^2$. Schreibe ebenso als Differenz von zwei Quadratzahlen: 7 13 15 17 19 23 27 35 45
Manchmal gibt es mehrere Lösungen. Einige findest du bei Aufgabe 17 auf Seite 101.

14 Bilde die Summen der Zweierpotenzen wie folgt: 1; $1 + 2 = 3$; $1 + 2 + 4 = 7$; $1 + 2 + 4 + 8 = 15$. Setze die Liste fort bis $1 + 2 + 4 + \ldots + 512$. Vergleiche die Ergebnisse mit den Zweierpotenzen. Was fällt dir auf?

15 Ganz oben bei der Mauer sind die Zweierpotenzen eingetragen. Bei den unteren Steinen wird immer die Summe der beiden darüber liegenden Zahlen gebildet.
a) Übertrage das Bild in dein Heft und ergänze es, so dass ganz unten nur noch ein Stein ist. Berechne die fehlenden Zahlen.
b) Welche Potenzzahlen erkennst du am linken Rand?

1	2	4	8	16	32	64	128
3	6	12					
9	18						

16 Suche alle Primzahlen heraus. Bestimme bei den restlichen Zahlen die Teilermengen.

37 25 36 59 31 49 65 16 63 23 33 71 105 42 83 103 61

17 Du kannst die Zahlennüsse knacken, wenn du den richtigen Teiler findest. Jeder Teiler darf nur eine Nuss knacken. Schaffst du es, sechs der sieben Nüsse zu knacken? Wende bei schwierigen Aufgaben die schriftliche Division an.

35 44 76 95 133 206 336

Teiler: 4 5 7 8 11 13 19

CHECK-UP

18 In Infinity-City wurde ein neues Hotel mit unendlich vielen Zimmern gebaut. Die Zimmer sind durchnummeriert: 1, 2, 3, ... Zur Eröffnung sind alle Zimmer belegt. Da kommt doch noch eine 100-köpfige Reisegruppe, die unbedingt noch Zimmer braucht. Die Hotelmanagerin ist nicht auf den Kopf gefallen: „Jeder Hotelgast wechselt in das Zimmer mit der doppelt so großen Zimmernummer. Dann ist wieder Platz."
a) Gib die Folge der Zimmernummem an, die jetzt fre geworden sind. Wie nennt man diese Zahlen?
b) Der 100. neue Gast kommt in das 100. freie Zimmer. Welche Nummer hat es?

1	3	5	7	9	11	

Infinity-Hotel

2	4	6	8	10	12	

19 Die Vielfachen von 3 sind: 3, 6, 9, 12, ...
a) Überlege, ob du die Folge als Rechtecks-, Baum- oder Dreiecksmuster zeichnen kannst. Zeichne dann die ersten vier Folgenglieder.
b) Welches ist das 20. Folgenglied? Wie sieht das zugehörige Bild aus? Beschreibe.

Bei Straßen findet man die geraden Hausnummern häufig auf der einen Seite und die ungeraden auf der anderen Seite. Solche **Zahlenfolgen** treten auch beim Zählen und Rechnen auf. Wie sich eine solche Folge weiter entwickelt, kannst du sehr gut an einem **Muster** erkennen. Du solltest wissen, wie **Rechtecksmuster, Baummuster** und **Dreiecksmuster** gebildet werden. Schaue dir dazu den Kasten auf Seite 127 an.

20 (1)

(2)

a) Übertrage die Musterfolgen und zeichne die nächste Figur.
b) Welche Zahlenfolgen gehören zu den Mustern? Schreibe jeweils die ersten 10 Folgenglieder auf.
c) Wie lautet jeweils das 100. Folgenglied?
d) Zeichne Folge (1) als Rechtecksmuster.

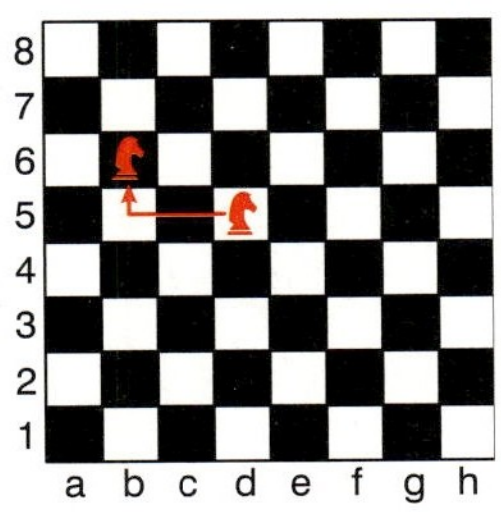

21 Beim Schachspiel darf der Springer immer nur 2 Schritte in die eine Richtung und dann einen Schritt in die andere Richtung gehen. Vom Feld d5 kommt er z. B. zu Feld b6.
a) Gib alle Felder an, die der Springer von d5 aus in einem Zug erreichen kann.
b) Gib eine Möglichkeit an, wie der Springer in 4 Zügen zu Feld a6 kommt. Geht es auch schneller?

22 Bestimme die Koordinaten der Punkte A, B, C, D, M und S vom Haus des Nikolaus.

23 Trage das Dreieck mit den Eckpunkten P (3|2), Q (21|8) und R (3|26) in ein Koordinatensystem ein. Verbinde die Mittelpunkte der Dreiecksseiten jeweils mit den gegenüber liegenden Ecken. Bei welchem Gitterpunkt liegt der Schnittpunkt?

Landkarten und Stadtpläne werden meistens mit einem **Gitter** überzogen, damit man einzelne Stellen leichter finden kann.

Im **Koordinatensystem** kannst du die Lage von Punkten genau beschreiben.

Das Haus vom Nikolaus

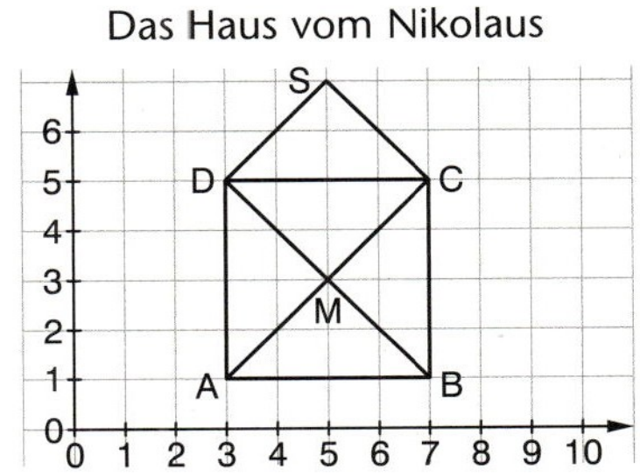

Die Spitze S vom Haus des Nikolaus hat die **Koordinaten** 5 und 7, der **Rechtswert** ist 5 und der **Hochwert** 7. Man schreibt S(5|7).

7 Formen und Beziehungen in Raum und Ebene

7.1 Einfache geometrische Körper und Flächen

Was dich erwartet

Geometrie ist überall! Wenn du genau hinschaust, so entdeckst du überall schöne und interessante Formen und Muster. Bestimmte geometrische Körper, Flächen und Figuren tauchen dabei immer wieder auf, sowohl in der lebendigen Natur als auch in den vom Menschen geschaffenen Bauwerken und Gegenständen. Beim Beobachten, beim Beschreiben und vor allem beim eigenen Herstellen und Zeichnen geometrischer Formen kannst du viele Eigenschaften und Beziehungen selbst entdecken.

Aufgaben

1 Auf dem Foto erkennst du Häuser, Dächer und die schöne Fachwerkfront eines Hauses, aber auch kleinere Details wie z. B. Fenster, Lampen, Verkehrsschilder. Versuche einmal diese Gegenstände und Formen zu beschreiben. Benutze dabei die geometrischen Namen. Wirf dazu einen Blick in die beiden Kästen auf Seite 147.

Die verschiedenen Körper und Flächen kommen in der Wirklichkeit selten in ihrer „idealen" geometrischen Form vor. Bei der Beschreibung der Form eines Hauses musst du von vielen Anbauten und Verzierungen absehen, um zum Beispiel die Grundform eines Quaders mit aufgesetztem Satteldach zu erkennen. Das Verkehrsschild „Vorfahrt achten" ist kein ideales Dreieck, weil die Ecken abgerundet sind.

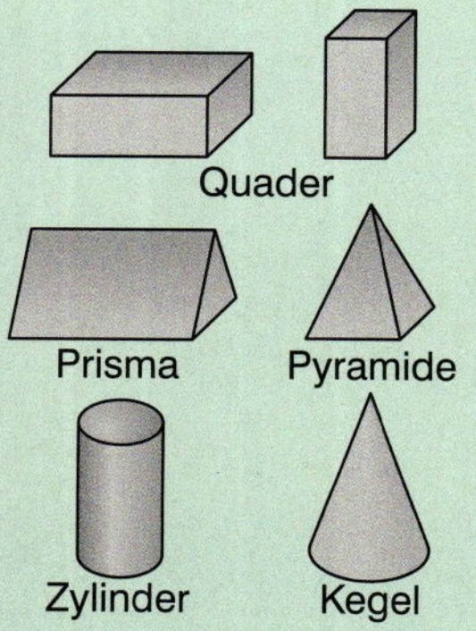

2 Die mittelalterliche Burganlage soll aus einem Baukasten zusammengestellt werden. Dieser enthält nur einfache geometrische Körperformen. Schreibe auf, welche Teile du für die einzelnen Bauwerke (Häuser, Kirchen, Türme, Dächer, Brunnen, Portale, Mauern) benötigst.

Aufgaben

3 *Dachformen:* Dächer sind uns sehr vertraut. Wenn du genau hinschaust, so entdeckst du auch hier immer wiederkehrende Formen. In einer „Anleitung für die Ausbildung von Dachdeckerlehrlingen“ finden wir Abbildungen und Namen für die häufigsten Dachformen.
a) Welche Dachformen erkennst du auf den Fotos unten, welche Dachformen findest du nicht?

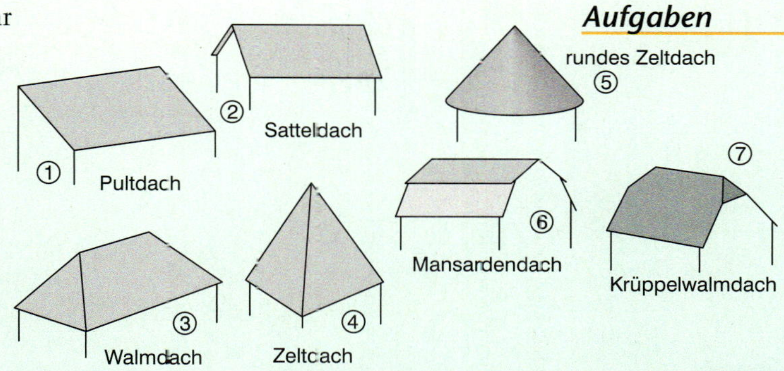

b) Schau dir Dächer in deiner Umgebung an. Findest du alle der oben abgebildeten Dachformen? Welche Dachformen sind am häufigsten, welche empfindest du als besonders schön?
c) Findest du noch andere Dachformen? Beschreibe sie und suche passende Namen.

4 Am besten versteht man geometrische Formen, wenn man sie selbst bastelt oder nachbaut. Architekten stellen deshalb immer wieder Modelle ihrer geplanten Bauwerke her.
Aus den beiden aufgezeichneten Bastelbögen kannst du einen Quader und ein dreieckiges Prisma bauen und daraus das Modell eines Hauses mit Satteldach zusammensetzen. Das Haus ist 12 m lang, 8 m breit und (ohne Dach) 6 m hoch, der Bastelbogen ist maßstabsgetreu verkleinert.
a) Übertrage die Bastelbögen auf Karopapier und klebe sie auf Karton.
b) Zum Zusammenbauen der Modelle brauchst du noch extra Klebelaschen. Eine ist jeweils in jedem Bastelbogen eingezeichnet. Zeichne alle notwendigen Klebelaschen in die Bastelbögen ein.
c) Ritze alle Faltkanten (auch die an den Klebelaschen) im Bastelbogen mit Lineal und Messer sorgfältig an. Nun wird der Zusammenbau des Hauses gelingen.

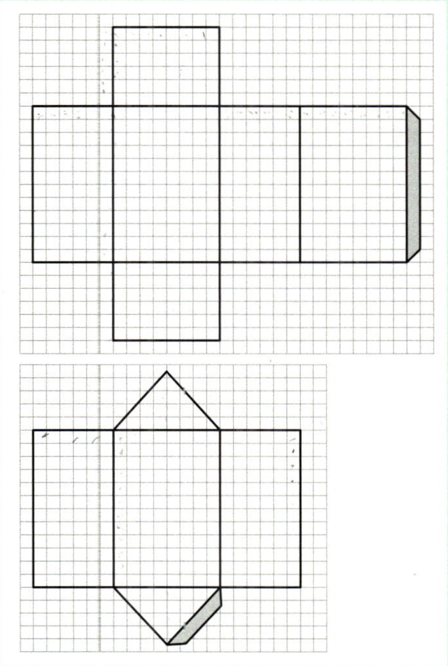

Mathematiker haben für den Bastelbogen (ohne Klebelaschen) einen besonderen Namen: Sie nennen ihn das **Netz des Quaders** und das **Netz des Prismas.**

Für den Quader brauchst du 7 Klebelaschen, für das Satteldach 5.

Aufgaben

5 Wir untersuchen die Netze aus Aufgabe 4 nun etwas genauer. Zeichne dazu die Netze des Quaders und des Prismas nochmals auf.

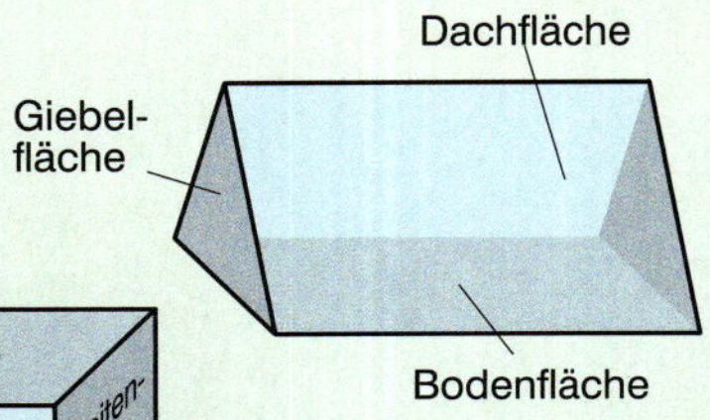

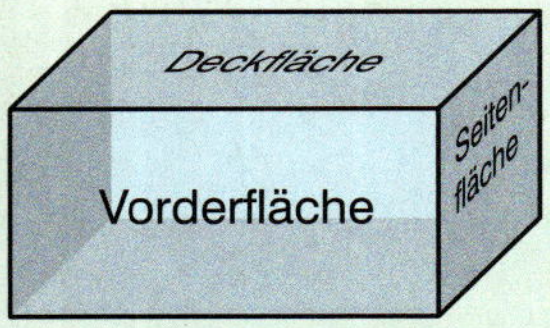

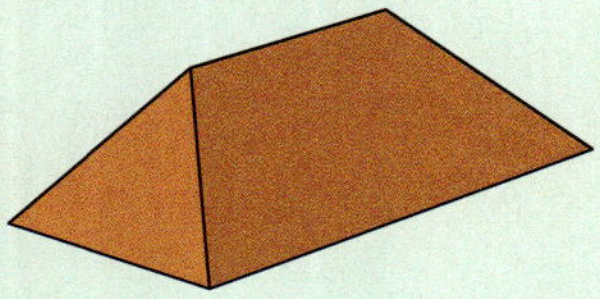

a) Der Quader entsteht aus sechs Rechteckflächen. Beschrifte im Netz jeweils die Vorder- und Rückfläche, die Boden- und Deckfläche sowie die beiden Seitenflächen des Hauses. Die Namen sollen nach dem Zusammenbau außen auf dem Quader stehen.

b) Das dreieckige Prisma (Satteldach) besteht aus drei Rechteckflächen und zwei Dreieckflächen. Kennzeichne in dem Bastelbogen jeweils die beiden Giebelflächen, die beiden Dachflächen und die Bodenfläche. Auch hier sollen die Namen nach dem Zusammenbau außen stehen.

c) Bestimmte Linien müssen in den beiden Bastelbögen die gleiche Länge haben. Kennzeichne in beiden Bastelbögen alle gleich langen Strecken in einer Farbe. Kontrolle: Du brauchst vier verschiedene Farben.

d) Kannst du auch ein Walmdach basteln? Entwirf einen Bastelbogen. Achte auch hier auf gleich lange Strecken. Aus welchen Flächen ist das Netz zusammengesetzt?

6 *Verpackungen:* Verpackungen gehören zu unserem Alltag. Verpackungen sind nützlich, z. B. beim Verschicken und Transportieren von Waren, beim Stapeln in Warenhäusern oder beim Aufbewahren von Flüssigkeiten und anderen Stoffen. Beim Verschenken kommt es auch auf die Schönheit der Verpackung an.
Suche in deiner Umgebung nach verschiedenen Verpackungsformen. Sammle nützliche und auch besonders auffällige und schöne Verpackungen. Bringe sie (oder Bilder davon) mit. In deiner Klasse kommt damit sicher eine abwechslungsreiche Sammlung zustande.
Für welche dieser Verpackungsformen kennst du geometrische Namen? Schreibe alle Namen auf.

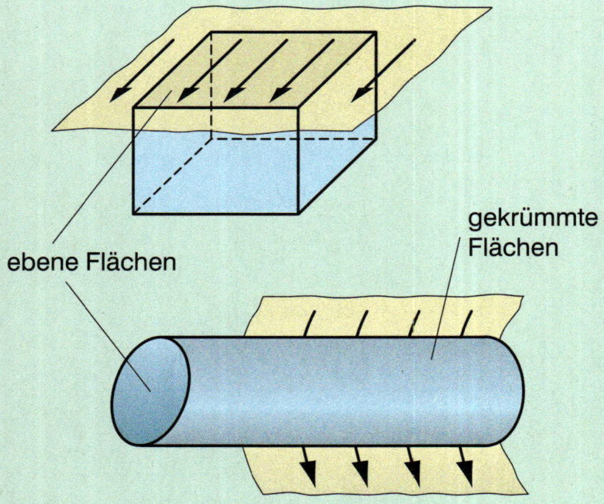

7 *Noch mehr über Verpackungen …*

a) Geometrische Körper werden von Flächen begrenzt. Beim Quader sind alle Begrenzungsflächen eben, beim Zylinder gibt es auch „gekrümmte“ Begrenzungsflächen. Nenne Verpackungen mit nur ebenen Flächen und solche mit ebenen und gekrümmten Flächen.

b) Sortiere die Verpackungen zu Gruppen, bei denen nur viereckige Begrenzungsflächen vorkommen, und solche, bei denen auch dreieckige, fünfeckige, sechseckige, achteckige Flächen vorkommen. Zähle jeweils die Anzahl der begrenzenden Flächen. Welche Verpackung hält den Rekord?

c) Welche Verpackungen weisen die Grundformen eines Zylinders, eines Kegels, einer Kugel auf? Wo weichen diese von der „idealen“ Grundform (s. S. 144) ab?

Basiswissen

In unserer Umgebung kommen bestimmte regelmäßige geometrische Formen (Körper und Flächen) immer wieder vor. Wir stellen diese Grundformen mit den passenden Namen nun übersichtlich zusammen. In der Wirklichkeit kommen diese Formen meistens nicht ganz in ihrer idealen Grundform vor.

Grundformen geometrischer Körper

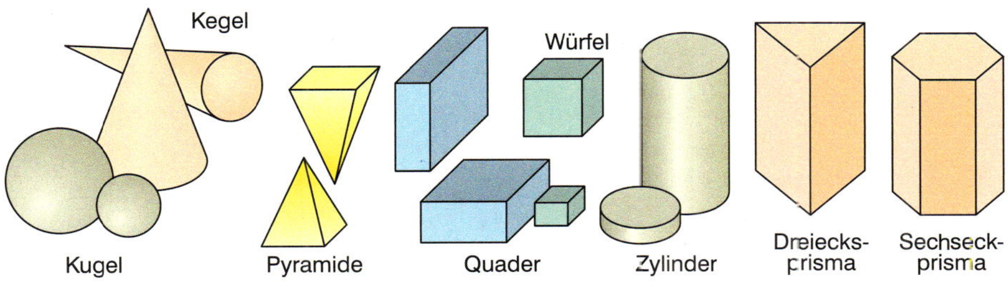

Grundformen ebener geometrischer Figuren (Flächen)

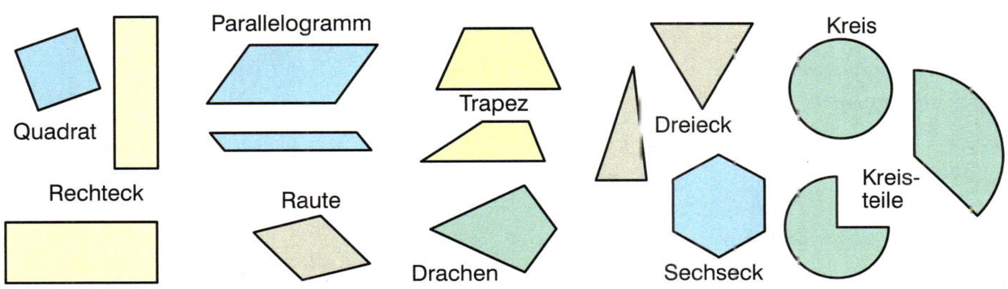

Übungen

8 Auf der Liste sind zahlreiche alltägliche Gegenstände notiert. Sie alle entsprechen einer bestimmten geometrischen Grundform.

a) Übertrage die Tabelle in dein Heft und trage die Namen aus der Liste passend ein.

Grundkörper	Gegenstand
Quader	
Würfel	
Pyramide	
Prisma	
Zylinder	
Kegel	
Kugel	

Filmdose
Diskettenbox
Papprolle
Schultüte
Turm
Bleistift
Konservendose
Zeltdach
Fußball
Video-Cassette

Meist passen die realen Gegenstände nicht exakt zu der geometrischen Grundform. Du musst dir gewisse Verzierungen, Einkerbungen, Griffe u. Ä. wegdenken.

b) Suche in deiner Umgebung nach weiteren Gegenständen, die du dann passend in die Tabelle einträgst.

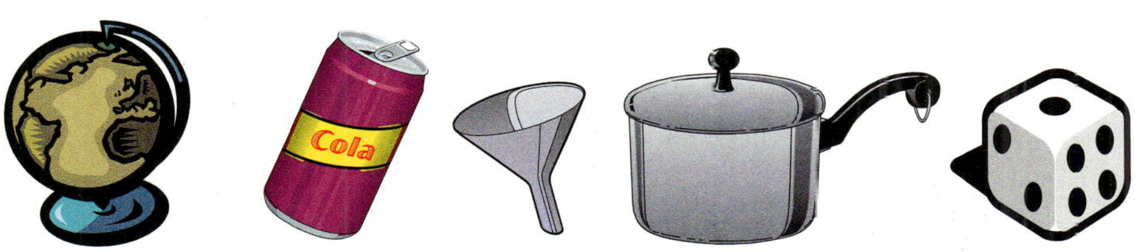

Übungen

9 *Puzzle mit Herz:* Aus einfachen Dreiecken, Vierecken und Kreisteilen lassen sich schöne Muster zeichnen oder zusammenlegen. Ein Beispiel ist das „gebrochene Herz“.

a) Übertrage die Konstruktionszeichnung auf eine Karteikarte mit Karomuster und schneide dann sorgfältig die Einzelteile aus. Setze dann das gebrochene Herz aus diesen Teilen zusammen.

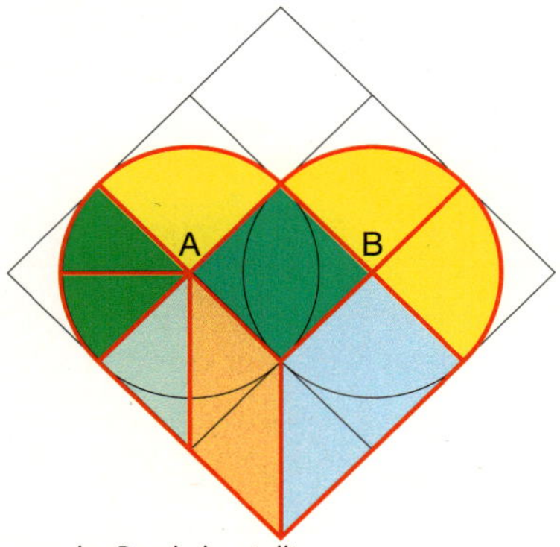

Wie man das Puzzle herstellt
Ein Gitter aus neun Quadraten zu je 2,5 mal 2,5 cm (siehe Zeichnung) zeichnen. Um die Schnittpunkte A und B Kreisbögen mit 2,5 cm Radius schlagen. Die Kanten, wie in der Zeichnung angegeben, mit starken Linien einzeichnen. Die Stücke aussägen oder ausschneiden, Holz und Plastik nachschleifen; Holz beiderseits mit Firnis oder Farbe streichen.

b) Welche geometrischen Figuren kommen als Puzzle-Teile vor? Benenne diese Figuren mit ihren Namen.

c) Lege die Einzelteile in eine Reihe. Kennzeichne dann gleich lange Kanten jeweils in gleicher Farbe.

10 Spiele nun selbst mit dem „Herz-Puzzle“.

a) Lege aus Einzelteilen möglichst verschiedene Quadrate, Rechtecke, Parallelogramme, Trapeze, Kreisteile (angeschnittene Pizza) zusammen.

b) Lege Teile so zusammen, dass die abgebildeten Figuren entstehen. Erfinde selbst weitere Figuren, die du aus Puzzleteilen zusammensetzen kannst.

11 Körper und Flächen sind auf der vorigen Seite getrennt voneinander abgebildet. Wir untersuchen nun, welche Flächen man zum Aufbau bestimmter Körper benötigt. Übertrage die Tabelle in dein Heft und fülle sie aus.

Zusammenhänge zwischen Körpern und Flächen

Körper	Welche Flächen?	Wie viele Flächen?	Gleiche Flächen?
Quader	Rechtecke	6	je 2 gegenüberliegende Rechtecke
Würfel	■	■	■
Dreieckiges Prisma	■	■	■
Quadratische Pyramide	Quadrat Dreiecke	1 4	■

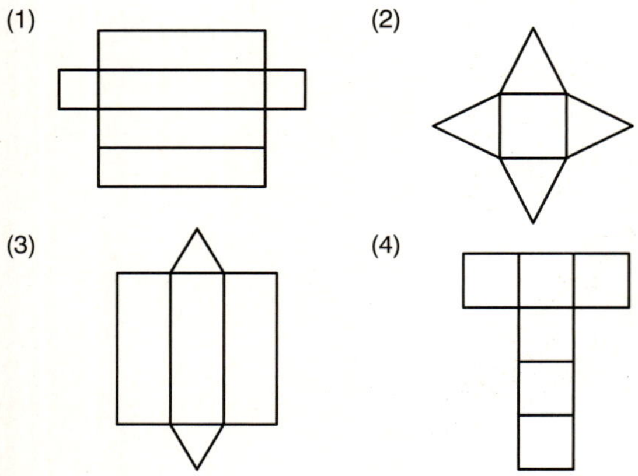

12 Die Tabelle in Aufgabe 11 liefert eine Materialliste für die Flächen, die du zum Aufbau eines Körpers benötigst. Der Aufbau gelingt besonders gut, wenn man Flächen passend zu einem „Netz“ anordnet. Für einen Quader, einen Würfel, ein dreieckiges Prisma und eine quadratische Pyramide sind die Netze gezeichnet.

a) Welches Netz gehört zu welchem Körper?

b) Baue die Körper aus solchen Netzen. Vergiss die Klebelaschen nicht. Beachte, welche Kanten gleich lang sein müssen. Faltkanten anritzen!

13 In der Tabelle ist einiges durcheinandergeraten. Kannst du das richtig stellen?

Körper	Welche Flächen?	Wie viele Flächen?	Gleiche Flächen?
Walmdach	Rechtecke Dreiecke	3 2	2 Rechtecke 2 Dreiecke
Satteldach	Quadrat Dreiecke	1 4	 4 Dreiecke
Pyramiden- dach	Rechteck Dreiecke Trapeze	1 2 2	 2 Dreiecke 2 Trapeze

Übungen

Die Dachmodelle sind jeweils mit der Bodenfläche (Speicherboden) gebaut.

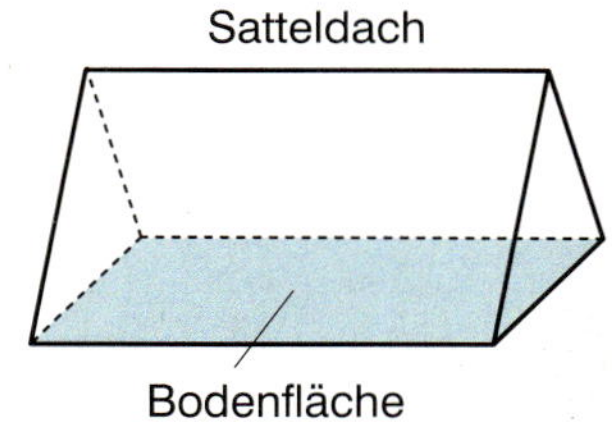

14 Stelle wie in Aufgabe 13 eine Tabelle für die Dachformen Krüppelwalmdach und Mansardendach auf. Die Giebelflächen eines Mansardendaches lassen sich aus zwei verschiedenen Flächen zusammensetzen.

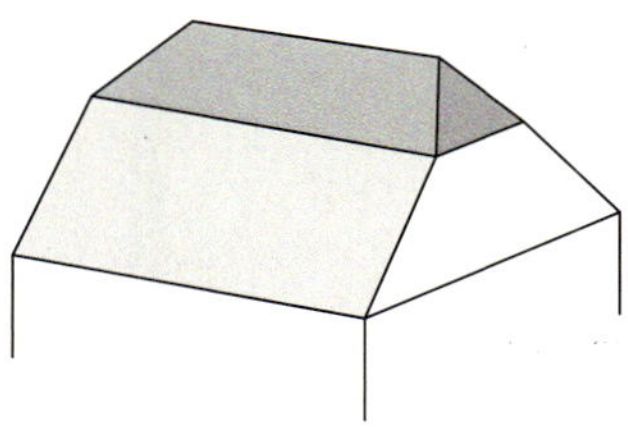

Krüppelwalmdach

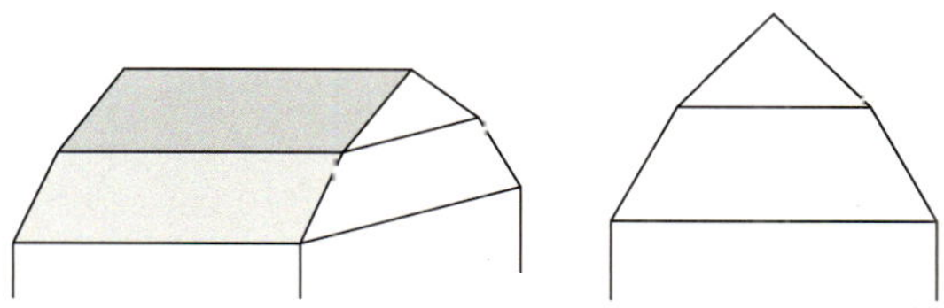

Mansardendach

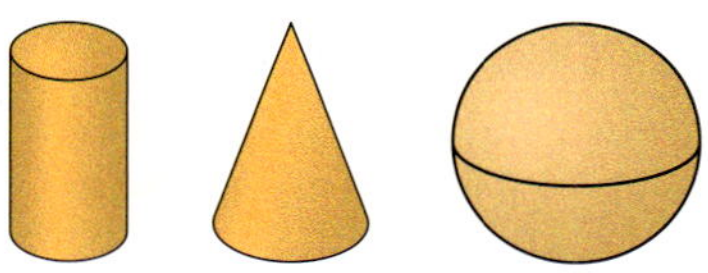

15 In der Tabelle zu Aufgabe 11 sind die Körperformen Zylinder, Kegel und Kugel nicht aufgeführt. Weißt du warum? Schreibe die Begründung möglichst kurz und klar auf.

16 Viele Gegenstände und Bauwerke in unserer Umgebung sind aus mehreren gleichen oder verschiedenen Grundformen von Körpern zusammengesetzt. Das Modell eines einfachen Hauses besteht zum Beispiel aus einem Quader und einem Prisma (Satteldach).

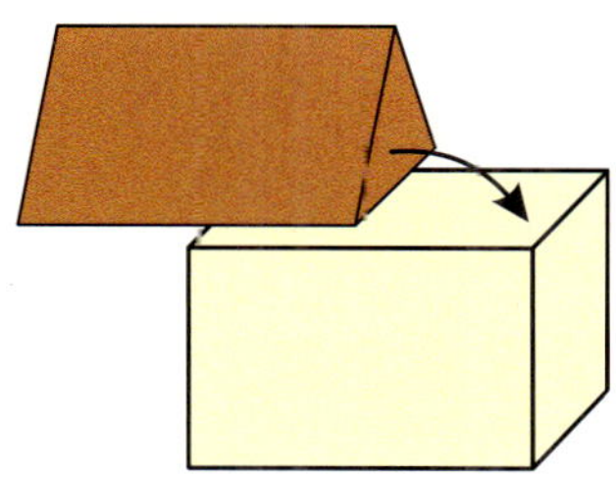

a) „Zerlege“ die Körper in möglichst einfache Grundformen.

b) Finde selbst solche zusammengesetzte Körper und „zerlege“ sie in Gedanken in einfache Grundformen.

Aufgaben

Die Fläche in Aufgabe a) nennt man auch **Mantelfläche** eines Zylinders.

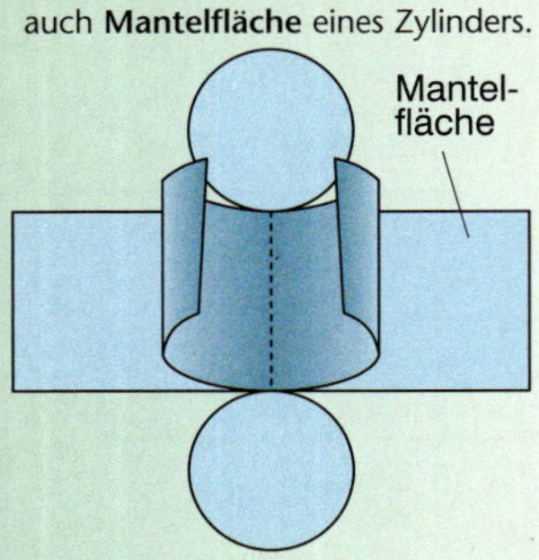

17 Recht einfach können wir Bastelbögen (Netze) für Körper herstellen, die von ebenen Flächen begrenzt sind. Wie sieht nun ein Bastelbogen für einen runden Turm (Zylinder) aus?

a) Schneide eine Toilettenrolle durch einen geraden Schnitt auf und breite sie dann flach auf einem Tisch aus. Welche ebene Figur erkennst du?

b) Beklebe eine zylinderförmige Getränkedose mit farbigem Papier. Du brauchst dazu drei Papierflächen. Wie sehen diese aus?

c) Jetzt kannst du selbst einen Zylinder basteln.

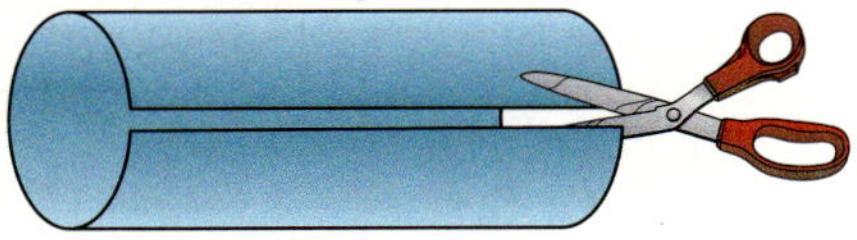

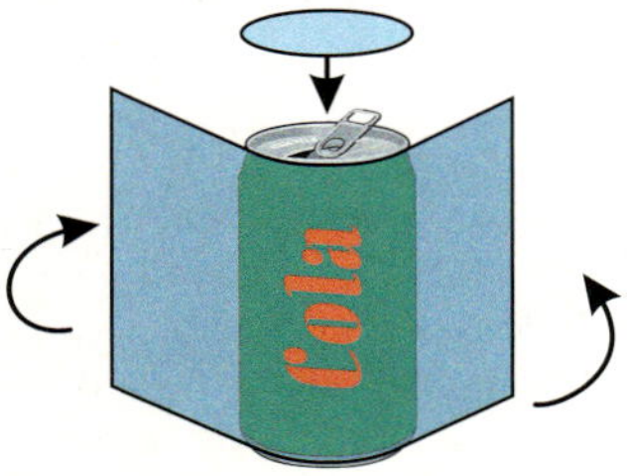

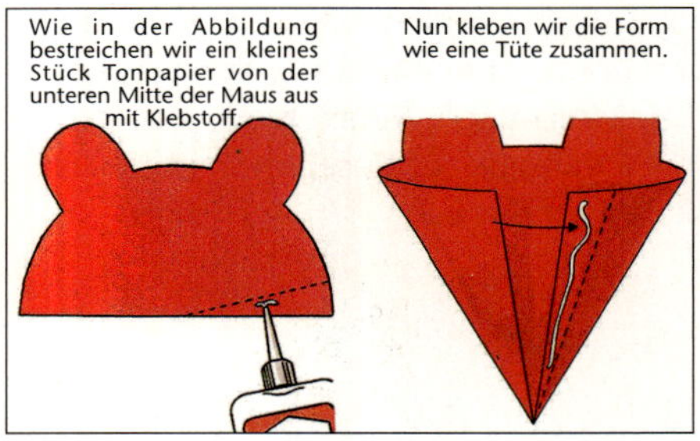

18 Wie sieht ein Bastelbogen für den Kegel aus? Es ist klar, dass man als Grund- oder Deckfläche einen Kreis braucht, aber wie sieht das Netz der Mantelfläche aus? Hier hilft die Erinnerung an eine Bastelvorschrift für den Kindergeburtstag weiter: „Die gefüllte Maus".

a) Schneide aus dünnem Karton einen Halbkreis aus und klebe ihn wie in der Anleitung zu einer „Tüte" zusammen. Die „Tüte" nimmt die Form eines Kegels an.

b) Schneide nun einen Viertelkreis und einen Dreiviertelkreis aus und klebe diese jeweils wie oben zusammen. Vergleiche die Form dieser Kegel mit dem aus Aufgabe a).

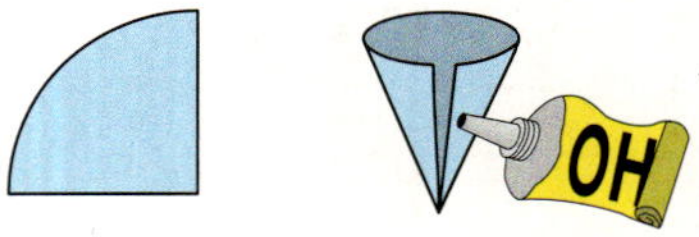

19 Die Ziegelsteine der Firma Geobau sind quaderförmig (24 cm lang, 12 cm breit und 6 cm hoch). Kann man damit einen Raum umbauen, der von außen wie ein Würfel aussieht? Wie muss man dann die Ziegelsteine anordnen und wie viele Ziegelsteine braucht man?

20 Schneide aus Knete oder aus einer Kartoffel einen Quader aus. Dies ist nicht ganz einfach und gelingt nicht gleich beim ersten Versuch. Gib einige Hinweise, worauf man beim Schneiden besonders achten muss.

Aufgaben

21 Aus einem Knete-Quader der Länge 12 cm, der Breite 8 cm und der Höhe 6 cm soll ein möglichst großer Würfel ausgeschnitten werden. Dabei will man mit wenigen Schnitten auskommen. Wie viele Schnitte braucht man? Wie muss man schneiden? Wie groß ist dann der Würfel? Welche Restkörper fallen beim Schneiden ab?

22 Ein Knete-Würfel wird durch drei „Mittenschnitte" in kleine Würfel zerlegt. Wie viele Würfel entstehen? Wir können den Würfel auch ohne Rest in 27 kleine Würfel zerlegen. Wie viele Schnitte braucht man dafür mindestens und wie muss man diese ausführen?

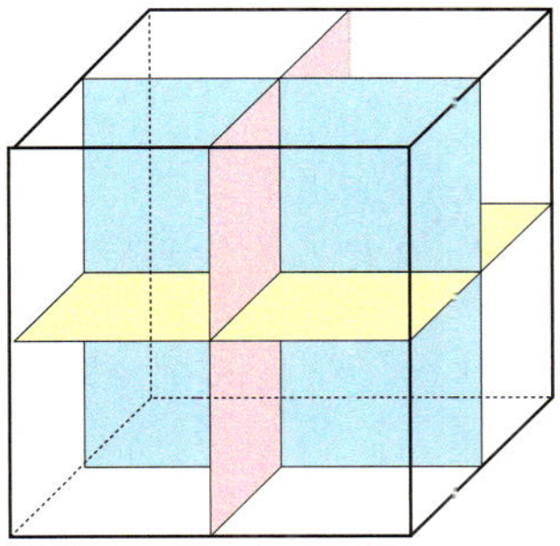

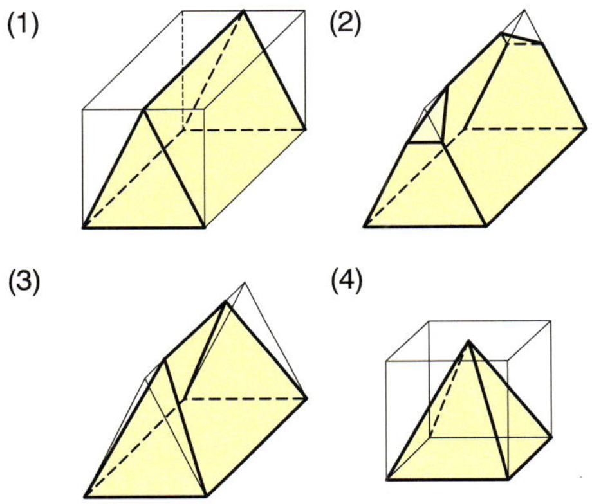

23 Schneide aus einem Knete-Quader durch zwei Schnitte das Modell eines Satteldaches aus (1).
a) An diesem Satteldach kannst du wiederum zwei Schnitte ausführen, entweder wie in (2) oder (3). Welche Dachformen entstehen dabei?
b) Durch vier Schnitte kannst du aus einem Knete-Würfel ein Pyramidendach erzeugen. Versuche dies und beschreibe, wie du schneiden musst.

24 Wenn man von einer Pyramide die Spitze abschneidet, so entsteht ein Pyramidenstumpf.
a) Welche Flächen braucht man zum Aufbau eines Pyramidenstumpfes? Welche Flächen davon sind gleich?
b) Übertrage das Netz des Pyramidenstumpfs auf eine Karteikarte mit Karogitter. Zeichne dann alle notwendigen Klebelaschen ein. Schneide das Netz aus, ritze die Faltkanten sorgfältig vor und baue das Modell zusammen.
c) Zeichne nun das Netz für ein spitzes Pyramidendach, das auf den Pyramidenstumpf passt. Nach dem Zusammenbau erhältst du ein schönes Dach für einen Kirchturm.

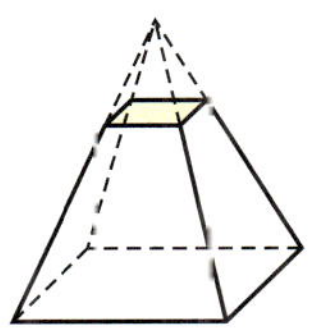

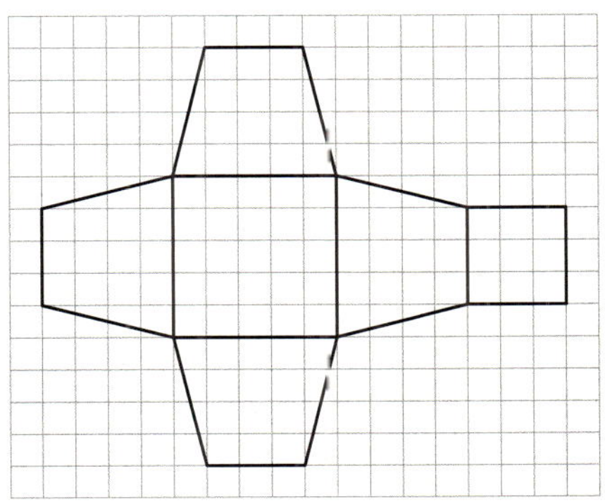

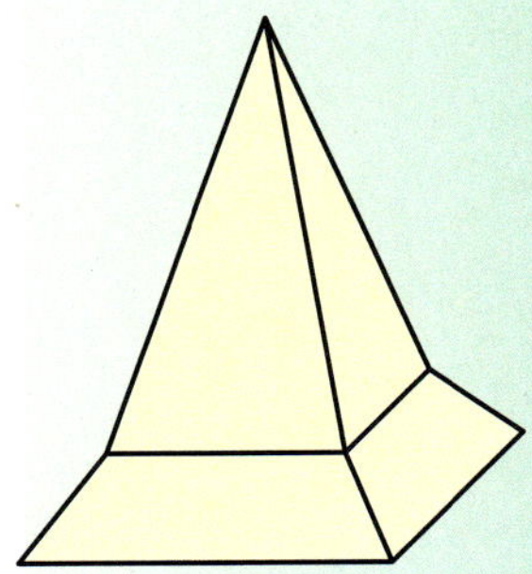

Für die, die sich's zutrauen: ein Pappmodell für ein Kirchendach

25 Wenn man von einem Kegel die Spitze abschneidet, so entsteht ein Kegelstumpf.
Wie sieht die Mantelfläche eines Kegelstumpfes aus? Zeichne!

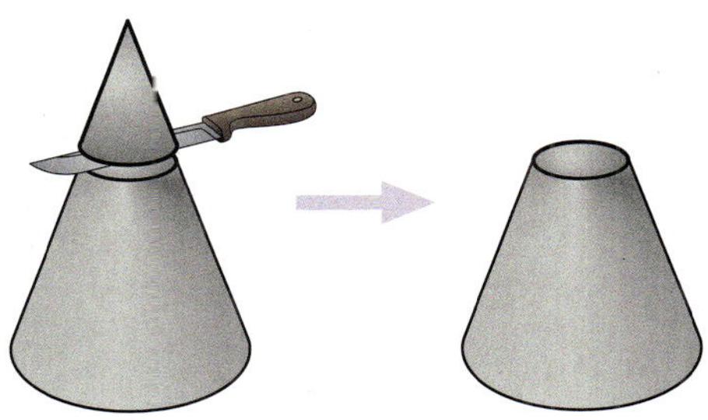

Projekt

Modellbau

In vielen Heimatmuseen oder auch bei Architekturausstellungen kann man Modelle von Burgen, Kirchen und sogar von Stadtteilen bewundern. Wir können gemeinsam in der Klasse eine solche Modellstadt und eine kleine Ausstellung präsentieren.

Planung

Welche Bauwerke wollen wir herstellen?

- Häuser mit gleichen oder unterschiedlichen Dächern …
- Türme: runde und quadratische, mit Dächern und ohne Dächer …
- Eine Kirche mit Kirchturm und Pyramidendach …

Welche Maße wählen wir?

- Die verschiedenen Bauwerke müssen zusammenpassen.

Welche Gruppen übernehmen welche Bauwerke?

Ausführung

Arbeitsteilig in Gruppen.

- Jede Gruppe übernimmt ein Bauwerk (oder mehrere).
- Vielleicht gibt es auch Gruppen mit Spezialaufträgen, z. B.:
  Die „Malergruppe“: Die Häuser sollen mit Farben und Mustern versehen werden. Dies geschieht am besten vor dem Zusammenbau an den Netzen. Vielleicht hilft dabei auch der Kunstlehrer oder die Kunstlehrerin.
  Die „Aufbaugruppe“: Die Bauwerke der einzelnen Gruppen müssen zusammengestellt werden.

Ausstellung

Wie soll die Ausstellung aussehen?

Wo muss sie aufgebaut sein, sodass sie gut besucht werden und länger stehen bleiben kann?

Wann ist der passende Termin?

Mit wem in der Schule muss dies alles abgesprochen werden?

7.2 Kantenmodelle von Körpern und Flächen

Was dich erwartet

Kannst du aus Drahtstücken oder Holzstangen einen Würfel bauen? Natürlich wird das nur ein „Gerüst". Ähnliche Gerüste sehen wir beim Dachstuhl eines Neubaus oder beim Aufbauen eines großen Campingzeltes. In der Geometrie heißen die Gerüste Kantenmodelle. Beim Bauen von Kantenmodellen kannst du weitere Eigenschaften der Körper entdecken.

Aufgaben

1 Im Deutschen Museum in München sind in einer großen Halle stabile Holzgerüste aufgebaut.
a) Beschreibe den Aufbau des Gerüstes. Die Ausschnittvergrößerung verdeutlicht den Aufbau eines Würfelmodells.
b) Wie viele Ecken und Kanten benötigt man für ein einfaches Kantenmodell eines Würfels ohne die Querstreben?

Kannst du dir denken, zu welchem Zweck man die Querstreben eingebaut hat?

2 In deiner Umgebung kannst du Gerüste zum Beispiel bei Baukränen, bei Masten von Hochspannungsleitungen, bei manchen Lampenschirmen, ... beobachten. Suche weitere Beispiele und beschreibe den Aufbau der Gerüste. Findest du dabei auch Kantenmodelle von dir bekannten einfachen Körpern?

3 Du kannst selbst Kantenmodelle herstellen. Forme für die Ecken kleine Knetkugeln, in die die Kanten gesteckt werden. Schneide die Kanten in passender Länge aus (bunten) Trinkhalmen. Baue auf diese Weise das Kantenmodell
a) eines Würfels, b) eines Quaders, c) einer quadratischen Pyramide.

Kantenmodell eines Quaders

Benutze für Kanten gleicher Länge immer Strohhalme gleicher Farbe.

4 Stelle ein Kantenmodell der jeweiligen Dachform her. Benutze für gleich lange Kanten Strohhalme gleicher Farbe.

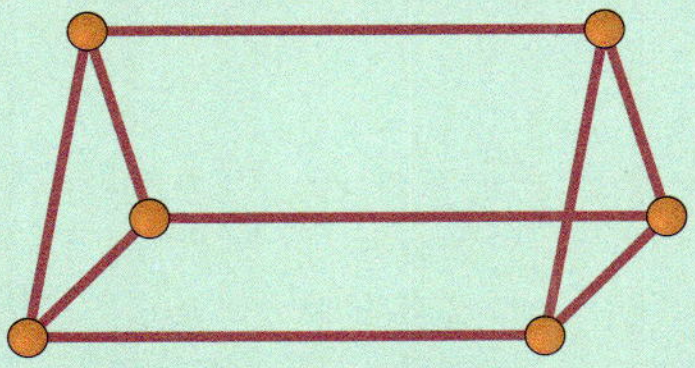

a) Satteldach

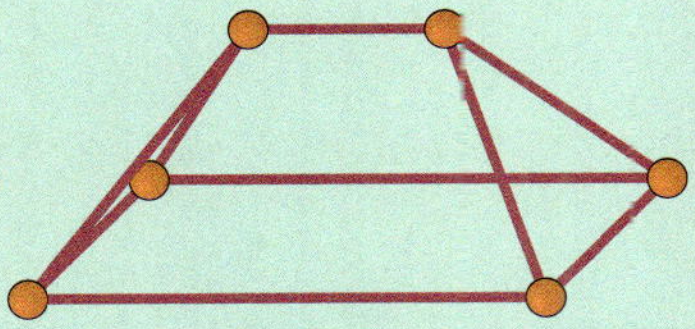

b) Walmdach

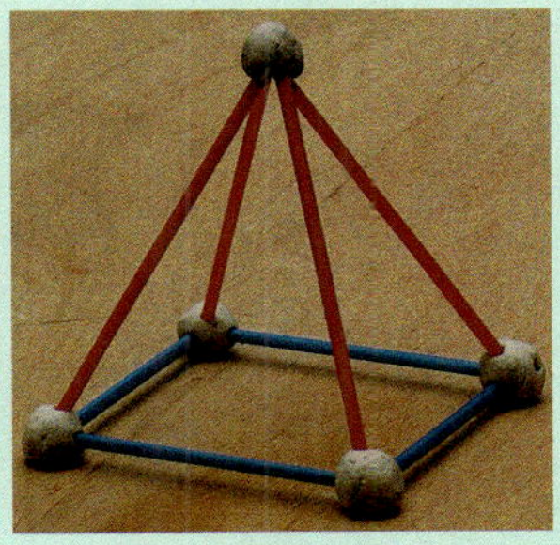

c) Pyramidendach

Aufgaben

5 Nicht nur für die Körper gibt es Kantenmodelle. Auch Flächen werden von „Kanten“ begrenzt. Oft spricht man dabei dann nicht von den Kanten der Fläche, sondern von den Seiten einer Figur. Zum Beispiel von den vier Seiten eines Quadrats oder den drei Seiten eines Dreiecks. Auf dem Geobrett können wir die Seiten solcher Figuren mit Gummischnüren aufspannen.

In diesem Buch wirst du das Geobrett noch oft gebrauchen.

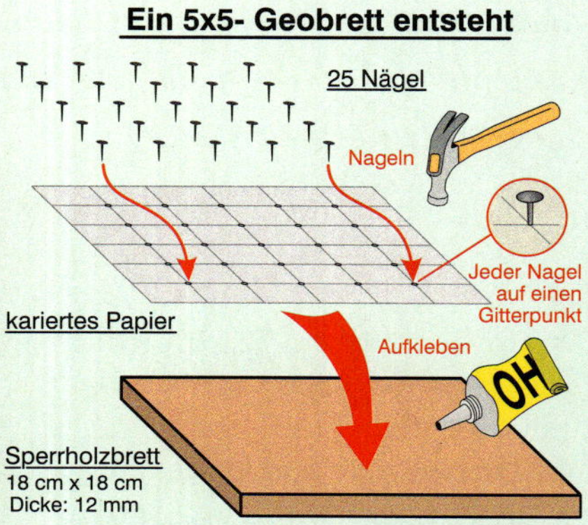

Bauanleitung für ein 5 × 5-Geobrett:
Besorge dir ein quadratisches Brett (18 cm × 18 cm) aus 12 mm starkem Sperrholz. Zeichne das Gitternetz auf kariertes Papier (Abstand der Gitterlinien 3 cm) und klebe dies auf das Brett. Schlage an den 25 Gitterpunkten kleine Nägel ein. Nun musst du nur noch kleine Gummiringe in verschiedenen Farben besorgen.

a) Welche ebenen Figuren erkennst du auf dem 10 × 10-Geobrett rechts? Schreibe alle Namen auf. Wie viele Seiten sind bei den einzelnen Figuren jeweils gleich lang?
b) Spanne auf deinem 5 × 5-Geobrett verschiedene Vierecke auf: Quadrat, Rechteck, Parallelogramm, Trapez. Übertrage die Bilder in dein Heft. Vergleiche mit den Bildern deiner Tischnachbarn.

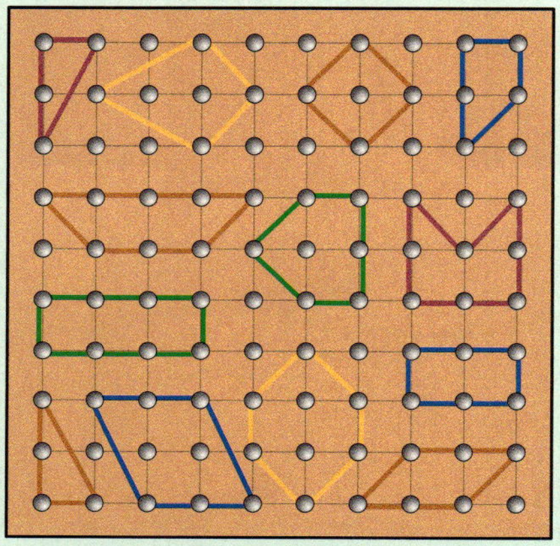

Das Geobrett lässt sich schnell mit Gitterpunkten auf kariertem Papier zeichnen.

6 Wie viele verschieden große Quadrate kannst du auf deinem 5 × 5-Geobrett erzeugen? Zeichne diese ins Heft und vergleiche mit deiner Tischnachbarin. Wer hat die meisten Quadrate gefunden?

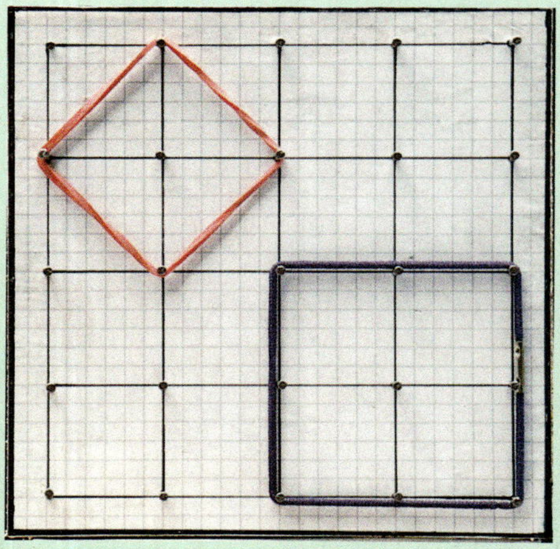

7 Spanne auf deinem Geobrett Rechtecke, die doppelt so lang wie breit sind. Wie viele solcher Rechtecke kannst du auf deinem 5 × 5-Geobrett erzeugen? Zeichne diese ins Heft und vergleiche mit deinem Tischnachbarn.

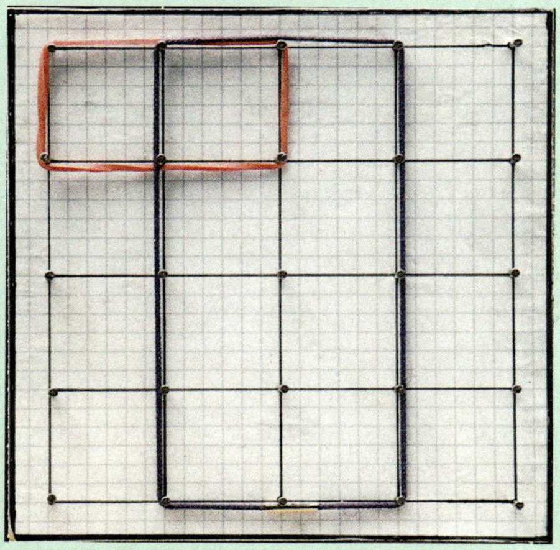

Basiswissen

Der Aufbau der einfachen Körper und der Flächen wird durch die Kantenmodelle „durchsichtig".

Kantenmodelle von Körpern

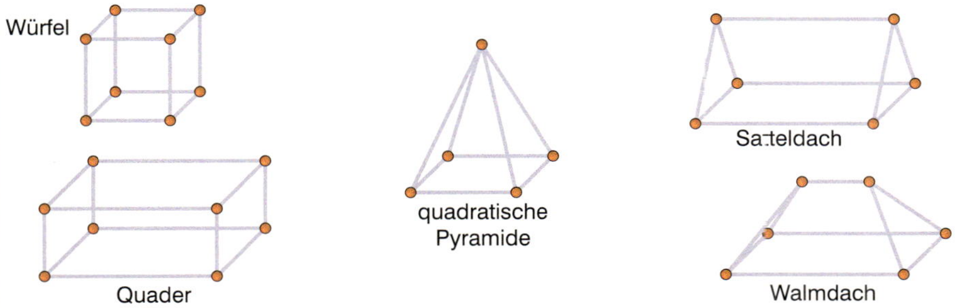

„Kantenmodelle" von ebenen Vielecken

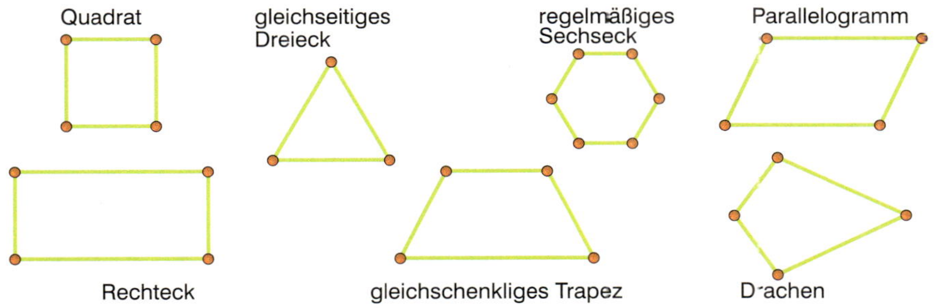

Übungen

8 Mithilfe von Knetkugeln und Strohhalmen werden die Kantenmodelle von Körpern hergestellt. Erstelle für jedes Modell eine „Materialliste". Übertrage dazu die Tabelle in dein Heft und fülle sie aus.

Der rote Kasten mit den Kantenmodellen von Körpern hilft dir.

Körper / Anzahl der	Würfel	Quader	quadratische Pyramide	Dreiecksprisma (Satteldach)
Ecken	8			
Kanten		12		
Kanten an einer Ecke			Boden 3 Spitze 4	
Kanten gleicher Länge				3 2 4

9 Lauras Vater ist Installateur. Er will für die Schule ein anschauliches Kantenmodell eines Würfels aus festen Drahtstücken zusammenschweißen. Der Würfel soll eine Seitenlänge von 24 cm haben. Wie viel cm Draht benötigt er dafür? Wie viel cm Draht braucht er mehr, wenn die Kantenlänge 6 cm länger sein soll?

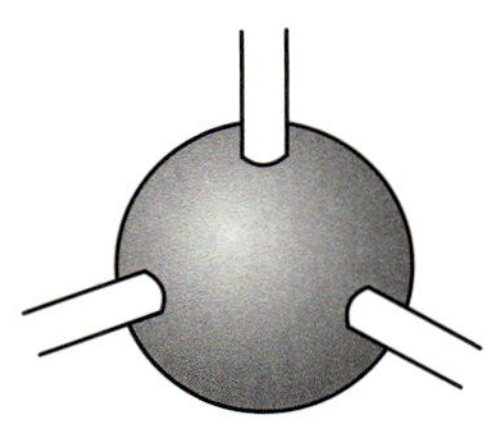

10 Sarah hat zu Hause noch Holzkugeln mit Bohrlöchern. In diese Kugeln kann man dünne Holzstangen einstecken und so das Kantenmodell eines Quaders zusammenbauen. Der Quader soll 40 cm lang, 30 cm breit und 20 cm hoch sein. Die Holzstangen kann man nur in der Länge von 1 m kaufen, sie müssen dann zersägt werden. Wie viele Stangen muss Sarah kaufen? Finde die sparsamste Lösung.

Übungen

11 Aus insgesamt 96 cm Draht soll ein Kantenmodell
a) eines Würfels,
b) einer quadratischen Pyramide hergestellt werden.
In welche Stücke muss der Draht jeweils zerschnitten werden? (Es soll kein Reststück übrigbleiben.)
Findest du bei a) oder b) verschiedene Möglichkeiten?

Diese beiden Modelle sind nicht verschieden, sie sind nur verschieden aufgestellt.

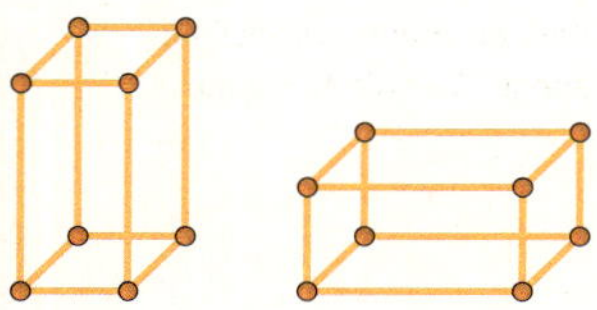

12 Welche Kantenmodelle für einen Quader kann man aus 40 cm Draht bauen? Länge, Breite und Höhe sollen ganzzahlige Maße in cm sein und der Draht muss vollständig aufgebraucht sein. Wie viele verschiedene Möglichkeiten findest du?

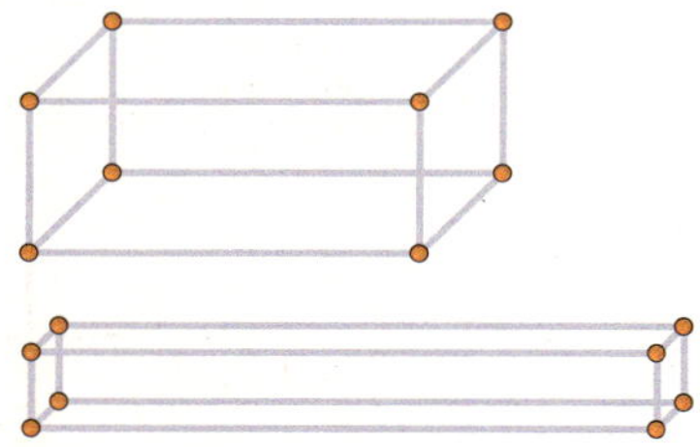

13 *Streichholz-Legen*
a) Aus sechs Streichhölzern kannst du verschiedene Vielecke legen.
Findest du weitere Vielecke?
b) Welche Vielecke kannst du mit vier [fünf, acht, neun] Streichhölzern legen?

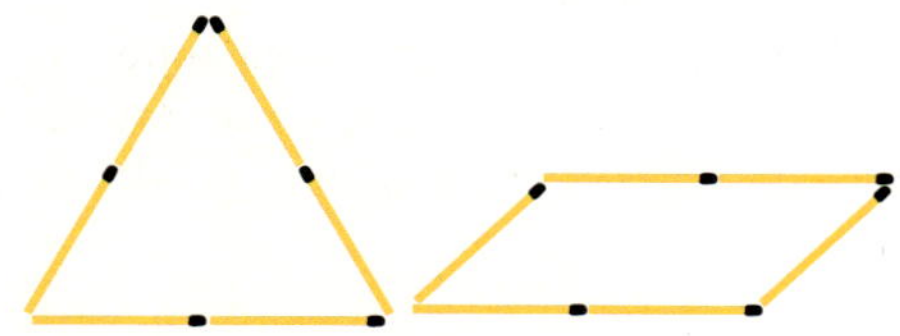

Das Bauen der Kantenmodelle mit Trinkhalmen und Knetkugeln hilft beim Nachdenken.

14 Welcher Kantensatz gehört zu welchem Kantenmodell? Zähle in jedem Fall die Kanten und die Ecken.

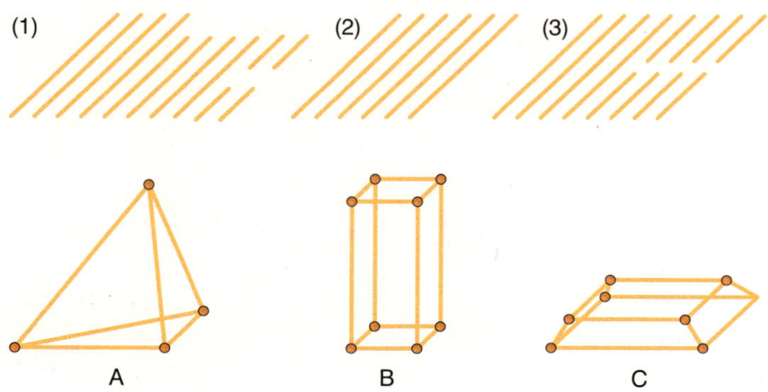

15 Erkennst du mich? Ich bin ein Kantenmodell aus
a) 12 gleich langen Kanten und 8 Ecken,
b) 8 gleich langen Kanten und 5 Ecken,
c) 9 gleich langen Kanten und 6 Ecken.
Gibt es für manche Steckbriefe mehrere Kandidaten?
Erfinde selbst solche „Steckbriefe".

16 Das abgebildete Kantenmodell soll jeweils aus dem Kantensatz zusammengesetzt werden. Leider fehlen entweder einige Kanten oder es sind sogar zu viele vorhanden. Kannst du das in Ordnung bringen?

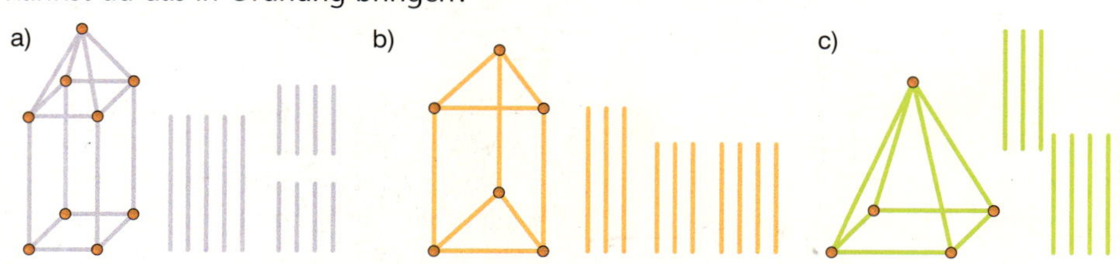

Übungen

17 *Ein Würfel mit zu vielen Kanten?*
Moritz denkt sich gerne Rätsel aus. „Ein Würfel hat 6 Seitenflächen. Jede dieser Flächen ist ein Quadrat mit 4 Seiten, die gleichzeitig Kanten des Würfels sind. Also hat ein Würfel $6 \cdot 4 = 24$ Kanten! Ich zähle aber immer nur 12 Kanten. Was ist da los?"
Schreibe ein ähnliches Rätsel für die quadratische Pyramide auf.

18 *Kantenmodelle verändern sich*
Das aus Knetkugeln und Strohhalmen gebaute Kantenmodell eines Würfels lässt sich mühelos verformen, die Kanten stehen dann nicht mehr alle senkrecht aufeinander.

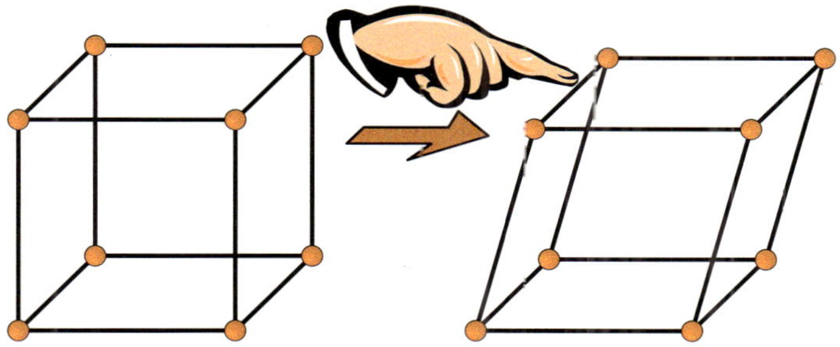

Untersuche auf die gleiche Weise das Kantenmodell eines Quaders, eines dreieckigen Prismas (Satteldach) und einer quadratischen Pyramide. Welches dieser Modelle ist am stabilsten?

Wichtig: Kantenmodell auf ebene Tischplatte stellen.

19 *Gelenk-Vielecke*
Bastelanleitung für Gelenk-Vielecke:
(1) 1 cm schmale Pappstreifen schneiden und an beiden Enden lochen.
(2) Die Pappstreifen mit Paketklammern verbinden.
Baue aus gleich langen Pappstreifen ein Gelenk-Dreieck, ein Gelenk-Viereck, ein Fünfeck und ein Sechseck. Versuche diese Figuren durch Drehen in den Gelenken zu verändern. Was beobachtest du?

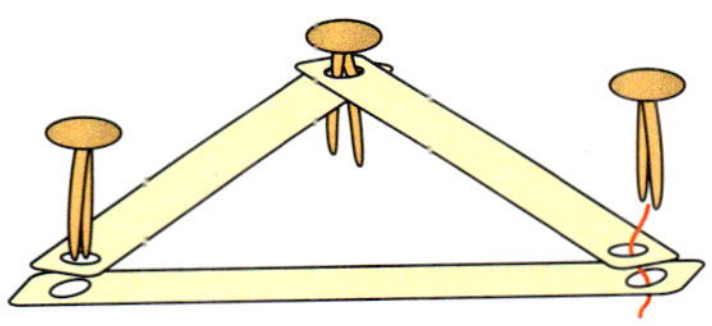

20
a) Baue ein Gelenk-Rechteck. Kannst du es zu anderen Figuren verformen? Zu welchen?

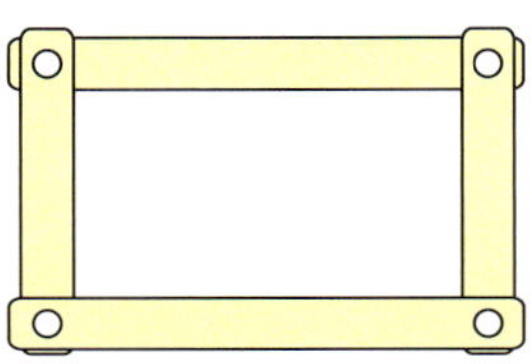

b) Baue ein Gelenk-Rechteck mit einer Diagonale. Kannst du es verformen?

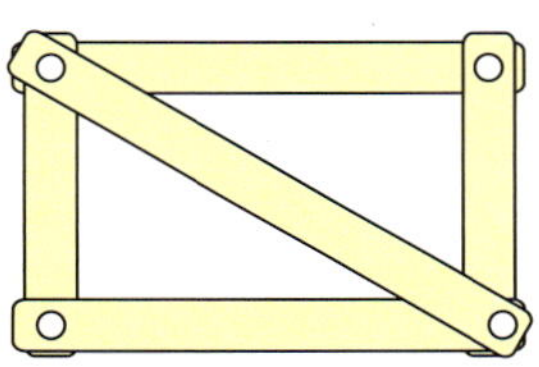

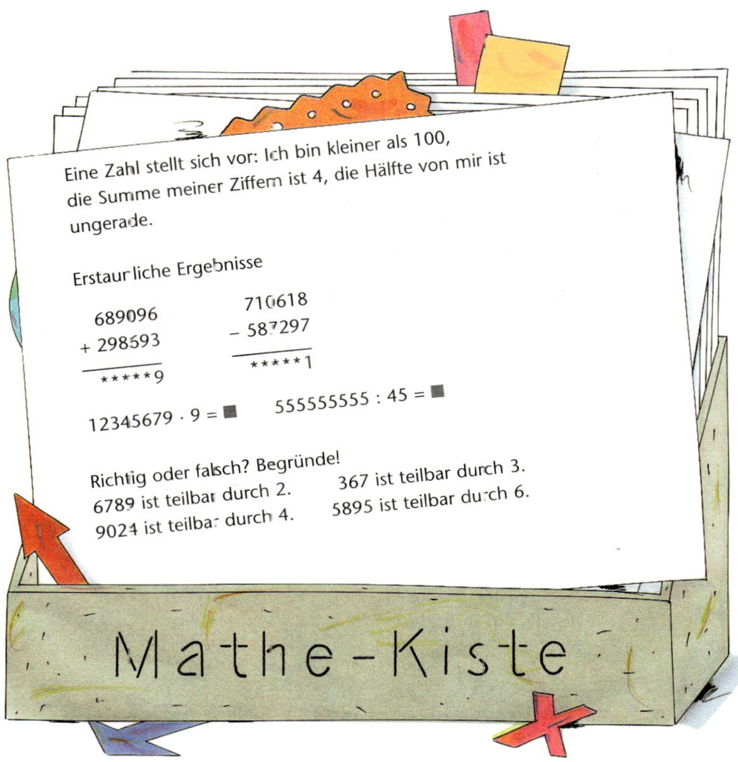

Aufgaben

Tipp: Notiere die Wege einfach als Reihenfolge der Ecken, z. B. 1 2 5 …

21 *Das Haus vom Nikolaus*
Das „Haus vom Nikolaus“ wurde mit dem Bleistift in einem Zug ohne Abzusetzen gezeichnet. Dabei wurde keine Kante doppelt durchlaufen. Das kannst du sicher auch. Notiere deinen Weg. Gibt es mehrere Möglichkeiten?

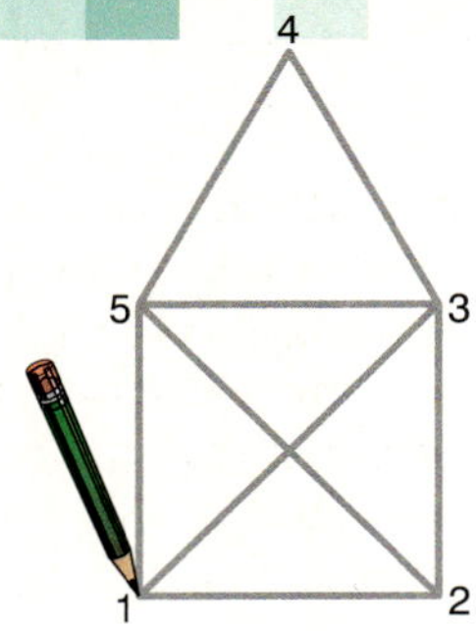

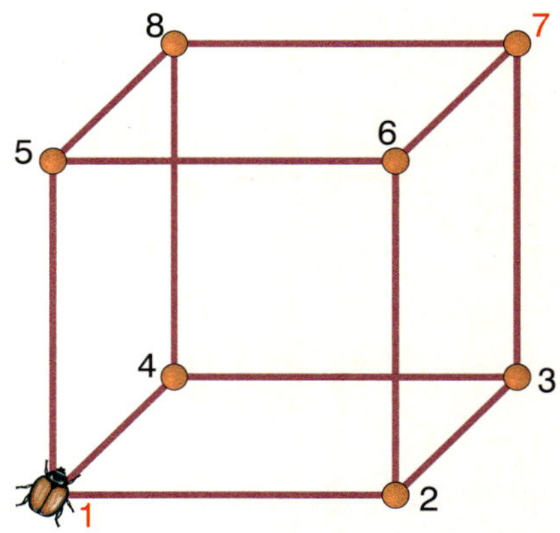

22 *Krabbelkäfer*
a) Ein Käfer sitzt auf der vorderen Ecke 1 des Kantenmodells eines Würfels und möchte zur Ecke 7 krabbeln. Dabei soll aber keine Kante mehrmals durchlaufen werden. Notiere fünf verschiedene Wege. Wie lang ist der kürzeste, wie lang der längste Weg?
b) Nun will der Käfer jede Ecke des Würfels erkrabbeln. Auch dabei will er keine Kante zweimal durchlaufen? Ist das möglich?

23 Yvonne ist von der Regelmäßigkeit des Würfels begeistert:
- Alle 12 Kanten sind gleich lang
- An jeder Ecke treffen gleich viele Kanten aufeinander (wie viele?)
- Alle Flächen des Würfels sind gleiche, wiederum besonders regelmäßige Figuren (welche?)

Gibt es noch andere Körper mit solch vollkommener Regelmäßigkeit?
a) Baue aus 6 gleich langen Trinkhalmen das Kantenmodell einer „Pyramide mit 4 Ecken“. Von welchen Seitenflächen wird diese Pyramide begrenzt? Wie viele dieser Flächen gibt es? Wie viele Kanten treffen an einer Ecke zusammen?

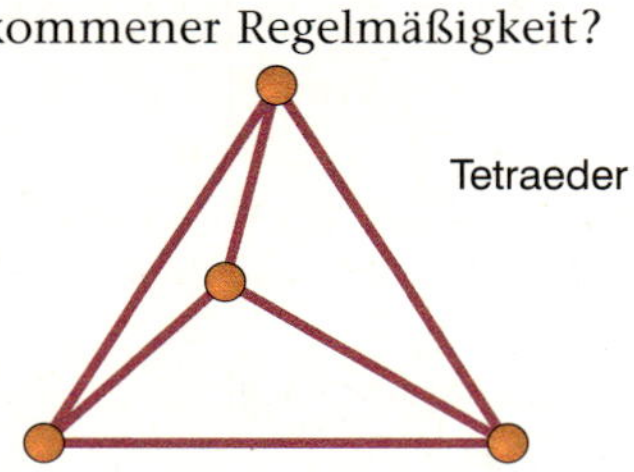

„Tetraeder“ und „Oktaeder“ sind griechische Namen, sie bedeuten „Vierflächner“ und „Achtflächner“. Was findest du im Lexikon unter „Hexaeder“?

b) Baue aus 12 gleich langen Kanten und 6 Ecken das Kantenmodell einer „Doppelpyramide“. Von welchen Seitenflächen wird diese Doppelpyramide begrenzt? Wie viele dieser Flächen gibt es? Wie viele Kanten treffen an einer Ecke zusammen?

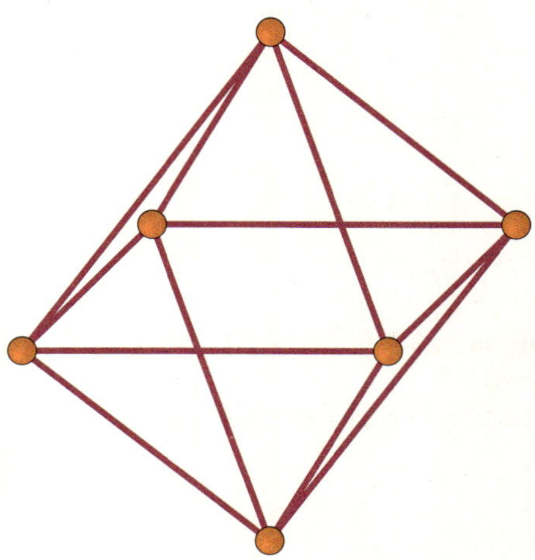

Platonische Körper

Die Menschen waren schon immer von der geometrischen Regelmäßigkeit und Schönheit mancher Körper fasziniert. So fanden schon die alten Griechen heraus, dass es nur wenige Körper gibt, die eine so vollkommene Regelmäßigkeit wie der Würfel aufweisen. Insgesamt gibt es fünf, man nennt sie **Platonische Körper.** Drei davon konntest du bereits entdecken: den *Würfel*, das *Tetraeder* und das *Oktaeder*. Von den beiden anderen siehst du Bilder von selbstgebastelten Kantenmodellen: *Dodekaeder* und *Ikosaeder*.

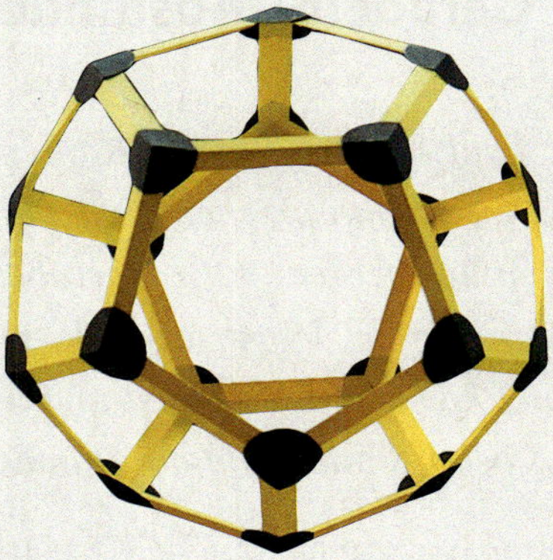

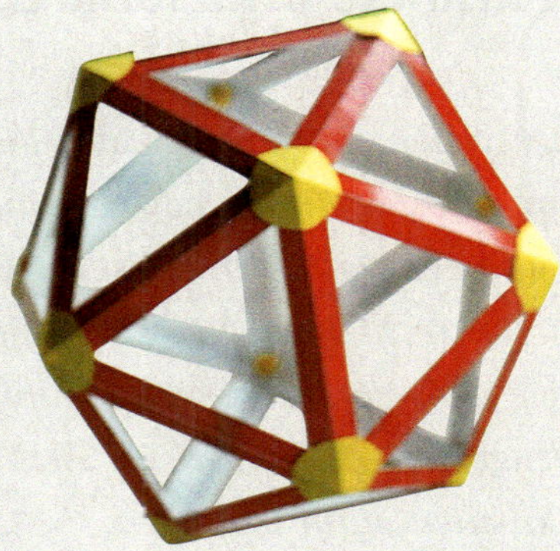

Beide Körper haben die gleiche Anzahl von gleich langen Kanten, nämlich 30. Das Dodekaeder hat 20 Ecken und wird von 12 Flächen (regelmäßige Fünfecke) begrenzt. Beim Ikosaeder finden wir 12 Ecken und 20 Flächen (gleichseitige Dreiecke). Für die Griechen bedeuteten die platonischen Körper noch viel mehr als schöne Geometrie. Vier von ihnen standen für die Grundelemente der Welt: der Würfel für die Erde, das Tetraeder für das Feuer, das Oktaeder für die Luft und das Ikosaeder für das Wasser. Das Dodekaeder stand für die ganze Welt, den Kosmos.

Aufgaben

24 *Wir entdecken eine berühmte Formel.*
Lege in deinem Heft eine Tabelle an und trage die passende Zahlen ein:

Körper	Anzahl der Ecken e	Anzahl der Flächen f	Summe der Ecken und Flächen e + f	Anzahl der Kanten k
Quader	8			
dreieckiges Prisma		5		
quadratische Pyramide				8
Würfel			8 + 6 = 14	
Tetraeder				
Oktaeder				

a) Kannst du einen Zusammenhang zwischen den Zahlen in den letzten beiden Spalten erkennen, der für alle diese Körper zutrifft?
b) Gilt dieser Zusammenhang auch für das Dodekaeder und das Ikosaeder?

Die Formel heißt nach dem Schweizer Mathematiker LEONARD EULER (1707–1783) **Eulersche Polyederformel.** Polyeder ist griechisch und bedeutet „Vielflächner".

Die Zahlen für das Dodekaeder und das Ikosaeder findest du im Text oben auf der Seite.

8 Geometrische Grundbegriffe und Konstruktionen

8.1 Parallele und senkrechte Geraden – Abstände

Was dich erwartet

Bei vielen Dingen, die der Mensch baut, haben Linien, Kanten und Flächen eine besondere Lage zueinander: Eisenbahnschienen sind parallel, Türen und Fenster haben meist die Form von Rechtecken, Fußgängerüberwege führen senkrecht über die Straße. In diesem Kapitel lernst du z. B., wie du parallele und senkrechte gerade Linien exakt konstruieren kannst und welche Werkzeuge und Hilfsmittel die Architekten beim Planen und die Handwerker beim Arbeiten dafür benutzen.

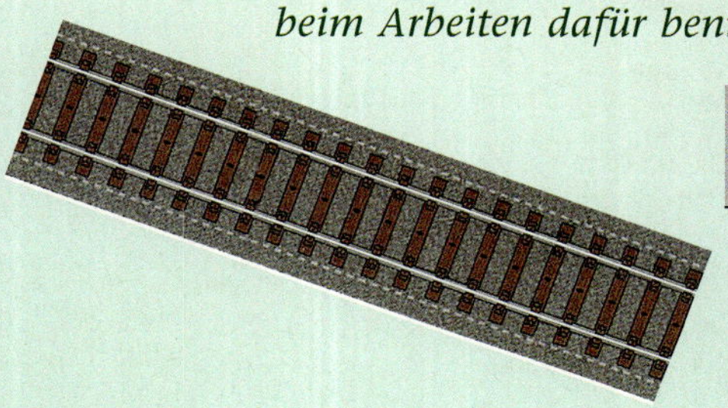

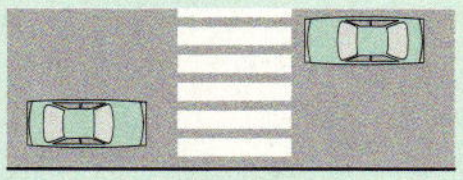

Aufgaben

1 Beim Notenpapier, bei Leitern und Eisenbahnschienen und an Zebrastreifen siehst du gerade Linien, die parallel oder senkrecht zueinander liegen. Finde in deiner Umgebung weitere solcher Beispiele. Besorge Bilder davon oder fertige Skizzen an.

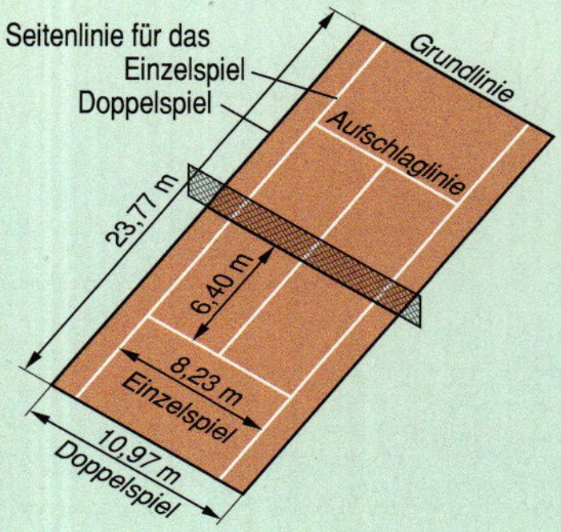

2 *Ein neuer Tennisplatz wird geplant*
Das Einzelspielfeld bildet ein Rechteck von 23,77 m Länge und 8,23 m Breite. Es wird in der Mitte durch ein Netz in je zwei Hälften geteilt. … Auf beiden Seiten des Netzes je in einem Abstand von 6,40 m und parallel zum Netz, werden Aufschlaglinien gezogen. Senkrecht zu dieser Aufschlaglinie wird zum Netz hin die Mittelaufschlaglinie eingezeichnet.

Deine Kenntnisse zum Maßstab und zum Runden kannst du durch einen Blick in die Kapitel 1 und 2 über Zahlen und Größen auffrischen.

a) Zeichne den Plan eines Tennisplatzes auf Karopapier (Maßstab 1:200). Runde dazu die Längen auf ganze dm.
b) Architekten und Bauzeichner zeichnen Pläne auf Papier ohne Linien und Karos. Dafür stehen ihnen besondere Zeichenwerkzeuge zur Verfügung. Zeichne selbst den Plan eines Tennisplatzes auf ein unliniertes Papier. Als Werkzeug darfst du nur das Lineal und das Geodreieck benutzen.
c) Wie findet man wohl draußen auf der neuen Tennisanlage die Markierungen für die Linien und das Netz? Schreibe deine Ideen auf.

Aufgaben

3 *Senkrecht und parallel beim Papierfalten und am Geodreieck:*
a) Nimm einen „Fetzen“ Papier und falte einmal (Bild 1).
Wenn du aufklappst, siehst du die gerade Linie der Faltkante. Falte nun so, dass die Teile dieser ersten Faltlinie genau übereinander liegen (Bild 2).
Die so entstandenen beiden Faltlinien liegen dann senkrecht zueinander (Bild 3).

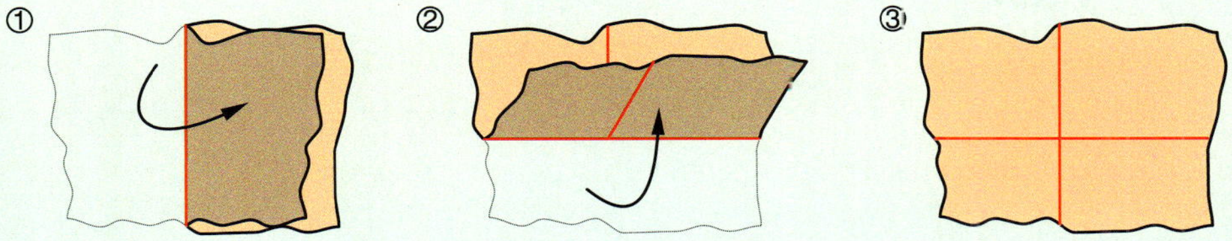

b) Falte das Papier nun nochmals so, dass die Teile in der 2. Faltlinie genau übereinanderliegen (Bild 4).
Es entsteht eine neue Faltlinie, diese ist zur ersten Faltlinie parallel (Bild 5).

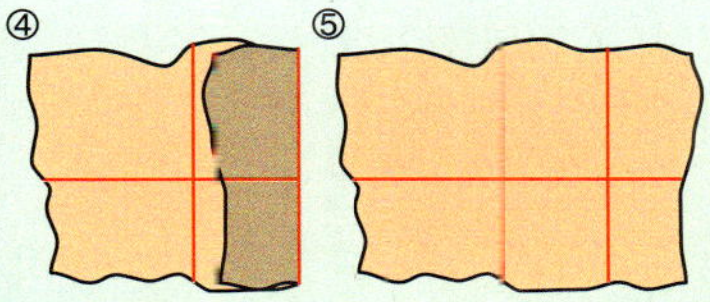

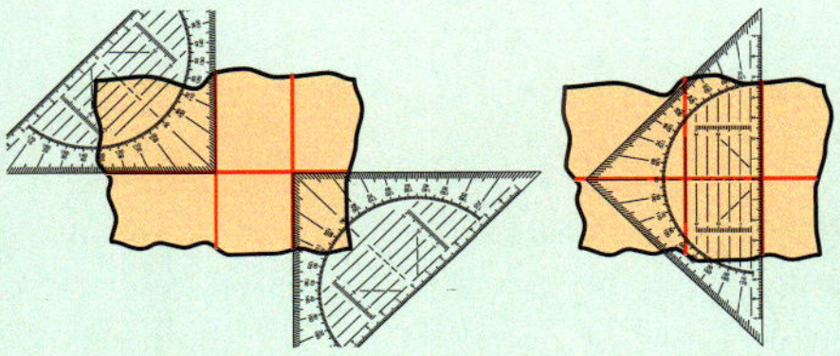

c) Suche auf deinem Geodreieck gerade Linien, die senkrecht oder parallel zueinander sind. Du kannst die Lage der Faltgeraden auf dem Papier überprüfen. Hast du genau nach der Vorschrift gefaltet?

4 Tabea macht eine Schreinerlehre. Mit großer Sorgfalt hat sie eine quaderförmige Spielzeugkiste gebaut. Der Meister prüft nach, ob Kanten und Flächen wirklich exakt parallel bzw. senkrecht zueinander sind. Welche der abgebildeten Werkzeuge kann er dazu benutzen? Beschreibe, wie er die Kiste mit jedem Werkzeug überprüft. Kann er mit einem dieser Werkzeuge sowohl „parallel“ als auch „senkrecht“ überprüfen?

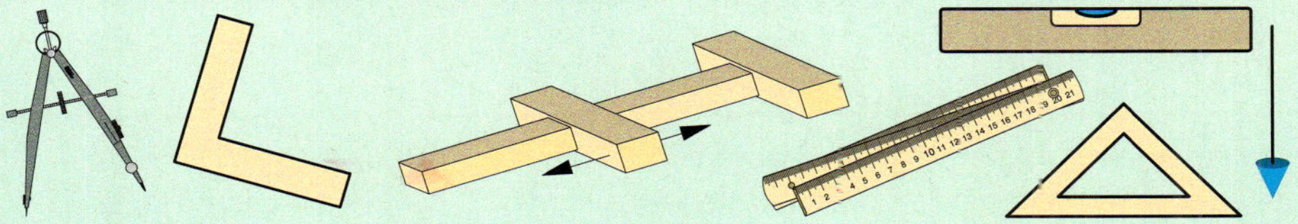

5 Die Kölner Severinsbrücke ist eine der ersten Schrägseilbrücken. Die Fahrbahn wird von straff gespannten Stahlseilen gehalten. Wie verändert sich die Länge der Stahlseile von außen nach innen? Wo müsste ein Seil befestigt werden, das kürzer als alle andern ist?

6 Zwei Schüler stellen sich im Abstand von 20 m auf dem Schulhof auf.
(1) 10 weitere Schüler stellen sich so, dass alle 12 in einer geraden Reihe stehen. Wie gelingt dies möglichst exakt?
(2) Eine Schülerin stellt sich nun irgendwo gegenüber der geraden Reihe auf. Welcher Schüler in der Reihe hat den kürzesten Abstand zu ihr?
(3) Nun stellen sich 10 weitere Schüler so auf, dass sie alle den gleichen Abstand zu der Linie der ersten Reihe haben. Wie stehen die beiden Reihen zueinander?

Geometrie auf dem Schulhof

Führt zuerst die Experimente aus und beobachtet genau. Haltet dann die Ergebnisse als Skizzen im Heft fest.

Aufgaben

Wie wird die Weite beim Kugelstoßen gemessen?

7 Der VfL hat für den Weitsprung eine neue Messanlage gekauft. Auf der Schiene wird ein Peilgerät so verschoben, bis man den Landepunkt P genau im Visier hat. Auf der Skala der Schiene kann man nun die Weite ablesen.
Nach der alten Methode wurde mit einem Bandmaß die Entfernung vom Punkt M zum Landepunkt P gemessen.

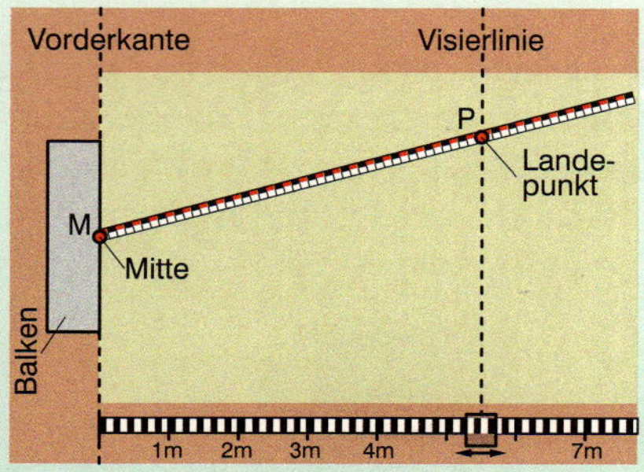

a) Welche Methode liefert beim Landepunkt P die bessere Weite?
b) Wo müsste der Landepunkt liegen, damit beide Methoden die gleiche Weite liefern?
c) Wie wird beim Sportunterricht deiner Schule gemessen, wie bei großen Wettkämpfen? Erkundige dich bei den Experten in der Schule oder im Sportverein. Findest du die Methoden gerecht?

Basiswissen

Geometrische Konstruktionen auf unliniertem Papier werden mit geometrischen Werkzeugen ausgeführt. Mit Lineal und Geodreieck können wir gerade Linien zeichnen und Punkte durch Strecken verbinden. Im Gelände werden gerade Linien z. B. durch Peilen an Stäben oder durch das Spannen von Seilen gewonnen.

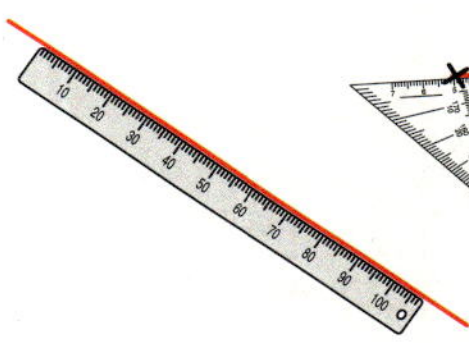
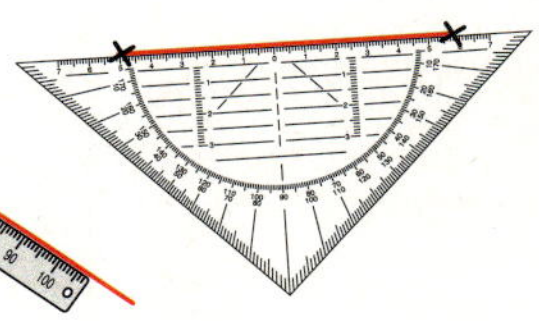
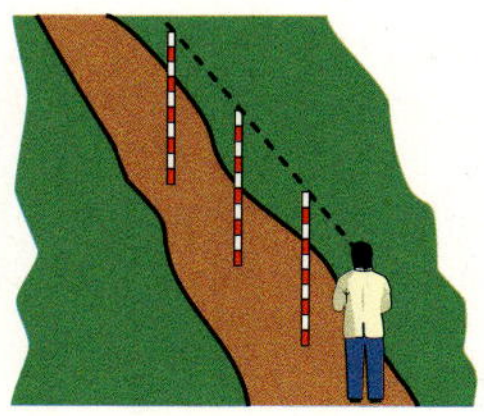
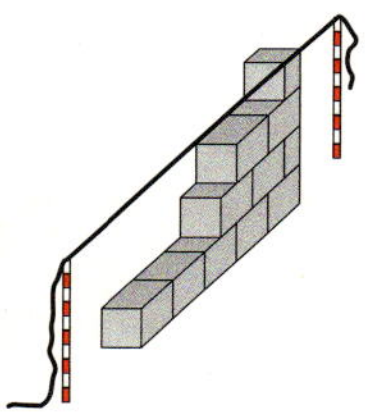

Vereinbarung
Punkte bezeichnen wir mit großen Buchstaben A, B, … P, Q, …
Geraden bezeichnen wir mit kleinen Buchstaben a, b, … g, h, …
Die Strecke zwischen den Punkten A und B bezeichnen wir mit $\overline{AB}$.

Auf einem Blatt Papier können wir nur ein Stück einer geraden Linie zeichnen. Durch Verschieben des Lineals bis zu den Rändern des Blattes lässt sich die Linie verlängern, in Gedanken auch beliebig weiter. Eine solche nach beiden Seiten unbegrenzt gedachte Linie nennen wir **Gerade.**

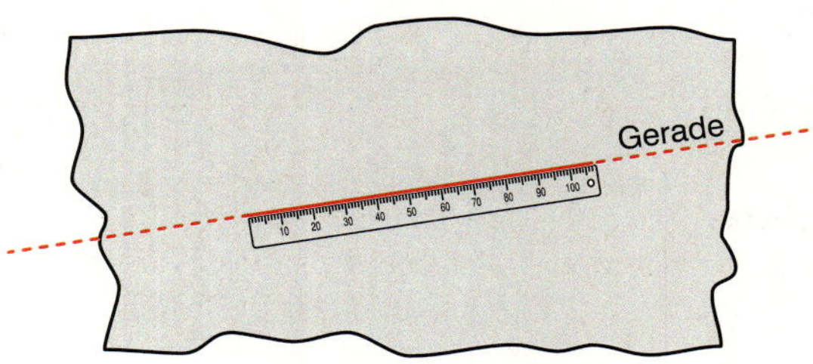

Eine Gerade hat keinen Anfangspunkt und keinen Endpunkt.

Wir können zwei Punkte durch eine gerade Linie verbinden.
Die gerade Linie zwischen zwei Punkten nennen wir **Strecke.**

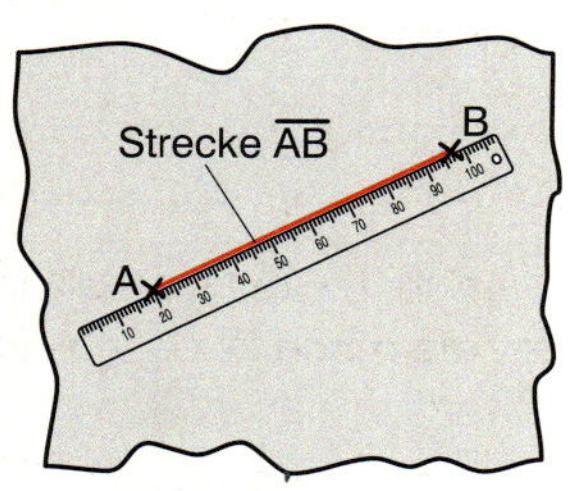

Eine Strecke ist von zwei Punkten begrenzt. Die Länge einer Strecke können wir mit dem Lineal messen.

Beispiele

A Zeichne einen Punkt P und zwei Geraden g und h durch P. Haben g und h einen weiteren gemeinsamen Punkt?

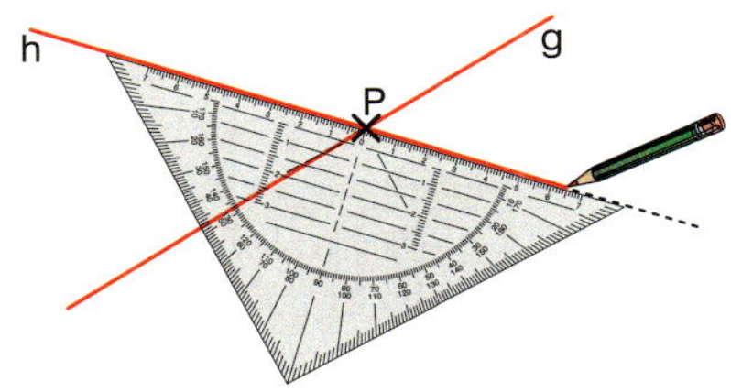

g und h haben genau einen gemeinsamen Punkt, ihren Schnittpunkt.

B Zeichne zwei Punkte P und Q. Zeichne eine Gerade durch P und Q. Gibt es mehrere Möglichkeiten?

Durch zwei Punkte P und Q kann man genau eine Gerade zeichnen.

Vereinbarung
Die Gerade durch die Punkte P und Q bezeichnen wir mit PQ.

C Kai und Nicole sind auf den See hinausgerudert. Als es nach Regen aussieht, wollen sie möglichst schnell einen der beiden Bootsstege ansteuern. Wo sollen sie hinrudern? Wir messen die Strecken $\overline{AP}$ und $\overline{AQ}$. Die Strecke $\overline{AP}$ ist länger als die Strecke $\overline{AQ}$. Sie sollten also Steg Q ansteuern.

Basiswissen

Das Geodreieck ist ein vielseitiges geometrisches Werkzeug. Wir können es zum Zeichnen und zum Messen benutzen. Darüber hinaus können wir damit zueinander parallele oder senkrechte Geraden konstruieren oder diese besonderen Lagen von Geraden zueinander überprüfen.

Die Geraden g und h stehen senkrecht aufeinander.

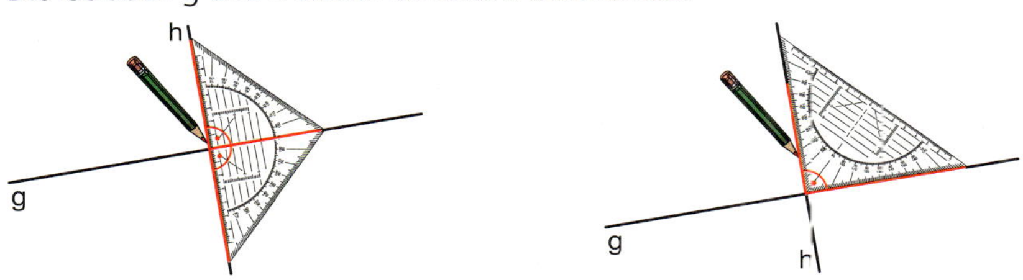

Die Geraden k und l sind parallel zueinander.

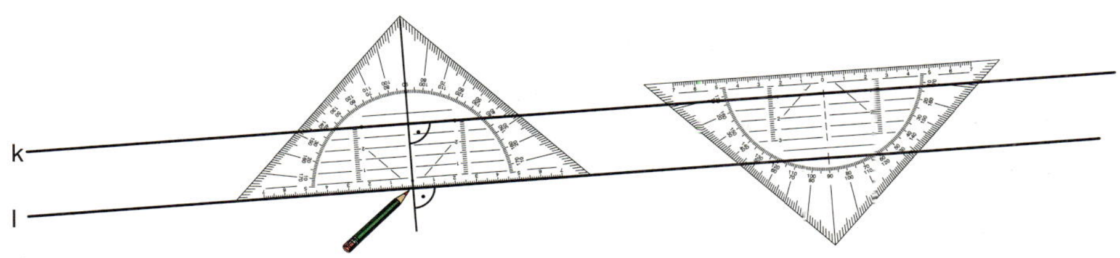

Kurz und bündig:
g ist senkrecht zu h:
$g \perp h$
g und h schneiden sich rechtwinklig:

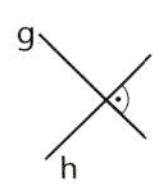

g ist parallel zu h:
$g \parallel h$

Beispiele

D Zeichne eine Senkrechte zur Geraden g, die durch den Punkt P geht.

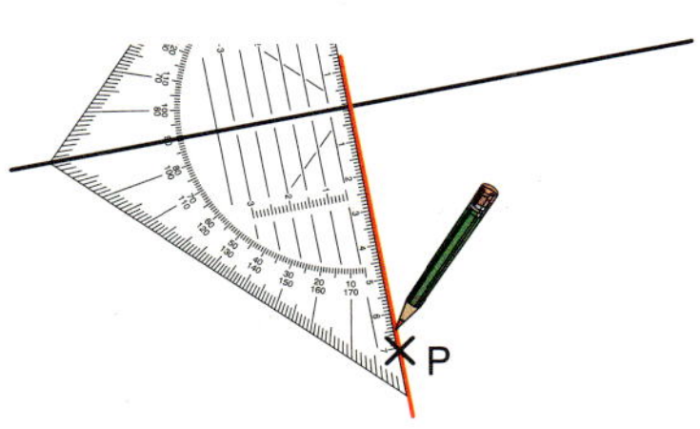

E Zeichne eine Parallele zur Geraden h, die durch den Punkt Q geht.

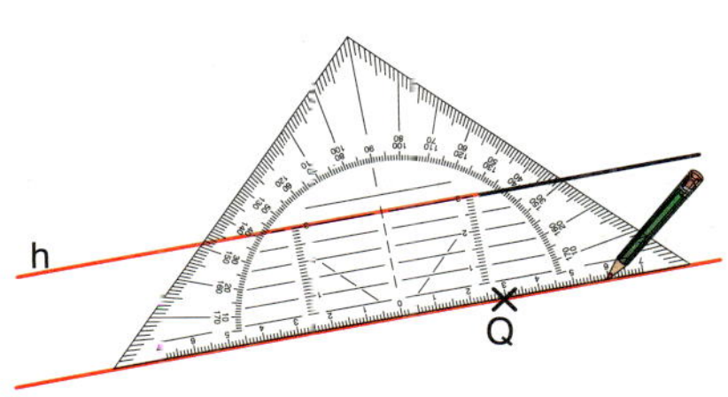

Übungen

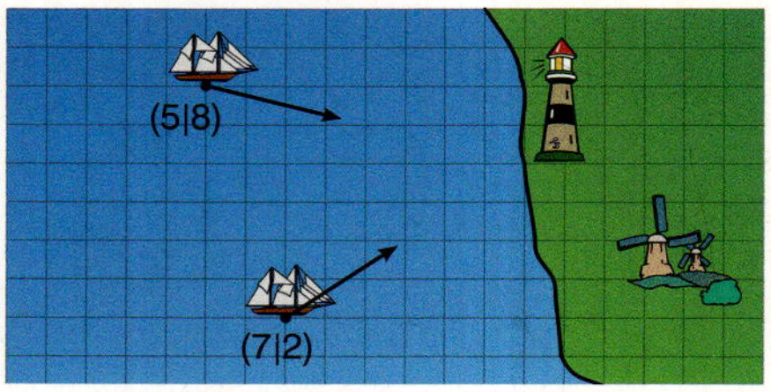

8 Ein Sportflugzeug fliegt auf geradlinigem Kurs von Münster in Westfalen nach Bonn. Überfliegt es auf diesem Kurs die Stadt Hagen? Überprüfe in deinem Atlas. Findest du drei [vier] größere Städte in Deutschland, die auf einer Geraden liegen?

9 Zwei Schiffe steuern auf geradem Kurs den Leuchtturm am Ufer an. Übertrage die Skizze in dein Heft und ermittle die Position des Leuchtturms.

10 Die acht Geraden sind so gezeichnet, dass du darin das Netz eines oben offenen Quaders einzeichnen kannst.
a) Übertrage sie auf unliniertes Papier.
b) Zeichne eine weitere Gerade so ein, dass du das vollständige Netz des Quaders erhältst.

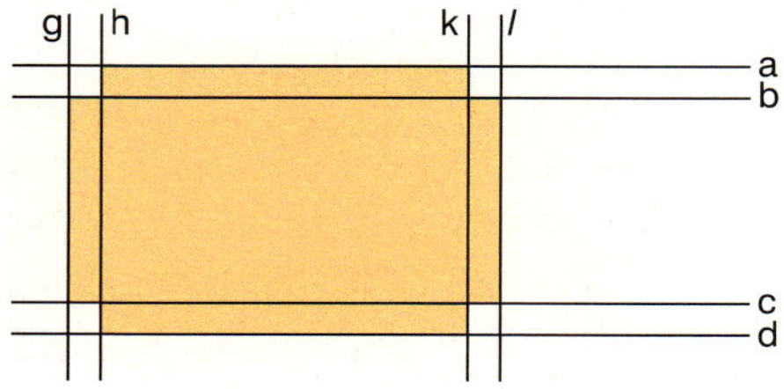

Du kannst die Figuren mit Gummis auch auf dem Geobrett spannen.

Mit Löchern in einem Karton und bunten Wollfäden kannst du schöne „Fadenbilder“ herstellen.

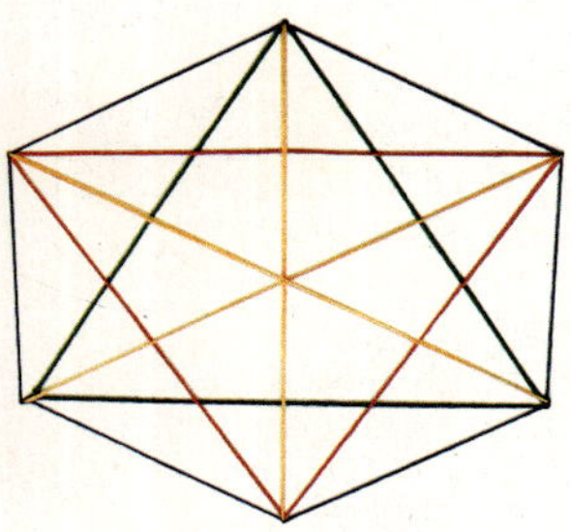

11 Übertrage das Muster

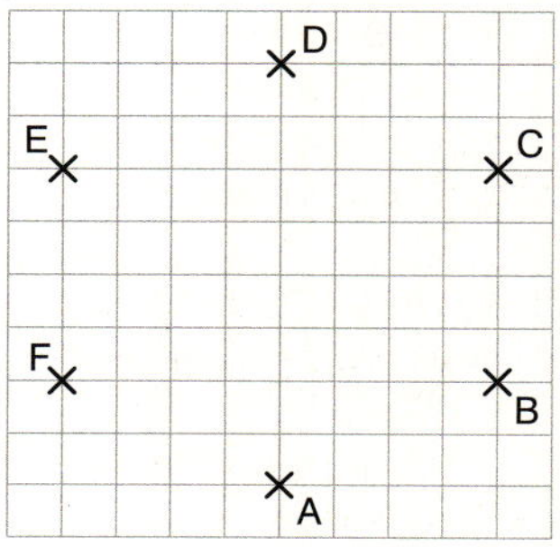

a) Zeichne die Strecken $\overline{AC}$, $\overline{CE}$, $\overline{EA}$ und $\overline{BD}$, $\overline{DF}$, $\overline{FB}$. Es entsteht ein Stern. Welche Strecken sind parallel zueinander?
(z. B. $\overline{EC} \parallel \overline{FB}$)
b) Zeichne nun auch die Strecken $\overline{AD}$, $\overline{BE}$ und $\overline{CF}$. Zu welchen Strecken ist $\overline{AD}$ senkrecht? Prüfe mit dem Geodreieck, ob $\overline{BE} \perp \overline{DF}$.

12 Übertrage das Muster

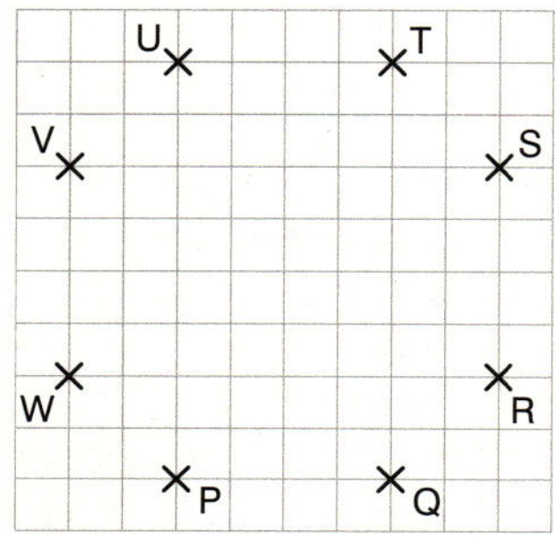

a) Zeichne jeweils durch zwei benachbarte Punkte eine Gerade. Welche Figur wird von diesen Geraden eingeschlossen? Zeichne diese farbig nach.
b) Schreibe auf, welche Geraden zueinander parallel und welche zueinander senkrecht sind (z. B. $PQ \parallel UT$ oder $PQ \perp RS$).

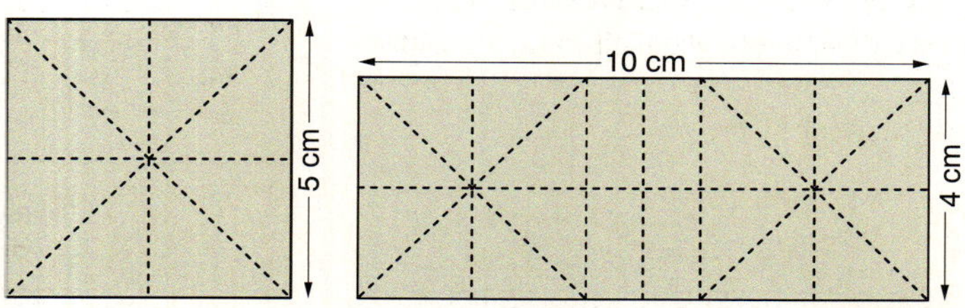

13 Stelle die Muster durch Falten her. Überprüfe, welche Strecken parallel und welche senkrecht zueinander sind.
Zeichne die Muster dann (ohne zu falten) mit Lineal und Geodreieck auf unliniertes Papier.

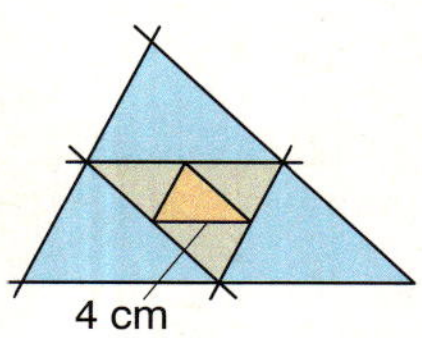

14 Zeichne in die Mitte eines unlinierten Blattes ein Dreieck, dessen längste Seite 4 cm lang ist. Zeichne dann durch jeden Eckpunkt eine Gerade, die parallel zur gegenüberliegenden Dreiecksseite ist. Ein neues größeres Dreieck entsteht. Zu diesem Dreieck kannst du auf die gleiche Weise ein neues Dreieck zeichnen. Färbe das entstandene „Dreiecksmuster“ bunt.

Worte in der Umgangssprache und in der Mathematik

Beim Hausbau muss man darauf achten, dass Wände oder Fenster- und Türrahmen genau *„senkrecht"* (*„lotrecht"*) sind, der Fußboden muss exakt *„waagrecht"* liegen. Zur Prüfung benutzt der Handwerker spezielle Werkzeuge wie „Wasserwaage" oder „Senkblei". Ein Geodreieck alleine genügt nicht. Mit ihm kann man zwar feststellen, ob Wand und Fußboden **senkrecht zueinander** sind. Dies kann aber (im geometrischen Sinne) auch dann noch der Fall sein, wenn das Fundament eines Hauses etwas schief geraten ist.

Senkrecht oder *lotrecht* beim Bau bedeutet „senkrecht zur Erdoberfläche", entsprechend bedeutet *waagrecht* dann „parallel zur Erdoberfläche". In gleichem Sinne werden auch die Worte *horizontal* (waagrecht) und *vertikal* (senkrecht) in unserer Sprache verwendet. Es ist oft so, dass sich Begriffe in der Mathematik und in der Alltagssprache in ihrer Bedeutung etwas unterscheiden.

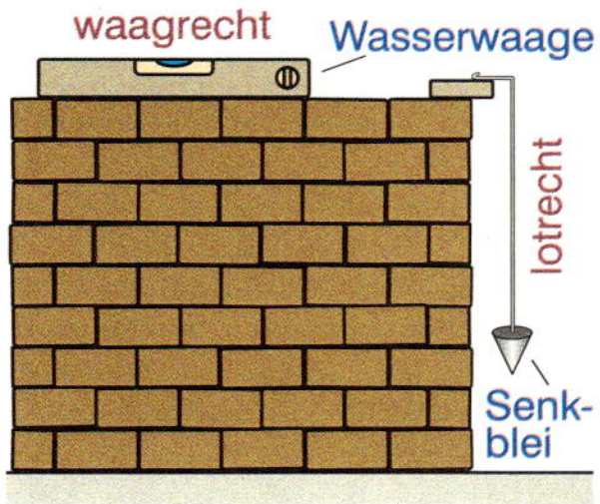

senkrecht zueinander
lotrecht – waagrecht
vertikal – horizontal

15 a) Bei welchen Gelegenheiten habt ihr zu Hause eine Wasserwaage eingesetzt? Wie seid ihr dabei vorgegangen?
b) Überprüfe in deiner Wohnung (im Klassenraum) mithilfe eines Senklotes oder einer Wasserwaage, ob der Türrahmen genau lotrecht eingesetzt ist. Was passiert, wenn der Türrahmen nicht genau „im Lot" ist?
c) Katrin meint: Wenn der Fußboden genau waagrecht ist, kann ich den lotrechten Einbau des Türrahmens auch mit dem Geodreieck überprüfen. Hat sie Recht?

Wie funktioniert eigentlich eine Wasserwaage?

Libelle

Laserwasserwaage

16 Zeichne mithilfe einer Wasserwaage zwei zueinander senkrechte Geraden an der Wandtafel. Warum gelingt dies nicht auf der Tischplatte?

17 In der früheren Altstadt von Rotterdam kann man ungewöhnliche Würfelhäuser des holländischen Architekten Piet Blom sehen. Die Häuser bestehen aus einem auf der Spitze stehenden Würfel, der von einem Dreiecksprisma getragen wird.

Kannst du dir vorstellen, wie du in einem solchen Haus dein Zimmer einrichten könntest? Welche Möglichkeiten und Probleme ergeben sich dabei? Du kannst mit einem selbst gebastelten Kantenmodell eines Würfels experimentieren.

Der Würfel ist so in dem Sockel aufgestellt, dass die Raumdiagonale lotrecht ist. Die mittlere waagrechte Wohnfläche in dem Bild ist ein regelmäßiges Sechseck, die untere und obere jeweils ein gleichseitiges Dreieck.

Basiswissen

Strecken und Senkrechte spielen beim Messen von Entfernungen und Abständen eine wichtige Rolle. Flugzeuge fliegen nach Möglichkeit geradlinig, die Strecke $\overline{AB}$ ist die kürzeste Entfernung zwischen zwei Punkten A und B. Fußgänger überqueren die Straße am besten senkrecht zur Straße, auch Brücken überspannen den Fluss meist senkrecht zum Ufer.

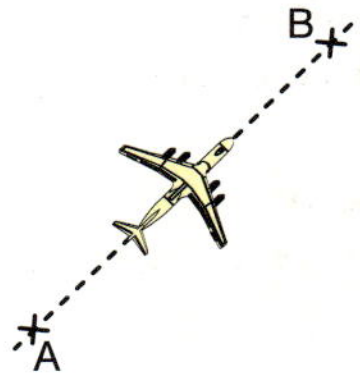

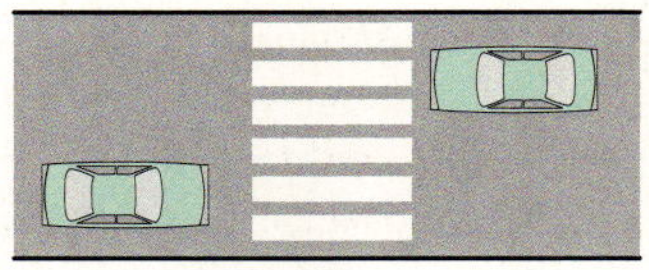

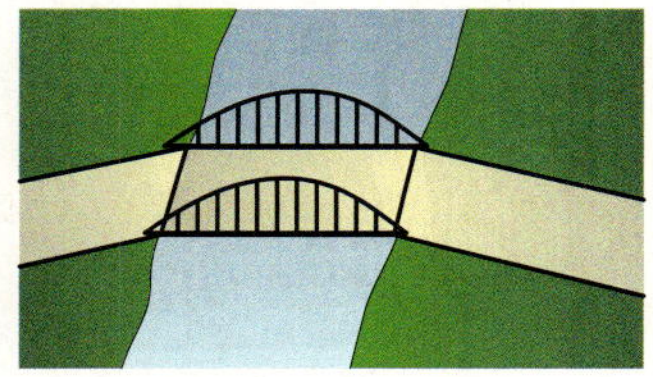

Die Strecke $\overline{AB}$ ist die kürzeste Verbindung zwischen den Punkten A und B.

Wir messen Abstände.

Abstand zwischen den Punkten A und B:
Miss die Länge der Strecke $\overline{AB}$.

Abstand vom Punkt P zur Geraden g:
Zeichne eine Gerade l durch P, die senkrecht zu g ist. Markiere den Fußpunkt F als Schnittpunkt von l mit g.
Miss die Länge der Strecke $\overline{PF}$.

Abstand zweier Parallelen g und h:
Zeichne eine Gerade l, die senkrecht zu g und h ist. Markiere die Schnittpunkte P und Q mit den Parallelen.
Miss die Länge der Strecke $\overline{PQ}$.

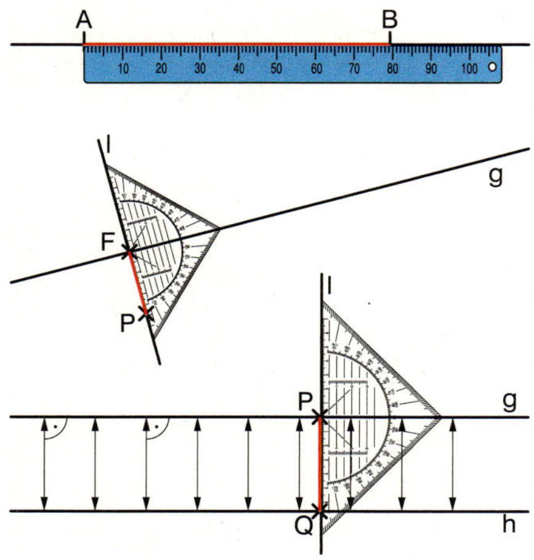

Es ist egal, an welcher Stelle die Senkrechte gezeichnet wird. Parallele Geraden haben überall den gleichen Abstand.

Beispiele

F Zeichne 4 Parallelen mit gleichem Abstand von je 2 cm.

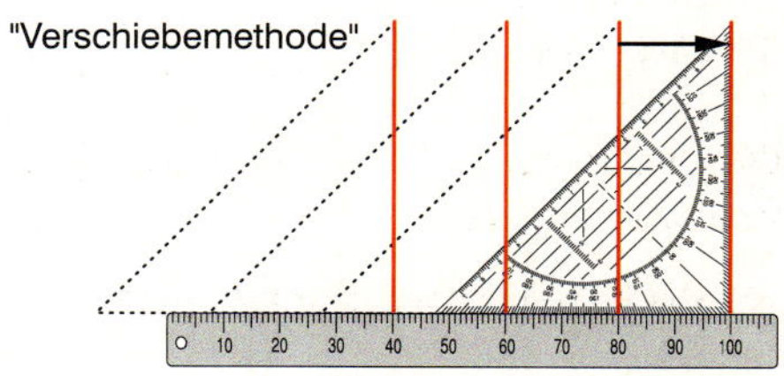

G Bestimme den Abstand des Eckpunktes B eines Rechtecks von der Diagonalen $\overline{AC}$.

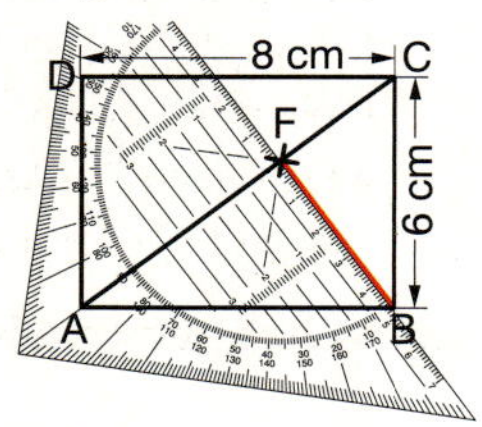

$\overline{BF}$ = 4,8 cm

Übungen

Im Autoatlas findest du eine Tabelle, die die Entfernungen zwischen großen Städten angibt. Vergleiche für einige Beispiele die angegebenen Entfernungen mit der Luftlinienentfernung.

18 Wie weit ist dein Wohnort von der nächsten großen Stadt entfernt?
Miss auf einer Autokarte die Luftlinienentfernung. (Was bedeutet „Luftlinie“?)
Vergleiche mit der Entfernung der kürzesten Straßenverbindung.

19 Die Fähre fährt auf geradem Kurs von A nach B. Welche Entfernung legt sie dabei zurück? An welchem Punkt des Kurses ist sie dem Ort C am nächsten? Zeichne eine maßstabsgetreue Skizze in dein Heft. (1 cm ≙ 2 km)

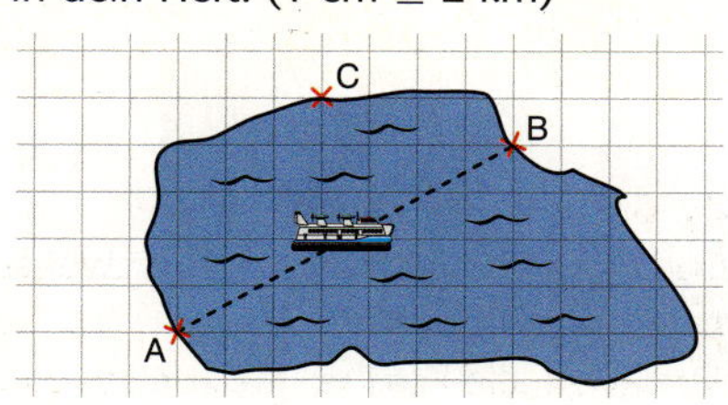

Übungen

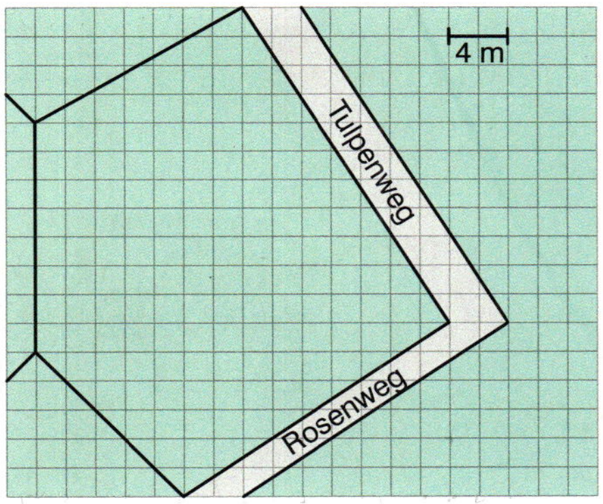

20 Simones Eltern haben einen Schrebergarten gekauft. Nun wollen sie eine kleine Hütte bauen. Die Vorschriften besagen:
Bauliche Maßnahmen müssen von Wegen einen Abstand von 4 m haben, von den übrigen Grenzen einen Abstand von 2 m.
Zeichne den Plan des Gartens in dein Heft und schraffiere das Gebiet, auf dem die Hütte stehen darf.
(1 cm ≙ 4 m)

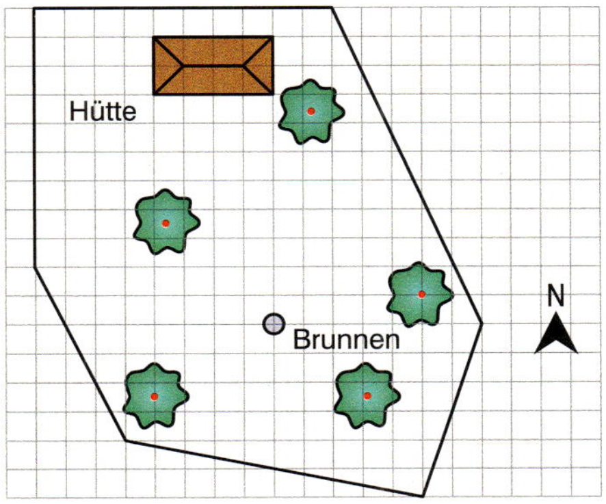

21 Der alte Seeräuber hat auf dem eingezäunten Grundstück einen Schatz vergraben. In seinem Testament verrät er die Lage:
Südlich von meiner Hütte gibt es einen alten Brunnen. Suche die Stelle X des Zaunes, die du vom Brunnen am schnellsten erreichst. Am Fuße der Kastanie, die die kürzeste Entfernung zu dieser Stelle hat, wirst du den Schatz finden.
Übertrage die Skizze in dein Heft und zeichne die Lage des Schatzes ein.

22 WANTED

Die Punkte haben von der Geraden a, b und c jeweils den gleichen Abstand.

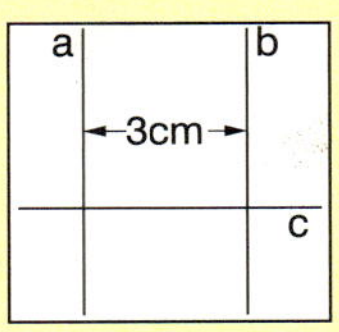

Suchstrategie:
- Punkte, die von a und b den gleichen Abstand haben, liegen auf der „Mittelparallelen". Wir zeichnen diese ein. Der Abstand zu a und b beträgt jeweils 1,5 cm.
- Punkte, die von c den Abstand 1,5 cm haben, liegen auf den Parallelen zu c in diesem Abstand.
- Die roten Punkte erfüllen beide Bedingungen. Sie sind die gesuchten Punkte.

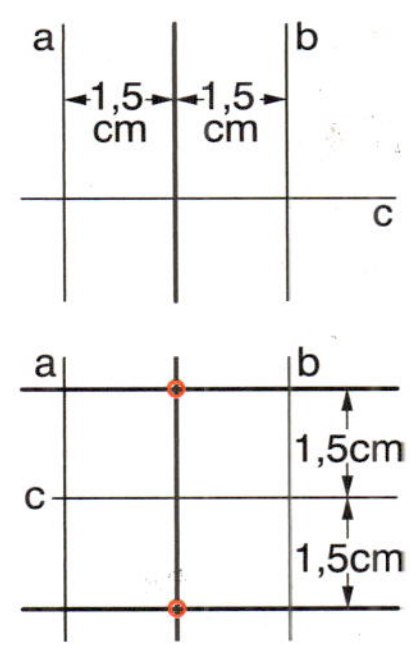

Mit etwas Geometrie lassen sich steckbrieflich gesuchte Punkte sicher aufspüren.

Übertrage die Skizzen in dein Heft und finde die steckbrieflich gesuchten Punkte.

a)
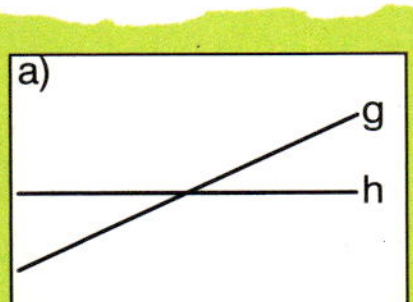

Die Punkte liegen auf der Geraden g und haben zu h einen Abstand von 1 cm.

b)
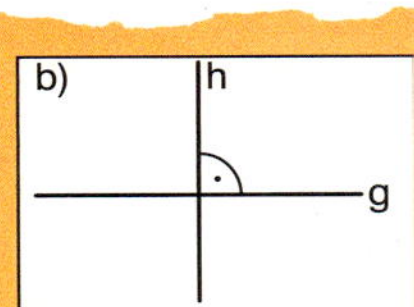

Die Punkte haben von der Geraden g und h den gleichen Abstand von 2 cm.

c)
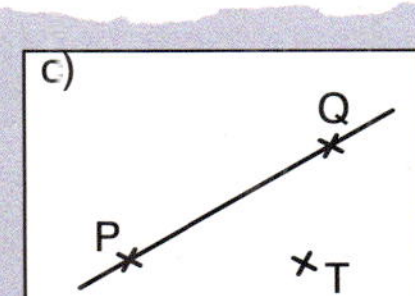

Der Punkt liegt auf der Geraden PQ und dem Punkt T am nächsten.

Insgesamt findest du 7 Punkte.

Entwirf selbst eine geometrische Schatzkarte oder einen Steckbrief. Lasse deine Nachbarin oder deinen Nachbar nach dem Schatz suchen.

23 *„Geometrieforschung"*
a) Wo liegen alle Punkte, die von zwei zueinander senkrechten Geraden den gleichen Abstand haben?
b) Wo liegen alle Punkte, die von zwei Punkten A und B den gleichen Abstand haben?

Aufgaben

24 Suche an diesem alten Gebäude möglichst viele zueinander parallele und zueinander senkrechte Strecken. Wo findest du diese? Was ist an den Turmfenstern anders als an den üblichen Fenstern? Beschreibe dies möglichst mithilfe geometrischer Eigenschaften und Begriffe. Findest du solche Fenster auch an modernen Gebäuden in deiner Umgebung? Kannst du Gründe für den Einbau solcher Fenster finden?

25 Schau dir die Türen und Fenster genau an. Worauf muss der Schreiner oder die Schreinerin beim Bau besonders achten? Welches Bild gefällt dir besonders gut? Versuche, es auf unliniertem Papier nachzuzeichnen und male es bunt aus. Entwirf selbst eine Tür oder ein Fenster nach deiner Idee.

Mit einem 2,40 m langen Seil könnt ihr auf dem Schulhof einen rechten Winkel zeichnen. Probiert es aus!

26 Wie konstruiert man einen rechten Winkel? – Arbeiten wie die „Seilspanner"

Der Sage nach haben bereits im Altertum die Feldvermesser in Ägypten nach den Nilüberschwemmungen mit dieser Methode rechte Winkel abgesteckt.

Markiere mit Filzstift auf einer 24 cm langen Schnur 12 gleich lange Abschnitte. Spanne dann wie unten gezeigt auf der Pinnwand mit Stecknadeln einen rechten Winkel. Überprüfe mit dem Geodreieck.

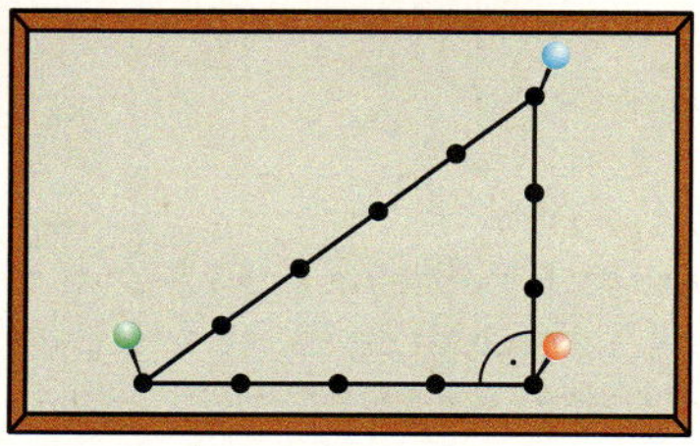

Projekt

Optische Täuschungen

Welche der rot gezeichneten Geraden sind parallel zueinander, welche sind senkrecht zueinander? Entscheide zunächst nach „Augenmaß" und überprüfe dann mit dem Geodreieck.

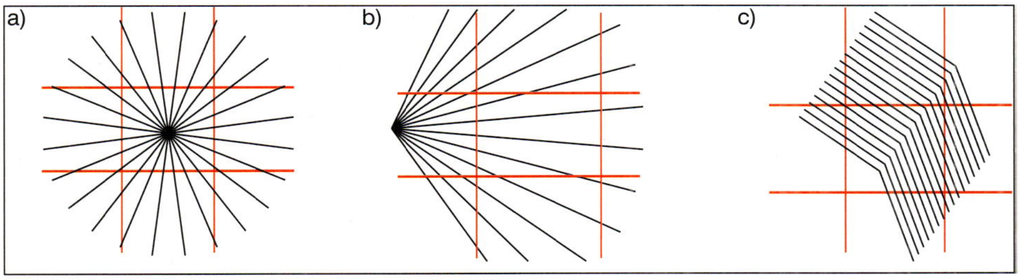

Sind die Schienenstränge parallel zueinander? Was meint das Auge, was sagt das Geodreieck?

Hat der Zeichner vielleicht einen Trick verwendet mit dem er unsere Wahrnehmung absichtlich täuscht? Durchschaust du den Trick?
Am besten zeichnest du selbst eines der Bilder vergrößert auf ein unliniertes Blatt. Zeichne zuerst die roten Geraden mit dem Geodreieck exakt parallel bzw. senkrecht zueinander, dann mit Bleistift die anderen Linien. Tritt bei deinem Bild nun die gleiche optische Täuschung ein?

Es gibt noch viele solcher Tricks, die uns zu optischen Täuschungen führen. Was meinst du zu dem folgenden Bild? Prüfe deinen Eindruck mit dem Geodreieck.

Kannst du auch diese optische Täuschung selbst nachzeichnen?

Kannst du noch andere solche irreführende Bilder finden? Versuche es mal im Internet unter dem Stichwort „optische Täuschungen" oder in Büchern und Zeitschriften zur „Unterhaltungsmathematik".
Dabei stößt du auf viele interessante Phänomene, unter anderem auch auf Bilder, die plötzlich vor deinem Auge umspringen oder die unmögliche Gegenstände abbilden.

Schau einmal auf Seite 197 in diesem Buch nach

Welche Linie läuft unter dem Balken durch ?

Wenn genug Beispiele zusammenkommen, könnt ihr eine kleine Ausstellung in eurem Klassenraum oder in der Schule einrichten. Das beeindruckt auch „Nichtmathematiker"!

Ausstellung

8.2 Vierecke

Was dich erwartet

Vierecke sind überall. Meist begegnen sie uns in Form eines Rechtecks, z.B. bei Büchern, Geldscheinen, Bildern oder Türen und Fenstern. Sie kommen aber auch als Parallelogramme, Trapeze oder Quadrate vor. Gibt es noch andere besondere Vierecke? Wie kann man diese verschiedenen Vierecksformen unterscheiden? An welchen Eigenschaften erkennt man die besondere Form, und wie kann man sie genau auf unliniertes Papier zeichnen?

Aufgabe

1 An den Fachwerkhäusern kannst du viele geometrische Formen erkennen.

a) Welche Figuren erkennst du? Schreibe auf, welche Vierecksformen du findest.
b) Zeichne selbst die Giebelfront eines Fachwerkhauses, bei der möglichst viele Vierecksformen (Quadrat, Rechteck, Parallelogramm, Trapez) vorkommen.

2 *Gespannte Vierecke*
Du brauchst ein quadratisches Holzbrett, viele kleine Nägel und Wollfäden. Zeichne auf das Brett zwei zueinander senkrechte Geraden. Markiere Punkte auf den Geraden im Abstand von je 1 cm. Schlage nun die Nägel an den Punkten ein. Nun kannst du mit Fäden (oder mit bunten Gummiringen) die Vierecke so wie in den Bildern spannen. Je mehr Nägel du benutzt, umso schöner wird dein Kunstwerk.
a) Die entstehenden Vierecke nennt man Rauten. Welche besonderen Eigenschaften haben diese Vierecke?
b) In beiden Bildern findest du jeweils mindestens ein Quadrat. Wo liegt es? Wie kannst du dich vergewissern, dass es wirklich ein Quadrat ist?

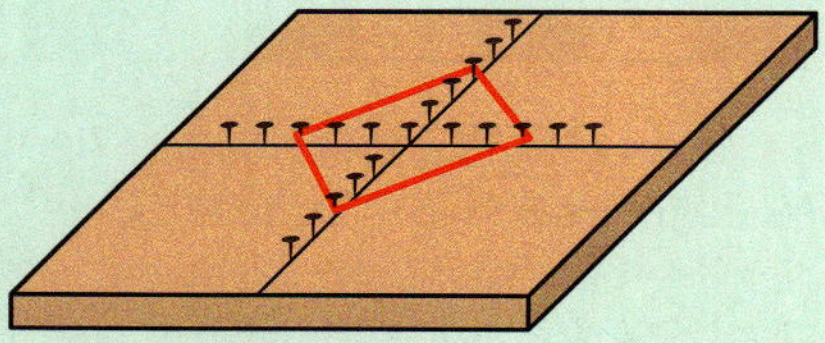

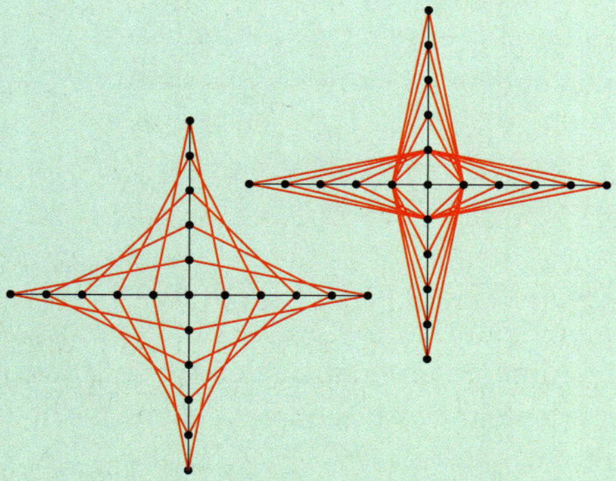

Ein weiterer Vierecktyp – die **Raute**

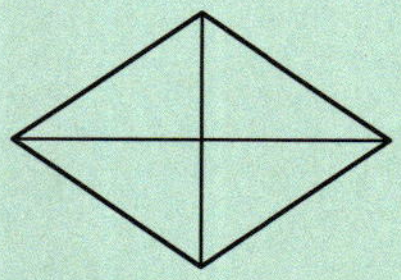

Aufgaben

3 An der Küste sieht man im Sommer viele „fliegende Vierecke“ – die Drachen. Danach ist eine Vierecksform benannt, das Drachenviereck.
a) Welche Eigenschaften hat das Drachenviereck? Untersuche die Seitenlängen und die Lage der Diagonalen. Zeichne ein Drachenviereck.
b) Falte ein Blatt Papier. Schneide so, dass ein Drachen entsteht. Vergleiche dein Ergebnis mit dem deines Tischnachbarn oder deiner Tischnachbarin.

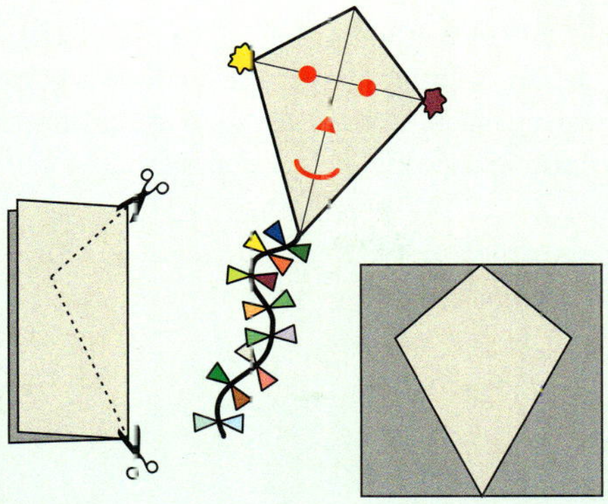

Noch ein Viereckstyp – der **Drachen**

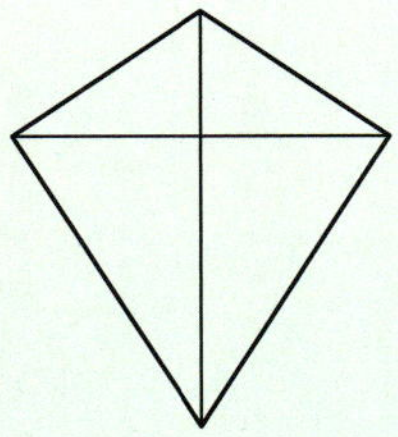

4 *Bewegte Vierecke*
Schneide aus Pappe zwei rechteckige Streifen (Breite 1 cm, Länge 10 cm). Markiere auf beiden Streifen die Mittelpunkte und hefte die Streifen an diesen Punkten mit einer Heftzwecke aufeinander. Du kannst die Streifen nun in verschiedene Lagen zueinander bewegen.
a) Markiere für verschiedene Positionen die Endpunkte A, B, C, D im Heft und verbinde sie. Welche Vierecke entstehen?
b) Was passiert, wenn ein Streifen nur 8 cm lang ist? Experimentiere erneut.

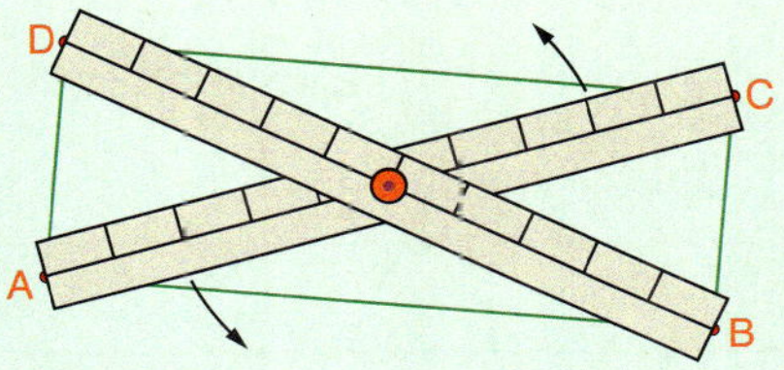

Du kannst die Aufgabe auch nur durch Zeichnen lösen. An Stelle der Papierstreifen musst du dann zwei Strecken in entsprechender Lage zeichnen.

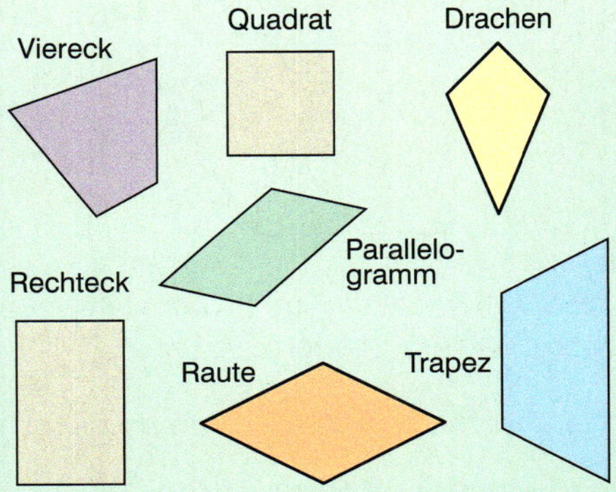

5 *Das Vierecksspiel*
a) Bastele verschiedene Vierecksformen aus Pappe. Nimm dazu z. B. rechteckige Karteikarten. Aus diesen kannst du alle anderen Formen schneiden. Zeichne jeweils das Viereck in dein Heft und markiere, was du vom Rechteck abschneidest, um ein Quadrat, ein Parallelogramm, ein Trapez, eine Raute zu bekommen. Welche Formen haben die Reststücke?
b) *Das Spiel:* Alle Vierecke kommen in einen Beutel. Zwei Schülern werden die Augen verbunden. Einer zieht eines der Vierecke und beschreibt dem anderen, was er ertasten kann. Die Namen der Vierecke darf er oder sie dabei nicht nennen. Der oder die andere muss raten, um welchen Viereckstyp es sich handelt.

Am besten fertigst du mehrere Vierecke von jeder Sorte in verschiedenen Größen.

6 Der Roboter *Sortie* ist Spezialist für das Sortieren von Vierecken. Er kann überprüfen, ob Seiten parallel zueinander sind, ob sie senkrecht aufeinander stehen und er kann Längen messen.
a) Was muss Sortie prüfen, um ein Quadrat herauszusuchen?
b) *Sortie* stellt bei einem Viereck fest, dass es 4 gleich lange Seiten hat. Um was für ein Viereck kann es sich handeln? Was sollte er als nächstes prüfen?
c) Das Programm „rechte Winkel prüfen“ ist kaputt. Welche Vierecke kann *Sortie* jetzt nicht mehr unterscheiden?

Basiswissen

Bei den Vierecken gibt es viele besondere Formen, die alle einen eigenen Namen haben. Mithilfe der Längen und der Lage von Seiten und Diagonalen lassen sich die verschiedenen Viereckstypen genau beschreiben und kennzeichnen. Man erhält genaue „Steckbriefe" der Vierecke.

Name: **Quadrat**

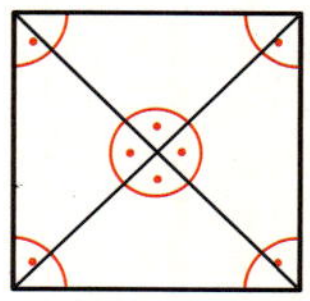

Eigenschaften:
- Alle vier Seiten gleich lang
- Gegenüberliegende Seiten parallel
- Aneinanderstoßende Seiten senkrecht (rechtwinklig) zueinander
- Diagonalen gleich lang und senkrecht zueinander
- Diagonalen halbieren sich

Name: **Rechteck**

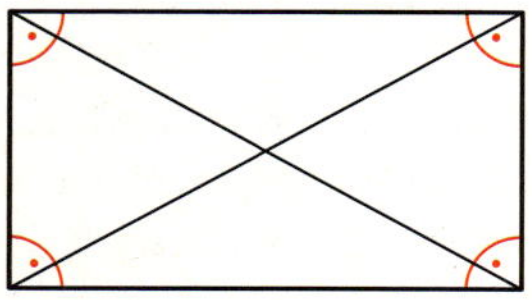

Eigenschaften:
- Gegenüberliegende Seiten gleich lang
- Gegenüberliegende Seiten parallel
- Aneinanderstoßende Seiten senkrecht (rechtwinklig) zueinander
- Diagonalen gleich lang
- Diagonalen halbieren sich

Name: **Raute**

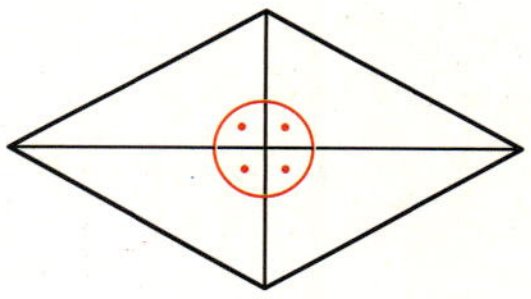

Eigenschaften:
- Alle vier Seiten gleich lang
- Gegenüberliegende Seiten parallel
- Diagonalen senkrecht zueinander
- Diagonalen halbieren sich

Name: **Parallelogramm**

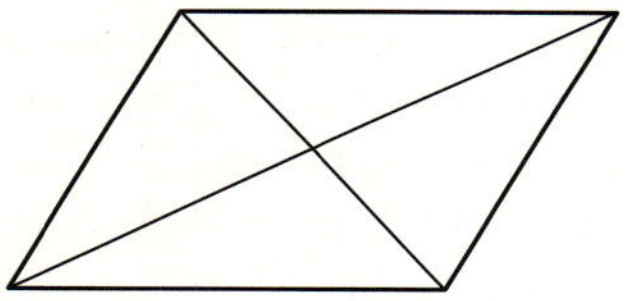

Eigenschaften:
- Gegenüberliegende Seiten gleich lang
- Gegenüberliegende Seiten parallel
- Diagonalen halbieren sich

Auch das ist ein Trapez.

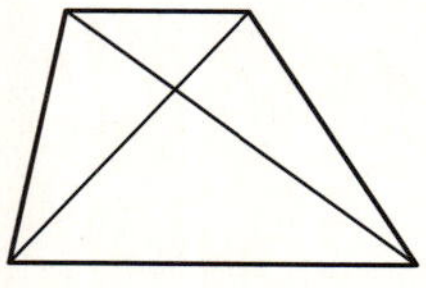

Es ist aber nicht gleichschenklig. Welche Eigenschaften hat es?

Name: **Gleichschenkliges Trapez**

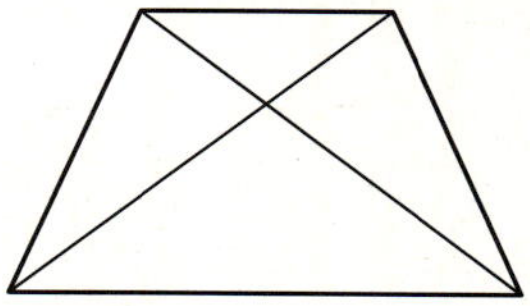

Eigenschaften:
- Ein Paar gleich langer Seiten (gegenüberliegend)
- Ein Paar paralleler Seiten (gegenüberliegend)
- Diagonalen gleich lang

Name: **Drachen**

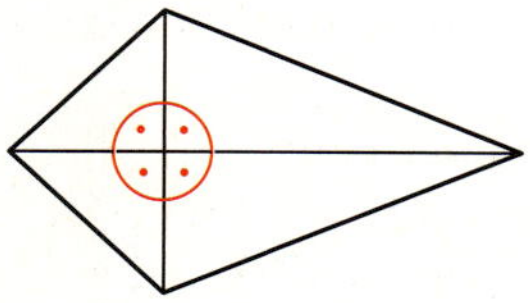

Eigenschaften:
- Zwei Paare gleich langer Seiten (aneinander stoßend)
- Diagonalen senkrecht zueinander
- Eine Diagonale wird halbiert.

Übungen

7 Zeichne die Vierecke mit dem Geodreieck auf unliniertes Papier. Gibt es mehrere Möglichkeiten? Wenn ja, so zeichne mindestens zwei.
a) Ein Rechteck mit den Seitenlängen 4 cm und 6 cm
b) Ein Quadrat mit der Seitenlänge 5 cm
c) Ein Parallelogramm mit den Seitenlängen 3 cm und 4 cm
d) Ein gleichschenkliges Trapez, dessen parallele Seiten 4 cm und 2 cm lang sind

8 Welches Viereck entsteht, wenn sich Eisenbahnschienen kreuzen?

9 Zeichne die Vierecke mit dem Geodreieck auf unliniertes Papier. Gibt es mehrere Möglichkeiten? Wenn ja, so zeichne mindestens zwei.
a) Ein Rechteck, dessen Diagonalen 8 cm lang sind
b) Eine Raute, deren Diagonalen 6 cm und 4 cm lang sind
c) Einen Drachen, dessen Diagonalen 6 cm und 4 cm lang sind

10 David hat ein neues Computerprogramm. Wenn man die Eigenschaften eines Vierecks eingibt, so gibt es den Namen des Vierecks aus. In manchen Fällen gibt es auch mehrere Namen aus. Probiere, ob auch du bei den folgenden Eingaben die Namen angeben kannst:
a) Vier gleich lange Seiten und gleich lange Diagonalen
b) Gegenüberliegende Seiten parallel und gleich lang
c) Diagonalen senkrecht zueinander und gleich lang
d) Gegenüberliegende Seiten parallel und Diagonalen verschieden lang.

Du kannst weitere solche Aufgaben mit deinem Tischnachbarn erfinden. Ihr übernehmt abwechselnd Frage und Antwort.

11 Besorge Transparentpapier (oder Folie) in zwei verschiedenen Farben. Zeichne jeweils zwei parallele Geraden im Abstand von 4 cm und schneide dann die Parallelstreifen aus.
a) Lege die Parallelstreifen nun so übereinander, dass im Kreuzungsbereich ein Quadrat [eine Raute] entsteht. Beschreibe, wie du die Streifen legen musst.
b) Experimentiere mit zwei verschieden breiten Parallelstreifen. Welche Vierecke entstehen nun im Kreuzungsbereich?

12 In dieser Figur ist ABCD ein Rechteck und DMCP eine Raute.
Sind die Strecken $\overline{PM}$ und $\overline{DC}$ senkrecht zueinander? Kannst du dies ohne nachzumessen entscheiden? Begründe.

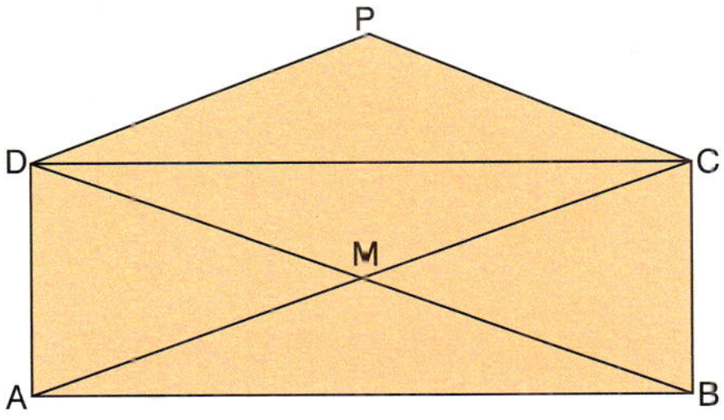

13 Auf dem Geobrett ist ein Quadrat gespannt. Durch Verlegen einer Ecke kannst du einen Drachen spannen.
a) Verlege nun zwei Ecken des Quadrats so, dass ein Rechteck, eine Raute, ein Parallelogramm, ein Trapez entsteht. Gibt es jeweils mehrere Möglichkeiten? Vergleiche mit deinem Tischnachbarn.
b) Kannst du durch Verlegen von nur zwei Ecken auch ein größeres Quadrat erzeugen? Begründe.

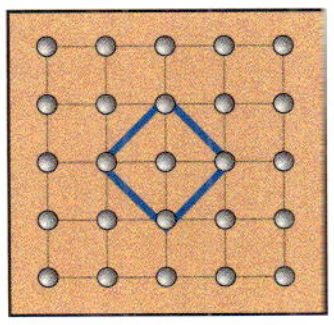

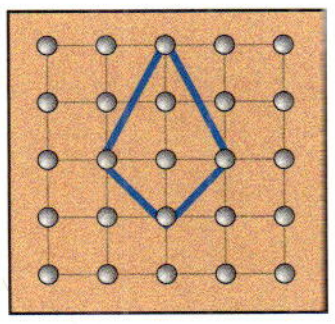

Übungen

14 *Vierecke im Koordinatensystem*

Zeichne ein Koordinatensystem in dein Heft (1 Einheit = 1 cm).

a) Markiere die Punkte (4 | 1) und (3 | 3). Ergänze zwei weitere Punkte so, dass ein Quadrat entsteht. Gib die Koordinaten der neuen Punkte an. Wie viele Möglichkeiten gibt es?

b) Markiere die Punkte (2 | 9) und (4 | 8). Füge zwei weitere Punkte hinzu, so dass ein Parallelogramm entsteht. Gib verschiedene Möglichkeiten an.

c) Markiere die Punkte (9 | 5), (12 | 5) und (14 | 7). Wo kann der vierte Punkt liegen, wenn die vier Punkte ein Parallelogramm bilden sollen? Hier gibt es drei Lösungen.

15 Die Abbildung zeigt ein Lineal zum Zeichnen von Parallelen.

a) Erkläre, wie es funktioniert.

b) Welchen Abstand können die gezeichneten Parallelen höchstens haben?

c) Baue selbst ein „Parallellineal" aus Pappe. Worauf musst du achten?

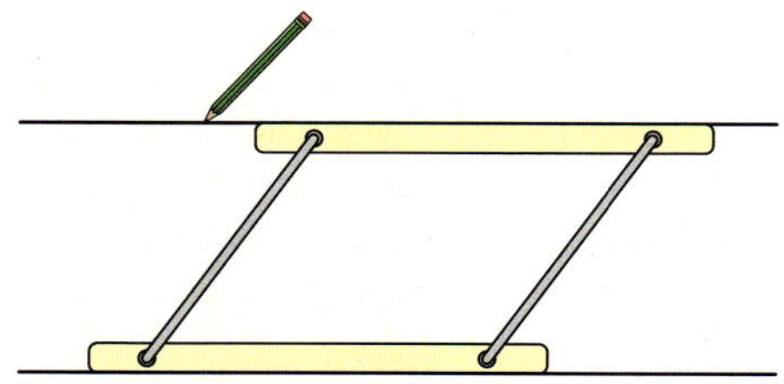

16 Falte ein quadratisches Blatt zweimal so wie in der Abbildung. Stelle insgesamt vier solcher Faltblätter her.

a) Die im Bild schraffierten Flächen A, B, C und D werden herausgeschnitten und dann aufgefaltet. Kannst du voraussagen, welche der Vierecke (1), (2), (3) oder (4) bei jedem Schnitt entstehen?

b) Führe die Schnitte jeweils an einem zweimal gefalteten Quadrat durch. Überprüfe deine Voraussagen. Klebe die ausgeschnittenen Vierecke in dein Heft und zeichne die Faltachsen farbig nach. Notiere den Namen des Vierecks.

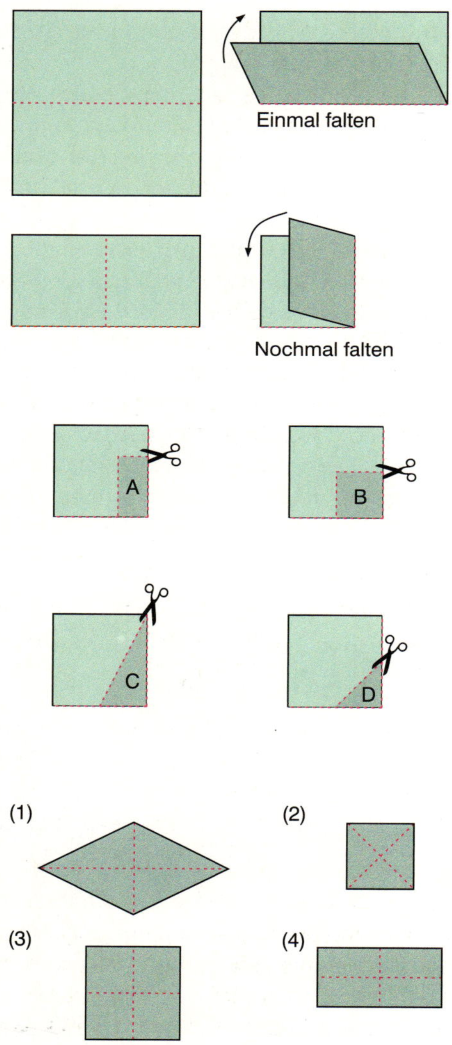

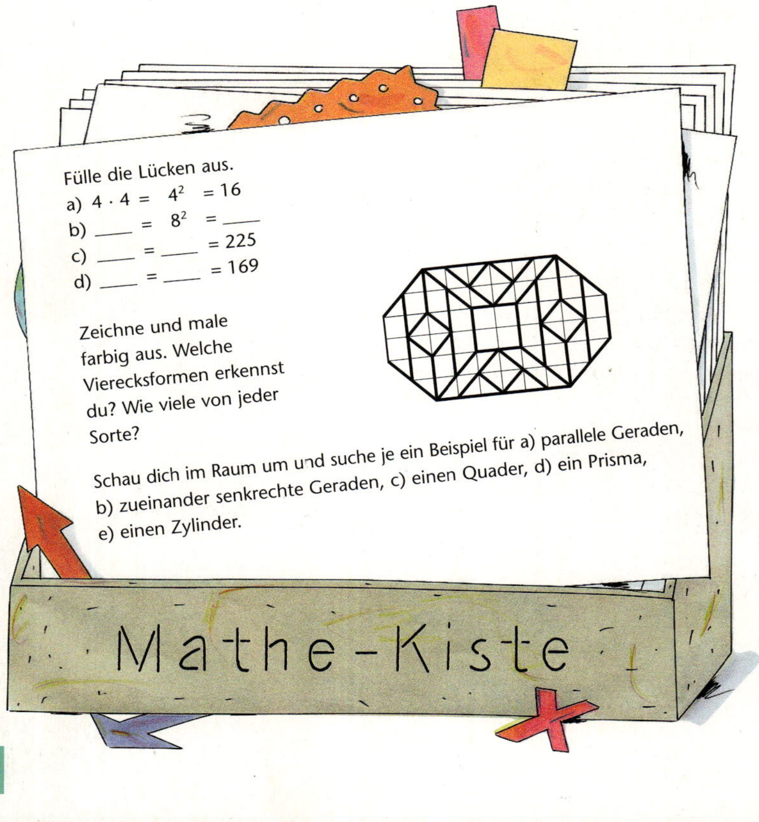

Aufgaben

17 *Vierecke im Wettbewerb:* Übertragt das Spielfeld in eure Hefte. Ihr könnt das Spiel nun zu zweit oder in zwei Gruppen spielen.

Spielregeln: Die Spieler müssen abwechselnd eine Strecke einzeichnen, die zwei direkt benachbarte rote Punkte miteinander verbindet. Erlaubt sind waagerechte, senkrechte oder diagonale Verbindungen.

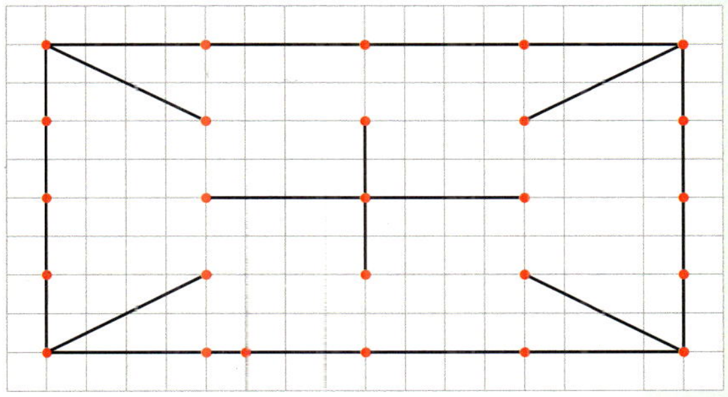

Der Spieler, dem es gelingt, die vierte Seite eines Vierecks zu zeichnen, erhält
1 Punkt für ein Quadrat, ein Rechteck, ein Parallelogramm oder eine Raute,
3 Punkte für ein gleichschenkliges Trapez oder einen Drachen.

Beim Schließen eines neuen Vierecks dürfen höchstens zwei Seiten eines bereits vorhandenen Vierecks benutzt werden.

18 *Symmetrieachsen*

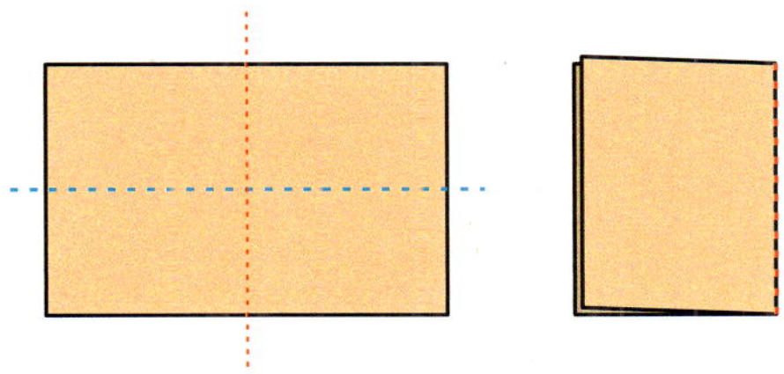

a) Zeichne ein Rechteck, schneide es aus und falte es entlang der roten Linie. Die beiden Teile kommen dann genau zur Deckung. Eine solche Faltgerade nennt man Symmetrieachse. Überprüfe durch Falten, ob auch die blaue Gerade eine Symmetrieachse ist.
b) Beim Quadrat gibt es sogar vier Symmetrieachsen. Finde diese durch Falten und zeichne ein Quadrat mit den vier Symmetrieachsen in dein Heft.
c) Wie viele Symmetrieachsen findest du jeweils bei einer Raute, einem Drachen, einem gleichschenkligen Trapez und bei einem Parallelogramm? Probiere durch Falten und zeichne dann in dein Heft.
d) Erstelle eine Rangliste der besonderen Vierecke nach der Anzahl der Symmetrieachsen.

Wie viele Symmetrieachsen findest du bei einem Kreis?

19 *Eine erstaunliche Entdeckung*

a) Zeichne ein Quadrat und markiere die Mittelpunkte aller vier Seiten. Verbinde die Mittelpunkte zu einem Viereck. Welcher Vierecksty p entsteht?
b) Führe die Konstruktion von a) für ein Rechteck durch. Welcher Viereckstyp entsteht nun?
c) Welche Viereckstypen entstehen bei der gleichen Konstruktion bei einem Parallelogramm, einer Raute, einem gleichschenkligen Trapez, einem Drachen? Versuche es auch bei einem Viereck mit vier verschieden langen Seiten.
d) Welche gemeinsamen Eigenschaften haben alle so konstruierten Vierecke?

20 *Streichholz-Puzzles*

a) Lege drei Streichhölzer so um, dass aus den 6 Dreiecken 4 Parallelogramme werden.

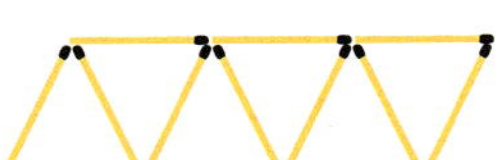

b) Lege drei Hölzer so um, dass vier Rauten entstehen.

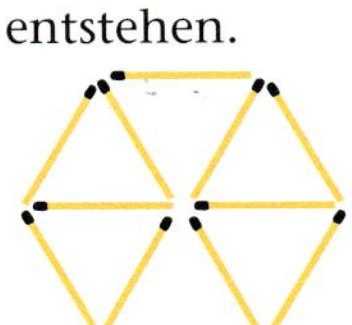

c) Lege fünf Hölzer so um, dass zwei Quadrate entstehen.

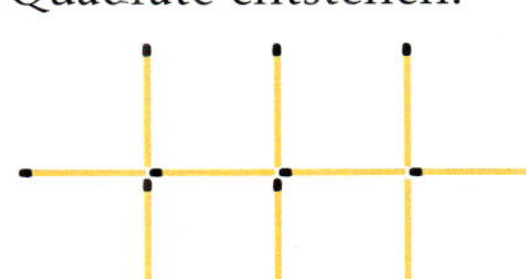

Kennst du weitere solcher Streichholzrätsel?

Tangram

Aus China ist ein interessantes Puzzle überliefert: das Tangram. Im Chinesischen wird es „Chi'i Chi'iao Pan“ genannt, das bedeutet „Siebenschlau“. Wir wissen nicht, wer es erfunden hat, aber es gibt eine hübsche Legende dazu: *Ein alter chinesischer Philosoph wollte seinem Mandarin eine wunderschöne quadratische Platte als Geschenk überreichen. Doch er stolperte am Eingang des Palastes, die Platte fiel zu Boden und zerbrach in sieben Stücke. Als er versuchte, die Teile wieder zusammenzusetzen, entstanden interessante geometrische Figuren, Symbole, Brücken, Bäume und Tiere.*

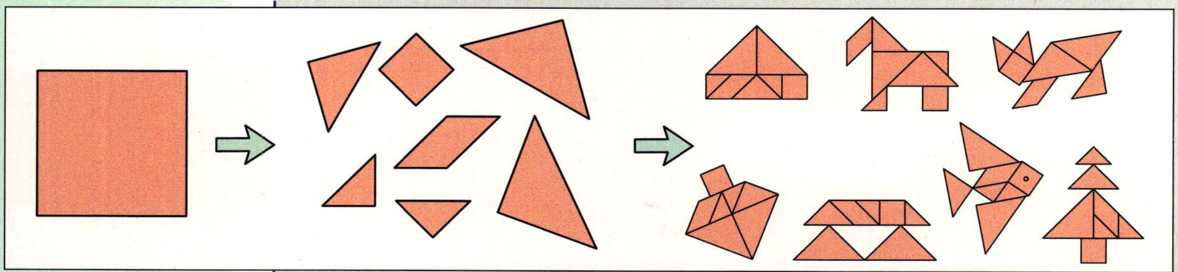

Aufgaben

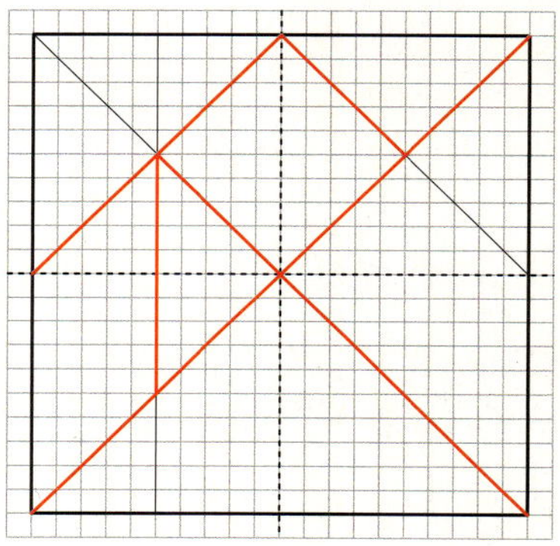

21 Schneide aus einem Pappquadrat (10 cm Seitenlänge) die sieben Teile des Tangrams aus.
Zeichne dazu zunächst die Hilfslinien ein und schneide dann längs der roten Kanten. Auf kariertem Papier ist es ganz leicht. Mithilfe des Geodreiecks kannst du die Hilfslinien aber auch exakt auf bunte Pappe zeichnen.
Versuche nun die oben abgebildeten Figuren nachzulegen.

Mit ein bisschen Geschick kannst du das Tangram auch aus Sperrholz sägen.

22

a) Füge die sieben Einzelteile des Tangrams wieder zu einem Quadrat zusammen.
b) Unter den Puzzleteilen befinden sich zwei Vierecke: ein Quadrat und ein Parallelogramm. Bilde aus den restlichen Teilen weitere Vierecke. Versuche dabei, möglichst verschiedene Viereckstypen herzustellen.

23 Die Vierecke sind jeweils aus allen sieben Teilen des Tangrams zusammengefügt. Versuche es selbst.
Findest du noch andere geometrische Figuren?

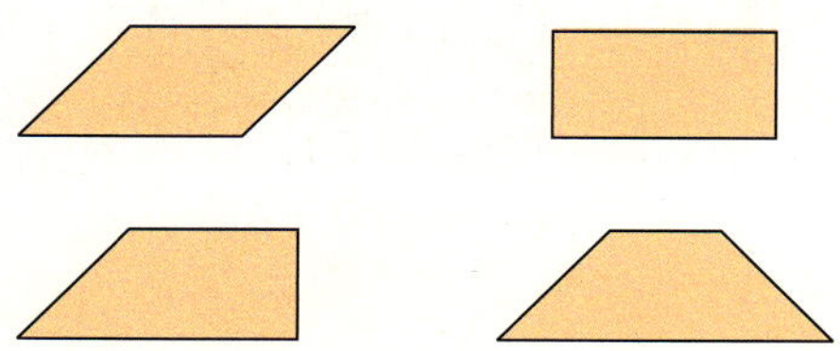

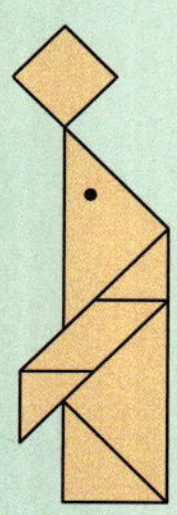

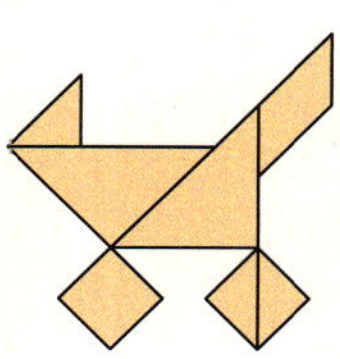

24 Lege mit den Tangram-Teilen selbst Figuren nach deiner Fantasie.
Spielregeln: Bei jeder Figur müssen alle sieben Teile verwendet werden.

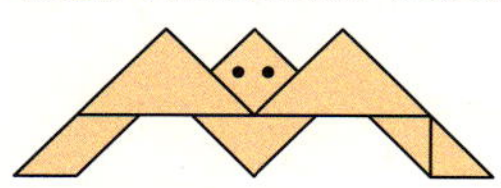

8.3 Pflasterungen

Was dich erwartet

Oft werden geometrische Formen benutzt, um eine Fläche auszulegen: Bei der Pflasterung von Bürgersteigen, Einfahrten und Plätzen, beim Fliesen in Badezimmern und auf Fußböden oder bei der kunstvollen Gestaltung an Gebäuden. Auch Künstler verwenden für ihre Bilder oft wunderschöne Muster aus Ornamenten, Tieren und Pflanzen. Wie erzeugt man solche interessanten Pflasterungen? Worauf muss man achten, damit alles genau passt? Welche Formen kann man benutzen?

Aufgaben

1 *Mathematik liegt auf der Straße*
Nils hat auf seinem Schulweg aufmerksam auf den Boden geachtet. Dabei sind ihm einige Plattenmuster aufgefallen.
a) Zeichne die Plattenmuster ab. Beschreibe die Formen.
b) Schau dich selbst draußen um. Kannst du weitere Plattenmuster finden? Mache von diesen eine Skizze.

2 Viele Badezimmer sind mit quadratischen Fliesen ausgelegt.
a) Wie sieht es bei dir zu Hause aus? Mache eine Skizze.
b) Könnte man auch Rechtecke (Parallelogramme, Rauten) benutzen? Erstelle Zeichnungen auf unliniertem Papier. Benutze verschiedene Farben. An welchen Stellen wird es schwierig, wenn man eine Wand fliesen will?

3 *Sechserpack:* Sechseckpflasterungen kommen in der Natur vor, z. B. bei den Honigwaben der Bienen. Beim Fliesen der Wände und Fußböden ergeben Sechsecke besonders schöne Muster.

Papier mit nebenstehendem Dreiecksmuster nennt man Isometriepapier. Darauf kannst du leicht regelmäßige Sechsecke zeichnen.
a) Zeichne eine farbige Pflasterung aus regelmäßigen Sechsecken.
b) Natürlich kannst du auch verschiedene Formen benutzen. Zeichne eine bunte Pflasterung aus Sechsecken und Dreiecken. Findest du mehrere Möglichkeiten?

Isometriepapier kann man im Schreibwarenhandel kaufen.

Aufgaben

4 *Schwarz-weiß gemustert*

a) Hier siehst du ein beliebtes Fliesenmuster. Beschreibe die Form der weißen und schwarzen Kacheln. Zeichne das Muster in dein Heft. Auf Karopapier ist es einfach.
b) Denke dir ein eigenes Fliesenmuster aus zwei verschiedenen Kacheln aus und mache eine Zeichnung.

Vielleicht kannst du in einem Fliesengeschäft einen Prospekt besorgen.

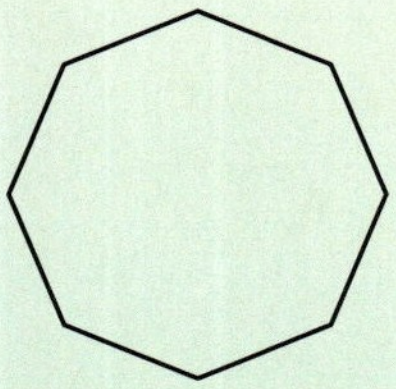

5 *Rund ums Achteck*

Stelle eine Pflasterung aus regelmäßigen Achtecken und Quadraten her. Erstelle für das Achteck am besten eine Schablone. Wie groß sollte dann das Quadrat sein, damit alles passt?

6 *Ganz schön eckig*

a) Gibt es eine Pflasterung, die nur aus regelmäßigen Achtecken besteht?
b) Kann man mit einem Kreis eine Fläche ohne Lücken pflastern? Probiere es mit Münzen aus.

Herstellen eines regelmäßigen Achtecks

Methode mit zwei Quadraten:
- Schneide zwei gleich große Quadrate aus Pappe.
- Zeichne bei beiden Quadraten die vier Symmetrieachsen ein.
- Klebe die Quadrate zusammen. Die Symmetrieachsen liegen aufeinander.
- Verbinde die Ecken des entstandenen Sterns miteinander.

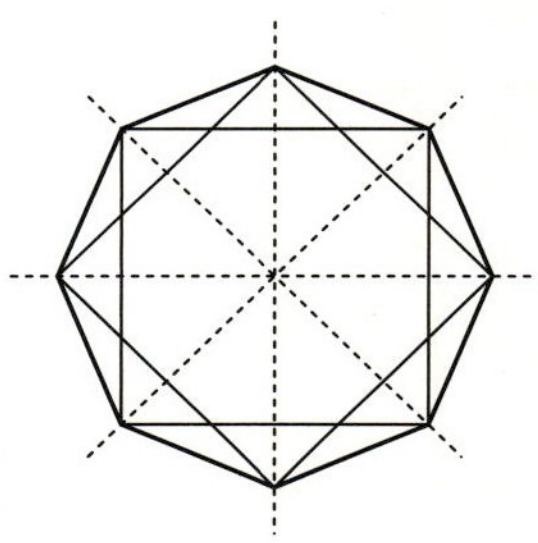

Methode mit Falten eines Kreises:
- Schneide einen Kreis aus.
- Falte so, dass die beiden Kreisteile deckungsgleich aufeinander fallen.
- Falte die entstehende Figur ein zweites und drittes Mal.
- Verbinde die Ecken miteinander und schneide die überflüssigen Kreisstücke ab.

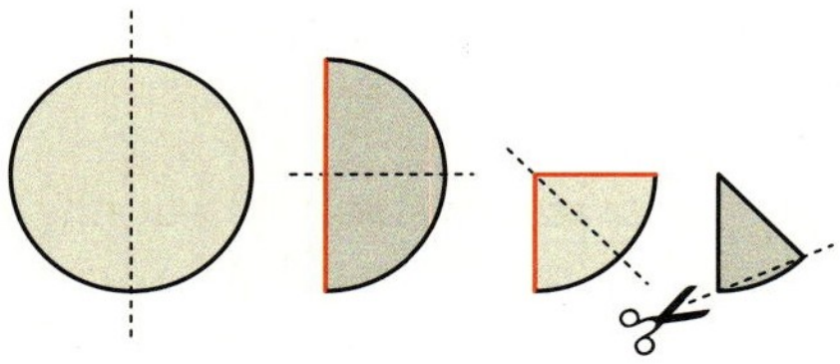

Basiswissen

Bereits vor Jahrtausenden benutzten die Menschen Pflasterungen. Die Fußböden von Gebäuden wurden mit Steinstückchen ausgelegt, die Wände mit kunstvollen Mosaiken verziert. Zuerst wurden die Steinchen zufällig angeordnet und die Lücken nachträglich gefüllt. Die Menschen kamen schnell darauf, dass es ohne Lücken geht, wenn man den Boden mit Steinen derselben Gestalt und Größe belegt. Die Mathematik hilft uns zu entscheiden, welche Steinformen dazu geeignet sind.

Basiswissen

Pflasterungen

Legt man eine Fläche so mit Figuren aus, dass keine Lücken bleiben und die Figuren auch nicht übereinander liegen, so nennt man dies eine **Pflasterung** (oder auch Parkett). Beim Pflastern gibt es viele Möglichkeiten:

Man kann mit nur einer Sorte von Figuren pflastern.

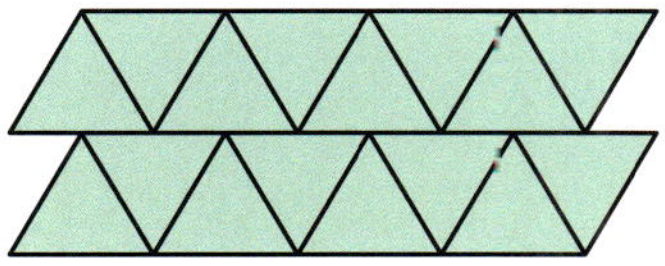
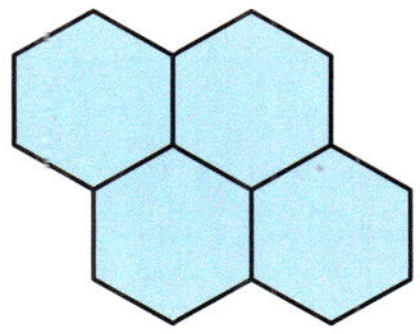

Man kann aber auch verschiedene Typen benutzen.

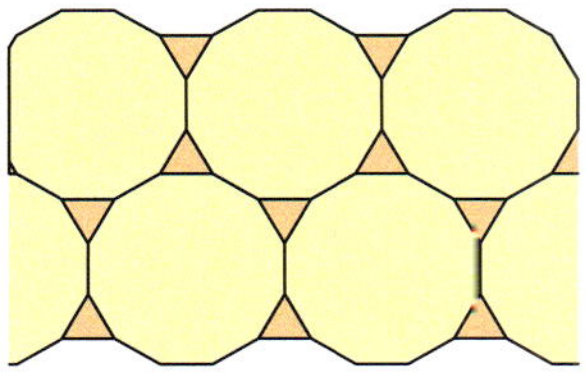
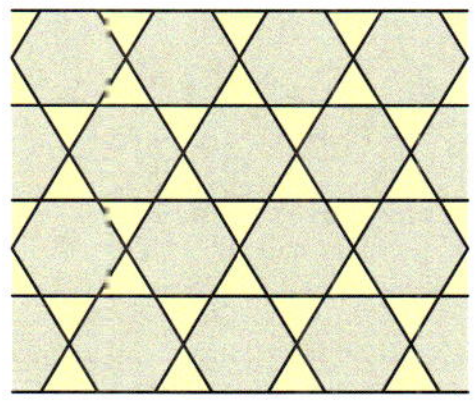

Übungen

7 Timos Eltern wollen einen neuen Parkettfußboden verlegen lassen. In einem Geschäft für Holzfußböden werden rechteckige Parketthölzer mit 40 cm Länge und 10 cm Breite angeboten. Die Hölzer können in verschiedenen Mustern verlegt werden. Rechts siehst du das Muster „Mosaik". Wie könnte man die Hölzer sonst noch verlegen? Wähle einen passenden Maßstab (z. B. 1:10) und zeichne verschiedene Muster.

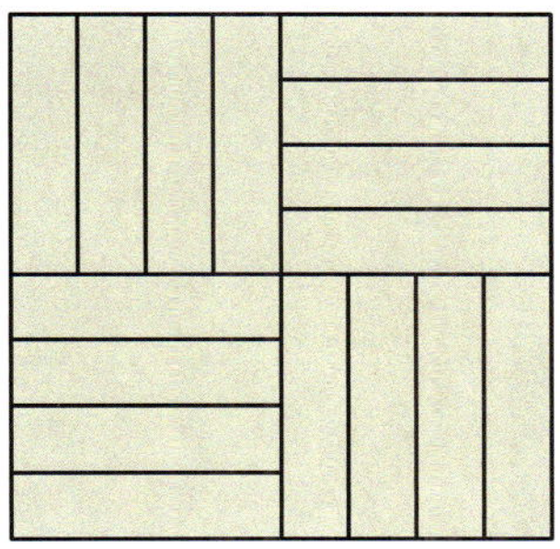

Am besten entwirfst du dein Muster auf kariertem Papier und überträgst es dann exakt auf unliniertes Papier.

8 Vater Fuge hat seinen Kindern ein kleines Gartenhaus gebaut. Jetzt wollen sich die Kinder dazu eine kleine Terrasse anlegen. Herr Fuge hat noch verschiedene Platten im Keller: quadratische Platten mit einer Seitenlänge von 10 cm und Platten mit einer Länge von 40 cm sowie Rechtecke, die 10 cm breit und 40 cm lang sind. Wie können die Platten gelegt werden? Zeichne verschiedene Vorschläge.

9 Kim hat sich ungewöhnliche Vielecke für ein Fliesenmuster überlegt.

a) Übertrage die Figur 1 [2, 3, 4] auf kariertes Papier und versuche mit ihr eine Pflasterung zu gestalten.

b) Kannst du eine Pflasterung finden, bei der mehrere dieser Formen zugleich vorkommen? Male sie bunt aus.

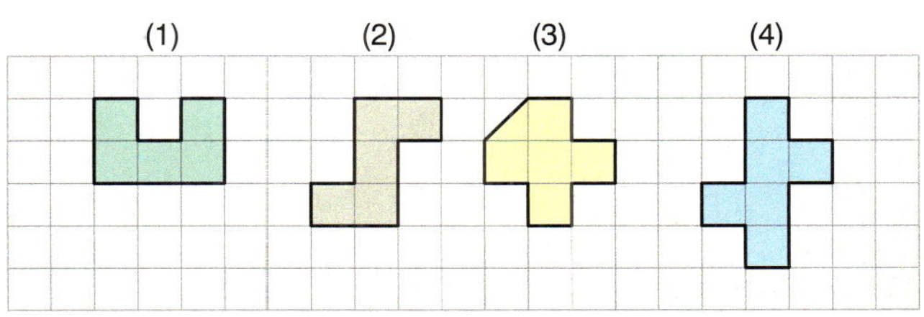

Übungen

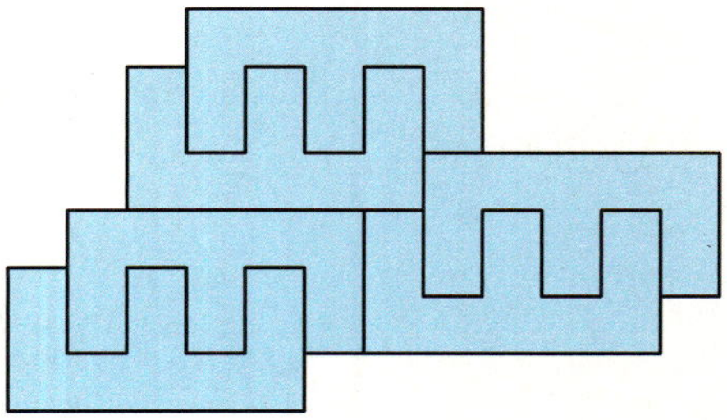

10 Auch mit manchen Buchstaben unseres Alphabets lassen sich Pflasterungen legen, z. B. eine E-Pflasterung.
a) Zeichne das E-Muster ab. Du zeichnest am besten auf Karopapier. Füge noch sechs weitere E hinzu.
b) Zeichne eine weitere „Buchstabenpflasterung" mit dem Buchstaben F in dein Heft.
c) Welche Buchstaben sind noch für eine Buchstabenpflasterung geeignet?

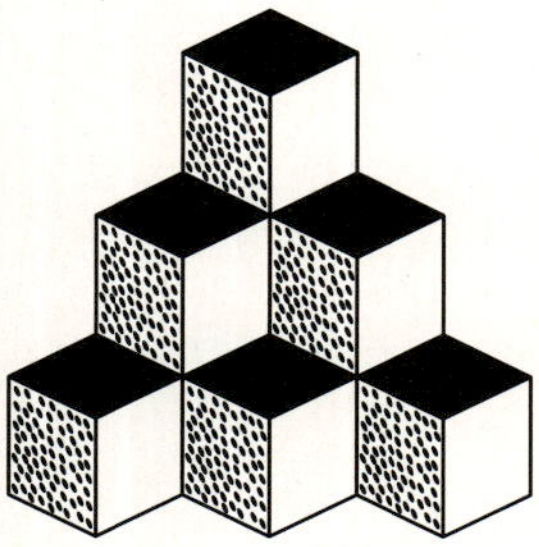

11 *Alles Flickwerk?*
a) Im Bild siehst du Rauten, die zusammen aussehen wie ein Würfelturm. Das klingt seltsam. Du kannst dieses bekannte Muster aber gut selbst zeichnen. Mit dem isometrischen Papier ist es leicht, die Grundfigur Raute herzustellen. Der räumliche Eindruck von Würfeln entsteht erst durch das farbige Anmalen. Probiere es aus. Zeichne das Muster ab. Finde ein weiteres Muster aus Rauten.

b) Den Würfelturm findet man oft bei Patchwork-Arbeiten. *Patchwork* bedeutet *Flickwerk*. Dabei werden verschiedene Stoffreste, z. B. zu einer Decke, zusammengenäht. Du kannst das natürlich ausprobieren. Schneide mit einer Schablone aus Stoffresten Rauten (oder andere Formen) aus und nähe sie zusammen oder klebe sie auf Karton.

12 Mit Kartoffeldruck kannst du ausgefallene, bunte Pflasterungen drucken. Erstelle je eine Schablone für ein regelmäßiges Dreieck und Sechseck sowie für ein Quadrat. Achte darauf, dass die Seiten gleich lang sind. Nimm drei Kartoffelhälften und lege jeweils eine der drei Schablonen auf die Schnittfläche. Schneide nun alle überstehenden Kartoffelstücke ab. Schon hast du einen Stempel.

Um die Schablone herzustellen, kannst du z. B. Isometriepapier benutzen.

Du kannst den Stempel mit Wasserfarbe einfärben und damit auf Papier stempeln. Probiere es aus.
a) Versuche das Parkett nachzudrucken. Es nennt sich (3, 4, 4, 6)-Parkett, denn in einer Ecke stoßen ein Dreieck, 2 Vierecke und ein Sechseck zusammen.
b) Kannst du weitere Parkettmuster aus Dreiecken, Vierecken und Sechsecken finden? Wie heißen deine Parkette?

Lebendige Pflasterungen

Auf den vorangegangenen Seiten hast du viele Möglichkeiten für das Pflastern oder Fliesen von Flächen kennen gelernt. Immer entsteht ein Muster, das sich in regelmäßigen Abständen wiederholt. Der niederländische Künstler MAURITS CORNELIS ESCHER (1898–1972) beschäftigte sich sein Leben lang mit dem Zeichnen solcher Muster. Dabei beschränkte er sich aber nicht auf Fliesen mit regelmäßigen geometrischen Figuren. Seine „Fliesen" hatten oft die Form von Tieren, darüber hinaus auch von Fantasiegestalten.

Aufgaben

13 Ein schönes Beispiel einer originellen Pflasterung siehst du oben. Kannst du erkennen, welche Figur Escher zum Pflastern verwendet hat? Wie hat er diese Figuren zusammengesetzt? Beschreibe deine Eindrücke. Die Regelmäßigkeit erkennst du auch an den eingezeichneten Gittern von Rechtecken und Parallogrammen.

14 *Vom Rechteck zum Pfeil:* Kannst du dir vorstellen, selbst ein originelles Muster zu zeichnen? Es gibt eine verblüffend einfache Strategie.

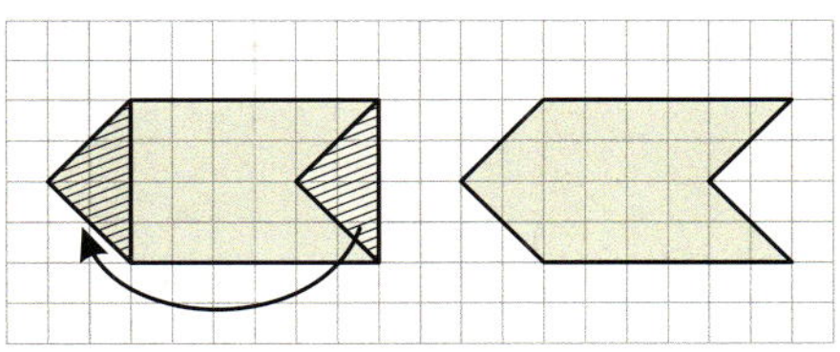

Schneide ein Rechteck aus. Schneide das Dreieck hinten aus und setze es vorne wieder an. Es entsteht ein sechseckiger Pfeil.

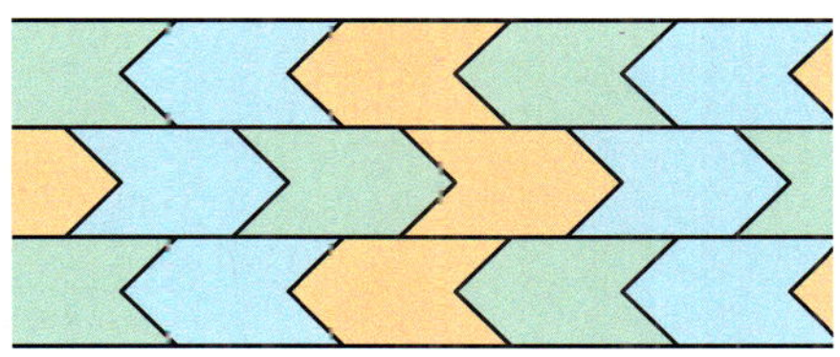

Schneide mehrere (mindestens 10) solcher Pfeile aus, füge sie zu einem Pflaster zusammen und male dieses bunt aus.

15 Nun trauen wir uns an eine komplizierte Figur, die wie ein Fisch aussieht. Zeichne einen Pfeil wie in Aufgabe 14.

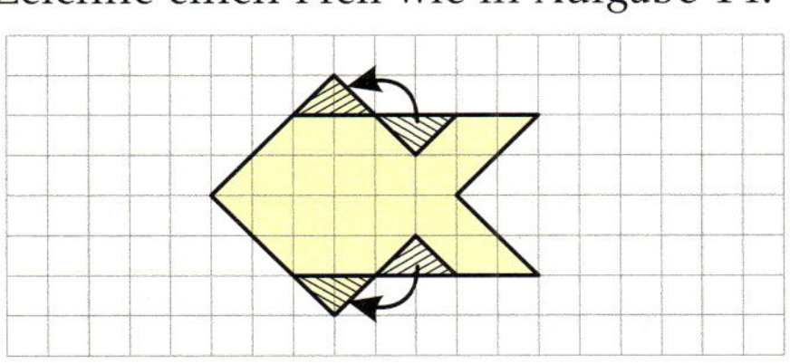

Schneide die kleinen schraffierten Dreiecke aus und setze sie wieder an.

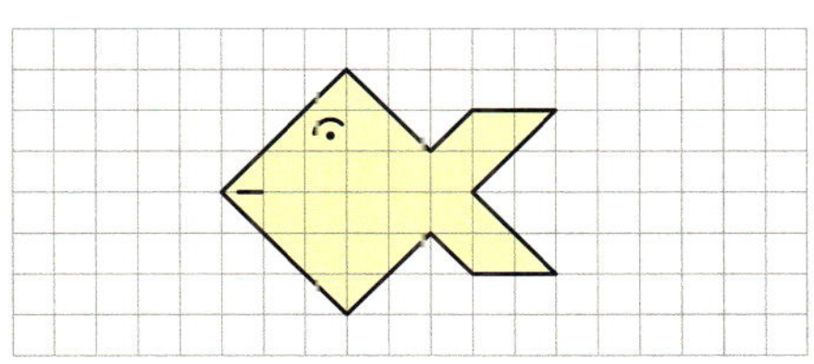

Wenn du nun den Mund und das Auge malst, so hast du deinen Fisch.

Mit mehreren Fischen kannst du nun ein Pflaster zusammenstellen. Probiere es aus. Wenn du Erfolg hast, klebe dein Pflaster auf Papier und male es bunt aus.

Projekt

Originelle Pflasterungen

Ziel des Projekts ist eine Ausstellung mit selbst erstellten originellen Pflasterungen.

Planung

- Der Arbeitsaufwand beim Zeichnen, Ausschneiden, Zusammenpuzzeln und bei der farbigen Gestaltung lässt sich am besten in Gruppenarbeit bewältigen. Außerdem können in einzelnen Gruppen verschiedene Bilder entworfen werden.

Ausführung

- Jede Gruppe entscheidet sich für *ihre* Figur. Es kann eines der abgebildeten Muster gewählt werden oder die Gruppe entwirft selbst eine Figur nach der Methode aus Aufgabe 14 und 15 auf der vorigen Seite. Das ist nicht ganz einfach.

(1)

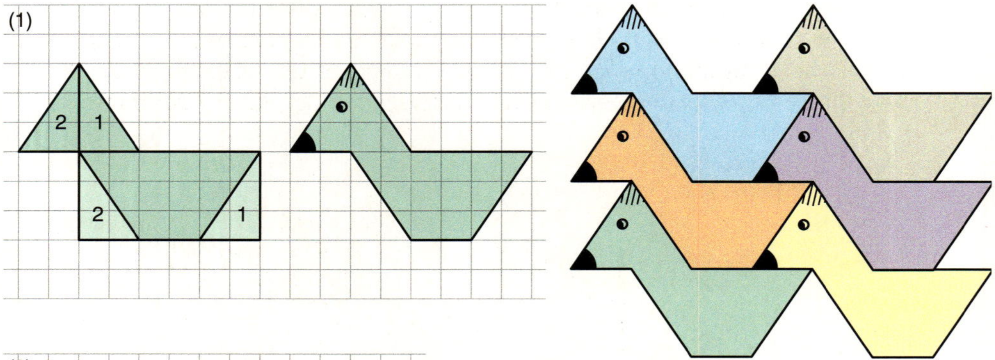

(2)

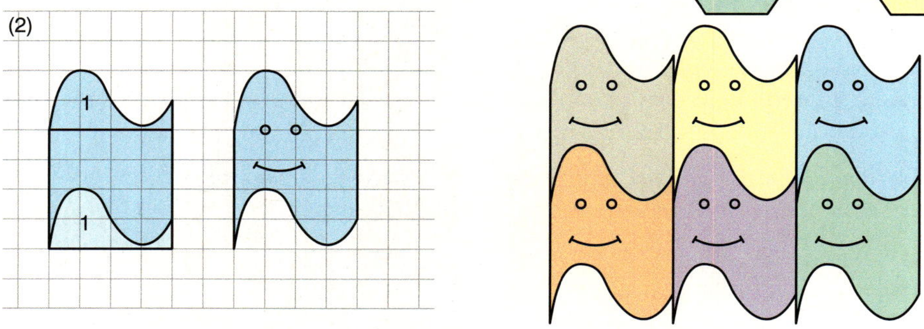

(3)

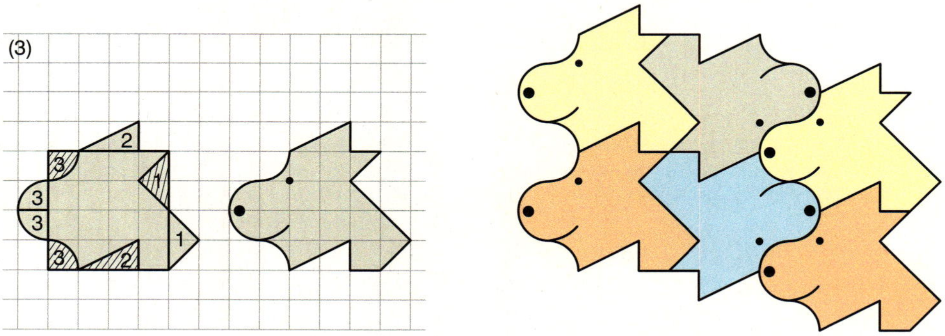

- Die sorgfältig gezeichneten und ausgeschnittenen Figuren werden nun zu einem Pflasterbild zusammengefügt und aufgeklebt. Für die geplante Ausstellung sollten die Figuren nicht zu klein sein, das Pflaster sollte möglichst ein DIN-A4-Blatt füllen.

- Um die Ausstellungsbesucher zu begeistern, muss in das anschließende Buntmalen viel Sorgfalt und Einfallsreichtum gelegt werden. Vielleicht lässt sich der Kunstlehrer/die Kunstlehrerin für das Projekt gewinnen. Damit kommen noch ein paar Unterrichtsstunden hinzu und das Projekt wird zu einem gemeinsamen Unternehmen in den Fächern Mathematik und Kunst.

Ausstellung

- Für die Besucher der Ausstellung ist es sicher interessant, wenn auch etwas über die Konstruktionsmethode verraten wird. Am besten können die Stufen der Konstruktion und der Pflasterung schrittweise auf einem Poster dargestellt werden.

- Schließlich können neben den eigenen Werken auch einige Bilder von Escher in die Ausstellung aufgenommen werden. Zu den Werken von Escher gibt es viele interessante Bücher, auch Poster und Postkarten. Sicher wird auch die Suche im Internet erfolgreich sein.

- Einige Beispiele sind auf dieser Seite zu sehen. Wenn die Bilder in die Ausstellung kommen sollen, so benötigen sie einen treffenden Namen und die Besucher sollten Zusatzinformationen (z. B. auf Karteikarten) erhalten: Welche Figuren hat ESCHER benutzt? Auf welche Weise hat er das Pflaster zusammengefügt?

CHECK-UP

Körper, Flächen, Linien – überall Geometrie

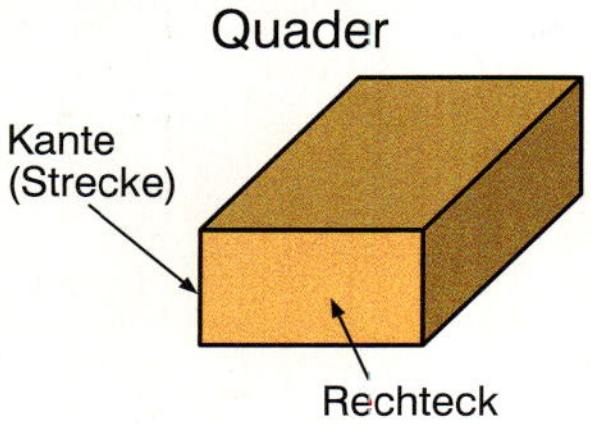

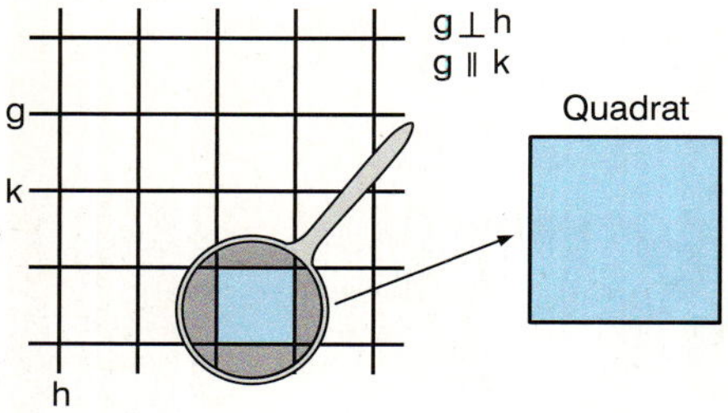

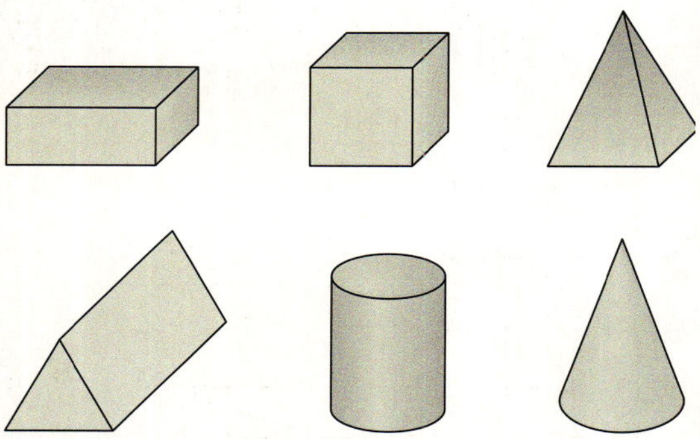

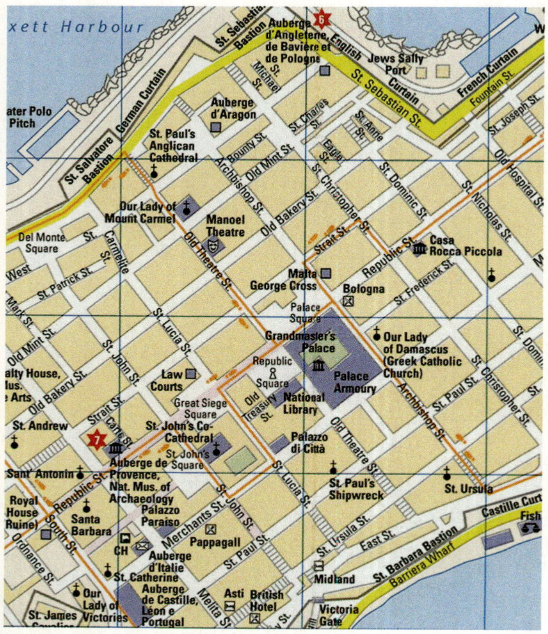

Valletta ist die Hauptstadt von Malta

1 Im Alltag begegnen dir viele Formen geometrischer Körper.

a) Schreibe in deinem Heft die Namen aller Körper auf, die du kennst.

b) Gib für jeden Körper die Anzahl seiner Kanten und Flächen an.

c) Suche für jeden Körper ein Beispiel aus dem Alltag. Ein Blick in Kapitel 7 hilft dir dabei.

2 Karopapier besteht aus parallelen und zueinander senkrechten Geraden.

a) Wie prüfst du, ob zwei Geraden parallel oder senkrecht zueinander sind?

b) Welchen Abstand haben die parallelen Geraden voneinander?

c) Zeichne auf unliniertes Papier ein Koordinatengitter, bei dem die parallelen Geraden einen Abstand von 2 cm haben.

3 Auch bei einigen Vierecken kommen parallele und zueinander senkrechte Seiten vor.

a) Welche Viereckstypen kennst du? Wo kommen diese Vierecke vor?

b) Zeichne und benenne Vierecke, die

(1) parallele und zueinander senkrechte Seiten haben,

(2) parallele Seiten, aber keine rechten Winkel haben,

(3) weder parallele noch zueinander senkrechte Seiten haben.

c) Wo kommen bei den Körpern parallele bzw. zueinander senkrechte Kanten vor?

4 *„Was bin ich?"* – ein geometrisches Ratespiel: Dabei geht es darum, geometrische Körper zu beschreiben, ohne den Namen zu nennen.

Z. B.: Der Körper besteht aus 6 Quadraten und hat …

a) Beschreibe auf diese Weise die Körper aus der Abbildung. Spiele abwechselnd mit deinem Tischnachbarn.

b) Ihr könnt das Spiel auch mit den Dachformen auf S. 145 und 149 spielen.

5 Im Bild siehst du den Stadtplan von Valletta. Es gibt parallele Straßen (z. B. Republic Street und Merchants Street) und auch senkrecht zueinander verlaufende Straßen (z.B. Republic Street und Archbishop Street).

a) Nenne weitere Beispiele paralleler oder zueinander senkrechter Straßen in Valletta.

b) Wie weit ist es – Luftlinie in mm gemessen – vom Law Courts zur St. Nicholas Street?

c) Welchen Abstand hat die Old Mint Street von der Merchants Street auf diesem Plan in mm?

CHECK-UP

6 „Wer könnte ich wohl sein?" Begründe deine Antwort.
a) Ich bin ein Körper und habe als Seitenflächen lauter Rechtecke.
b) Ich bin ein Körper und habe nur 6 Kanten.
c) Mein Netz besteht aus einem Quadrat und 4 Dreiecken.
d) Ich bin ein Viereck und habe 4 Symmetrieachsen.
e) Ich bin ein Viereck und habe zwei verschieden lange Diagonalen, die aufeinander senkrecht stehen.
f) Ich bin ein Dach. Ein Rechteck, zwei Trapeze und zwei Dreiecke machen mich zu dem, was ich bin.

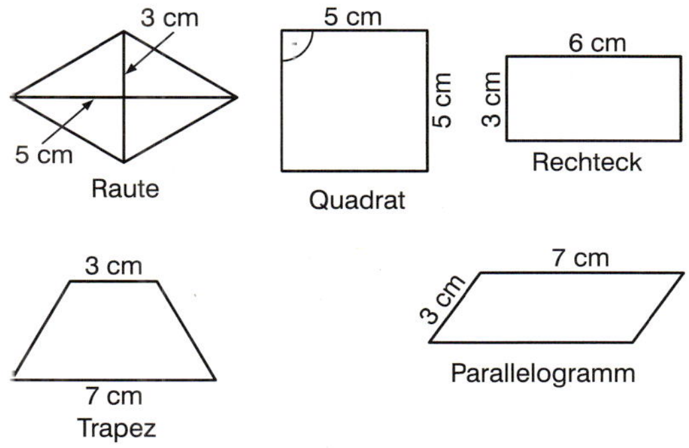

7 „Das sind viel zu wenig Angaben, um die Vierecke zu zeichnen", stöhnt Heiko. „Für mich ist das kein Problem. Aber manchmal gibt es mehrere Möglichkeiten", erwidert Nora. Konstruiere die Vierecke auf Papier und schreibe zu jedem Viereck so viele Eigenschaften dazu, wie dir einfallen (z. B. gleich lange Seiten, zwei Seiten parallel usw.).

8 In dem Bild siehst du eine Pflasterung.
a) Versuche, sie möglichst genau zu beschreiben.
b) Zeichne die Pflasterung auf Papier.
c) Denke dir eine Pflasterung aus, bei der zwei verschiedene Rechtecke vorkommen und zeichne sie.

9 *Wahr oder falsch?*
Bei einem Quiz werden 5 Sätze zu den Zeichnungen gesagt. Du musst entscheiden, ob sie wahr oder falsch sind. Gib zuerst einen Tipp ab und prüfe dann.
(1) Die Strecken t, u, v und w sind gleich lang.
(2) Die Strecken $\overline{BC}$, $\overline{CD}$ und $\overline{BD}$ sind gleich lang.
(3) Es gibt zwei Strecken, die senkrecht zueinander sind.
(4) Die Punkte B, C und D sind gleich weit von Punkt A entfernt.
(5) Der Punkt A hat zu den Geraden BD und CD den gleichen Abstand.

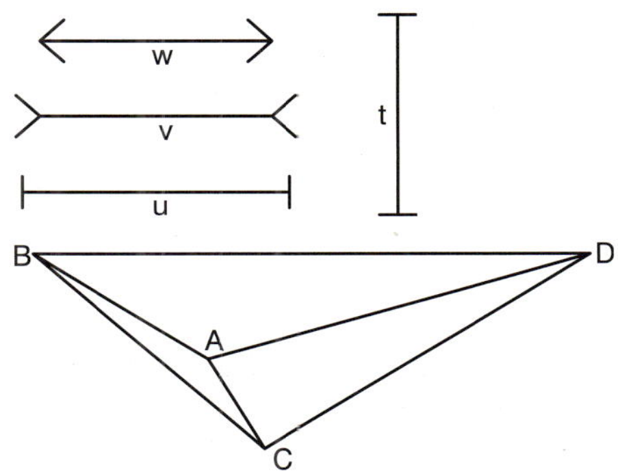

10 Mit dem Kantenbausatz kannst du ebene Figuren und Körper bauen. Gib jeweils an, welche Kanten du verwendest, um die Modelle zu bauen. Achtung: Manchmal fehlen Kanten. Gib dann an, welche du zusätzlich benötigst. Wie viele Kanten stoßen jeweils in einer Ecke zusammen?

Der Vielzweckkasten – Das alles kann man bauen:
Drachen, Pyramide, Oktaeder, Satteldach, Quader, Raute, Würfel, Walmdach, Trapez, Tetraeder ...

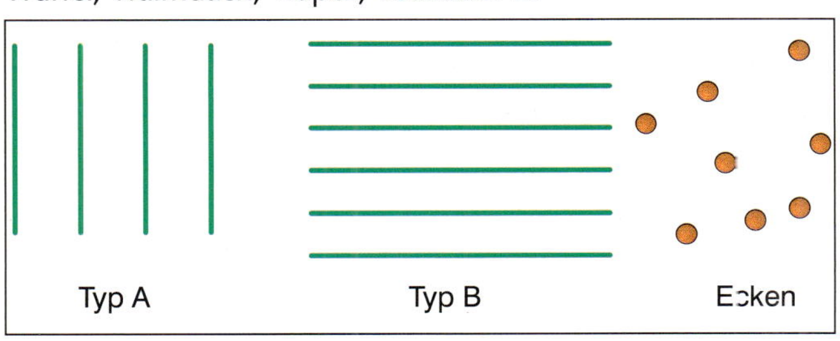

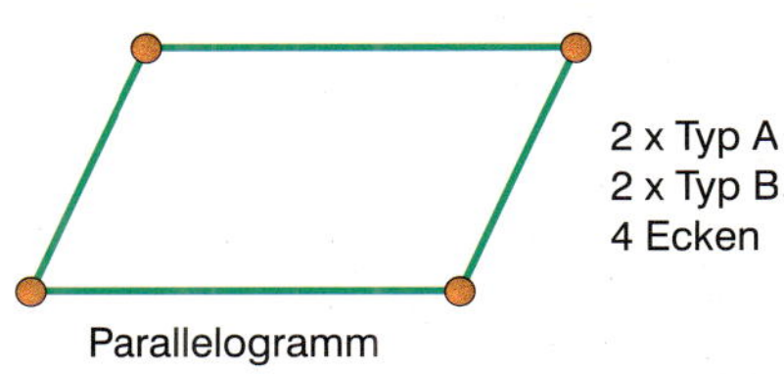

9 Raum und Ebene – Zeichnen und Vorstellen

9.1 Schrägbilder

Was dich erwartet

Du hast in diesem Buch schon viele Bilder von Würfeln, Pyramiden oder Dächern gesehen. Wie gelingt es eigentlich, das Bild solcher Körper auf ein Blatt Papier zu zeichnen, so dass man wirklich einen räumlichen Eindruck gewinnt? In diesem Kapitel wirst du einige Hinweise und Regeln kennen lernen, mit denen du dann selbst solche „Schrägbilder" von einfachen Körpern zeichnen kannst.

Aufgaben

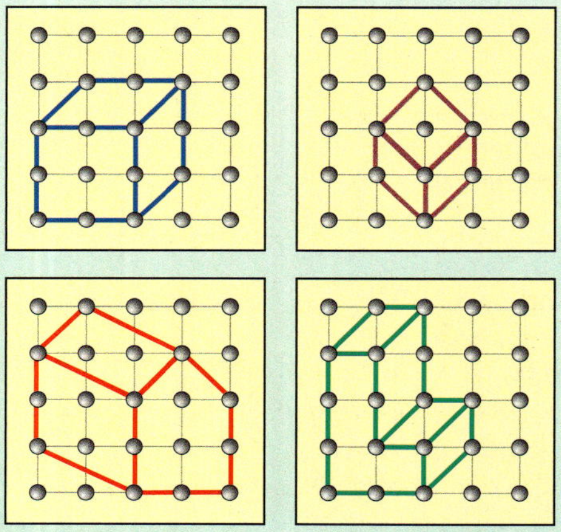

1 Mit einem 5 × 5-Geobrett kannst du ganz ohne Lineal und Bleistift Schrägbilder dir bekannter Körper herstellen.
a) Welche Körper erkennst du? Spanne mit Haushaltsgummis oder Haargummis die vier gezeigten Schrägbilder auf.
b) In einem Schrägbild erkennst du ein L. Kannst du ein Schrägbild für den Großbuchstaben T spannen?
c) Versuche noch weitere Schrägbilder von einfachen Körpern auf dem Geobrett darzustellen.

2 Auf Karopapier kannst du Schrägbilder leicht nachzeichnen, wenn du die Eckpunkte auf dem Gitter genau auszählst und passend verbindest.
a) Welche Körper erkennst du in den Zeichnungen? Zeichne die vier Schrägbilder auf Karopapier. Färbe in deinen Schrägbildern die parallelen Strecken jeweils in der gleichen Farbe.
b) In den Bildern A und B sind auch sogenannte „verdeckte Kanten" mit gestrichelten Linien gezeichnet. Schraffiere bei diesen Körpern die drei Flächen, auf die du draufschauen kannst. Was geschieht mit den gestrichelten Linien? Kannst du in den Schrägbildern C und D die verdeckten Kanten einzeichnen?

Die Körper mit den gestrichelten Linien erscheinen „durchsichtig".

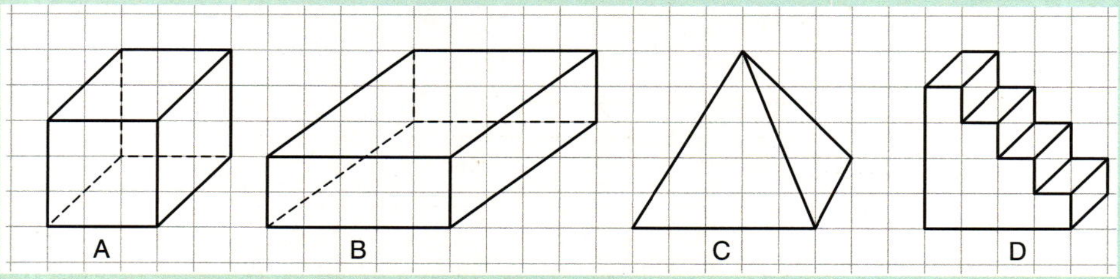

3 Aus Figuren entstehen Schrägbilder.
a) Zeichne zwei gleich große Quadrate in der angegebenen Lage in dein Heft. Nummeriere die Ecken an beiden Quadraten und verbinde anschließend die Eckpunkte mit den gleichen Nummern. Auf diese Weise entsteht das „Schrägbild“ eines Quaders.
b) Zeichne auf die gleiche Weise ein Satteldach, indem du von zwei gleichen Dreiecken ausgehst.
c) Entwirf selbst weitere Schrägbilder nach diesem Verfahren.

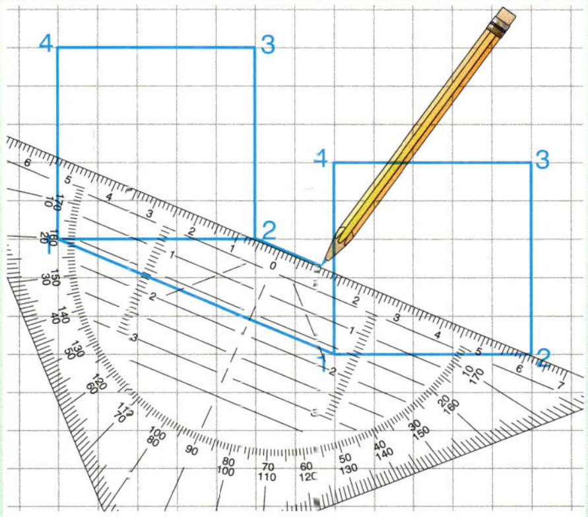

Aufgaben

Was geschieht, wenn das zweite Quadrat etwas „verdreht“ zu dem ersten liegt?

Basiswissen

Wenn wir Dinge ganz genau betrachten wollen, so schauen wir sie von allen Seiten an. Wenn wir auf dem Zeichenblatt ein räumliches Bild von einem Körper bekommen wollen, so zeichnen wir Schrägbilder.

Das Schrägbild eines Würfels entsteht

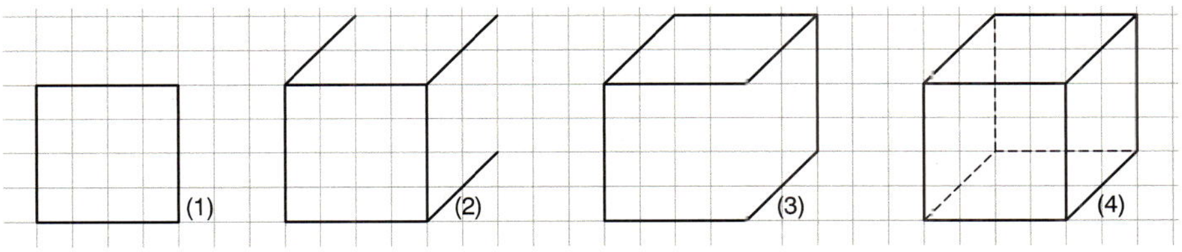

1. Schritt: Zeichne die Vorderfläche des Würfels.
2. Schritt: Zeichne die Kanten, die von vorne nach hinten zeigen, schräg und verkürzt wie im Bild.
3. und 4. Schritt: Ergänze die fehlenden Kanten der hinteren Fläche des Würfels. Die verdeckten Kanten werden nur gestrichelt gezeichnet.

Soll der Würfel undurchsichtig sein, so lässt man alle verdeckten Kanten weg. (3)

Übungen

4 Gehe schrittweise vor wie im Kasten beschrieben.
a) Zeichne das Schrägbild eines Würfels mit 4 cm Kantenlänge in dein Heft.
b) Kennzeichne alle parallelen Strecken in der gleichen Farbe.
c) Welche Kanten musst du weglassen, damit der Würfel undurchsichtig wird?

5 Übertrage die angefangenen Schrägbilder der Quader in dein Heft und zeichne sie fertig.

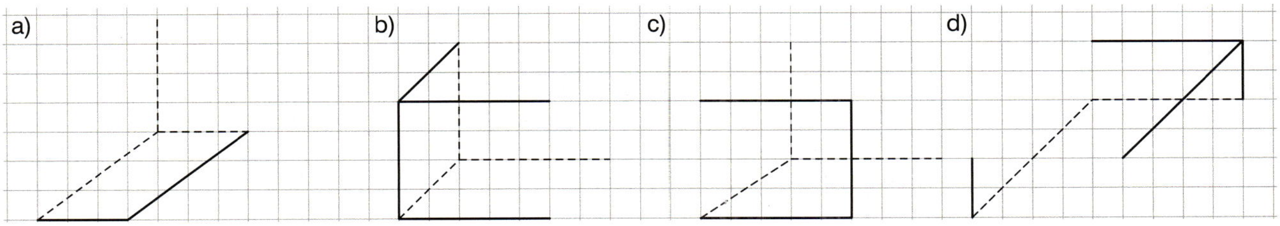

Übungen

Achte auf die verkürzten schrägen Kanten

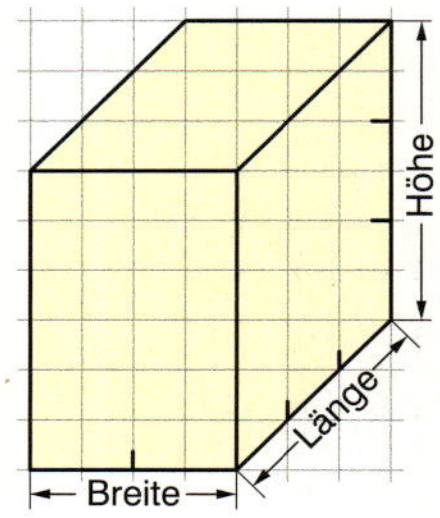

6 Zeichne Schrägbilder für die farbigen Quader mit den folgenden Abmessungen. Der gelb gefärbte Quader ist bereits fertig.

Quader	Breite	Höhe	Länge
gelb	2 cm	3 cm	3 cm
blau	4 cm	5 cm	2 cm
grün	7,5 cm	7,5 cm	4 cm
rot	6 cm	8 cm	6 cm

7 Schrägbilder von Dächern

a) Zeichne die drei Schrägbilder in dein Heft. Das karierte Papier ist dabei sehr nützlich. Welche Dachformen erkennst du?

b) Bild (2) zeigt ein vollständiges Haus. Ergänze dein Schrägbild auch bei (1) und (3) zu einem Haus.

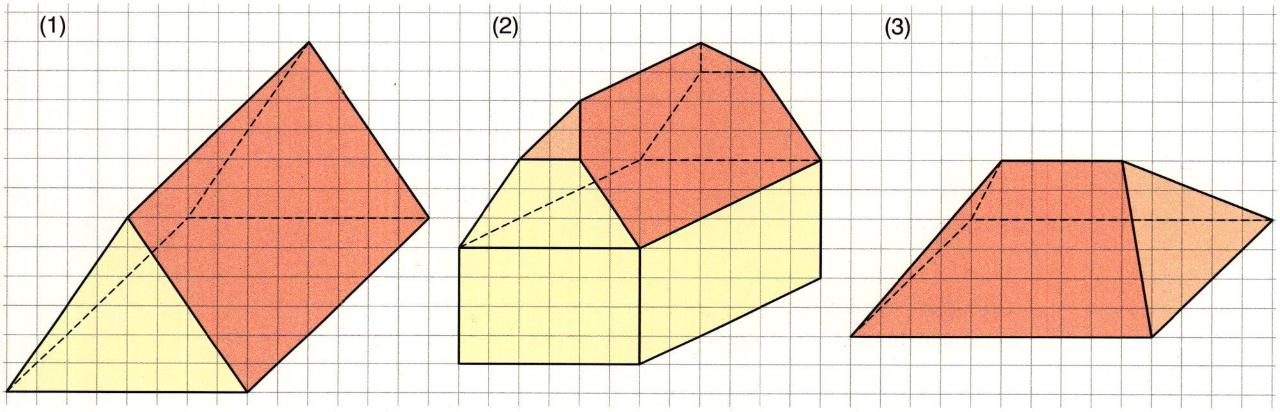

8 Uwe baut mit Würfeln: Torbögen, Buchstaben, Treppen und sogar eine Schlange hat er bereits fertig.

a) Zeichne die Schrägbilder auf Karopapier in dein Heft.

b) Erfinde weitere „Würfelfiguren" und zeichne die Schrägbilder in dein Heft.

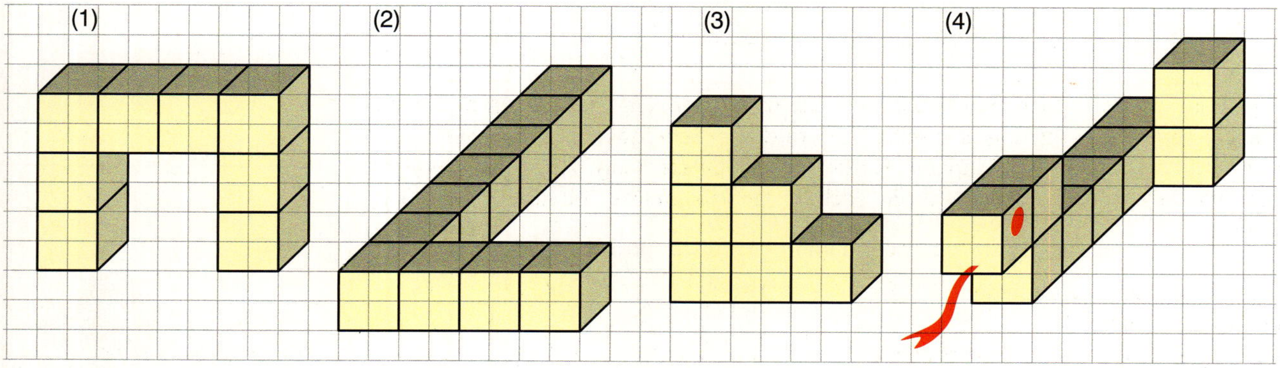

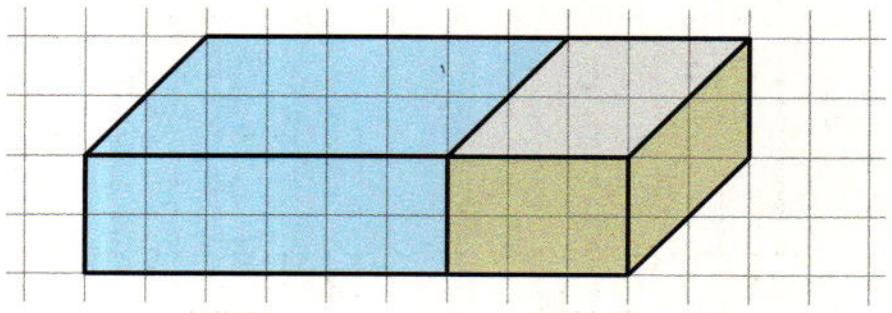

9 Zeichne das Schrägbild einer halbgeöffneten Streichholzschachtel in dein Heft (kariertes Papier).

Übungen

10 Ein Platz auf dem Siegertreppchen ist für viele Sportler das Größte. Hier ist die Treppe aus vier Würfeln zusammengesetzt. Zeichne das Schrägbild eines Siegertreppchens in dein Heft.

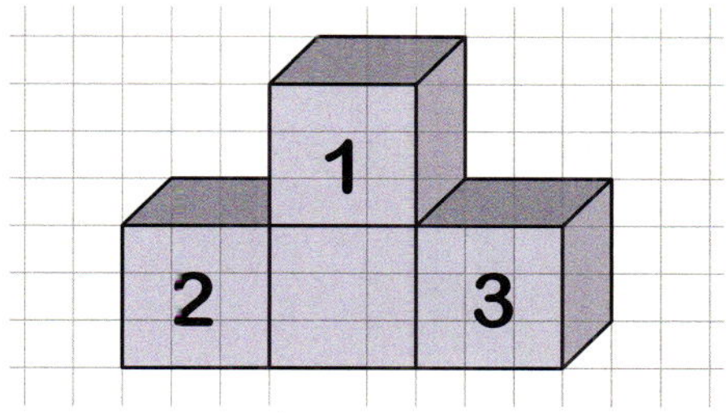

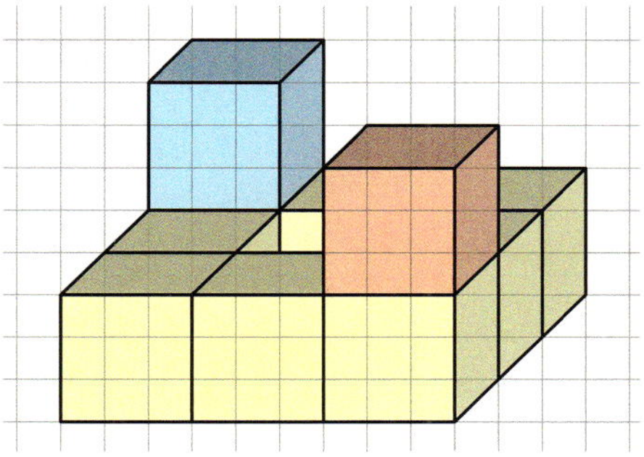

11 Eileen hat das Schrägbild einer Würfelburg gezeichnet. Sie besteht aus acht gelben, einem blauem und einem roten Würfel.

a) Zeichne das Schrägbild der Würfelburg ab. Vorsicht, Eileen hat den Würfel aus der Mitte herausgenommen.

b) Zeichne nun ein Schrägbild der Burg, bei dem der blaue Würfel vorne links und der rote hinten rechts sitzt.

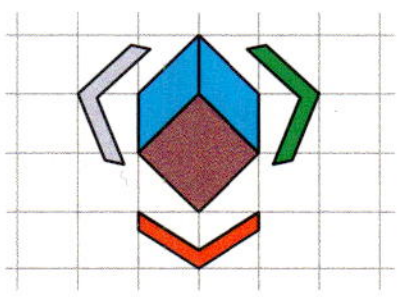

12 Kevin hat auf dem Deckel seines Mathematikheftes ein „Logo" gezeichnet.
Übertrage dieses „Logo" vergrößert in dein Heft. Du kannst es nach deinem Geschmack farblich ausgestalten oder verändern.

13 Beim Zeichnen der folgenden Schrägbilder sind leider einige Fehler unterlaufen. Benenne jeweils die Fehler und zeichne die Schrägbilder fehlerfrei.

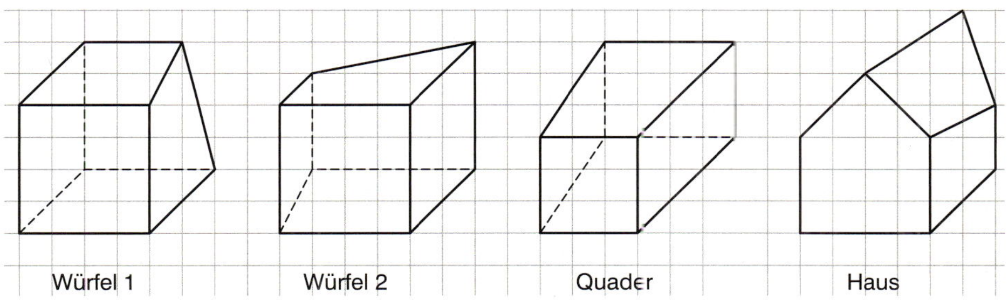

14 Warum müssen beim Schrägbild die nach hinten verlaufenden Kanten eigentlich verkürzt werden? Überzeuge dich selbst, indem du ein Schrägbild eines Würfels zeichnest, bei dem alle gezeichneten Kanten vier Zentimeter lang sind. Experimentiere dann mit verschiedenen Längen für die nach hinten verlaufenden Kanten (3 cm, 2 cm, 1 cm).

15 Melanie zeichnet Schrägbilder mit verdeckten Kanten.

a) Zeichne die vier Würfelschrägbilder in dein Heft.

b) Beim ersten Würfel blickt man auf die Vorderfläche, die rechte Seitenfläche und die Deckfläche des Würfels. Auf welche Flächen blickst du jeweils bei den Würfeln (2), (3) und (4)?

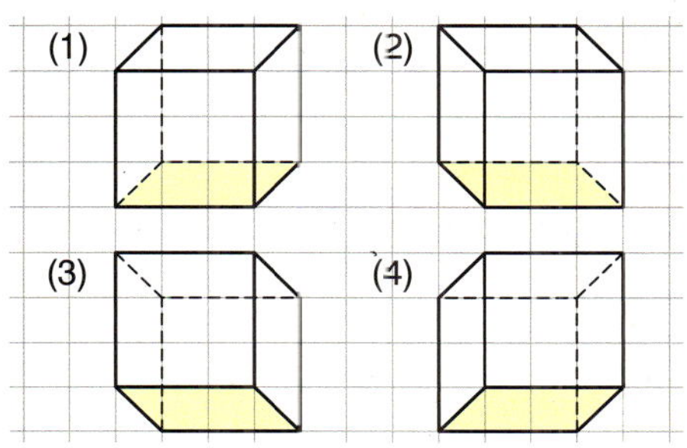

Es kann passieren, dass die Bilder plötzlich „umspringen". Man sieht dann eine andere Lage des Würfels.

Projekt

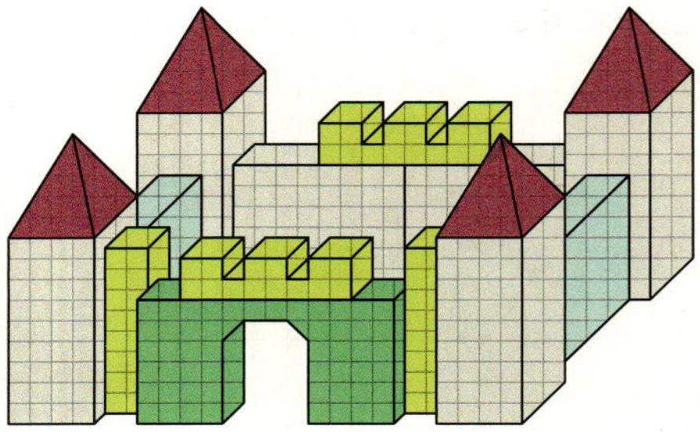

Burg – Schrägbild – Puzzle

Ritter Kunibert liebte die Mathematik und war zudem noch sehr sparsam. Deshalb baute er seine Burg sehr regelmäßig und aus möglichst vielen gleichen Bauelementen auf. In seiner Bibliothek fanden sich interessante Planungsunterlagen: ein Puzzle aus Schrägbildern solcher Bauelemente und ein Schrägbild der fertigen Burg. Offensichtlich hatte Kunibert das Schrägbild aus den einzelnen Puzzleteilen zusammengeklebt.

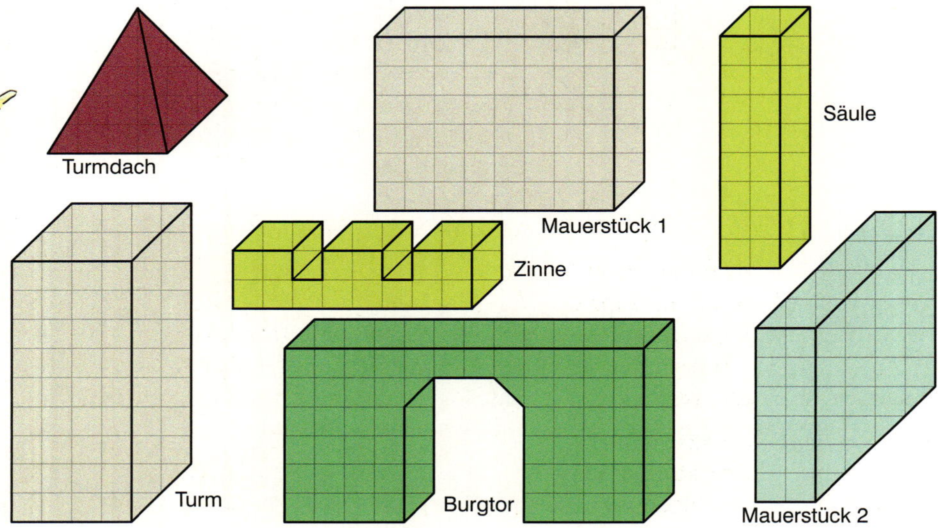

A Wie viele der einzelnen Puzzleteile benötigte Kunibert zum Zusammenbau des Schrägbilds der gesamten Burg? Lege eine Materialliste an.

Turm	Turmdach	Mauer 1	Mauer 2	Zinne	Säule	Burgtor
☐	☐	☐	☐	2	☐	1

B Zeichne die Bausteine für die Vorderfront der Burg auf Karopapier und schneide sie aus. Lege die Teile dann so auf ein Blatt, dass ein Schrägbild dieser Vorderfront entsteht.

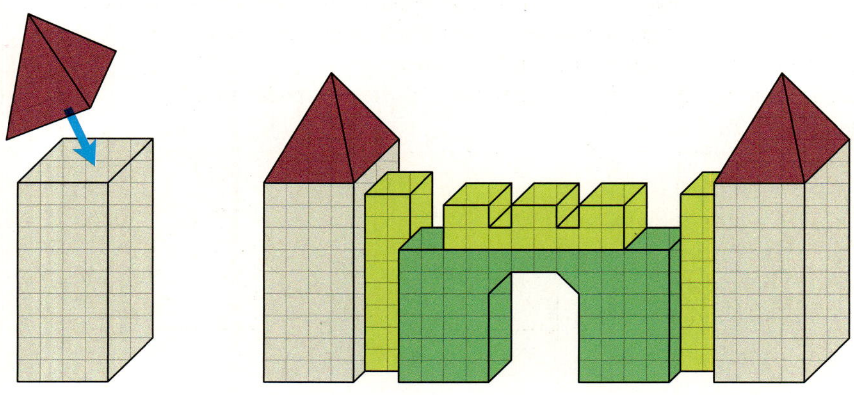

C Baue auf die gleiche Weise ein Schrägbild für die rechte Seitenfront zusammen. Tipp: Beginne mit dem hinteren Turm.

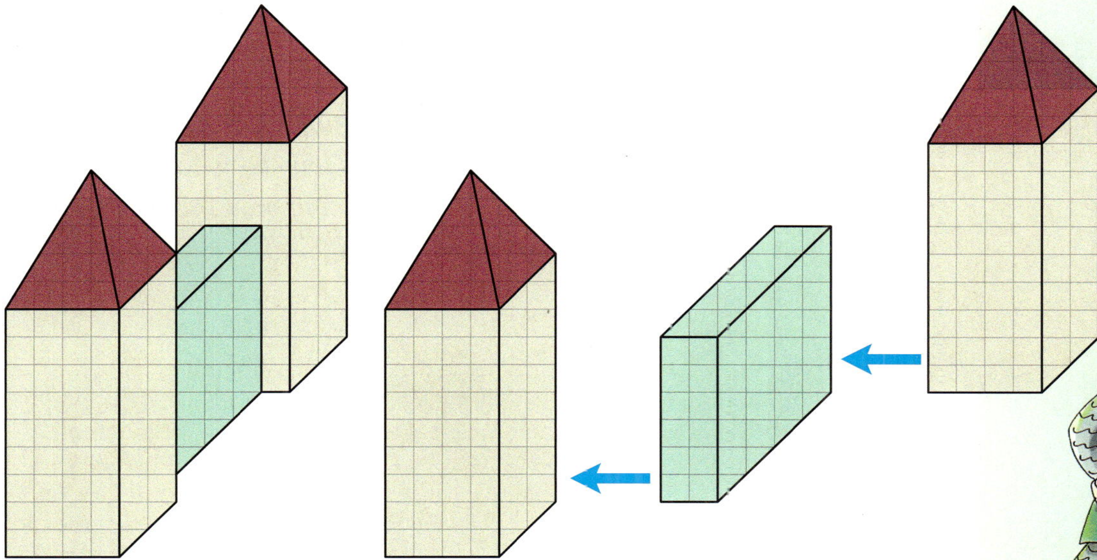

D Wenn ihr euch die Arbeit in einer Vierergruppe aufteilt, so könnt ihr nun das gesamte Puzzle erstellen. Ganz einfach ist das nicht wegen der vielen verdeckten Teile (drunterschieben?, drüberlegen?), aber beim Puzzle kann man ja probieren. Es hilft auch, wenn man die einzelnen Teile mit bestimmten Farben bunt malt, zudem sieht es gut aus.

e) „Angehende Architektenteams“ können das Puzzle natürlich auch nach ihren eigenen Ideen verändern oder erweitern, z. B. mit einem runden Torbogen oder einem spitzeren Turmdach oder …
Hinweis: Der Punkt am Burgtor gibt an, wo du mit dem Zirkel einstechen kannst.

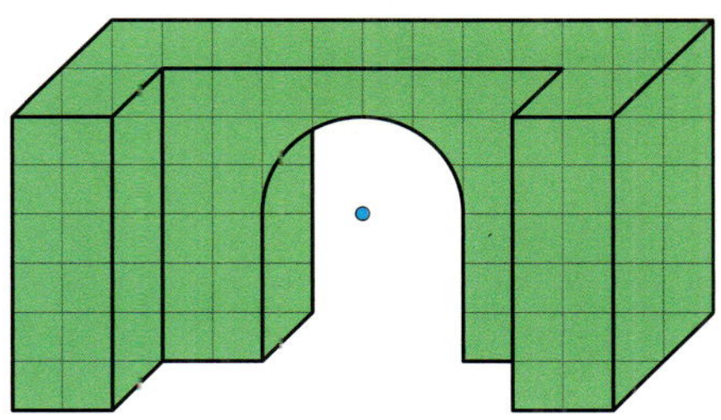

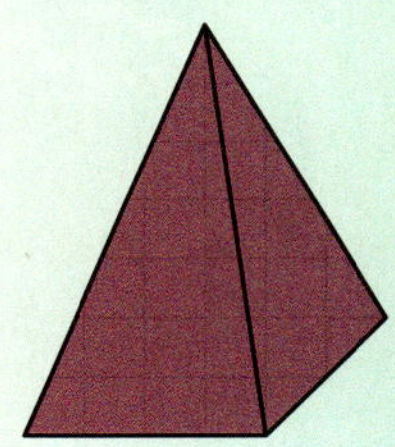

16 Wenn man einen Würfel mit einem sauberen Schnitt durchschneidet, können verschiedene Schnittflächen entstehen: Dreiecke, Rechtecke und vieles mehr.
a) Zeichne das Schrägbild eines Würfels mit einer Kantenlänge von 2 cm in dein Heft. Übertrage anschließend die Schnittfläche aus Figur (1) in das Schrägbild.
b) Zeichne den Würfel noch zweimal in dein Heft und färbe anschließend die Schnittflächen aus den Figuren (2) und (3) bunt.
c) Kannst du noch andere Schnittflächen an Würfeln einzeichnen?

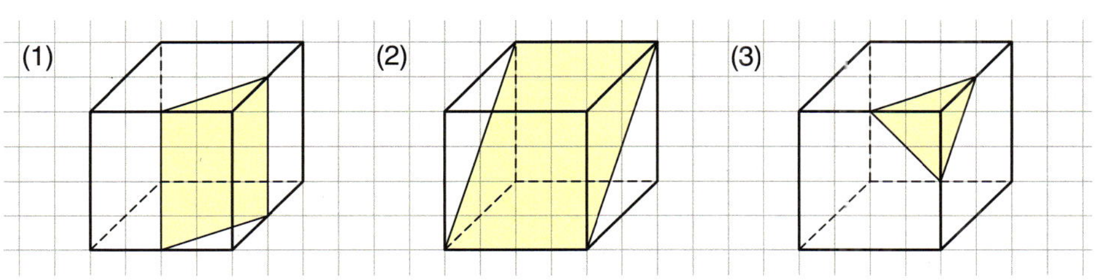

Aufgaben

Wenn du Knetewürfel hast, kannst du die Flächen mit einem geraden Schnitt (z. B. mit einem dünnen Faden) auch selbst herstellen.

9.2 Raumanschauung

Was dich erwartet

Beim Planen einer neuen Küche muss man sich vorstellen können, wie die Schränke in den Raum passen und wie die Möbel später wirken. In Geschäften für Holzspielzeug findet man räumliche Puzzles, bei denen ein Würfel oder eine Pyramide aus vielen Einzelteilen zusammengesetzt wird. Dabei ist jedes Mal räumliches Sehen gefragt, und das kann man trainieren. Es ist wie jedes gute Training nicht ganz einfach, aber die Anstrengung lohnt sich und kann sogar Spaß machen.

Aufgaben

1 Als Mathe-Hausaufgabe soll ein Würfel gebastelt und zur nächsten Stunde mitgebracht werden. Die vier Freunde Angela, Demet, Sascha und Jan fürchten, ihre Pappwürfel nicht heil zur Schule tragen zu können. Sie bringen deshalb ihre ausgeschnittenen Netze (mit Laschen) sowie Klebstoff mit und wollen die Würfel in der 5-Minuten-Pause zusammenkleben. Wer von den vieren bekommt dabei Schwierigkeiten? Vielleicht siehst du das sofort, wenn du die Netze in deiner Vorstellung zusammenfaltest.

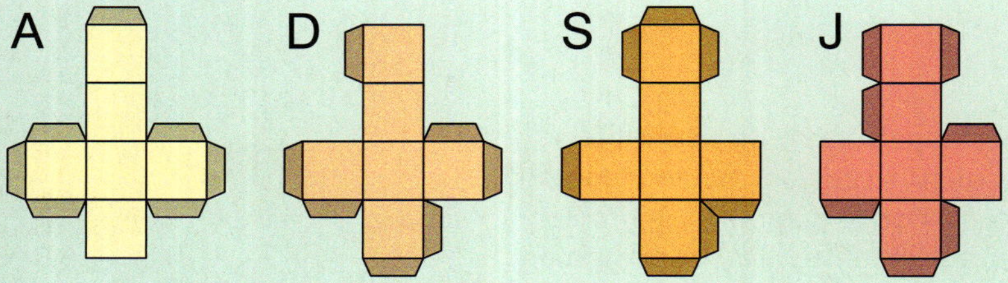

2 Unser Spielwürfel ist so aufgebaut, dass die Summe der Augenzahlen auf gegenüberliegenden Flächen jeweils sieben ergibt. Zeichne die Netze in dein Heft und trage die richtigen Zahlenmuster in die Flächen ein. Gibt es verschiedene Möglichkeiten?

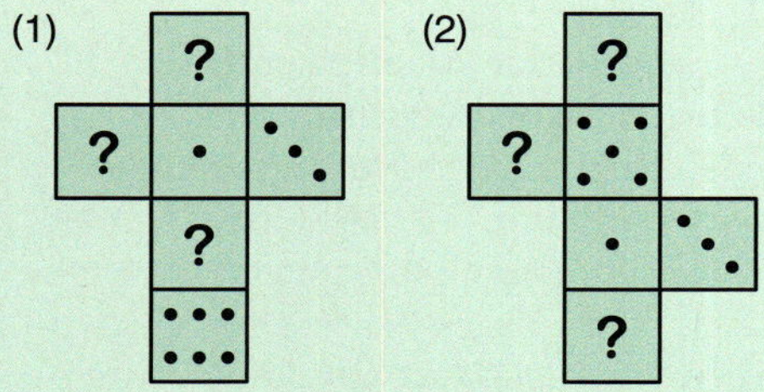

Diese beiden Netze sind nicht wirklich verschieden. Das siehst du sofort, wenn du das Buch umdrehst.

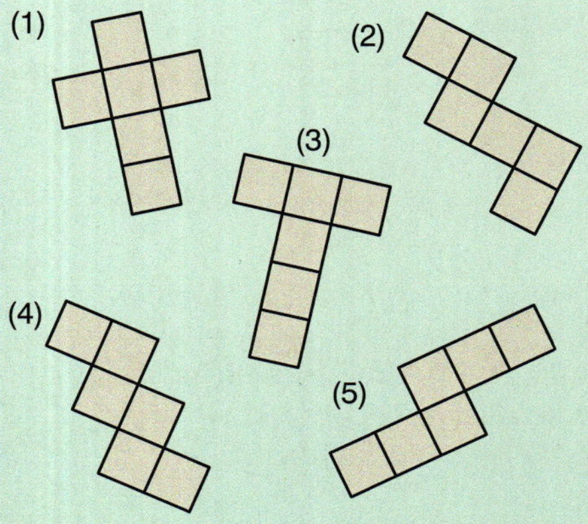

3 Meist zeichnen wir Würfelnetze in T-Form oder Kreuzform. Es geht aber auch anders.

a) Zeichne die abgebildeten Netze auf Karopapier, schneide sie aus und falte sie zu Würfeln.

b) Findest du noch weitere Würfelnetze? Vergleiche deine Ergebnisse mit denen deiner Tischnachbarn. Wie viele wirklich verschiedene Würfelnetze findet ihr zusammen? (Es gibt insgesamt 11.)

4 Bei Quadern gibt es – genau wie bei Würfeln – verschiedene Netzformen. Zeichne Quadernetze, die zu den in Aufgabe 3 abgebildeten Würfelnetzen passen. Baue dann die Quader.

Basiswissen

Für Würfel und Quader gibt es viele verschiedene Netze. In den Bildern im Kasten kannst du die farbigen Flächen aus den Netzen in den Körpern wieder erkennen.

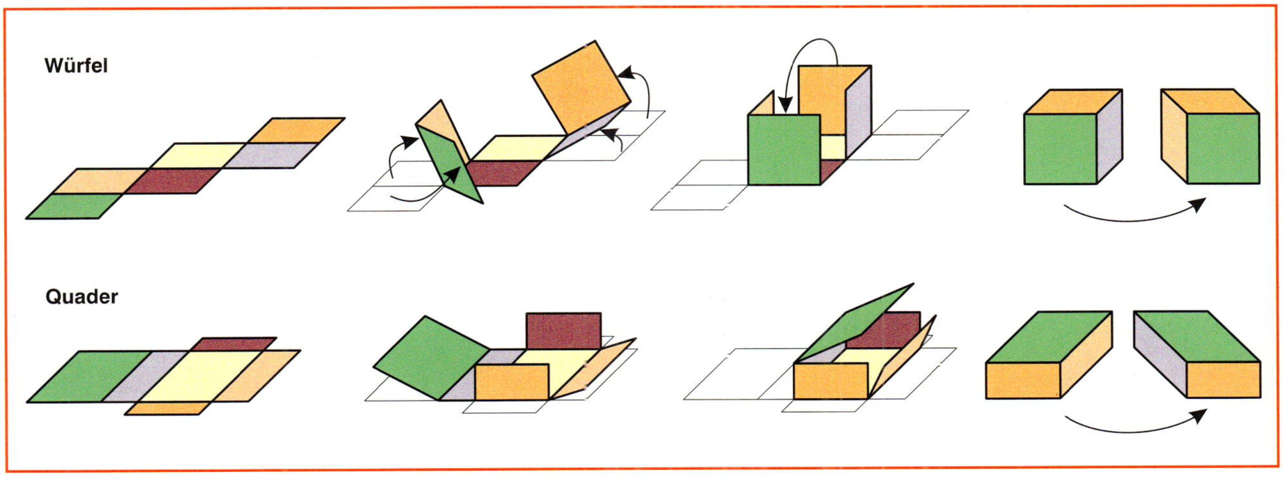

Übungen

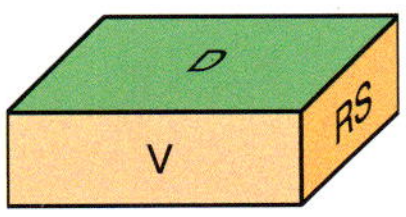

5 Aus dem Netz wird der Quader zusammengebaut, sodass die Fläche B die Bodenfläche ist. Welche Fläche des Netzes wird zur Deckfläche (D), zur linken (LS) und zur rechten Seitenfläche (RS), zur Vorder- (V) und zur Rückfläche (R)?
Zeichne die Netze in dein Heft und beschrifte dann die einzelnen Flächen.

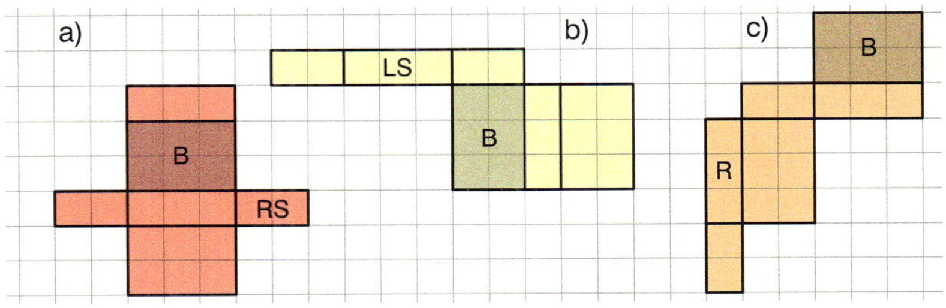

6 Welche Netze sind Würfelnetze?

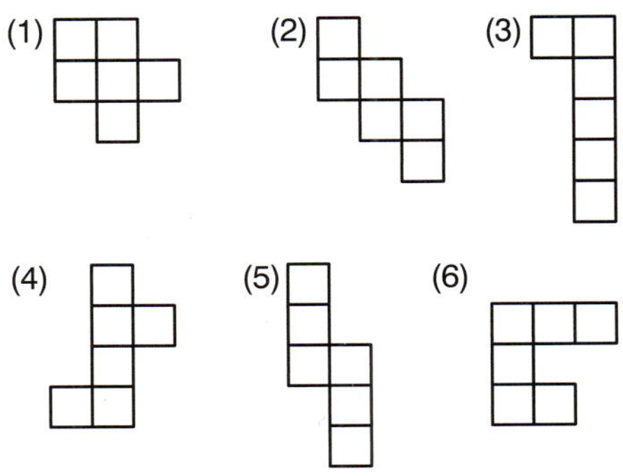

7 Zeichne die angefangenen Netze ab. Zeichne das fehlende Quadrat so ein, dass ein Würfelnetz entsteht. Gibt es verschiedene Möglichkeiten?

Versuche die folgenden Aufgaben zunächst im Kopf zu lösen. Das ist nicht einfach, aber wichtig für das Training des räumlichen Sehens. Zur Probe ist Zeichnen, Ausschneiden und Zusammenfalten nützlich.

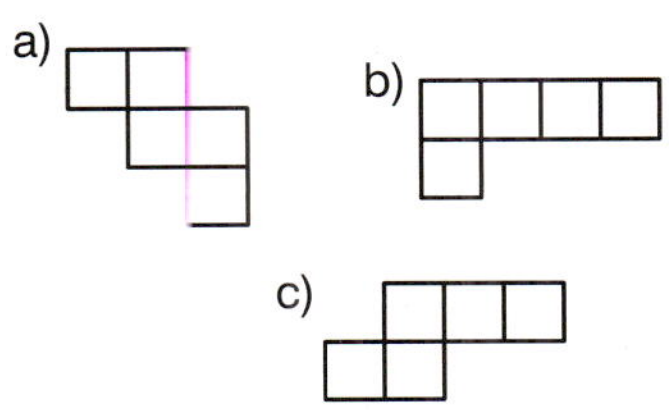

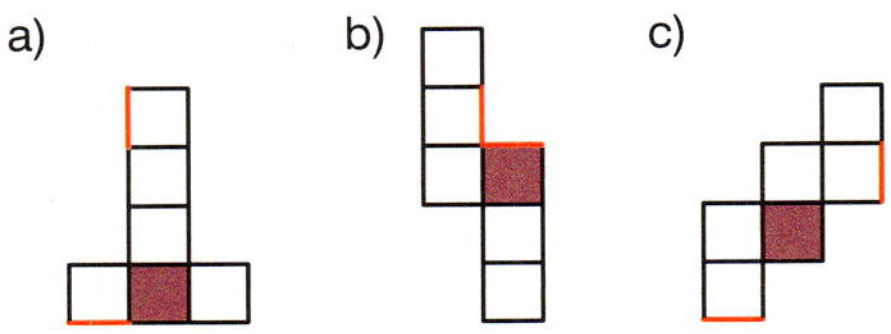

8 Die Netze sollen zu Würfeln gefaltet werden. Zeichne die Netze in dein Heft. Färbe jeweils die zwei Seiten in gleicher Farbe, die im Würfel eine Kante bilden.

Übungen

9 Zeichne das Würfelnetz mit dem Muster ab und schneide es aus. Ergänze dann das Muster auf der freien Fläche, sodass du auf dem zusammengebauten Würfel ein möglichst geschlossenes Muster erhältst. Das ist nicht ganz einfach, aber du kannst den Erfolg durch Falten überprüfen.

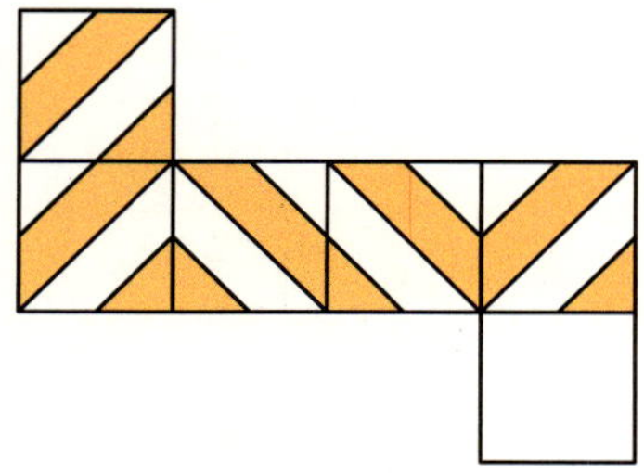

Zur Erinnerung: Die Augensumme gegenüberliegender Flächen beträgt 7.

10 Aus den Netzen werden Spielwürfel hergestellt. Zeichne die Netze in dein Heft und trage die fehlenden Zahlen in die Flächen ein. Kannst du auch passende Schrägbilder der Würfel zeichnen?

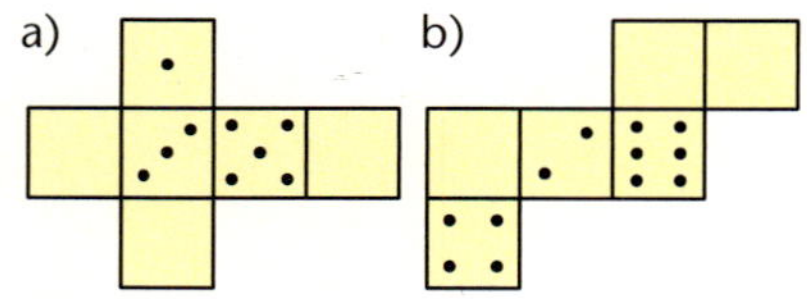

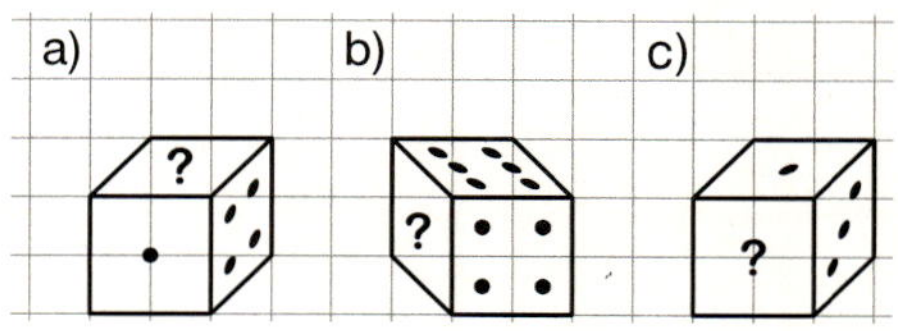

11 In dem Bild siehst du den gleichen Würfel in drei verschiedenen Lagen. Zeichne die Schrägbilder in dein Heft und trage in die freien Flächen passende Zahlen ein.

12 Der Würfel ist an einer Ecke blau gefärbt. Zeichne ein Netz des Würfels und trage die drei blauen Dreiecke passend ein.

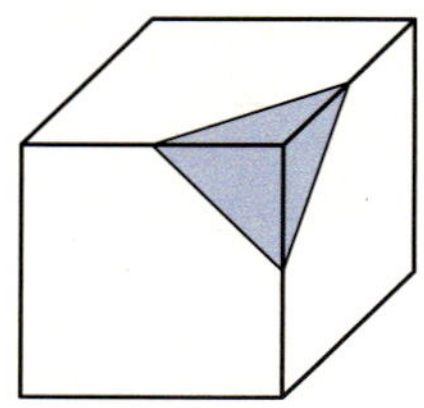

Versuche es zunächst ohne Zusammenfalten des Netzes. Die anschließende Probe zeigt den Erfolg.

a)

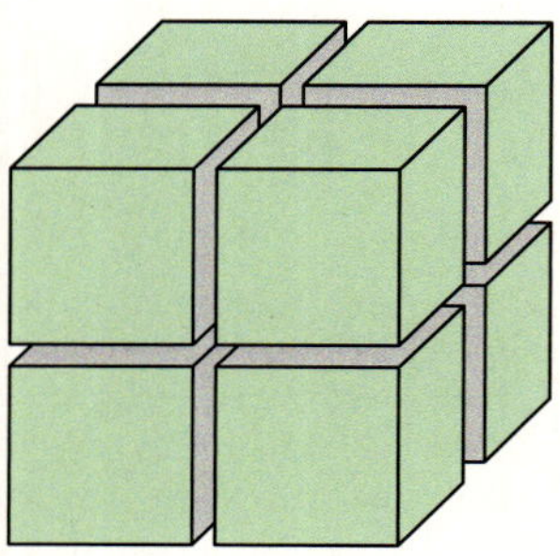

b)

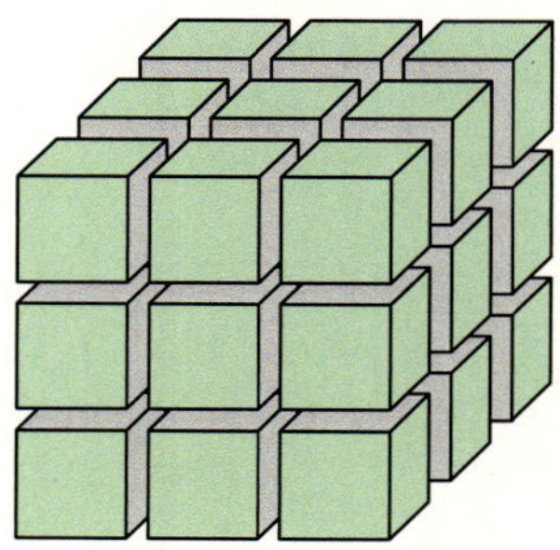

13 Ein Holzwürfel ist außen mit grüner Farbe angestrichen.
a) Er wird in 8 kleine Würfel zersägt. Wie viele gefärbte Flächen weisen die kleinen Würfel auf?
b) Er wird in 27 kleine Holzwürfel zersägt. Wie viele der kleinen Würfel weisen drei [zwei, eine, keine] farbige Flächen auf?

Hier ist wieder Teamarbeit gefragt. In einer Gruppe hat man schnell die 8 Würfel gebaut, dann kann man zusammen probieren.

14 Acht Würfel werden rundum farbig angestrichen, jeweils zwei in der gleichen Farbe (rot, blau, grün, gelb).
Baue aus allen Würfeln einen großen $(2 \times 2 \times 2)$-Würfel zusammen, sodass
a) jede Fläche des Würfels alle vier Farben aufweist.
b) jede Fläche genau drei Farben hat.

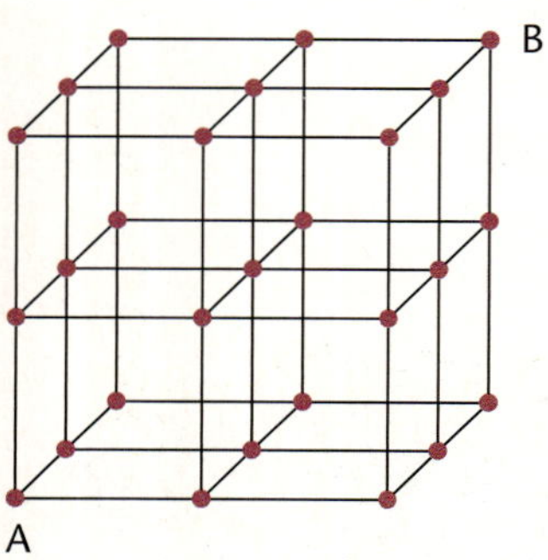

15 Das Kantenmodell eines Würfels wird zu einem Gittergerüst erweitert.
a) Wie viele kleine Verbindungsstücke benötigt man für das Gitter?
b) Suche einen möglichst kurzen Weg auf dem Gitter, der vom Gitterpunkt A zum Gitterpunkt B führt. Wie viele Gitterpunkte musst du dabei durchlaufen?
c) Gibt es mehrere solcher kurzen Wege? Wie könnte man einen Weg kurz und klar beschreiben? Hast du eine gute Idee?

Übungen

Würfelschnitte und ihre Spuren im Netz

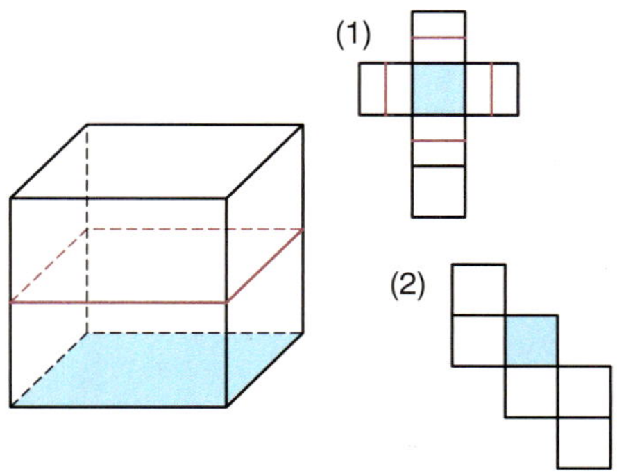

16 Der Würfel wird in der Mitte durchgeschnitten. Im (verkleinerten) Netz 1 sind die Schnittlinien farbig eingezeichnet. Übertrage das Schrägbild und die beiden Netze in dein Heft (kariertes Papier, Kantenlänge des Würfels 5 Kästchen). Trage dann in Netz 2 ebenfalls die Schnittlinien ein.

Löse die Aufgaben zunächst im Kopf. Zur Kontrolle kannst du die Netze dann zeichnen, ausschneiden und deine Lösungen überprüfen.

17 Zeichne die beiden Netze und ein Schrägbild des zugehörigen Würfels in dein Heft (kariertes Papier).
a) Trage in einer anderen Farbe die Schnittlinien in das Schrägbild ein und beschreibe die Schnittfläche.
b) Zeichne die Schnittlinien in Netz 1.

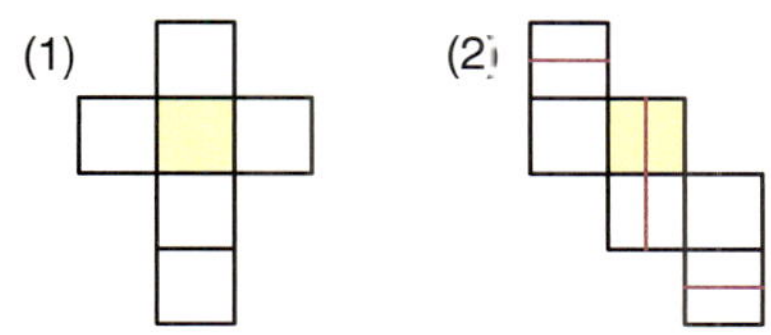

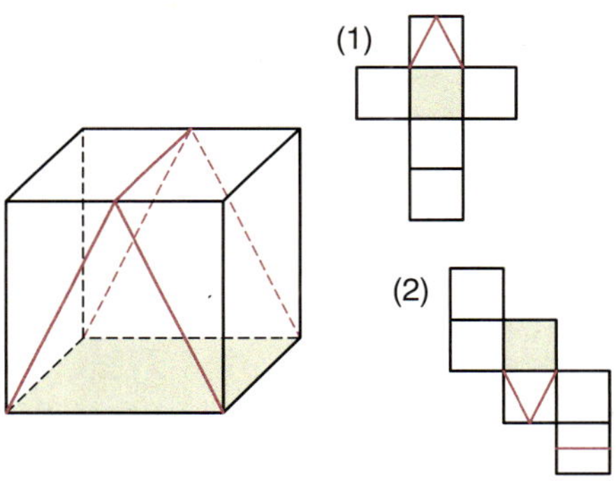

18 Aus dem Würfel wird ein Satteldach ausgeschnitten.
a) Zeichne das Schrägbild und die beiden Netze in dein Heft. Ergänze in den Netzen die noch fehlenden Schnittlinien.
b) Zeichne ein Netz für das Satteldach und falte es zusammen. (An die Klebelaschen denken!)

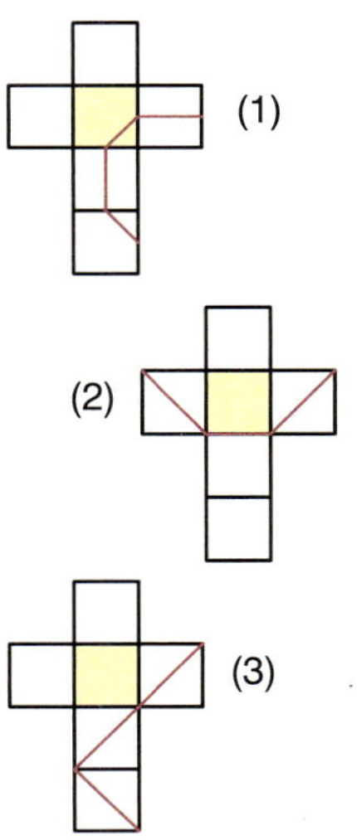

19 Die Netze (1)–(3) zeigen die Schnittlinien für Würfelschnitte.

Zeichne die Schnittflächen jeweils in das zugehörige Würfelschrägbild. Welche Schnittflächen erkennst du? Beschreibe sie möglichst genau mit Worten.

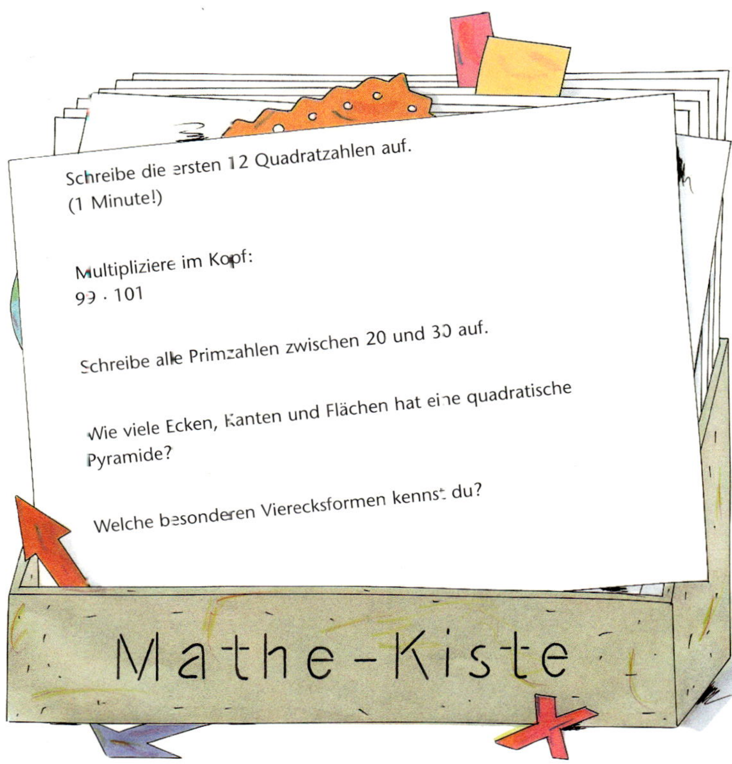

Aufgaben

Teamarbeit
Wenn ihr selbst Würfelhäuser baut, teilt euch die Arbeit. Jeder in der Klasse baut zwei Würfel mit der Kantenlänge 5 cm; ihr könnt viele verschiedene Würfelhäuser aufbauen.

20 *Würfelhäuser:* Aus gleich großen Würfeln lassen sich viele verschiedenartige Würfelgebäude aufbauen.
Jan-Paul meint, dass das Würfelhaus aus 12 kleinen Würfeln aufgebaut wurde.
Ricarda sagt, dass man sich da nicht sicher sein kann, es könnten auch 13 sein. Hat sie Recht?

Das Schrägbild von Würfelhäusern verrät nicht alles. Wir geben deshalb eine Zusatzinformation:
1. Wir zeichnen das „Fundament" des Würfelhauses aus Quadraten.
2. In jedes Quadrat tragen wir ein, wie viele Würfel darüber aufgebaut sind.
Architekten nennen solche Bilder der Grundfläche auch „Grundriss". Für das Würfelhaus in Aufgabe 20 sind z. B. folgende Zusatzbilder möglich:

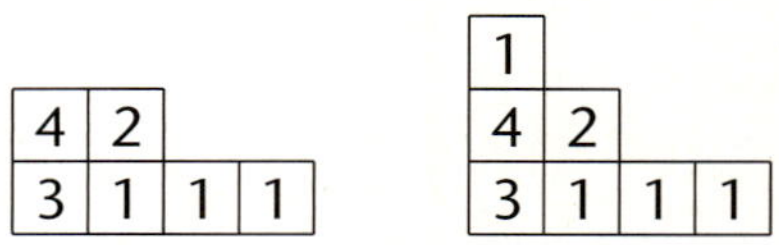

21
a) Zeichne den Grundriss zu dem Würfelhaus in dein Heft und trage die Anzahl der Würfel über den Quadraten ein.

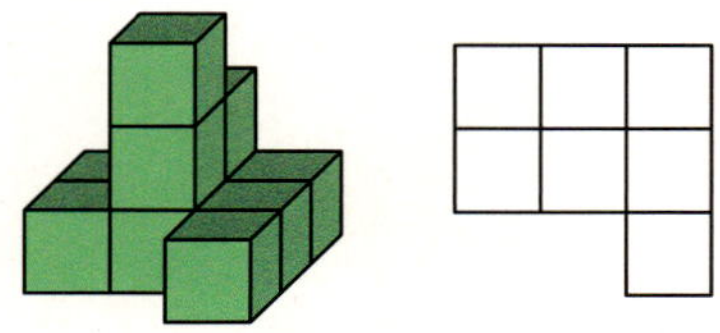

b) Wie viele zusätzliche kleine Würfel brauchst du, um das Würfelhaus zu einem großen Würfel zu ergänzen?

22 Welcher Grundriss passt zu welchem Würfelgebäude?

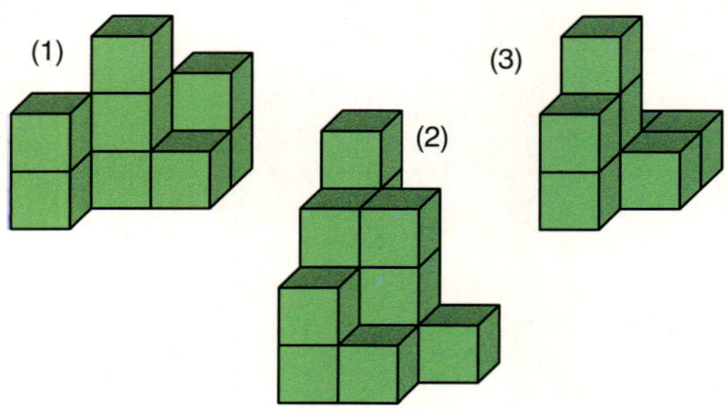

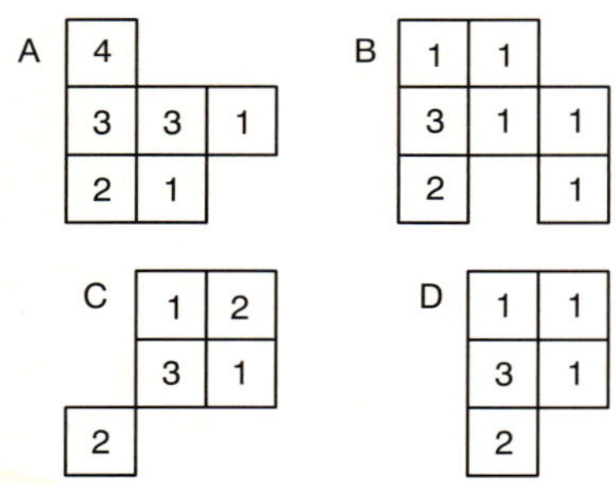

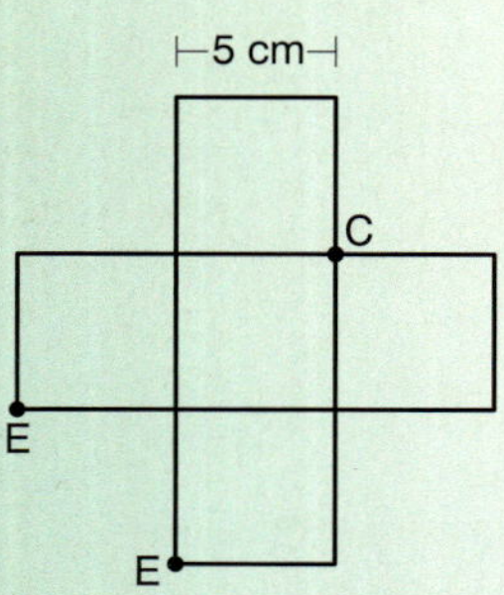

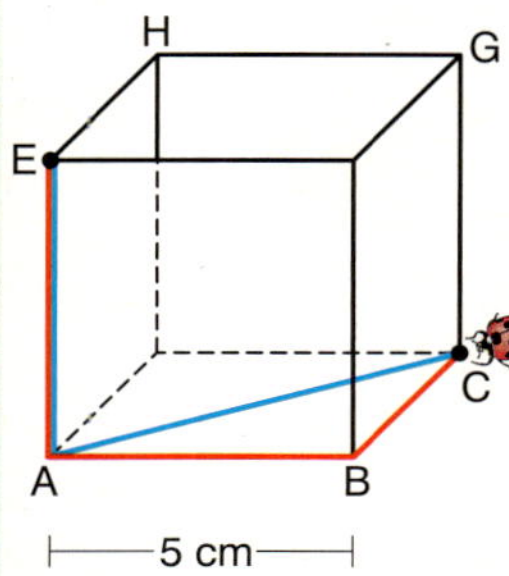

23 Ein „intelligenter Käfer" sitzt in der hinteren Ecke C eines offenen Würfels und möchte auf kürzestem Weg in die vordere Ecke E gelangen. Den roten Weg C → B → A → E und den blauen Weg C → A → E hat er schon ausprobiert.
a) Zeichne das Netz in der richtigen Größe in dein Heft. Übertrage dann die farbigen Wege in das Netz und miss jeweils die Länge aus.
b) Finde im Netz den kürzesten Weg. (Gibt es mehrere Möglichkeiten?) Zeichne ihn in grüner Farbe ein und miss die Länge. Vergleiche!
c) Wenn du das Netz nun ausschneidest und zur Schachtel zusammenfaltest, so kannst du im Innern den grünen Weg sehen.

Aufgaben

24 *Verrückte Welten:* Zähle die Würfel. Drehe das Bild auf den Kopf und zähle nochmals.

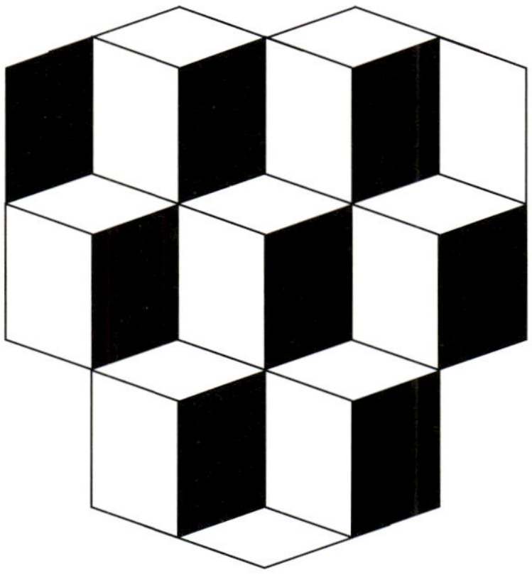

25 *Unmögliche Kiste:* Was fällt dir auf? Beschreibe!

26 *Das magische Auge:* Siehst du das „geschwollene Herz" im Blumenbild?

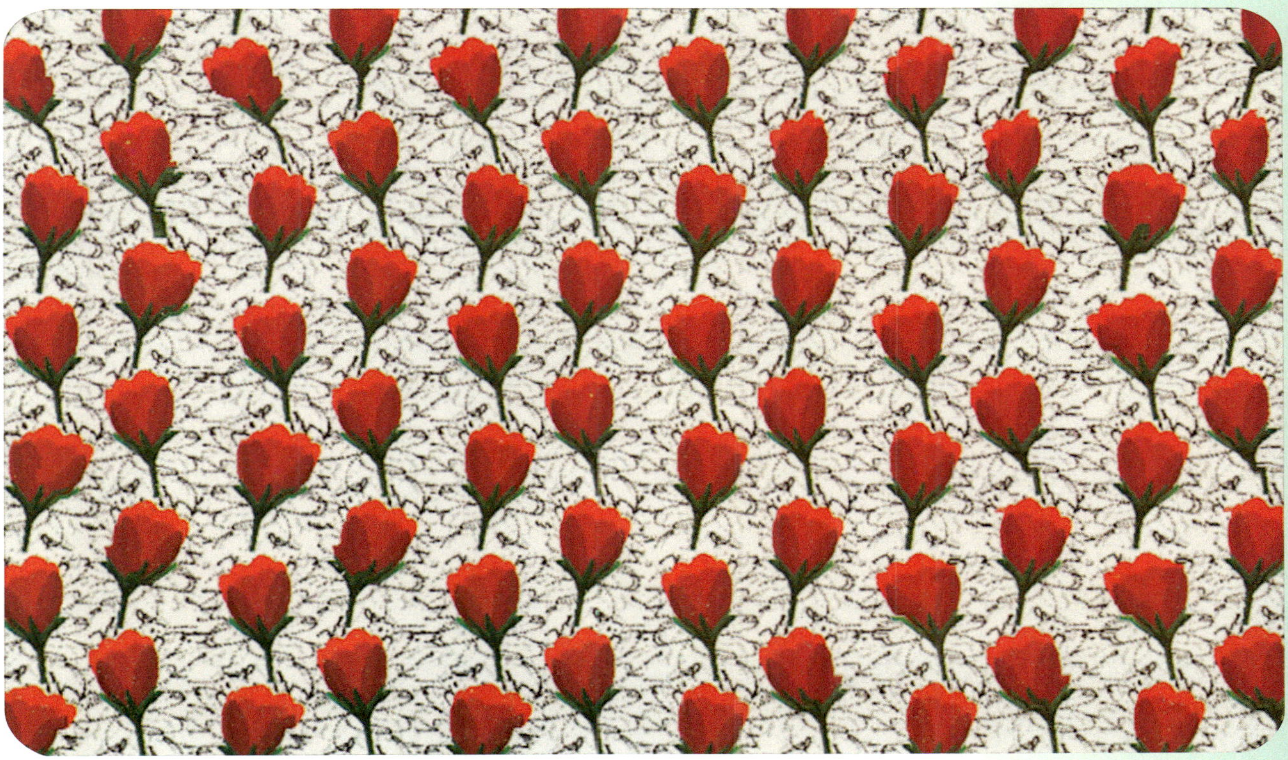

Halte das Bild zunächst ganz nahe an die Augen. Starre dabei einfach geradeaus, als würdest du durch das Buch hindurchsehen. Führe nun das Bild langsam von dir weg. Halte das Buch dann in der normalen Leseentfernung still. Jetzt kommt der spannende Moment: Vor deinen Augen beginnt sich ein räumliches Bild zu entwickeln. Wenn du nun deine starre Blickrichtung beibehältst, so bleibt dieses räumliche Bild.

10 Ebene und Raum – Größen

10.1 Flächeninhalt

Was dich erwartet

In einem Leserbrief an die Zeitung entrüstet sich ein Mieter: „In manchen Wohnungen ist die Wohnfläche des Kinderzimmers kleiner als eine Garage. Ein Kinderzimmer sollte mindestens 15 m² haben!" Kannst du mit dieser Angabe etwas anfangen? Welche Fläche hat dein Zimmer, euer Wohnzimmer oder eure Garage?

Wie man Flächen messen und berechnen kann und wie man die Größe so unterschiedlicher Flächen wie die eines Zimmers, eines Fußballfeldes oder einer ganzen Insel angibt, lernst du jetzt.

Aufgaben

1 *Gemüsegarten:* Christina und Florian dürfen zwei Flächen ihres Gartens selbst nutzen. Florian möchte Gemüse anpflanzen, während Christina Kaninchen halten möchte. Christina muss ihren Teil einzäunen, damit ihre Kaninchen nicht weglaufen und Florians Gemüse nicht anknabbern können.
Soll Christina Fläche A oder Fläche B nehmen? Welche Gründe hast du für deine Entscheidung?

2 *Geobrett*

Von welchen Figuren kennst du die Namen?

a) Die rote und die grüne Figur auf dem Geobrett umschließen jeweils die Fläche von drei Teilquadraten. Wieso eigentlich?
b) Spanne auf deinem Geobrett nacheinander die vier Figuren auf. Wie viele Teilquadrate werden jeweils umschlossen? Lege zu jeder Figur ein passendes Rechteck, das die gleiche Anzahl von Teilquadraten umschließt.

zu a)

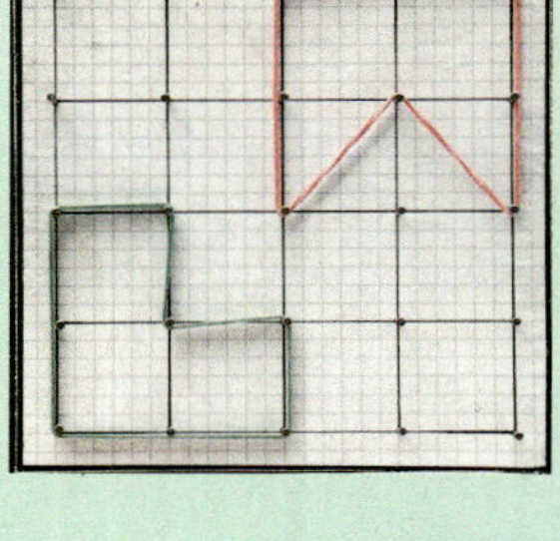

zu b)

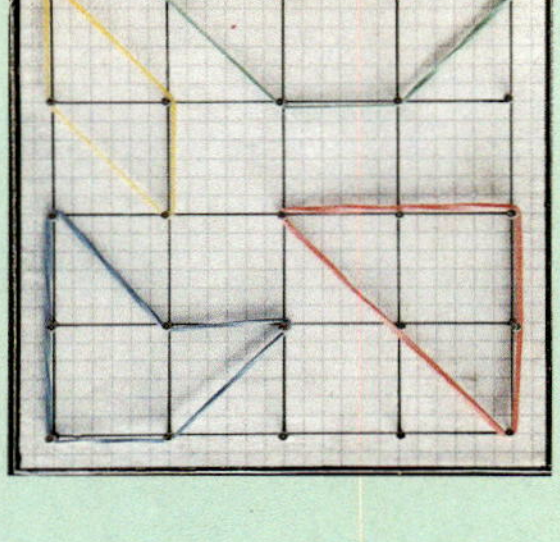

Aufgaben

3 Die L 236 wird verbreitert. Landwirt Hendricks soll dafür seinen Acker hergeben. Als Entschädigung erhält er ein anderes Grundstück. Ist der Tausch fair?

Basiswissen

Eine Wiese wird als Pferdekoppel rechteckig eingezäunt. Bei solchen Flächen sind zwei Größen wichtig.
Umfang: Bei der Pferdekoppel ist dies die Länge des Zaunes. Die Länge können wir z. B. in Meter (m) messen.
Flächeninhalt: Bei der Pferdekoppel ist dies die Größe der eingezäunten Wiese.

Den **Flächeninhalt** messen wir durch Auslegen mit Flächeneinheiten.
Als Flächeneinheit kann man z. B. ein Quadrat mit der Kantenlänge 1 cm verwenden. Dieses Quadrat hat den Flächeninhalt 1 cm^2 (1 Quadratzentimeter).

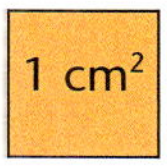

Das Rechteck lässt sich mit 6 Quadraten auslegen.

Flächeninhalt 6 cm^2

Maßzahl (6) — Maßeinheit (cm^2)

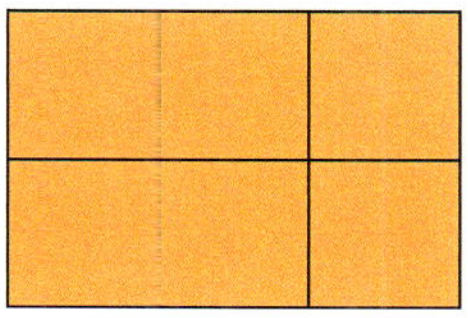

Beispiele

A Die drei Flächen haben den gleichen Flächeninhalt von 12 cm^2.

(1)

(2)

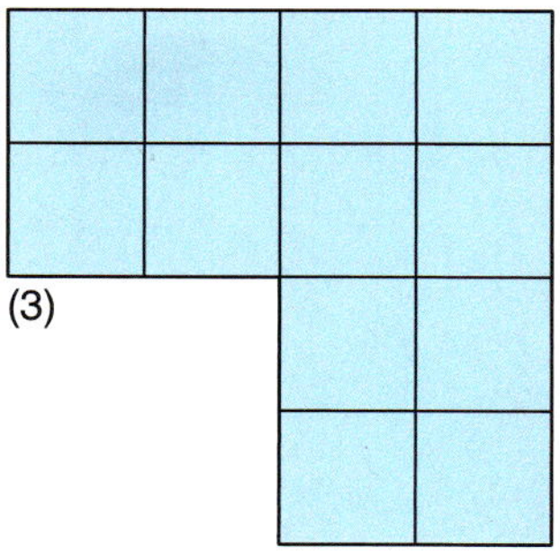

(3)

(1)

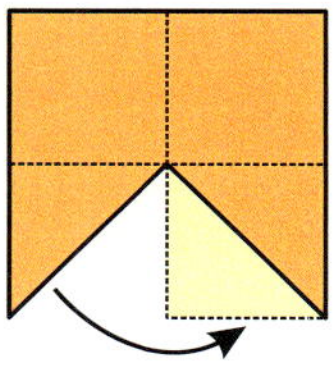

(2)

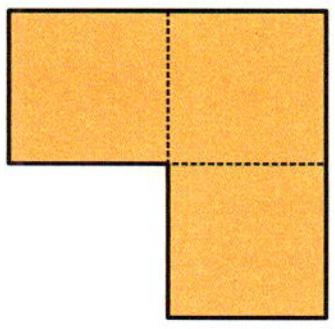

B Beide Flächen sind gleich groß. Sie haben jeweils einen Flächeninhalt von 3 cm^2.

Übungen

4 Welche Flächen sind gleich groß?

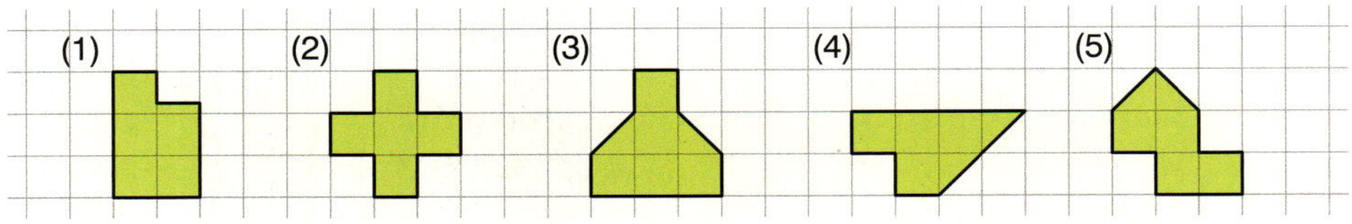

5 Welche Fläche hat den größten Flächeninhalt, welche den kleinsten?

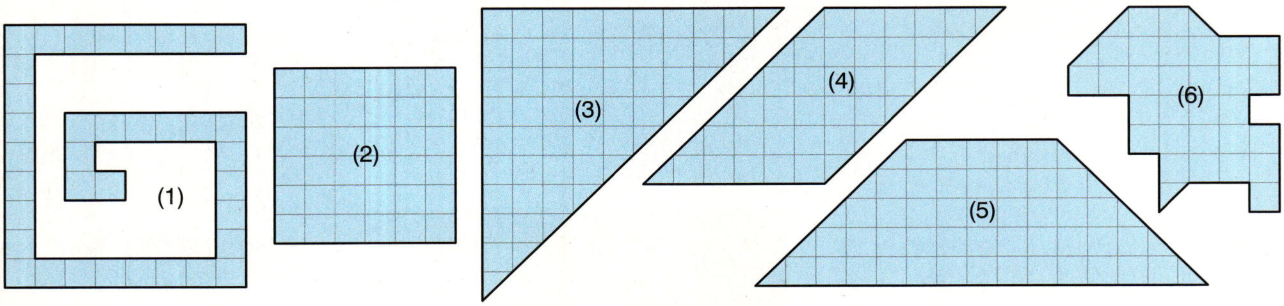

6 Durch Auszählen kannst du nachweisen, dass jede der Flächen A, B und C den gleichen Flächeninhalt hat wie das Quadrat.

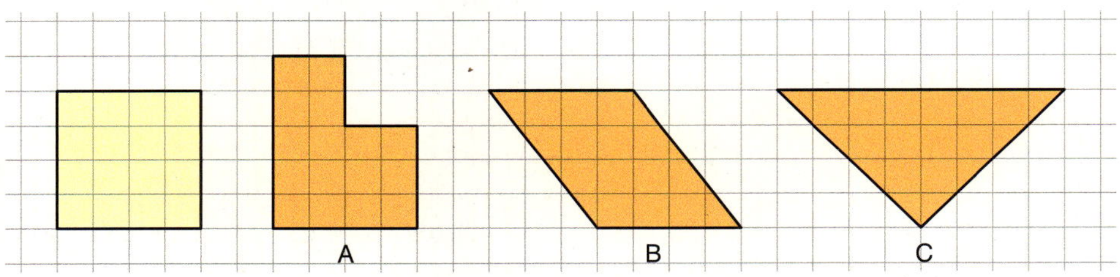

Du kannst dies auch noch anders feststellen: Übertrage die Figuren auf Karopapier und schneide sie aus. Zerlege jede Figur dann durch einen geraden Schnitt so in zwei Teile, dass du diese zu einem Quadrat zusammenfügen kannst.

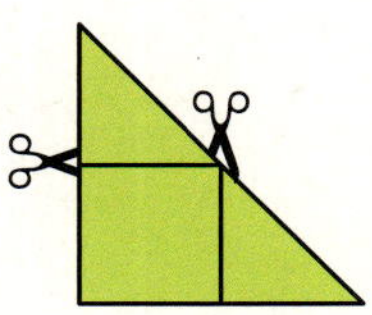

7 Das Dreieck links wird in drei Teile geteilt. Welche der folgenden Figuren lassen sich aus den drei Teilen zusammensetzen?

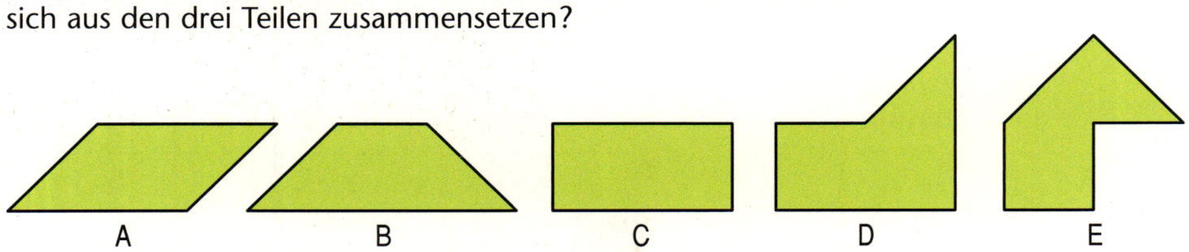

Beim Ausprobieren hilft das Geobrett.

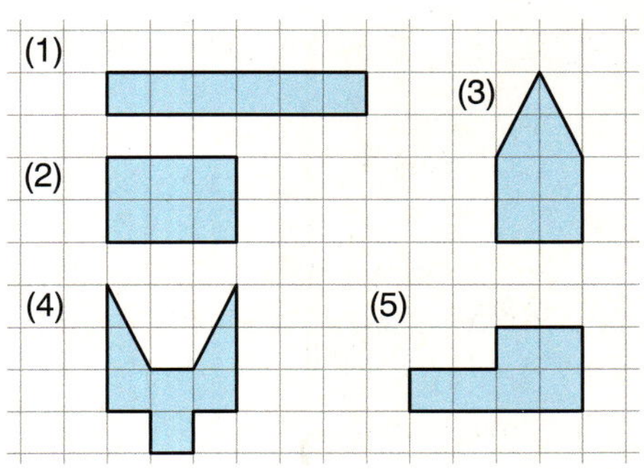

8

a) Kai behauptet: „Die 5 Figuren haben alle den gleichen Flächeninhalt von 6 kleinen Quadraten." Wieso hat er Recht? Zeichne zwei weitere Figuren mit diesem Flächeninhalt auf Karopapier.

b) Zeichne mindestens 5 verschiedene Figuren mit einem Flächeninhalt von 8 kleinen Quadraten. Vergleiche mit den Ergebnissen deiner Tischnachbarn.

Übungen

9 Zeichne mindestens zwei verschiedene Flächen mit dem angegebenen Flächeninhalt A. Vergleiche deine Ergebnisse mit deinen Mitschülern.
a) $A = 18\,cm^2$ b) $A = 25\,cm^2$ c) $A = 2{,}25\,cm^2$

10 Zeichne neun Quadrate mit $1\,cm^2$ Flächeninhalt und schneide sie aus. Lege verschiedene Figuren mit einem Flächeninhalt von $9\,cm^2$.
Bestimme jeweils auch den Umfang.

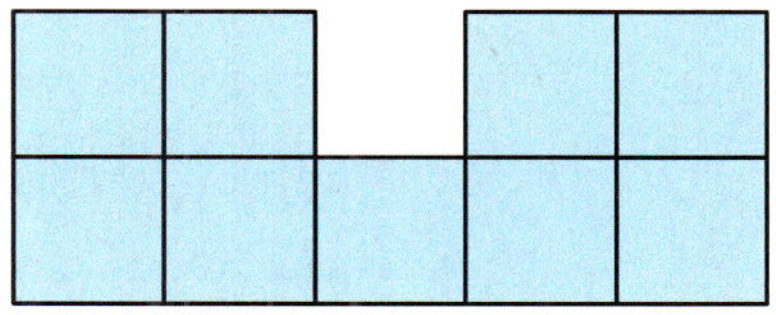

11 *Wettbewerb am Geobrett*
Die Nägel an einem 10 × 10-Geobrett haben einen Abstand von genau 1 cm. Mit einer nicht dehnbaren Schnur von 20 cm Länge soll ein Rechteck mit möglichst großem Flächeninhalt umschlossen werden.
Führe den Wettbewerb auch mit einer 16 cm [24 cm] langen Schnur durch.

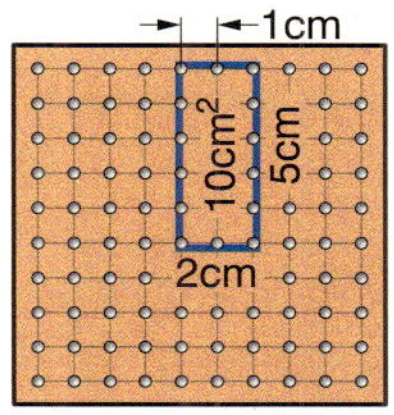

12 Zeichne mindestens eine Fläche mit dem Flächeninhalt A und dem Umfang U.

Probieren erlaubt!
Quadrate ausschneiden

	A	U
a)	$6\,cm^2$	10 cm
b)	$5\,cm^2$	12 cm
c)	$8\,cm^2$	12 cm
d)	$10\,cm^2$	14 cm
e)	$7\,cm^2$	20 cm

Beispiel zu b):

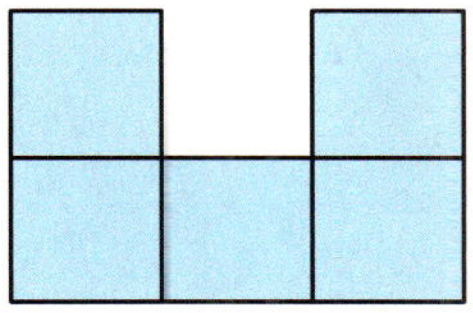

$A = 5\,cm^2$
$U = 12\,cm$

13 Welchen Flächeninhalt hat eine Seite unseres Mathebuches? Bestimme den Flächeninhalt durch Auslegen mit Quadratzentimetern und Quadratdezimetern.
(1 Quadratdezimeter ist ein Quadrat mit dem Flächeninhalt $1\,dm^2$.) Schneide dir diese Quadrate aus zwei Bogen Karopapier aus.

14 Bestimme die Flächeninhalte
a) der Tafel
b) der Tür
c) des Fußbodens
deines Klassenzimmers.
Stelle zunächst ein Quadrat mit dem Flächeninhalt $1\,m^2$ her. Schätze damit die gesuchten Flächeninhalte.

15 Schätze den Flächeninhalt:
a) Sporthalle b) Schulhof c) Fläche eines Bettes d) Briefmarke

16 Versuche dir ein Quadrat vorzustellen mit der Seitenlänge
a) 10 m b) 100 m c) 1 km
Welche der folgenden Flächen könnte ungefähr den gleichen Flächeninhalt haben?
(1) Fläche eines Fußballplatzes
(2) Fläche eines Einfamilienhauses
(3) großer Parkplatz
(4) Fläche eines kleinen Dorfes
(5) Fläche eines Tennisplatzes

17 Ordne die Flächeninhalte passend zu.

Flächeneinheiten für große Flächen

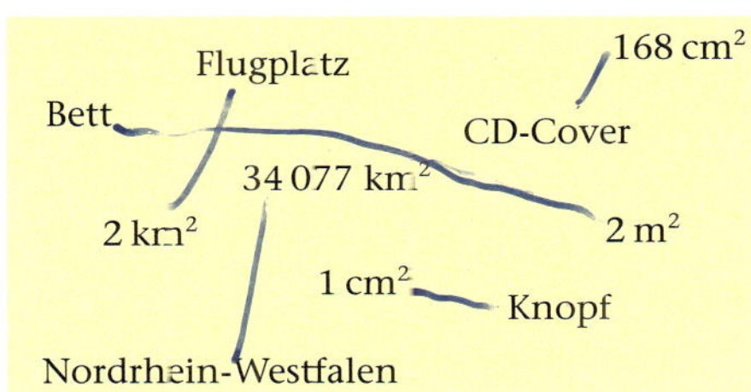

Übungen

18 Wähle jeweils die Einheit, die deiner Meinung nach am besten zum Flächeninhalt passt. Sarah hat so entschieden, dass die Buchstaben ein Lösungswort mit ihrer Lieblingssportart ergeben.

	ha	m^2	cm^2	mm^2
Acker	H	C	Z	F
Postkarte	L	E	A	O
Flugplatz	N	M	L	A
Stecknadelkopf	E	T	P	D
Teppich	T	B	U	C
Garten	T	A	U	H
Fußballfeld	L	E	C	E
Buskarte	H	N	L	R

Basiswissen

Zum Messen von Flächeninhalten benötigt man verschiedene Maßeinheiten.

Übersicht über die Einheiten von Flächeninhalten

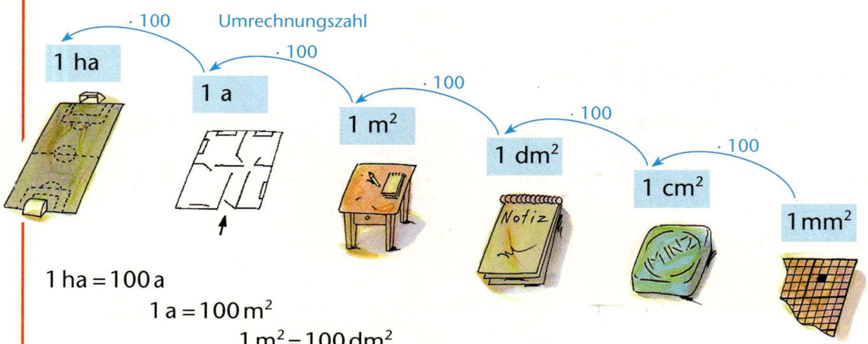

$1\,ha = 100\,a$

$1\,a = 100\,m^2$

$1\,m^2 = 100\,dm^2$

$1\,dm^2 = 100\,cm^2$

$1\,cm^2 = 100\,mm^2$

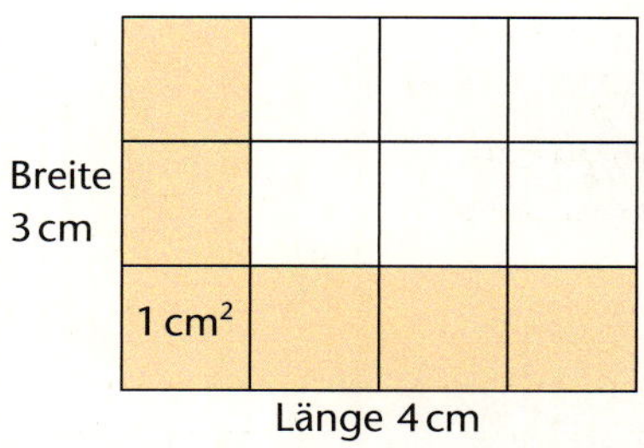

Den Flächeninhalt eines Rechtecks kannst du mit der Formel berechnen:
Flächeninhalt = Länge mal Breite

$A = 4\,cm \cdot 3\,cm$
$= 12\,cm^2$

Beispiele

C *Flächeninhalt von Rechtecken*

Länge und Breite müssen in gleicher Längeneinheit gemessen werden.

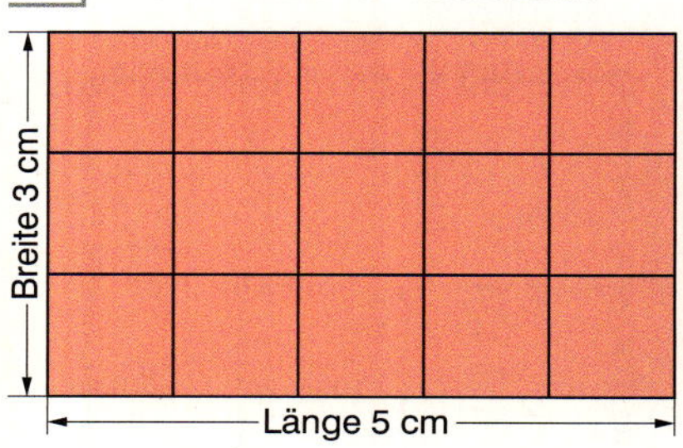

$A = 5\,cm \cdot 3\,cm = 15\,cm^2$

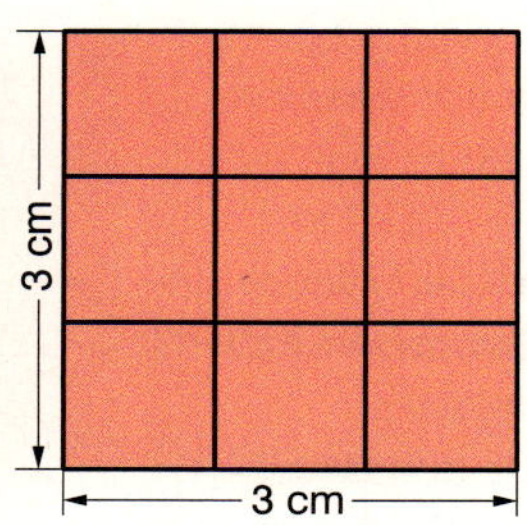

$A = 3\,cm \cdot 3\,cm = 9\,cm^2$

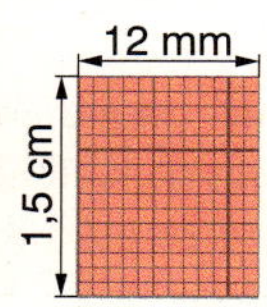

$A = 15\,mm \cdot 12\,mm$
$= 180\,mm^2 = 1{,}8\,cm^2$

Beispiele

D *Umwandeln von Flächeneinheiten*

$76\,m^2 \xrightarrow{\cdot 100} 7\,600\,dm^2 \xrightarrow{\cdot 100} 760\,000\,cm^2$, also $76\,m^2 = 7\,600\,dm^2 = 760\,000\,cm^2$

$120\,000\,m^2 \xrightarrow{:100} 1\,200\,a \xrightarrow{:100} 12\,ha$, also $120\,000\,m^2 = 1\,200\,a = 12\,ha$

Übungen

19 Wandle in die nächstkleinere Maßeinheit um.

a) Acker 4 ha b) Diskette 81 cm^2 c) Buchdeckel 5 dm^2 d) Reitanlage 17 a e) Terrasse 8 m^2

20 Schreibe in der nächstgrößeren Maßeinheit. Gib die Länge und Breite eines möglichen Rechtecks mit dem gegebenen Flächeninhalt an.

a) 3 400 m^2 b) 6 000 cm^2 c) 48 000 a d) 450 mm^2 e) 12 000 ha

21 Berechne für die rechteckigen Poster den Flächeninhalt und Umfang. Verwandle die Seitenlängen gegebenenfalls in die gleiche Längeneinheit.

	Länge	Breite
a)	24 cm	30 cm
b)	13 cm	200 mm
c)	6 dm	4 dm

22 Es ist immer ein Rechteck. Berechne die fehlenden Größen.

	Länge	Breite	Flächeninhalt	Umfang
a)	10 cm	20 cm	■	■
b)	6 cm	■	72 cm^2	■
c)	■	15 cm	■	60 cm
d)	■	50 cm	50 dm^2	■
e)	■	■	6 dm^2	100 cm

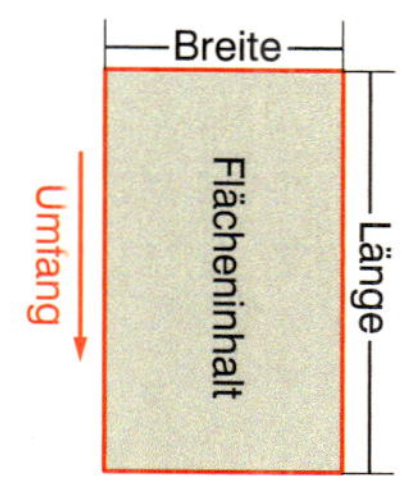

22 Lösungen:
12 cm 3 m
225 cm^2 100 cm
20 cm 36 cm
60 cm 200 cm^2
15 cm 30 cm

23 Welches Poster ist das größere: 50 cm × 75 cm oder 70 cm × 55 cm? Kannst du auch ohne Rechnen entscheiden?

50 cm × 75 cm bedeutet: ein Rechteck mit den Seitenlängen 50 cm und 75 cm.

24 *Veränderungen bei Umfang und Flächeninhalt*

a) Ein Quadrat von 4 cm × 4 cm wird auf 5 cm × 5 cm vergrößert. Um wie viel wird der Umfang größer, um wie viel der Flächeninhalt?

b) Das Quadrat von 4 cm × 4 cm wird zu einem Rechteck mit 3 cm × 5 cm verändert. Wie verändern sich Umfang und Flächeninhalt?

c) Länge und Breite eines 2 cm × 3 cm-Rechtecks werden verdreifacht. Wie ändern sich Umfang und Flächeninhalt?

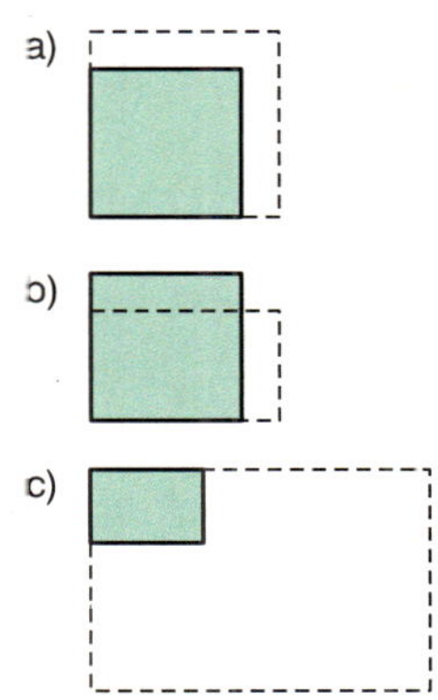

25 Uwe liebt Monsterzahlen. Diesmal hat er ausgerechnet, dass der Klassenraum 48 000 000 mm^2 groß ist. Kann das sein?

26 Berechne die Fläche der beiden Kinderzimmer. Welches Zimmer würdest du dir aussuchen? Vergleiche die Wohnfläche der Kinderzimmer mit der Fläche von Wohnzimmer, Schlafzimmer und Bad. Wie groß ist die Gesamtwohnfläche?

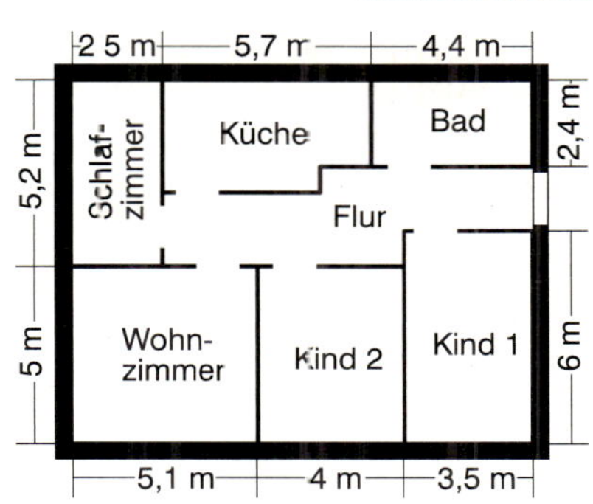

Übungen

27 Ordne der Größe nach. Rechne jeweils in eine geeignete Einheit um.
a) $600\,cm^2$ $2\,m^2$ $40\,dm^2$ $8000\,cm^2$
b) $4\,a$ $6000\,dm^2$ $30\,m^2$ $0{,}5\,ha$
c) $4000\,m^2$ $200\,a$ $30000\,dm^2$ $1\,ha$
d) $45000\,cm^2$ $3\,m^2$ $2000000\,mm^2$
e) $1{,}7\,dm^2$ $3450\,cm^2$ $40000\,mm^2$
f) $9\,a$ $1500\,m^2$ $5820100\,cm^2$

28 Ein Rechteck von $3\,m^2$ Flächeninhalt soll in 5 gleich große Teile zerlegt werden.
Berechne ebenso durch Umwandeln:
a) $4\,dm^2 : 5$ b) $21\,cm^2 : 10$ c) $12\,m^2 : 8$

> $3\,m^2 : 5 = ■$
> Umwandeln der Flächeneinheiten:
> $300\,dm^2 : 5 = 60\,dm^2$

29
a) Ein Acker von 46 ha soll in 40 gleich große „Parzellen“ zerlegt werden.
b) Eine Wand von $12{,}25\,m^2$ soll in 5 gleich großen Streifen mit verschiedenen Farben gestrichen werden.

30 Beim Umwandeln von Flächeneinheiten kann eine Einheitentabelle sehr hilfreich sein. Dies wird vor allem dann wichtig, wenn man die Kommaschreibweise benutzt.

m^2		dm^2		cm^2		mm^2		
		5	0					$50\,dm^2 = 5000\,cm^2$
		5	0	0	0			
			3.	0	0	0	0	$30000\,mm^2 = 3\,dm^2$
			3					
	2	5	2					$2{,}52\,m^2 = 252\,dm^2$
			7	0	2			$702\,cm^2 = 7{,}02\,dm^2$

Übertrage die Tabelle in dein Heft. Rechne damit in die angegebene Einheit um.
a) $■\,m^2 \leftarrow 53\,dm^2$ c) $2{,}4\,dm^2 \rightarrow ■\,mm^2$ e) $■\,dm^2 \leftarrow 5200\,cm^2$
b) $■\,m^2 \leftarrow 24000\,cm^2$ d) $■\,m^2 \leftarrow 123\,dm^2$ f) $3{,}02\,m^2 \rightarrow ■\,dm^2$

31 Rechne in die angegebene Einheit um. Benutze die Einheitentabelle.

km^2		ha		a		m^2		dm^2		cm^2		mm^2	
	3	2	4	0	0	0	0	0	0	0	0	0	0

a) $3{,}24\,km^2 \rightarrow ■\,m^2$ c) $173\,a \rightarrow ■\,m^2$ e) $5\,km^2 \rightarrow ■\,dm^2$
b) $■\,a \leftarrow 36000\,cm^2$ d) $1{,}09\,ha \rightarrow ■\,m^2$ f) $■\,ha \leftarrow 3500000\,cm^2$

Flurbereinigung? Schau im Lexikon nach oder frage deine Erdkundelehrerin oder deinen Erdkundelehrer.

32 Bei einer Flurbereinigung werden Grundstücke mit folgenden Flächen zusammengelegt. Bestimme den Flächeninhalt der Gesamtfläche.
a) $2\,ha$ $200\,m^2$
b) $600\,m^2$ $9\,a$ $40\,m^2$
c) $2\,a$ $40\,m^2$ $150\,m^2$ $3\,ha$
d) $2000\,m^2$ $4\,ha$ $7\,a$
e) $2\,a$ $1\,ha$ $200\,m^2$ $20\,a$
f) $4\,ha$ $15\,a$ $2500\,m^2$ $6{,}3\,a$

32
Lösungen:
124 a 303,9 a
202 a 446,3 a
427 a 15,4 a

33 Von dem Grundstück muss für den Neubau einer Straße ein Teil der Fläche abgegeben werden.
Bestimme die Größe der Restfläche.

	Grundstück	Straße
a)	$817\,m^2$	$43\,m^2$
b)	$1653\,m^2$	1 a
c)	71 a	$390\,m^2$
d)	10,57 a	$68\,m^2$

Übungen

Kleinformat	9 × 13	0,25 €
Normalformat	10 × 15	0,29 €
Großformat	13 × 18	0,59 €
Poster	18 × 27	1,63 €

34 *Fotoformate*

a) Zeichne die Formate in dein Heft und berechne die Flächeninhalte der angegebenen Fotogrößen.

b) Verdoppelt sich mit dem Flächeninhalt auch der Preis?

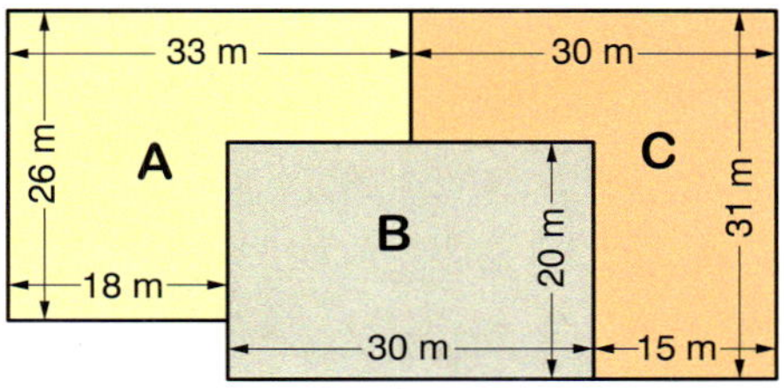

35 Familie Petersen möchte ein Grundstück für den geplanten Neubau kaufen. Hierfür steht ein Bausparvertrag von 75 000 € bereit. Der Preis für 1 m² der angebotenen drei Grundstücke beträgt 125 €.

36 Ein Marktplatz von 2 ha soll für einen Flohmarkt aufgeteilt werden. Für Wege werden 3 200 m² benötigt. An wie viele Personen kann ein Standplatz vergeben werden, wenn jeder mindestens 30 m² erhalten soll?

Kannst du einen maßstabsgerechten Plan zeichnen?

37 Auf einem 12 ha großen Gelände befinden sich ein 300 m² großer Stall, ein 60 a großer See sowie 430 a Wald. Bestimme die Größe der Restfläche. Runde sinnvoll.

38 Herr Meier möchte seinen Rasen von 6 a düngen. In der Anleitung steht: „130 g Dünger pro m²“. Wie viele Säcke à 20 kg muss er kaufen?

39 Axel will eine 19 m lange und 25 m breite Rasenfläche mähen. Sein Rasenmäher hat eine Schnittbreite von 50 cm. Wie viele Meter muss Axel dabei zurücklegen? Wie sollte er gehen?

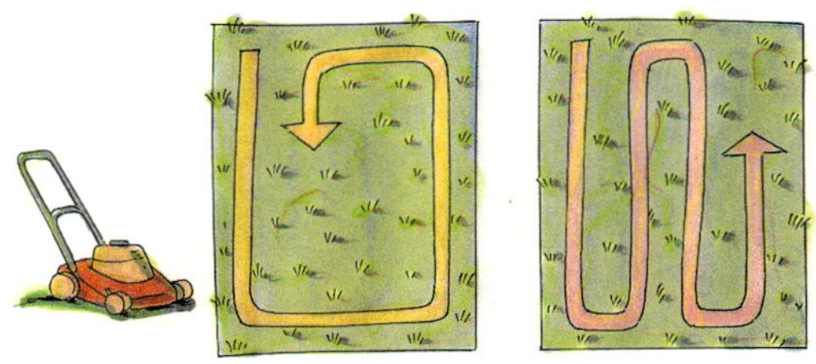

40 Frank möchte in seinem Zimmer Wände und Decke mit Raufaser tapezieren und dann streichen. Das Zimmer hat eine quadratische Grundfläche von 16 m² und eine Höhe von 3,20 m. Es gibt zwei Fenster und eine Tür.

41 *Netze und Oberflächen*

Bestimme den Oberflächeninhalt des Quaders.

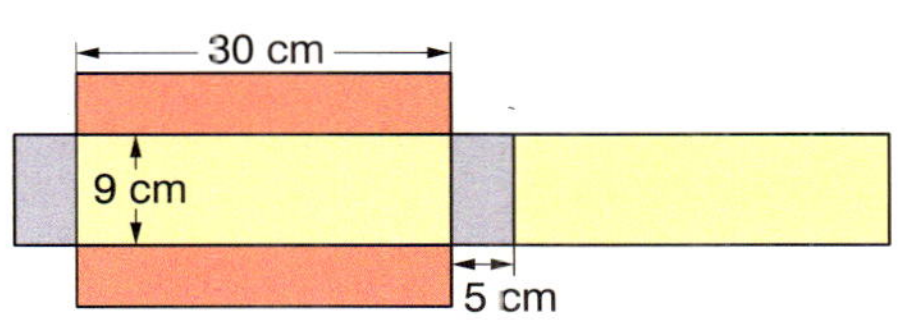

42 Du möchtest ein wertvolles Geschenk in einem Schuhkarton verpacken und dazu den Karton von innen mit grüner Samtfolie ausschlagen. Reicht das Reststück von 40 cm × 30 cm hierfür aus?

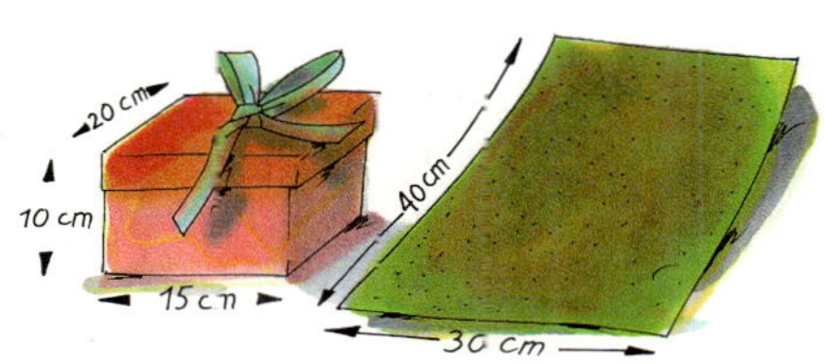

Schätzmethoden

Schätzen, was man nicht berechnen kann

Wie groß ist die nordfriesische Insel Föhr? Hier versagen unsere Methoden. Zumindest können wir den Flächeninhalt nicht so einfach bestimmen.
Wie wäre es mit Schätzen?

Maßstab unserer Karte: 1 : 250 000
1 cm auf der Karte entspricht 2,5 km in der Wirklichkeit

Schätzmethode 1: **„Rechteckmethode"**
Wir legen ein Rechteck möglichst eng um die Insel. Auf unserer Karte messen wir für die Länge 5,1 cm, für die Breite 3,3 cm. Nach dem Maßstab sind dies gerundet 13 km und 8 km. Die Fläche des Rechtecks ist also 104 km² groß. Die Fläche der Insel füllt nicht das ganze Rechteck aus, sie ist also etwas kleiner. Wir schätzen etwa 80 km².

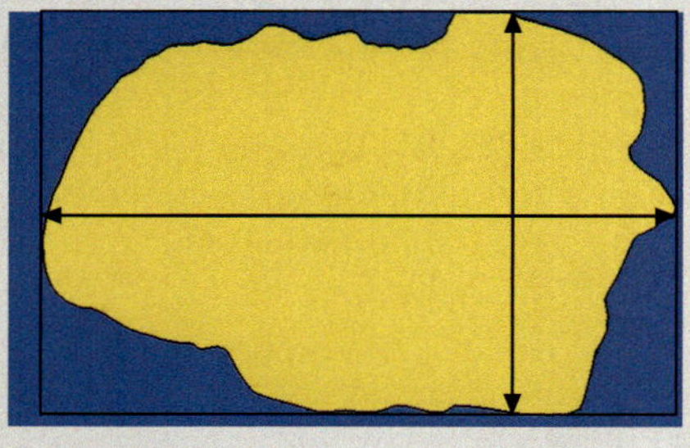

Findest du im Lexikon oder im Internet eine Information über die Fläche der Insel Föhr?

Schätzmethode 2: **„Gittermethode"**
Wir legen eine Gitterfolie mit kleinen Quadraten über die Insel. (Es gibt solche Klarsichtfolien mit Millimeterpapier.) In unserem Fall ist die Seite eines Quadrates gerade 0,4 cm, dies entspricht 1 km in der Wirklichkeit. Ein Quadrat hat somit die Fläche von 1 km². Wir zählen etwa 82 Quadrate, die die Insel überdecken. Damit schätzen wir eine Fläche von 82 km².

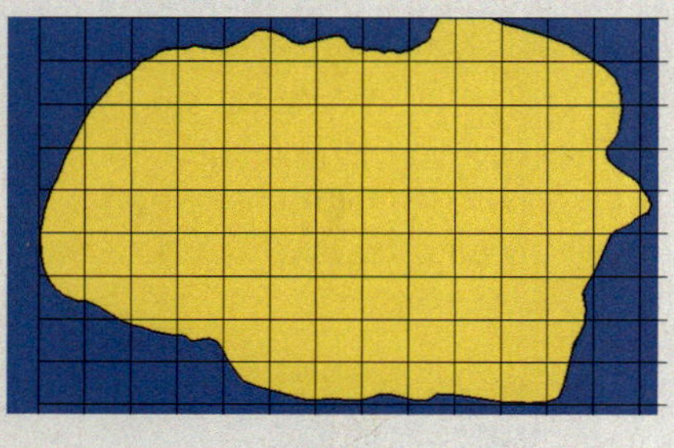

Aufgaben

Für die Insel Sylt muss die Rechteckmethode verfeinert werden. Hast du eine Idee?

43 Schätze mithilfe der obigen Methode die Fläche
a) der Bundesrepublik Deutschland
b) des Landes Nordrhein-Westfalen
c) des Bodensees
d) der Nordseeinsel Sylt
Besorge dir dafür jeweils eine geeignete Landkarte und beachte den Maßstab.

44 Schätze den Flächeninhalt eines Kreises von 20 cm Durchmesser.

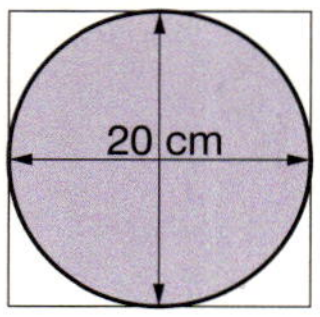

45 Schätze, wie viel km du laufen müsstest, um die Insel Föhr einmal auf dem Deich zu umrunden.

46 Warum taugen unsere Schätzmethoden nicht für die Fläche der Wüste Sahara?

47 *Spielfeldgrößen*

a) Für Fußballfelder gibt es Vorschriften. Die Länge muss zwischen 90 m und 120 m liegen, die Breite zwischen 60 m und 90 m. Wie groß ist der Unterschied des Flächeninhalts zwischen dem kleinstmöglichen und dem größtmöglichen Spielfeld?

b) Das Fußballfeld im Parkstadion in Gelsenkirchen (Schalke 04) hat die Maße 105 m × 68,5 m. Ein guter Schiedsrichterassistent (Linienrichter) muss möglichst immer auf Ballhöhe sein. Schätze, welche Strecke er während eines Spiels ungefähr zurücklegt.

c) Wie viele Volleyballfelder (Handballfelder, Basketballfelder, Tennisfelder) passen ungefähr auf ein Fußballfeld? Schätze zunächst und mache dann eine Überschlagsrechnung. (Die Spielfeldmaße kannst du im Sportlexikon nachschlagen, sonst erkundige dich bei Fachleuten.)

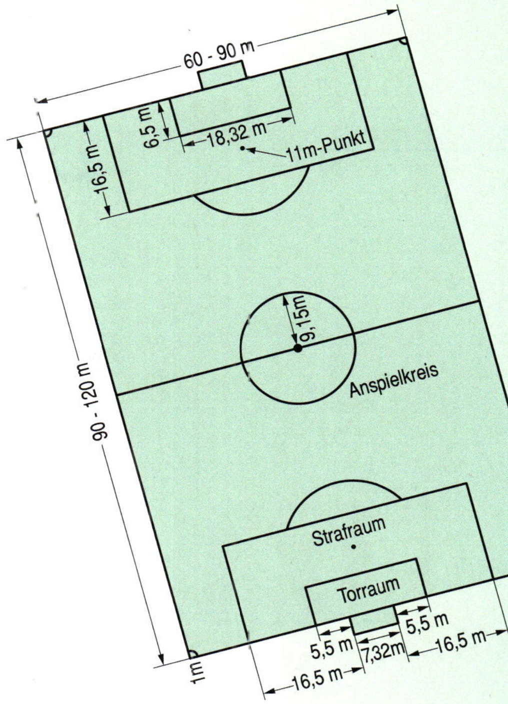

48 Lege aus 9 Quadraten von je 1 cm^2 ein großes Quadrat. Welchen Umfang hat dieses Quadrat? Entferne nun möglichst viele kleine Quadrate, ohne dass sich der Umfang ändert.

49 Schrittweise werden Einheitsquadrate (1 cm^2) nach bestimmten Regeln zusammengesetzt. Bestimme jeweils Flächeninhalt und Umfang der Figuren der ersten vier Schritte. Wie groß sind Umfang und Flächeninhalt der Figur im 9. Schritt?

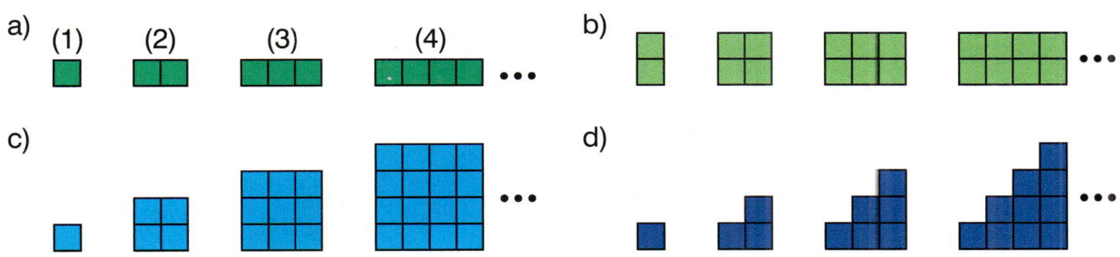

50 Peter ist ein Brückenfan. Er will eine Wand seines Zimmers (5 m × 2,50 m) mit der Sondermarke der Müngstener Brücke tapezieren. Was wird ihn dies kosten?

51 Die Hockey-Damenmannschaft hat zum letzten Mal im alten Stadion gespielt und dabei das Endspiel zur Deutschen Meisterschaft gewonnen. Zur Unterstützung einer Stiftung wollen die Spielerinnen nun den Rasen des Hockeystadions in 20 cm × 20 cm großen Quadraten an die Fans verkaufen, das Stück zu 15 €. Mit welcher Einnahme können sie rechnen, wenn alle Rasenquadrate verkauft werden?

Maße des Hockeystadions: 91,40 m × 55 m

52 In der Massentierhaltung legen Hühner in Legebatterien mit bis zu einer Million Tieren so genannte Käfigeier. Auf 10 m^2 dürfen 220 Hühner gehalten werden. Bei Eiern aus Bodenhaltung sind nach den Richtlinien der Europäischen Union 70 Hühner auf 10 m^2 erlaubt.
Berechne in beiden Fällen die Fläche, die für ein einzelnes Huhn zur Verfügung steht. Vergleiche mit der Fläche eines DIN-A4-Blattes.

10.2 Rauminhalt

Was dich erwartet

Wie viel Kubikmeter Luft braucht jeder Schüler und jede Schülerin an einem anstrengenden Schulmorgen zum Atmen? In diesem Lernabschnitt wirst du erfahren, wie du Rauminhalte messen und berechnen kannst. Du wirst auch genauere Vorstellungen über bestimmte Größenangaben wie „Kubikzentimeter“ oder „Liter“ bekommen, zum Beispiel bei der Angabe von Regenmengen (Niederschlag) oder beim Messen des Inhalts von Getränkeflaschen.

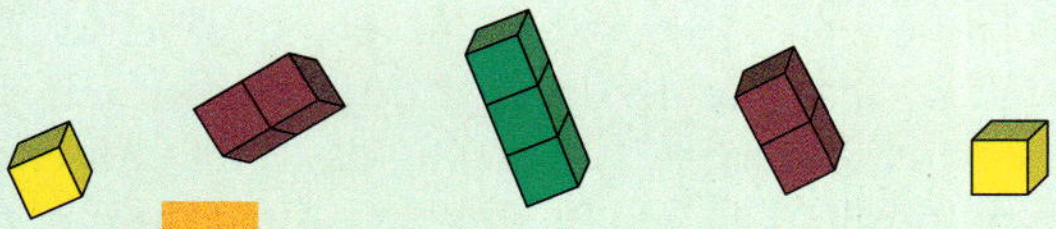

Aufgaben

1 Bei Leas kleinem Bruder liegen mal wieder jede Menge Bauklötze auf dem Fußboden herum. Lea hilft ihm beim Aufräumen.
Passen alle abgebildeten Bauklötze in den Karton?
Wie viele blaue (rote, grüne, gelbe) Bauklötze passen höchstens in den Karton?

2 Die Klasse 5b feiert ein Klassenfest. Die Schulleitung spendiert eine Kiste mit 0,75-l-Limoflaschen. „Das reicht doch nie!“

3 In welchen Quader passen mehr Würfel? Wie viele mehr?

(1)

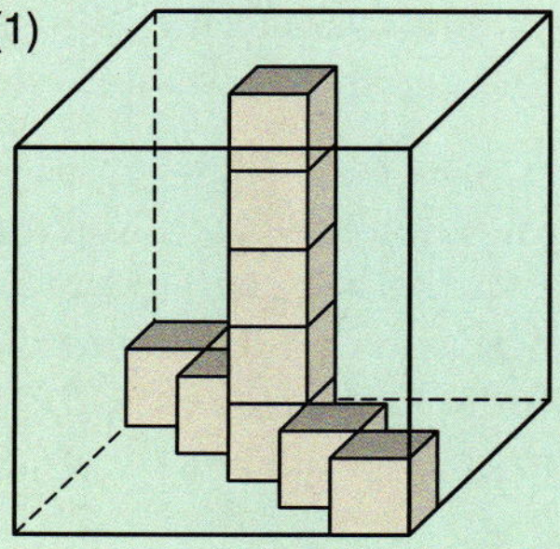

(2)

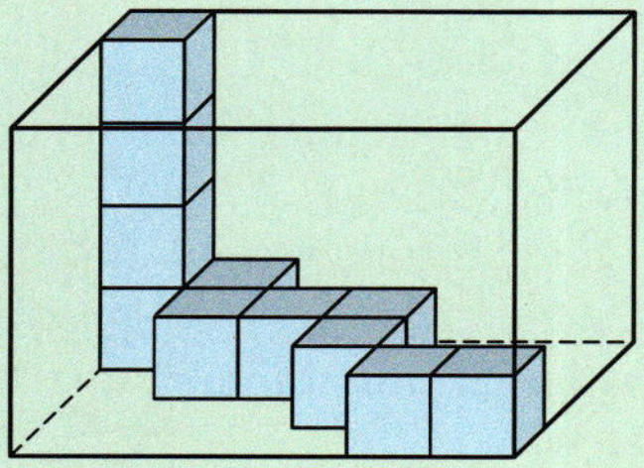

4 Im Hafen wird ein Container entladen, der würfelförmige Holzkisten mit Bananen geladen hat.
a) Wie viele dieser Kisten passen in den Container?
b) Wie viel Quadratmeter Stahlblech hat man zur Herstellung des Containers gebraucht?

Basiswissen

Die Post bietet den „schnellen Faltkarton" für Pakete an. Bei diesen Paketen sind verschiedene Größen von Bedeutung.

Länge, Breite und Höhe
Sie bestimmen die Form des Quaders. Wir können sie z. B. in cm messen.
Die Oberfläche des Paketes
Diese bestimmt unter anderem die Fläche des erforderlichen Packpapiers. Die Oberfläche können wir z. B. in cm^2 messen.
Der Rauminhalt des Paketes
Er gibt an, wie viel in das Paket hineinpasst.

Den Rauminhalt eines Quaders messen wir durch Ausfüllen mit Würfeln.
Als Einheit für den Rauminhalt kann man z. B. einen Würfel mit der Kantenlänge 1 cm verwenden.
Dieser Würfel hat den Rauminhalt von 1 cm^3 (1 Kubikzentimeter).
Der Quader lässt sich mit 24 Würfeln ausfüllen, er hat den Rauminhalt

24 cm^3
Maßzahl ↗ ↖ Maßeinheit

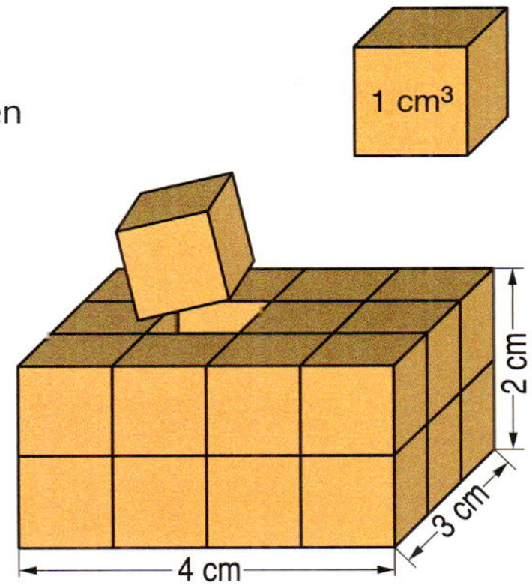

Statt Rauminhalt sagt man auch **Volumen**.

Beispiele

A Alle drei Körper haben den Rauminhalt 8 cm^3.

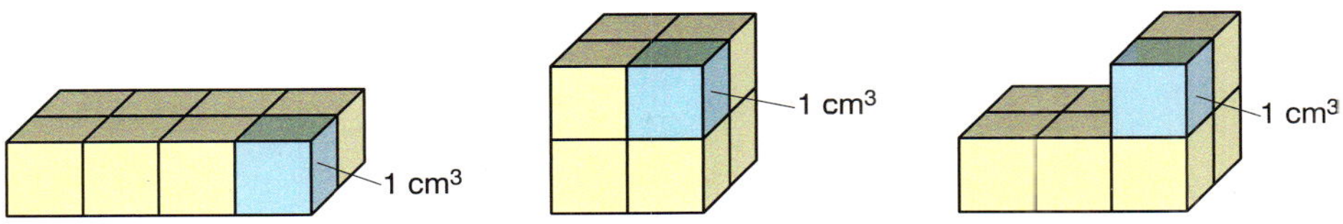

B Die Vase hat einen Rauminhalt von 16 cm^3.

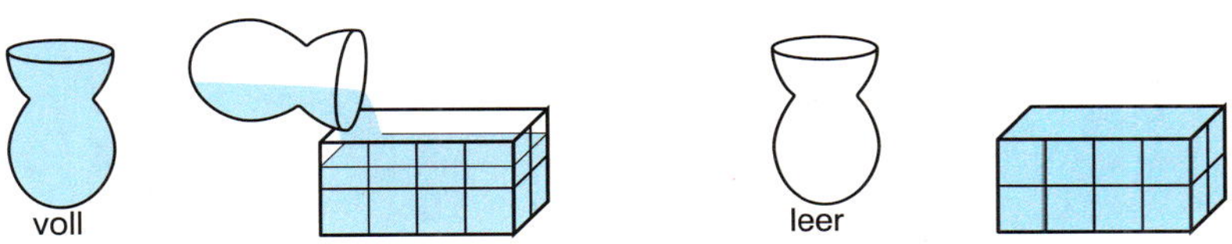

Übungen

5 Die Kantenlänge der kleinen Würfel beträgt jeweils 1 cm. Gib den Rauminhalt der Körper an. Ergänze die Körper zu einem Quader. Bestimme jeweils das Volumen der Würfel, die du hinzugefügt hast.

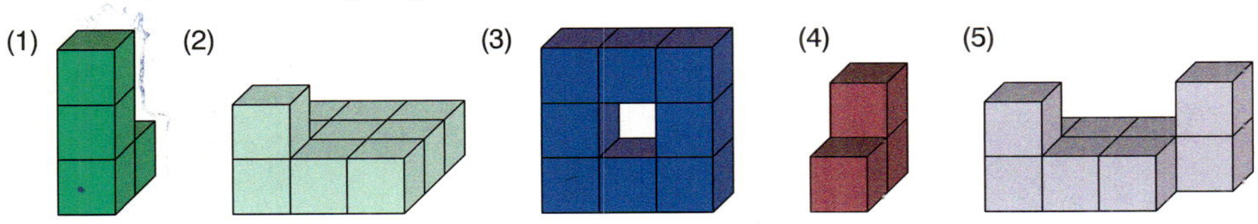

Übungen

6 Auf dem Bild siehst du einen Würfel mit der Kantenlänge 1 m. Er hat einen Rauminhalt von 1 m³ (Kubikmeter). Schätze ab, wie viele solcher Würfel in den Klassenraum hineinpassen. Damit kannst du auch schätzen, wie viel Kubikmeter Luft für jeden Schüler vorhanden sind.

7 Schätze den Rauminhalt:
a) eurer Sporthalle
b) des Schulbusses
c) eines Pkw
d) eines 10-stöckigen Hochhauses

8 Aus Spielwürfeln mit der Kantenlänge 1,5 cm werden große Würfel zusammengebaut. Wie viele Spielwürfel benötigst du für einen solchen großen Würfel
a) mit der Kantenlänge 3 cm,
b) mit der Kantenlänge 6 cm,
c) mit der Kantenlänge 12 cm?

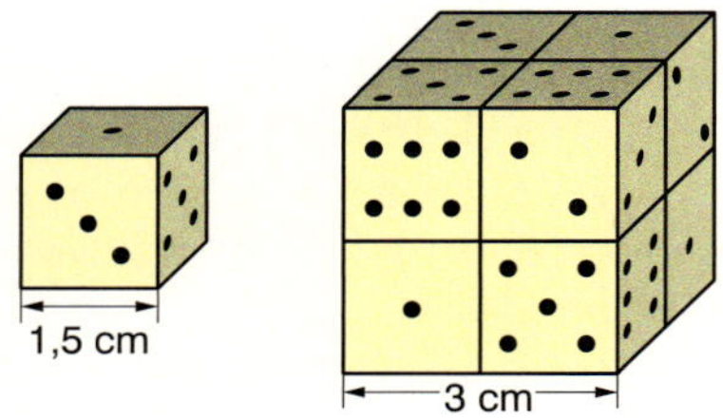

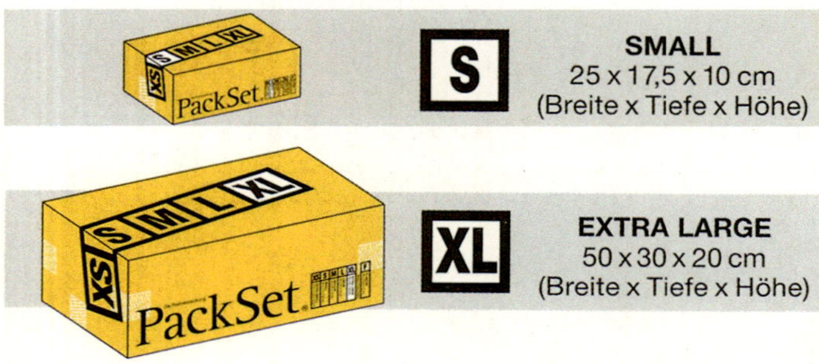

9 Wie viele Pakete „Small" passen ungefähr in ein Paket der Größe „Extra Large"? Vergleiche auch die Oberflächen der beiden Pakete.

10 Die Körper sind aus Würfeln mit der Kantenlänge 1 cm zusammengesetzt.
a) Vergleiche die Rauminhalte der Körper.
b) Die Körper sollen außen mit Papier beklebt werden. Vergleiche die Flächeninhalte des benötigten Papiers.

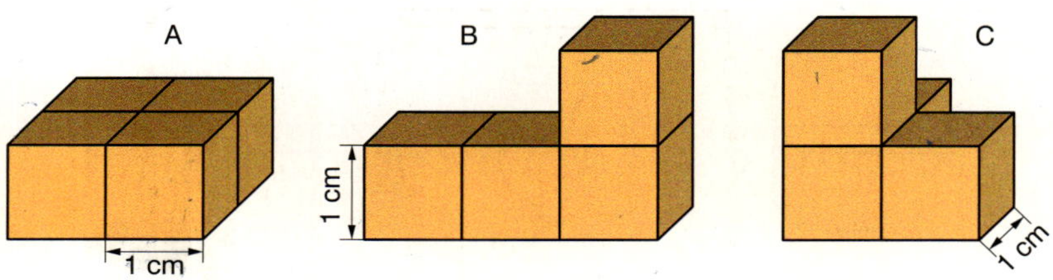

11 Wie viele Würfel mit 1 cm Kantenlänge passen in einen Würfel mit 1 dm Kantenlänge?

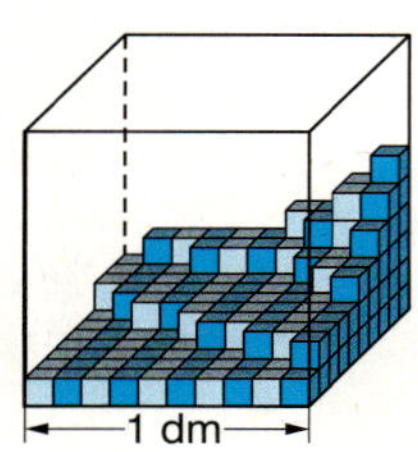

Basiswissen

Zum Messen von Rauminhalten benötigt man wie bei Längen und Flächen verschiedene Maßeinheiten.

Übersicht über die Einheiten von Rauminhalten

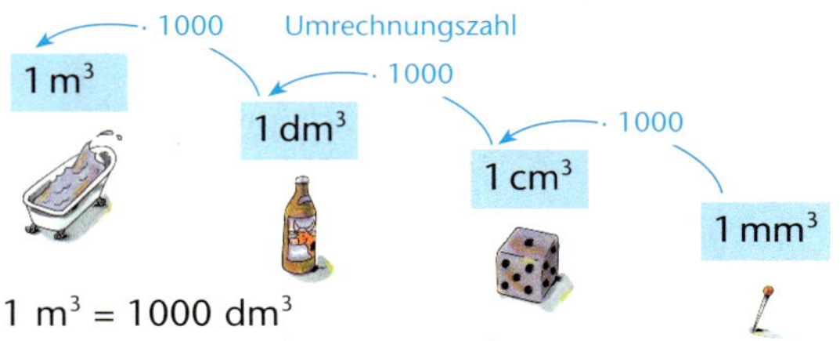

$1\ m^3 = 1000\ dm^3$

$1\ dm^3 = 1000\ cm^3$

$1\ cm^3 = 1000\ mm^3$

Das Volumen von Flüssigkeiten wird in Litern gemessen. So passt in $1\ dm^3$ genau ein Liter und in $1\ cm^3$ genau ein Milliliter.

$1\ l = 1\ dm^3$ $\qquad$ $1\ ml = 1\ cm^3$

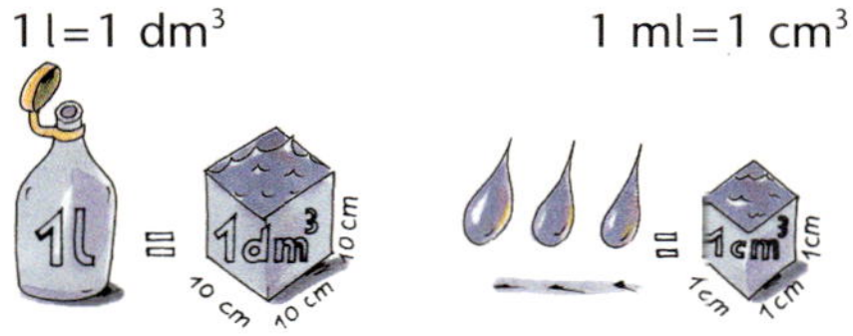

Den Rauminhalt eines Quaders kannst du mit der Formel berechnen
Rauminhalt = Länge mal Breite mal Höhe

$V = 4\ cm \cdot 2\ cm \cdot 3\ cm$
$= 24\ cm^3$

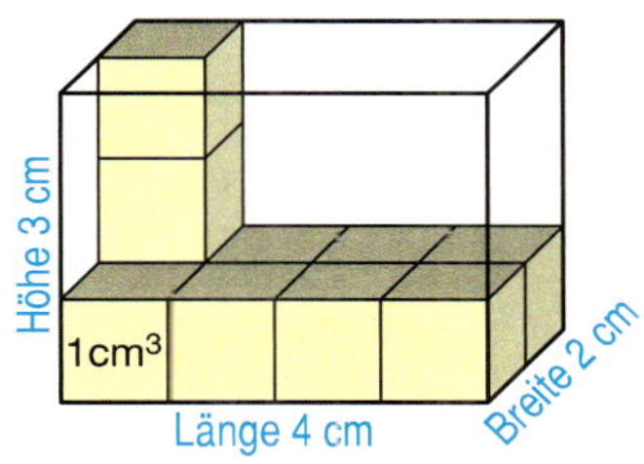

Beispiele

C Umwandeln von Volumeneinheiten

$12\ m^3 \xrightarrow{\cdot 1000} 12\,000\ dm^3 \xrightarrow{\cdot 1000} 12\,000\,000\ cm^3$

$12\ m^3 = 12\,000\ dm^3 = 12\,000\,000\ cm^3$

$7\,000\,000\ mm^3 = 7\,000\ cm^3 = 7\ dm^3$ (jeweils : 1000)

D Rauminhalt von Quadern

Länge, Breite und Höhe in dieselbe Längeneinheit umwandeln

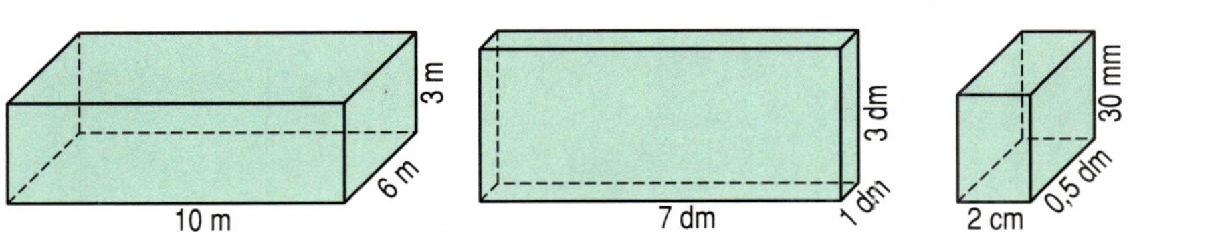

(1) $V = 10\ m \cdot 6\ m \cdot 3\ m$
$= 180\ m^3$

(2) $V = 7\ dm \cdot 1\ dm \cdot 3\ dm$
$= 21\ dm^3$

(3) $V = 2\ cm \cdot 5\ cm \cdot 3\ cm$
$= 30\ cm^3$

(4) Ein Aquarium wird bis zur Höhe von 30 cm mit Wasser gefüllt.
Wie viel Liter Wasser braucht man?
$V = 40\ cm \cdot 30\ cm \cdot 30\ cm$
$= 36\,000\ cm^3 = 36\ dm^3$
Man braucht 36 l Wasser.

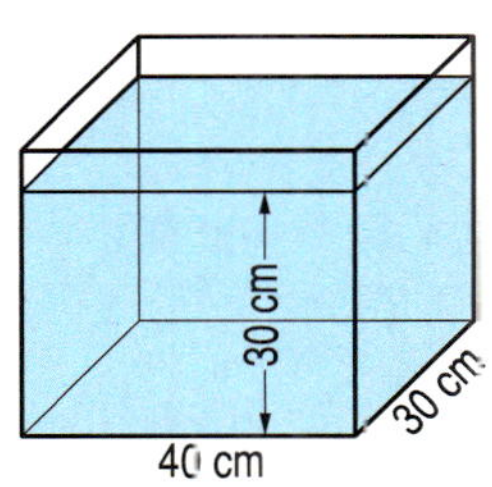

Übungen

12 Wandle die folgenden Volumina in die nächstkleinere Maßeinheit um.
a) $12\,dm^3$ b) $7\,l$ c) $50\,m^3$ d) $120\,cm^3$ e) $1{,}2\,m^3$

13 Wandle in die nächsthöhere Maßeinheit um.
a) $15\,000\,cm^3$ b) $75\,000\,dm^3$ c) $7500\,l$ d) $190\,000\,mm^3$ e) $300\,ml$

14 Dinge aus dem Alltag: Ordne die Rauminhalte passend zu.

Wassertropfen	0,3 l
Spielwürfel	$1\,mm^3$
Milchflasche	$1\,cm^3$
Blumenvase	$16\,dm^3$
Schultasche	1 l

15 Die Kantenlängen des Quaders sind gegeben. Berechne den Rauminhalt.

	Länge	Breite	Höhe
a)	20 cm	15 cm	10 cm
b)	1 m	5 m	0,5 m
c)	80 cm	1,50 m	0,3 m
d)	8 dm	75 cm	100 mm

15 und **17** Lösungen:
$2400\,cm^3$ $2{,}5\,m^3$
$60\,dm^3$ 10 dm
$360\,dm^3$
$3000\,cm^3$ 2 dm
42 cm

16 Wähle jeweils die Einheit, die deiner Meinung nach am besten den Rauminhalt angibt. Franz hat so entschieden, dass die Buchstaben in der Reihenfolge den Namen einer Stadt ergeben.

	m^3	l	cm^3	mm^3
Ei	T	P	H	S
Tablette	O	R	P	E
Klassenzimmer	R	O	A	E
Kühlschrank	L	N	R	S
Schwimmbecken	E	T	S	O

17 Berechne für die Quader die fehlenden Größen.

	Länge	Breite	Höhe	Rauminhalt
a)	4 cm	3 dm	0,2 m	■
b)	15 cm	5 cm	■	3,15 l
c)	■	2,5 dm	20 dm	$0{,}5\,m^3$
d)	20 cm	■	1 dm	4 l

18 Wie viele 10-l-Eimer Wasser kann man einem vollen Wassertank mit den Maßen $2\,m \times 1\,m \times 1{,}20\,m$ entnehmen?

19 Die Wassermenge im Eimer (10 l) wird auf Flaschen (0,75 l) oder Gläser (0,2 l) verteilt. Wie viele Flaschen bzw. Gläser werden gefüllt?

20 Zu viel Müll?
a) Ein Großbehälter fasst 5000 l Restmüll. In einer Stadt werden an einem Tag 72 Behälter entleert. Wie viel Restmüll fällt an?
Wie hoch würde sich dieser Müll in einer quaderförmigen Säule mit einer Grundfläche von $1\,m^2$ stapeln?
Wie hoch würde sich der Müll auf einer 1 ha großen Mülldeponie verteilen (wenn sie gleichmäßig gefüllt würde)?
b) Im Jahr 1999 haben die Närrinnen und Narren am Rosenmontag in Köln 247 600 l Müll produziert. Wie hoch wäre die Säule (Grundfläche $1\,m^2$)?

21 Hier hat Simon sehr genau gerechnet. Sein Klassenraum hat einen Rauminhalt von $36\,401\,552\,102\,mm^3$. Runde sinnvoll und wähle eine passende Maßeinheit.

Übungen

22 Beim Umwandeln von Volumeneinheiten hilft eine Einheitentafel.

m³			dm³ = l			cm³ = ml			mm³			
		1	0	0	0							1 m³ = 1 000 dm³
					1	0	0	0				1 dm³ = 1 000 cm³
								1	0	0	0	1 cm³ = 1 000 mm³
				2	4	0	0	0				24 000 ml = 24 l
				2	4							
		2	5									2,5 m³ = 2 500 l
		2	5	0	0							
					4	7	3					4,73 dm³ = 4 730 000 mm³
					4	7	3	0	0	0	0	

Übertrage die Einheitentafel in dein Heft und rechne damit um

a) 320 l → ■ ml
b) ■ dm³ ← 42 000 cm³
c) 1,7 m³ → ■ cm³
d) ■ m³ ← 6 250 000 cm³
e) 0,2 l → ■ mm³
f) 3,02 dm³ → ■ cm³

23 Das menschliche Herz drückt bei jeder Kontraktion (Zusammenziehung) ca. 60 ml in seine Blutbahn. Bestimme die Blutmenge, die in einer Minute durch dein Herz läuft. Wie viel Blut läuft an einem Tag durch dein Herz?

24 Welches Angebot ist günstiger?

Mineralwasser
12 Flaschen à 0,75 l — €3,69
20 Flaschen à $\frac{1}{2}$ l — €4,99

25 Für das nächste Klassenfest sollst du die Getränke besorgen. Überschlage, wie viele Gläser Sprudel, Orangensaft und Multivitaminsaft jeder ungefähr trinken wird. Wie viele Flaschen von jeder Sorte musst du besorgen? Wie viel Liter Flüssigkeit sind das insgesamt?

26 Das neue 3-l-Auto ist da! (Es verbraucht nur 3 l Benzin auf 100 km.) Der Tank des Autos fasst 42 l. Wie weit kann man mit einer Tankfüllung fahren? Wie viel verbraucht euer Auto auf 100 km? Für wie viele km reicht eine Tankfüllung?

27 Auf dem Flachdach eines Hauses mit einer Fläche von 150 m² liegen 25 cm Schnee.
a) Wie viele dm³ Schnee liegen auf dem Dach?
b) Wie groß ist die Schneelast, wenn 1 dm³ Schnee 64 g wiegt?

28 Tobias hat ein Aquarium.
a) Wie viel Liter hat er eingefüllt, wenn das Wasser 42 cm hoch steht?
b) Um wie viel Zentimeter steigt das Wasser, wenn er 9 l nachfüllt?

29 Vier Blumenkästen sollen von außen gestrichen werden. Wie viel Quadratmeter sind zu streichen? Zur Füllung der Kästen kauft Julian 50 l Blumenerde. Reicht dieser Beutel?

Projekt

Wasserbedarf

Rund 25 Liter Wasser werden in Indien pro Person und Tag im Haushalt konsumiert. In Europa dagegen sind es 150, in den USA 300 Liter, jeweils etwa ein Drittel wird allein für die WC-Spülung benutzt. Weil sich immer mehr Menschen am westlichen Lebensstandard orientieren, wächst der globale Bedarf an Haushalts-Wasser noch schneller als die Weltbevölkerung: Mit heute 300 Kubikkilometern hat er sich gegenüber 1950 versechsfacht – während sich die Zahl der Menschen im selben Zeitraum etwa verdoppelte.

Aus der Zeitschrift Geo Nr. 6 Juni 1993

Wasserverbrauch im Alltag

Trinkwasser ist wertvoll und lebenswichtig. Es steht auf der Erde zwar in großen Mengen, aber nicht unbegrenzt zur Verfügung. Hast du eine Vorstellung, wie viel Trinkwasser in deiner Familie innerhalb einer Woche verbraucht wird?
In Gruppen können wir verschiedene Wege beschreiten:

A *Collage zum Thema Wasserverbrauch im Alltag*

Überlegt euch, wo überall im Alltag euerer Familie Wasser verbraucht wird. Aus Prospekten, Katalogen usw. schneidet ihr Verbrauchsgeräte aus, typische Situationen könnt ihr in eigenen Bildern oder Fotos festhalten. Das Ganze wird dann auf einem großen Plakat festgehalten. Zu jeder Situation ermittelt ihr dann durch eigene Untersuchungen und Experimente den Wasserverbrauch innerhalb einer Woche. Hier ist Einfallsreichtum gefragt.
Unter den Bildern schreibt ihr diese Zahlen (in Liter) auf, zur besseren Vergleichbarkeit rechnet ihr den durchschnittlichen Verbrauch pro Tag und pro Person aus. Mithilfe der Tabellenkalkulation könnt ihr ein übersichtliches Diagramm ergänzen.

Die abgebildete Wasseruhr zeigt einen Wert von $413{,}4279\,m^3$ an.

B *Wasseruhr*

Der Wasserverbrauch lässt sich auch an der Wasseruhr ablesen.
Ermittle mithilfe eurer Wasseruhr den Verbrauch in einer Woche. Vergleiche mit den Werten aus der Collage. Vielleicht kannst du die Werte auch aus der Jahresabrechnung für das Wasser gewinnen. Dabei erfährst du auch, was das Wasser bei uns kostet. (Zusätzlich werden noch die „Abwasserkosten“ berechnet).

C *Ratgeber „Wasser sparen“*

Wie kann man Wasser sparen? Wodurch wird Trinkwasser vergeudet? Welche Erfahrungen und Ideen habt ihr? Erstellt eine kleine Broschüre, in der die Ratschläge mit entsprechenden Zahlenwerten (wie kommt man zu diesen?) belegt werden.
Hierzu einige Anregungen:

- Dusche statt Vollbad und beim Einseifen das Wasser abdrehen. (Den Wasserverbrauch beim Vollbad kannst du durch Volumenschätzung der Badewanne gewinnen. Zeit fürs Duschen stoppen, dann 10 Sekunden Wasser im Eimer auffangen, ausmessen und multiplizieren.)
- Viele Menschen lassen während des Zähneputzens das Wasser laufen. Wie viel Wasser wird dabei z. B. bei einer vierköpfigen Familie in einer Woche verschwendet?
- Stopp- oder Spartaste bei der WC-Spülung. (Die Sparwerte werden oft in den Werbeblättern angegeben.)
- Der undichte Wasserhahn tropft. Wie viel Wasser geht dadurch am Tag (in einem Monat) verloren? Wie lange würde es dauern, bis damit die Badewanne voll ist?

Es tropft und tropft …

30 Welchen Rauminhalt hat ein Hinkelstein? Asterix und Obelix beantworten die Frage jeder auf seine Weise.
Asterix: Der Hinkelstein ist 1,80 m hoch und misst an der breitesten Stelle etwa 80 cm. Eine Bretterkiste zum Einpacken müsste also die Maße 80 cm × 80 cm × 1,80 m haben. Der Hinkelstein füllt diese Kiste etwa zur Hälfte aus.
Obelix: Im Gallierdorf steht ein großer quaderförmiger Wassertrog von 3 m Länge, 1,5 m Breite und 1,30 m Höhe. Im Augenblick steht das Wasser im Trog 95 cm hoch. Ich lege den Hinkelstein in den Trog, der Wasserspiegel steigt auf 1,07 m. Zu welchen Ergebnissen kommen Asterix und Obelix? Welche Methode würdest du bevorzugen?

31 Eine Pyramide mit quadratischer Grundfläche wird genau von einem Quader umschlossen. Ist der Rauminhalt des Quaders doppelt so groß wie der der Pyramide oder gar dreimal so groß? Kannst du deine Meinung begründen?
Experiment zur Überprüfung: Baue eine Pyramide mit quadratischer Grundfläche (4 cm × 4 cm). Miss die Höhe der Pyramide und baue dann einen oben offenen Quader, der die Pyramide umschließt, mit der Grundfläche der Pyramide. Schneide in den Boden der Pyramide ein kreisförmiges Loch. Nun kannst du die Pyramide mit Sand füllen und diesen Sand dann in den Quader umfüllen.

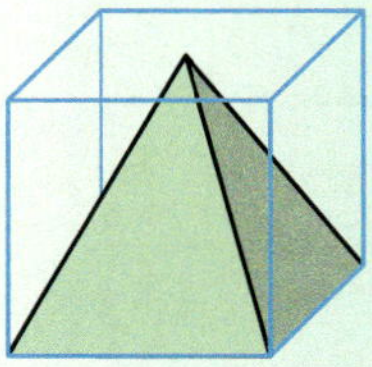

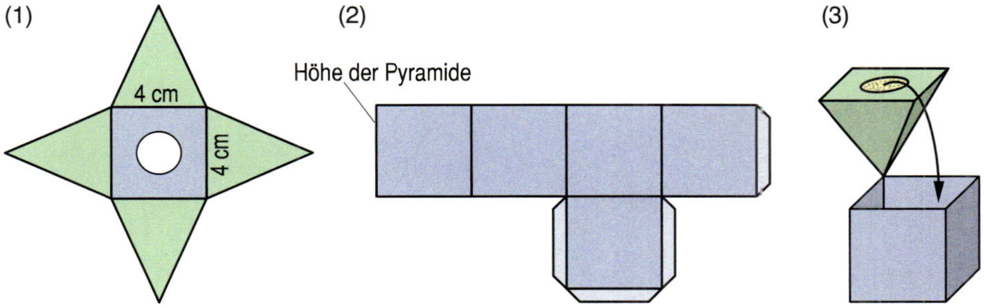

32 Die Meteorologen geben die Niederschlagsmenge (Regen, Schnee, Hagel) pro Jahr in Millimeter an. 510 mm Niederschlag bedeuten: Sammelt man alle Niederschläge, die während eines Jahres auf einen Quadratzentimeter fallen, so erhält man eine 510 mm hohe Säule Wasser über diesem Quadratzentimeter.
a) Welche Menge Wasser fällt innerhalb Dortmunds pro Jahr durchschnittlich auf einen Quadratmeter?
b) Schätze ab, wie viel Regen dabei auf deine Stadt gefallen wäre.

Niederschläge zum Vergleich

Wüste pro Jahr	150 mm
Dortmund pro Jahr	585 mm

Leichter Regen*	0–2 mm
Starker Regen*	2–10 mm
Platzregen*	mehr als 10 mm

* Niederschlagswert in mm pro 30 min

33 *Regenwasser sammeln*
a) Neben der Garage steht eine große Regentonne (500 l Fassungsvermögen). Sie sammelt den Regen auf, der auf das Garagendach (6 m × 3 m) fällt und über eine Regenrinne weitergeleitet wird. Wir lange muss es „stark regnen“ (siehe Tabelle in Aufgabe 37), bis die Tonne gefüllt ist?
b) Es gibt große Auffangbecken, in denen man das Regenwasser sammelt, das auf große Flächen fällt. Wie viele Kubikmeter Wasser könnte man sammeln, wenn auf einem asphaltierten Parkplatz von 1 ha Fläche eine Stunde lang ein Platzregen (15 mm pro 30 min) niedergeht? Welche Maße müsste das (quaderförmige) Auffangbecken mindestens haben?

CHECK-UP

Vorstellen, Bauen, Berechnen

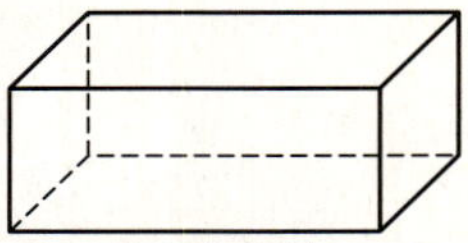
Schrägbild

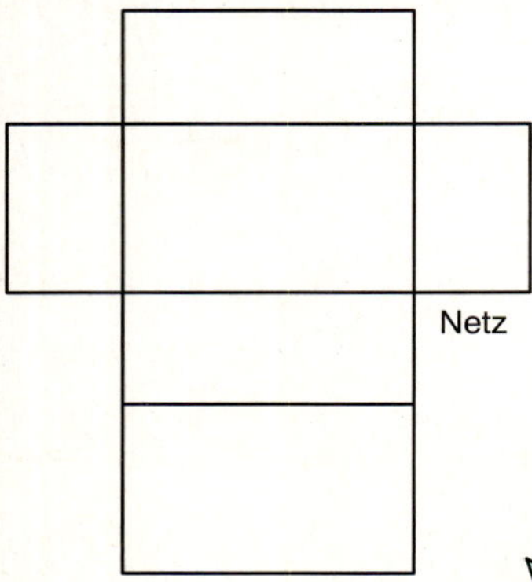
Netz

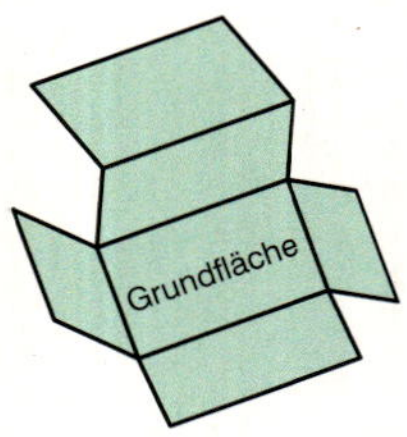

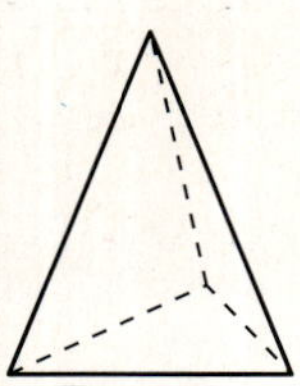
Tetraeder

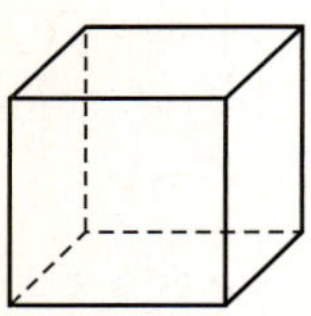
Würfel

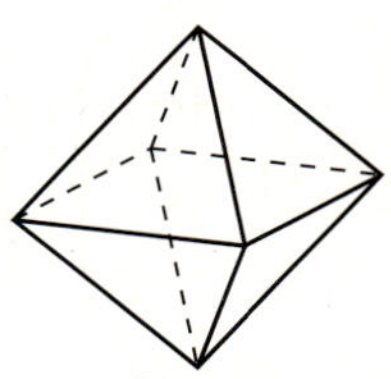
Oktaeder

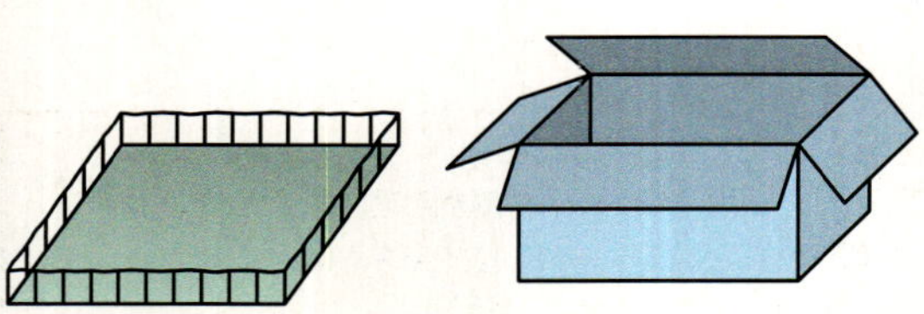

1 cm³
Maßzahl Maßeinheit

1,5 l = 1500 cm³
8 300 cm² = 83 dm²

Vorstellen von Körpern
Damit du dir einen dreidimensionalen Körper besser vorstellen kannst, ist es sinnvoll, den Körper in einem Schrägbild darzustellen. Durch dieses Schrägbild wird ein dreidimensionaler Eindruck vermittelt, obwohl das Schrägbild auf einem Blatt Papier (also zweidimensional) gezeichnet wird.

Bauen von Körpern
Wenn du einen Körper herstellen möchtest, so zeichne zunächst das Netz des Körpers und schneide es aus. Dann kannst du falten und kleben.

Berechnen des Flächeninhalts und des Rauminhalts
Für das Anstreichen oder Fliesen einer Wand ist der Flächeninhalt wichtig, damit ausreichend Material (Farbe, Fliesen, …) zur Verfügung steht.
*Den **Flächeninhalt eines Rechtecks** kannst du mit einer Formel berechnen: **Flächeninhalt = Länge mal Breite.***
Wie viel in einen Körper hineinpasst, wird durch den Rauminhalt angegeben.
*Den **Rauminhalt eines Quaders** kannst du mit einer Formel berechnen:*
Rauminhalt = Länge mal Breite mal Höhe

1 Welche Netze gehören zu welchem Körper?

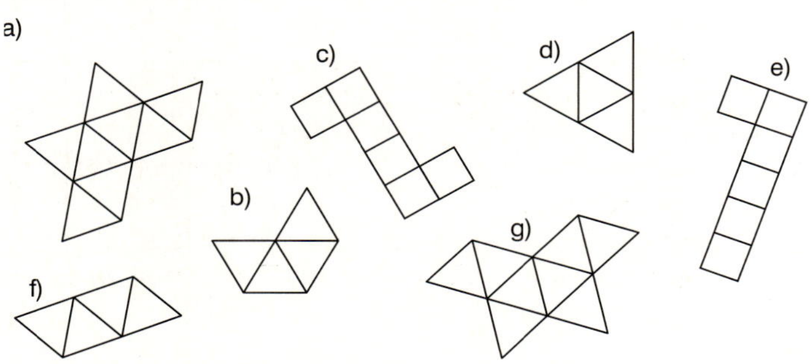

2 *Der Buchstaben-Würfel*
Für einige Spiele benutzt man Würfel mit Buchstaben auf jeder Seitenfläche. Links sind drei verschiedene Lagen eines Würfels dargestellt. Welcher Buchstabe liegt gegenüber dem Buchstaben B?

3 Zeichne das Schrägbild
a) eines Quaders,
b) einer quadratischen Pyramide.

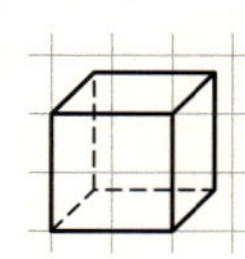

4 Betrachte die Umzäunung und den Karton.
Welche Größen könnten berechnet werden?

5 *Umrechnungszahlen*
a) Erkläre, wozu du bei der Berechnung von Flächeninhalt und Rauminhalt die Umrechnungszahlen brauchst.
Gib Beispiele an.
b) Schreibe auf, welche Umrechnungszahlen bei der Berechnung von Flächeninhalt und Rauminhalt eine Rolle spielen.

CHECK-UP

6 In einem Zimmer sollen der Teppich und die Fußleiste erneuert werden. Ein Quadratmeter Teppich mit Verlegen kostet 23 €, ein Meter Fußleiste kostet 4 €. Wie teuer wird das Vorhaben?

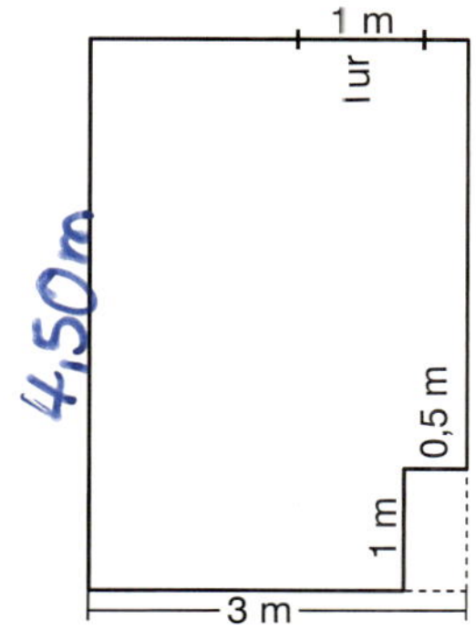

7 Drei Geschwister erben ein 23,1 a großes Grundstück. Wie viel sollte jeder erhalten?

8 Herr Schmidt schätzt ein angebotenes Gartengrundstück auf 500 m^2. Frau Schmidt schätzt es auf 600 m^2. Ihre Kinder Constanze und Jonas messen für die Länge 29 m und für die Breite 19 m des rechteckigen Grundstücks.
Wer hat besser geschätzt?

9 Eine Weitsprunggrube mit einer Breite von 3 m und einer Länge von 8 m soll einen halben Meter hoch mit Sand aufgefüllt werden. Wie viel m^3 Sand werden benötigt? Reicht eine Lkw-Ladung mit 6 m^3?

10 Umwandeln von Größen zum Vergleich: Gib in einer größeren Einheit an und nenne Gegenstände ähnlichen Ausmaßes.

a) 15 000 cm^2	40 000 dm^2	500 mm^2
b) 1 500 cm^3	78 000 dm^3	200 000 mm^3
c) 62 400 mm^2	7 400 m^2	20 000 cm^2
d) 20 000 cm^3	729 mm^3	87 000 000 mm^3

11 Kannst du den Balken tragen? Wie schwer ist ein 5,20 m langer Holzbalken, der 20 cm breit und 15 cm hoch ist, wenn 1 dm^3 Holz 0,5 kg wiegt?

12 Für eine Eigentumswohnung in einer Wohnanlage müssen pro Quadratmeter 1 250 € ausgegeben werden.
a) Reichen 100 000 € für eine 87,6 m^2 große Wohnung?
b) Wie groß könnte die Wohnung höchstens sein?

13 Gib in der nächstkleineren Einheit an:

a) 345 cm^2	804 dm^2	78,04 m^2
b) 200 cm^3	4 168 dm^3	3 593 m^3
c) 23 a	3 678 ha	0,5 ha
d) 12 l	3,5 m^3	14,4 l

14 Wie viele Eimerfüllungen (10 l) benötigt Hinrich zum Füllen seines Aquariums (1,20 m lang, 40 cm breit, 55 cm hoch), um es bis 5 cm unter den oberen Rand zu füllen? Zeichne ein Schrägbild des Aquariums in einem sinnvollen Maßstab.

15 Wie ändert sich der Rauminhalt eines Quaders, wenn man
a) die Länge verdoppelt,
b) die Länge und die Breite verdoppelt,
c) die Länge, die Breite und die Höhe verdoppelt?

Flächeninhalt bestimmen
Besonders einfach kann der Flächeninhalt bestimmt werden, wenn die Fläche in Rechtecke zerlegt werden kann.

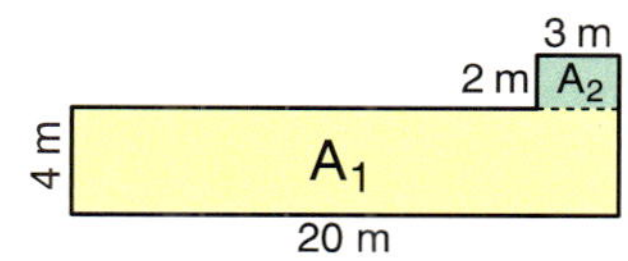

$A_1 = 20\,m \cdot 4\,m = 80\,m^2$
$A_2 = 2\,m \cdot 3\,m = 6\,m^2$
$A = A_1 + A_2$
$= 80\,m^2 + 6\,m^2 = 86\,m^2$

Größen vergleichen
Größen kannst du direkt vergleichen, wenn dieselbe Maßeinheit verwendet wird.
($32\,m^2 > 28\,m^2$)
Somit solltest du zum Vergleich die Größen so umrechnen, dass sie dieselbe Maßeinheit besitzen. Beachte dabei jeweils die Umrechnungszahl.
Es werden zwei verschiedene Grundstücke angeboten. Bestimme das größere.

Grundstück 1	Grundstück 2
30 m × 50 m	0,5 ha

Rechnung: $30\,m \cdot 50\,m = 1\,500\,m^2$
Umwandlung:
$0{,}5\,ha = 50\,a = 5\,000\,m^2$
Antwort: Grundstück 2 ist das größere.

Rauminhalt bestimmen
Anke hat noch einen 50-l-Sack Blumenerde. Reicht dieser für zwei Blumenkästen mit den Maßen:
Länge 0,80 m, Breite 20 cm, Höhe 15 cm?

Rechnung:
$80\,cm \cdot 20\,cm \cdot 15\,cm = 24\,000\,cm^3$
Umwandlung:
$24\,000\,cm^3 = 24\,dm^3 = 24\,l$
Antwort: Die 50 l reichen für zwei Kästen.

11 Neue Zahlen – neue Möglichkeiten

11.1 Brüche im Alltag

Was dich erwartet

In der Zeitung steht: „Fast die Hälfte aller Bürger beteiligte sich an dem Spendenaufruf." – In der Kochanleitung für Kartoffelpüree kannst du lesen: „Geben Sie $\frac{3}{8}$ l kalte Milch hinzu." – Kathrin fragt: „Kannst du mich bitte um viertel nach 6 bei Vera abholen?" Ob in den Nachrichten, bei Rezepten oder im täglichen Gespräch, häufig ist von Brüchen die Rede.

Aufgaben

1 Ein Radtour-Bericht mit Brüchen.

> Seit einer $\frac{3}{4}$ Stunde warteten wir bereits auf das Startsignal. Als unsere ganze Klasse (24, davon sind $\frac{3}{8}$ Mädchen) dann endlich losfuhr, war es schon halbneun. $\frac{1}{12}$ unserer Klasse hatte den Radhelm zu Hause vergessen und musste noch mal zurück. Nach ungefähr $\frac{1}{3}$ der Strecke (Gesamtlänge der Tour 27 km) hatten wir dann unsere erste Reifenpanne. So ein Pech, gleich $\frac{1}{6}$ unserer Klasse war in die Glasscherben einer unachtsam weggeworfenen Getränkeflasche gefahren. ...
> ... So erreichten wir alle wohlbehalten das Ziel. Von meinen 2 Liter Früchtetee war nur noch $\frac{1}{5}$ übrig. Zweidrittel der Schüler und Schülerinnen fanden, dass die Länge der Tour gerade richtig war. $\frac{7}{12}$ der Klasse gab an, es sei zu langsam gefahren worden.

a) Übersetzt alle Angaben im Text so, dass keine Brüche mehr auftauchen.
Beispiel: *Seit einer $\frac{3}{4}$ Stunde ⇒ Seit 45 Minuten*
b) Du hast gemerkt, dass der Mittelteil der Geschichte fehlt. Schreibe ihn auf und erfinde darin weitere „Bruchgeschichten".

2 Brüche sind überall, manches Mal auch versteckt. Zu jedem Bild gehört eine Zeile in der rechten Tabelle. Jedoch sind die meisten Erklärungen verloren gegangen. Übertrage die Tabelle in dein Heft und fülle die Lücken.

Angabe ohne Bruch	Angabe mit Bruch
6 Stück (Eier)	$\frac{1}{2}$ Dutzend (Eier)
50 mm²	■
90 min	■
■	50 % von 200 €
■	$\frac{1}{4}$ kg
■	$\frac{3}{4}$ l
■	$\frac{3}{4}$ Stunde

Aufgaben

3 Gut, wenn man seine Tankuhr richtig ablesen kann, denn ohne Benzin liegenzubleiben kann teuer werden.

„In meinen Tank passen 48 ℓ" — „Ich habe noch genau 21 ℓ im Tank" — „Mein Tank fasst 60 ℓ"

a) Gib jeweils an, welcher Bruchteil des Tanks gefüllt ist. Achte jeweils auf die Anzahl der Teilstriche. Wie viel Liter sind das jeweils?
b) Welcher Bruchteil des Tanks ist noch gefüllt, wenn der rote Bereich (die Reserve) der Tankuhr beginnt? Wie viel Liter befinden sich dann jeweils im Tank?
c) Habt ihr einen Öltank im Keller? Schaue einmal auf der Tankanzeige nach, wie viel Öl noch im Tank ist. Deine Eltern helfen dir sicher dabei, richtig abzulesen.

4 Nicole und Rainer wollen Omas Waffelrezept ausprobieren, doch das Abmessen der Zutaten ist schwierig: die Einteilung auf dem Messbecher zeigt nur Milliliter, die Waage nur Gramm.

Waffelrezept
$\frac{1}{8}$ kg Butter
4 Eier
$\frac{1}{4}$ kg Mehl
$\frac{1}{5}$ ℓ Milch
4 Esslöffel Zucker
1 Prise Salz

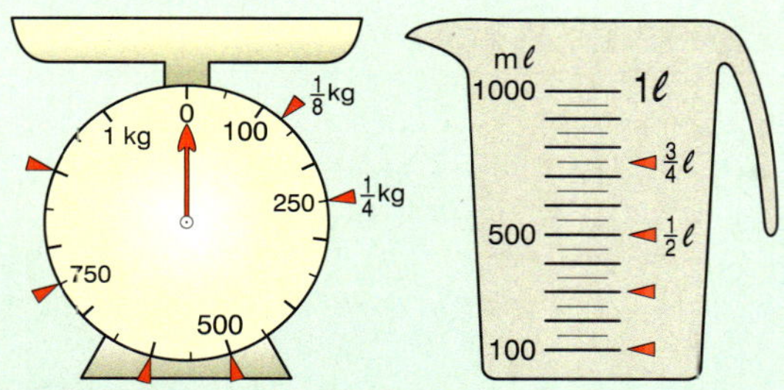

a) Schreibe die Zutaten des Rezepts in g und ml auf. Bei allen Angaben ist das nicht möglich.
b) Notiere die markierten Gramm- und Milliliterangaben auf den Skalen als Bruchteile.
c) Entscheide mit der Skala des Messbechers was mehr ist, $\frac{4}{5}$ l oder $\frac{3}{4}$ l.

5 Die Klasse 6 b der Hilbert-Schule hat gesammelt, wo Brüche in unserer Umwelt benutzt werden.

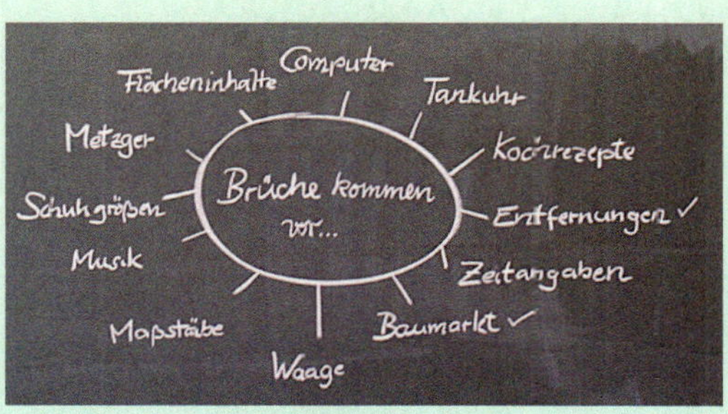

Max und Laura fallen direkt zwei Beispiele ein:

„Im Baumarkt gibt es Kunststoffrohre mit $\frac{3}{4}$ Zoll Durchmesser"

„Bei Entfernungsangaben benutzt man auch Brüche, z.B. zur Bushaltestelle ist es ungefähr ein halber Kilometer"

1 Zoll = 2,54 cm

Finde auch für die anderen Situationen Beispiele und notiere sie im Heft.

Basiswissen

$\frac{2}{5}$	Zähler Bruchstrich Nenner

Lies „Zwei Fünftel"

Brüche findest du ...

... als **Maßzahlen** von Größen:

$\frac{1}{2}$cm = 5 mm

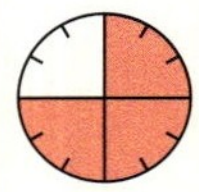
45 min = $\frac{3}{4}$h

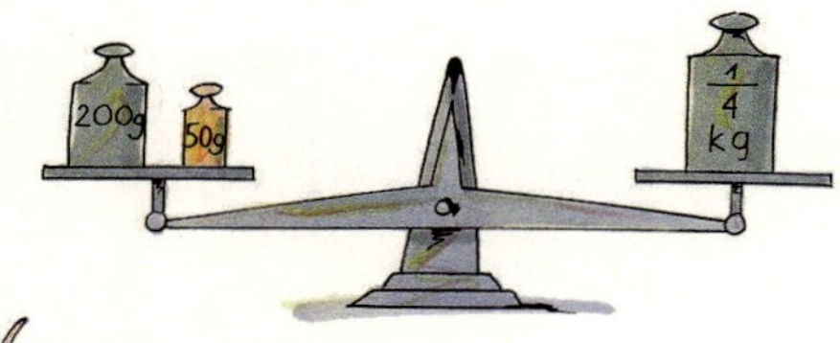

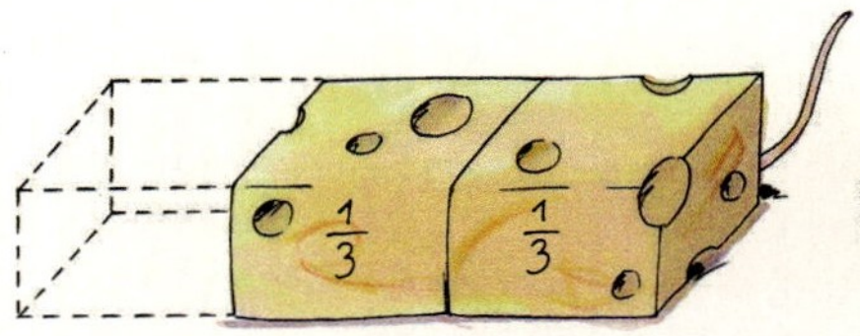

$\frac{1}{3}$ vom Käse fehlt, $\frac{2}{3}$ sind noch übrig

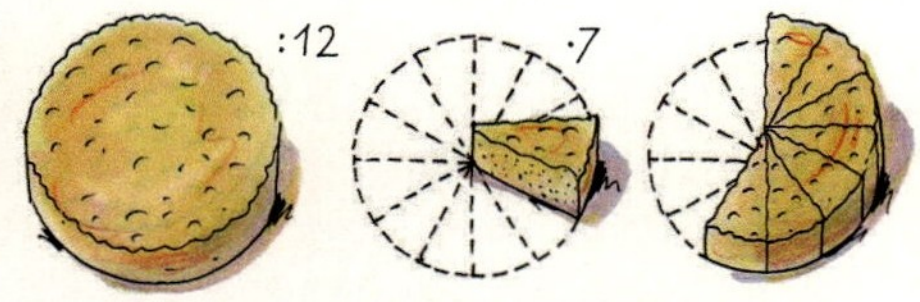

Teile in 12 Teile, nimm 7 davon

auf **Skalen** und **Anzeigen von Messinstrumenten**:

Der Tank ist zu $\frac{3}{4}$ gefüllt.

Beispiele

A Donauwellen backt man auf rechteckigen Backblechen.
a) Der Konditor hat den Kuchen in gleich große Stücke vorgeschnitten.
Der Kuchen ist in 10 gleich große Stücke aufgeteilt. Ein Stück entspricht (einem Zehntel) $\frac{1}{10}$ Kuchen.
b) Lena kauft 7 Stücke.
Wie viel ist noch übrig?
Es sind noch $\frac{3}{10}$ des Kuchens übrig.

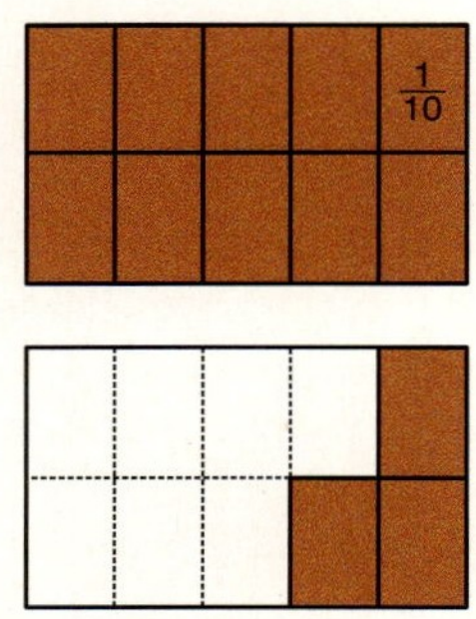

1 dm = 100 mm
$\frac{1}{4}$ dm = 25 mm
$\frac{1}{5}$ dm = 20 mm

B Welche Länge ist größer, $\frac{3}{4}$ dm oder $\frac{4}{5}$ dm?
Zeichne zwei Strecken der Länge 1 dm und unterteile die eine in 4 gleich lange Teilstrecken, die andere in 5 gleich lange Teilstrecken. Markiere anschließend die Bruchteile farbig.

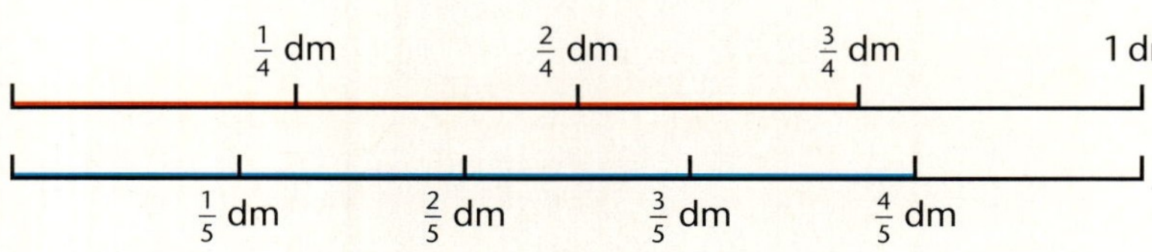

$\frac{4}{5}$ dm ist größer als $\frac{3}{4}$ dm.

C Von 1 Liter Milch sollen $\frac{3}{8}$ Liter abgemessen werden, wie viel ist das?
Wandle in eine kleinere Maßeinheit um: 1 Liter = 1 000 ml
$\frac{3}{8}$ von 1 Liter: 1 000 ml → (:8) → 125 ml → (·3) → 375 ml $\frac{3}{8}$ l = 375 ml

Beispiele

D Welchen Anteil des Vollausschlages (Zeigerstellung auf der 1) zeigt die Tankuhr an?

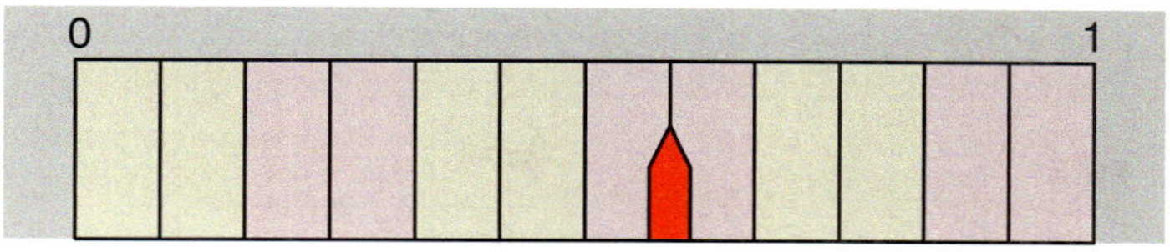

Die Skala ist in 12 Abschnitte unterteilt. Der Zeiger zeigt $\frac{7}{12}$ des Vollausschlages.
Die Skala gehört zu einem Benzintank. In den Tank passen 60 Liter Benzin.
Wie viel Benzin ist noch im Tank?

60 Liter $\xrightarrow{:12}$ 5 Liter $\xrightarrow{\cdot 7}$ 35 Liter

Es sind noch 35 l im Tank.

Übungen

6 Welche Anteile sind blau gefärbt?

a)

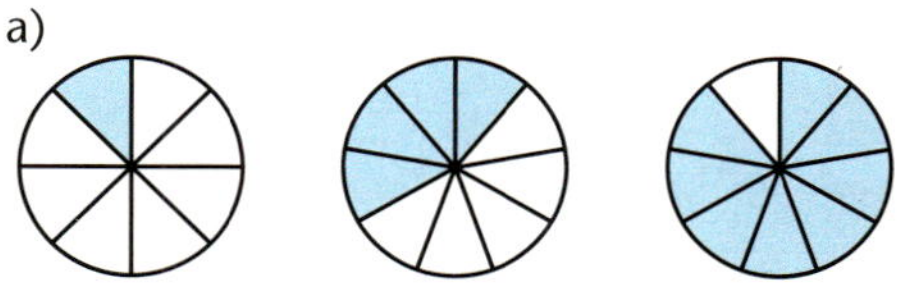

b)

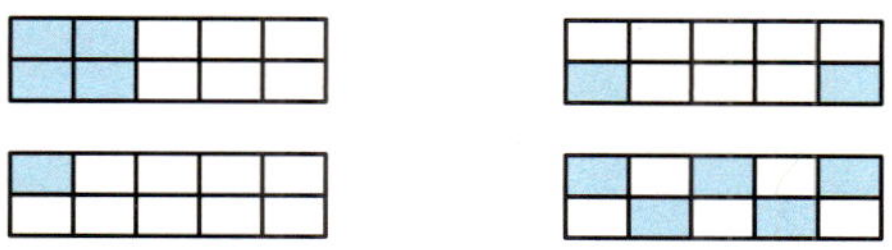

c) Welcher Anteil wird abgeschnitten?

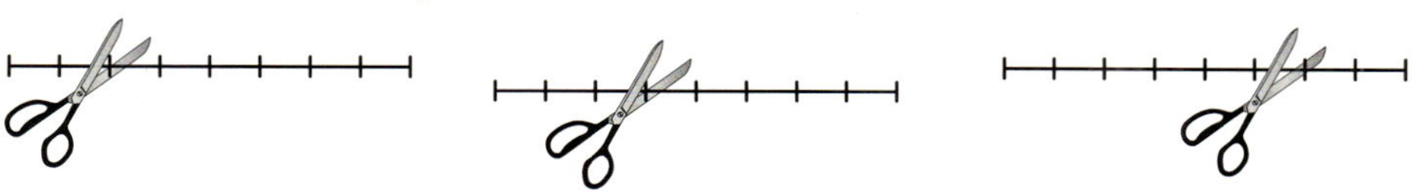

Kreismodell

Rechtecksmodell

Stabmodell

7 Stelle die folgenden Anteile dar.

a) Verwende ein Kreismodell für die Darstellung von $\frac{1}{6}, \frac{2}{3}, \frac{5}{6}$.

b) Verwende ein Rechtecksmodell für die Darstellung von $\frac{1}{2}, \frac{1}{4}, \frac{1}{8}$.

c) Verwende ein Stabmodell für die Darstellung von $\frac{1}{10}, \frac{2}{10}, \frac{5}{10}$ und $\frac{8}{10}$.

8 Verwende Brüche als Maßzahlen. Welche Maßzahlen kannst du an die markierten Stellen des 1 dm langen Stabes schreiben?

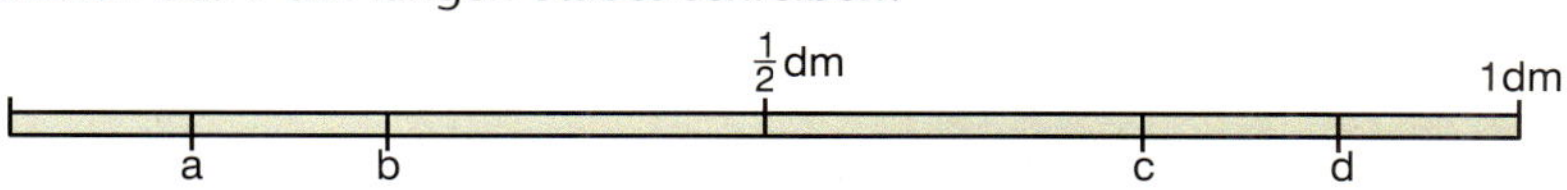

9 Schätzen von Anteilen. Jeder Bruch passt zu einem Anteil, der blau gefärbt dargestellt ist.

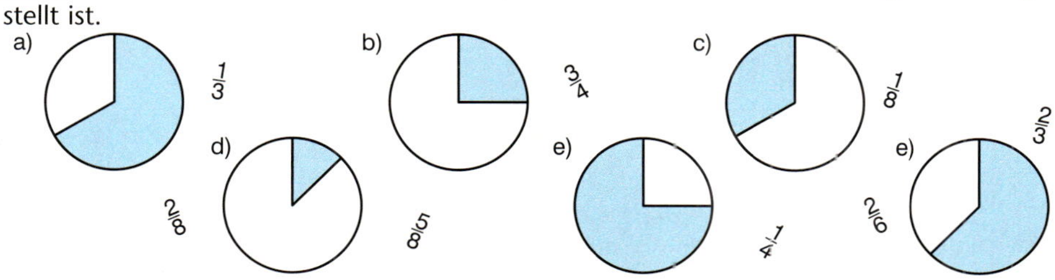

Da sind 2 Brüche zuviel! Oder?

10 Peter hat eine Pizza in Viertel geteilt.

a) Er halbiert jedes der Teile und verteilt die Stücke an seine Gäste.
Wie groß ist jedes der Stücke.

b) Wie groß wären die Teilstücke, wenn er jedes Viertel gedrittelt hätte?

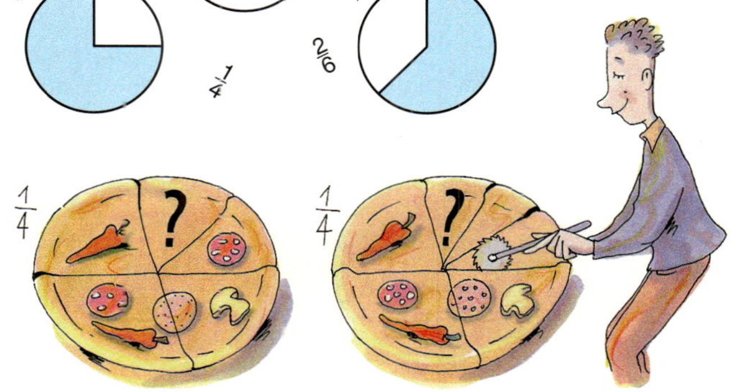

Übungen

11 Simone soll beim Konditor 4 Stück Käsekuchen holen. Sie hat in Mathematik gerade mit Bruchrechnung angefangen. Um ihre Kenntnisse auszuprobieren, bestellt sie $\frac{4}{12}$ Käsekuchen. „Aha", meint die Verkäuferin. „Du möchtest also ein Drittel Käsekuchen." Meint die Verkäuferin dasselbe? Am besten veranschaulichst du dir die Anteile mit einem „Kuchendiagramm". Oder vielleicht sogar mit einem richtigen Kuchen.

12 *Die Welt ist doch verrückt.* Verschiedene Brüche können dasselbe darstellen. Welche Brüche sind in den Zeichnungen jeweils dargestellt?

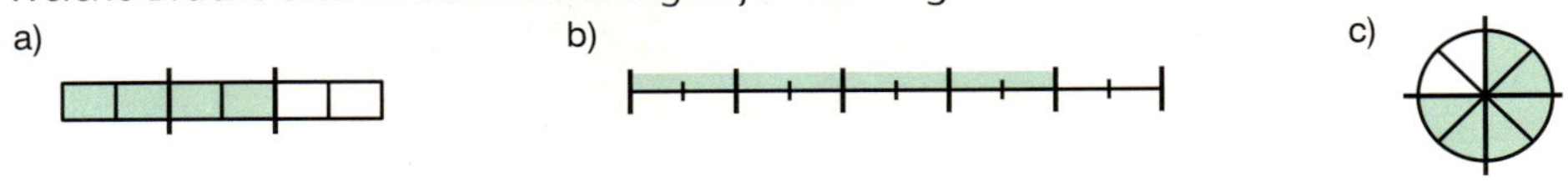

13 *Fahnen haben es in sich.* Einige gibt es wirklich, andere hat sich unser Zeichner ausgedacht.

a) Übertrage die Bilder der Fahnen in dein Heft. Welcher Anteil Stoff entfällt auf die einzelnen Farben? Schätze zuerst.
b) Entwirf selbst ein Fahnenmuster auf kariertem Papier, bei dem $\frac{1}{5}$ rot und $\frac{3}{10}$ blau ist. Der Rest soll weiß bleiben. Welcher Anteil ist weiß geblieben?
c) Suche im Lexikon nach weiteren Flaggen und bestimme die Farbanteile.

14 *Eisberge sind sehr gefährlich.* Das liegt daran, dass der größte Anteil des Eisbergs unter der Wasseroberfläche ist. Damit man sich das vorstellen kann, haben wir Eisberge mit Kästchen gezeichnet.
a) Übertrage die Bilder in dein Heft und bestimme, welcher Anteil über und welcher Anteil unter der Wasseroberfläche liegt.

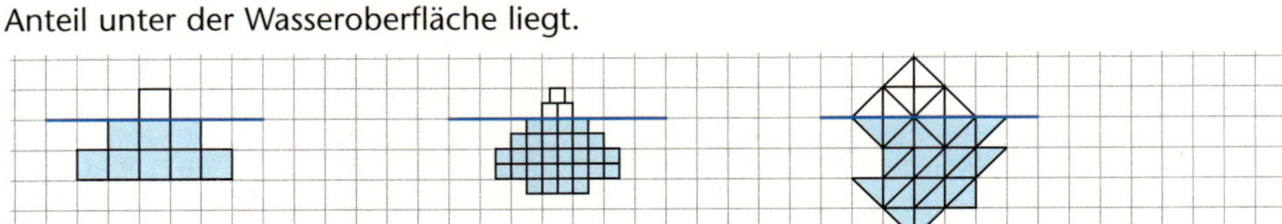

b) Ergänze den Eisberg so, dass $\frac{9}{10}$ unter der Wasseroberfläche sind.

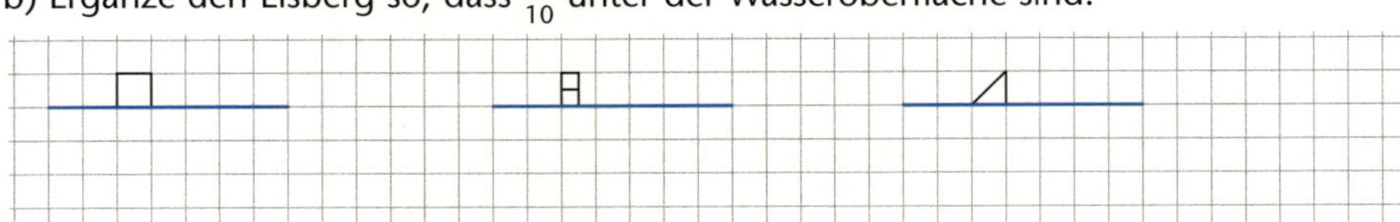

15 In einer Schreinerei wurden aus quaderförmigen Holzstücken bestimmte Teile herausgesägt. Welcher Teil des Holzes wurde jeweils herausgesägt, welcher Teil ist übrig geblieben?

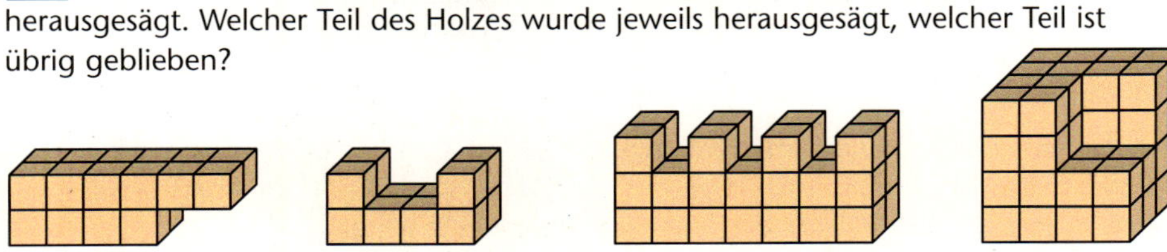

Übungen

16 Der Legionär Gaius Faulus musste diese Woche wieder einmal zum Strafdienst auf den Exerzierplatz.
a) Übertrage den Platz in dein Heft. Welchen Anteil des Platzes hat er am Montag, welchen am Dienstag und welchen am Mittwoch gefegt? Lege eine Tabelle an.
b) Am Donnerstag fegte er $\frac{1}{10}$ des ganzen Platzes und am Freitag $\frac{1}{12}$.
Zeichne die gefegte Fläche ein. Welchen Anteil muss er am Samstag noch kehren? (Sonntags hat er frei).

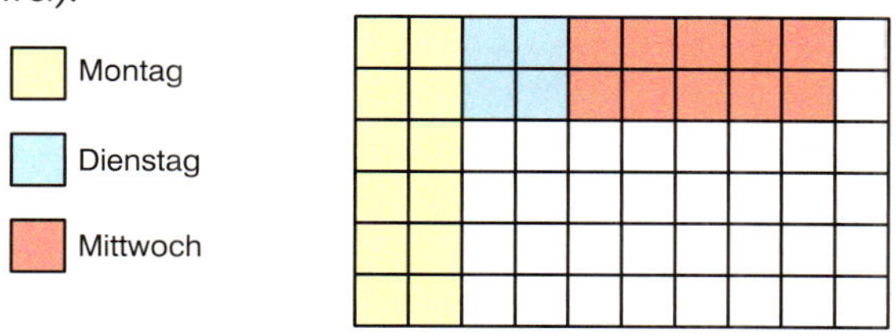

17 Bauer Wünstel möchte dem Schaf Emma ein Viertel ($\frac{1}{4}$) der Wiese zum Weiden überlassen. Doch ihm fallen mindestens 5 Möglichkeiten ein, wie er das bewerkstelligen kann. Eine haben wir schon verraten. Zeichne die quadratische Wiese in dein Heft, am besten 8 Karos lang und 8 Karos breit, und teile $\frac{1}{4}$ ab. Finde möglichst viele verschiedene Weideflächen für das Schaf.

18 *Halbschwarz – halbweiß.* Zwei Möglichkeiten, wie du einen Würfel je zur Hälfte schwarz und weiß einfärben kannst, haben wir vorgemacht. Dabei haben wir das Netz des Würfels eingefärbt.
a) Finde noch drei weitere Möglichkeiten, wie sich der Würfel halbschwarz – halbweiß einfärben lässt. Zeichne das zugehörige Netz in dein Heft. Du kannst die Netze auch ausschneiden und zusammenkleben. Welche Färbung gefällt dir besonders?

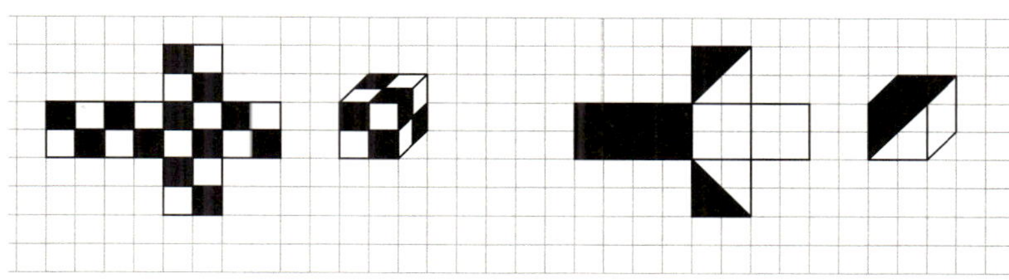

19 Mit zwei kreisförmigen Papierscheiben hat sich Miriam eine „Bruchuhr" gebaut.
Stelle mit dieser „Bruchuhr" die folgenden Brüche dar:
$\frac{1}{4}$, $\frac{1}{8}$, $\frac{3}{8}$, $\frac{1}{3}$ und $\frac{3}{4}$

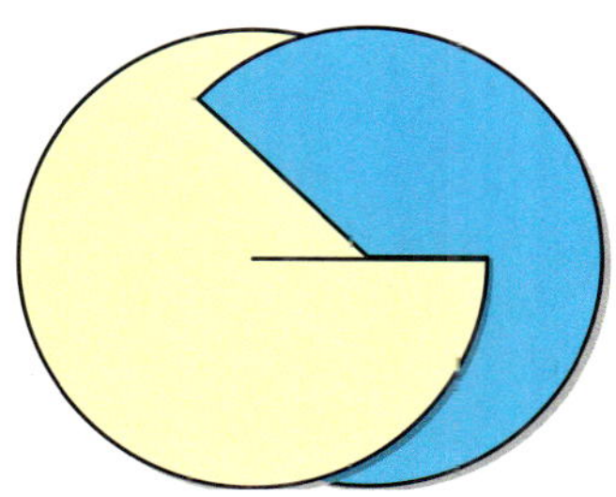

20 In einem Kochbuch sind die Koch- und Backzeiten für verschiedene Gerichte mit einer Kreisscheibe angegeben.

Bild	Backzeit	Anteil der schraffierten Fläche
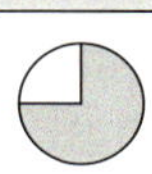	*$\frac{3}{4}$ h = 45 Minuten*	*$\frac{3}{4}$ „Dreiviertel"*

Welche Kreisscheibe passt zu den folgenden Back- und Garzeiten?
30 min   15 min   50 min   10 min   5 min   35 min
Zeichne sie in dein Heft und bestimme den schraffierten Anteil!

20 Lösungen:
$\frac{1}{2}$ h, $\frac{1}{4}$ h, $\frac{1}{12}$ h,
$\frac{1}{6}$ h, $\frac{7}{12}$ h, $\frac{5}{6}$ h

Übungen

> *Beispiele:*
> 1 Tag = 24 h
> $\frac{1}{2}$ Tag = $\frac{24}{2}$ h = 12 h

21 *Jetzt wird trainiert.* Wandle die Größen so um, dass natürliche Maßzahlen entstehen. Benutze dazu jeweils die nächstkleinere Maßeinheit. Wenn du für jede Teilaufgabe nicht länger als 2 Minuten brauchst, bist du fit.

a) $\frac{1}{2}$ Tag $\frac{1}{3}$ h $\frac{3}{4}$ km $1\frac{1}{2}$ m $\frac{1}{4}$ h 0,5 kg $\frac{1}{100}$ m

b) $\frac{1}{8}$ t $\frac{5}{4}$ kg $\frac{1}{5}$ m 0,2 m $\frac{1}{10}$ cm $\frac{3}{2}$ kg $\frac{7}{10}$ kg

c) $\frac{1}{4}$ dm^2 $\frac{1}{100}$ m^2 $\frac{1}{5}$ min $\frac{1}{6}$ h $\frac{1}{2}$ Monat $\frac{3}{8}$ l 0,2 l

d) $\frac{1}{8}$ km $\frac{5}{8}$ l $\frac{1}{5}$ m^2 $\frac{4}{3}$ h $\frac{1}{3}$ d $\frac{1}{12}$ min

22 *In die andere Richtung.* Wandle die Größen so um, dass die Maßzahlen zu Brüchen werden. Beschreibe wie du vorgegangen bist.

a) 30 Minuten 15 Minuten 45 Sekunden 12 h 18 h 20 min

b) 5 dm 1 dm 8 dm 750 m 125 m 375 m 800 m

c) 500 ml 200 ml 625 ml 10 ml 250 ml 700 ml

d) 12 s 5 min 10 min 20 min 24 min 8 h

> **23** Lösungen:
> 12.22 Uhr
> 40 Minuten
> 11.12 Uhr
> 11.52 Uhr
> 9.55 Uhr
> 19.45 Uhr

23 Wann war das, wann wird das sein, wie lange hat das gedauert? Überschlage zuerst, rechne dann genau.

a) Es ist 18.15 Uhr, in $1\frac{1}{2}$ Stunden kommt Fred vorbei.

b) Vor einer Dreiviertelstunde kam mein Zug an, jetzt ist es 13.07 Uhr.

c) Der Zug braucht genau $2\frac{1}{4}$ Stunden nach Essen. Wir fahren um 9.37 Uhr los.

d) Die meisten Sprechweisen im Bild sind unüblich. Was bedeuten sie?

24 Bei Wasserrohrbrüchen oder Überschwemmungen sind Pumpen sehr nützlich. Eine Pumpe kann bei voller Leistung 5 400 Liter Wasser in einer Stunde abpumpen. Die Leistung der Pumpe wird an folgender Skala gezeigt:

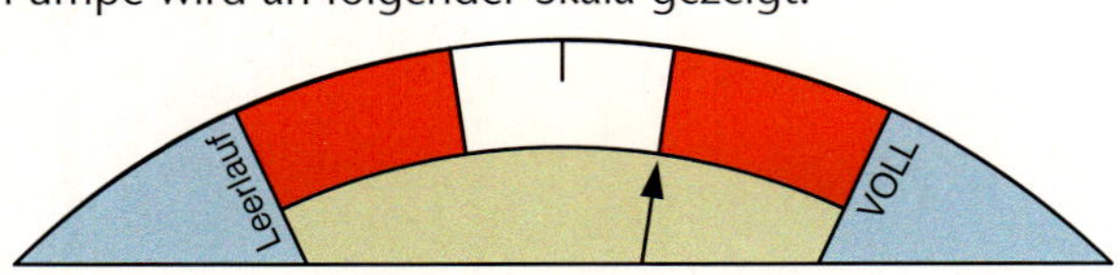

a) Wie viel Liter Wasser wird nach einer Stunde abgepumpt sein?

b) Die Pumpe wird nach zwei Stunden von $\frac{1}{3}$ der Höchstleistung auf volle Leistung hochgefahren. Wie viel Liter sind nach vier Stunden abgepumpt worden?

25 An Pumpen, Tanks und Messgeräten aus der Physik findest du Skalen.

a) Welcher Anteil des Vollausschlages (Zeigerstellung auf der 1) zeigen die Geräte an?

b) Skala 1 und 2 gehören zu Benzintanks. In den Tank passen jeweils 48 Liter Benzin. Gib jeweils an, wie viel Liter Benzin noch im Tank sind. Wie viel wurde bereits verbraucht?

c) Skala 3 gehört zu einem Öltank mit 1 800 Litern Fassungsvermögen. Wie viel Liter sind noch im Tank?

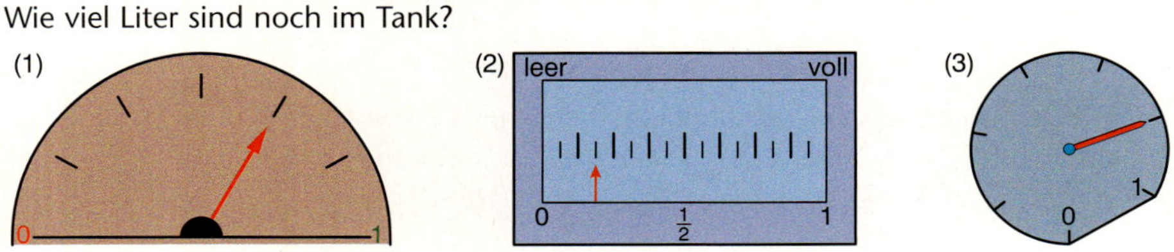

Aufgaben

26 In der Schule hast du nur mit den Flächenformaten DIN A4, DIN A5 und DIN A3 (Zeichenblock) zu tun. Der Urvater dieser Flächenformate ist das Format DIN A0. Hierbei handelt es sich um ein Rechteck mit dem Flächeninhalt von exakt 1 m^2.
a) Erkläre anhand des Bildes, wie die Formate DIN A1, DIN A2 usw. entstehen.
b) Übertrage die Tabelle in dein Heft und fülle die Lücken aus.
c) Wie lang und wie breit ist wohl ein Papierbogen im Format DIN A0?

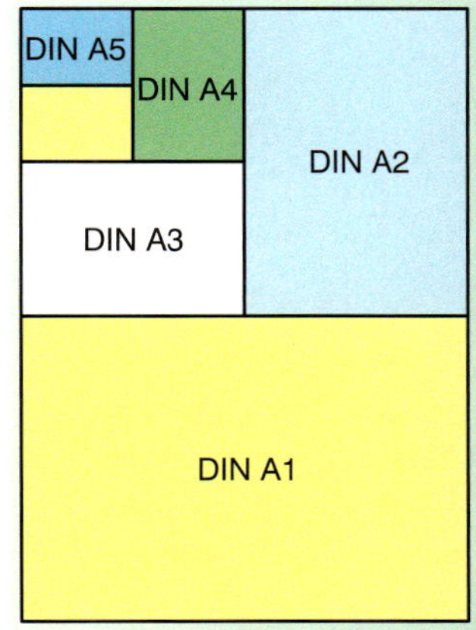

Flächenformat	Flächeninhalt in m^2	Flächeninhalt in m^2	Flächeninhalt in m^2	Flächeninhalt in m^2
DIN A0	1	100	10 000	1 000 000
DIN A1	■	■	■	■
DIN A2	$\frac{1}{4}$	■	2 500	■
DIN A3	■	$12\frac{1}{2}$	■	125 000
DIN A4	■	■	■	■
DIN A5	■	■	■	■

27 Eine Schiffschraube dreht sich bei voller Motorleistung (Zeigerstellung auf voll) 480-mal in 1 Minute.
a) Wie viele Umdrehungen macht die Schiffsschraube, wenn der Hebel auf ①, ②, ③ oder ④ steht?
b) Wie viel Umdrehungen macht die Schiffsschraube dann jeweils in 1 Sekunde?

28 *Sportlich, sportlich.* Die Klassen 5 a (27 Schüler und Schülerinnen), 5 b (28 Schüler und Schülerinnen) und 5 c (26 Schüler und Schülerinnen) sind für ihre Sportbegeisterung bekannt. Bei einem Interview mit der Schülerzeitung sind die Angaben jedoch durcheinander geraten.
Der Redakteur erinnert sich jedoch, dass die Anteile aufgehen.

$\frac{2}{3}$ der einen Klasse spielt Handball
$\frac{5}{13}$ der einen Klasse reitet
$\frac{1}{9}$ einer Klasse macht Freeclimbing
$\frac{4}{7}$ von einer Klasse spielt Fußball
$\frac{1}{4}$ einer Klasse spielt Basketball
$\frac{5}{13}$ einer Klasse surft

Übertrage die Tabelle in dein Heft und fülle die Lücken:

Klasse	Sportart	Anzahl	Bruchteil
■	Handball	■	■
■	Fußball	■	■
⋮	⋮	⋮	⋮

29 *Brüche mit dem 5 × 5-Geobrett*
a) Christoph hat mit einem Haushaltsgummi $\frac{1}{8}$ der Fläche des Geobrettes umspannt. Finde noch 2 weitere Möglichkeiten $\frac{1}{8}$ der Fläche zu umspannen.
b) Laura hat mit Haushaltsgummis weitere Figuren gespannt. Welcher Bruchteil des Geobretts ist jeweils umspannt?
c) Spanne das Haushaltsgummi so, dass $\frac{3}{4}$, $\frac{3}{8}$, $\frac{9}{16}$, $\frac{7}{16}$, $\frac{13}{16}$ der Fläche umspannt ist.
d) Erfinde selbst weitere Figuren und gib deren Bruchteil an der Gesamtfläche an.

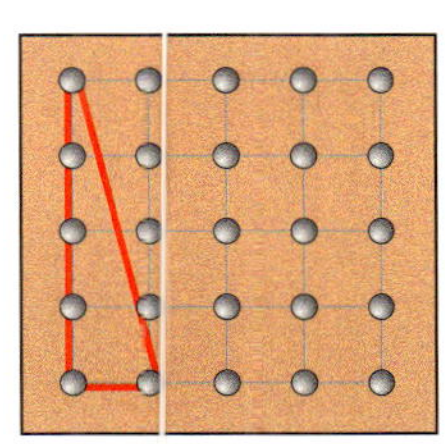

Statt mit dem Geobrett zu arbeiten, kannst du auch auf Karopapier zeichnen.

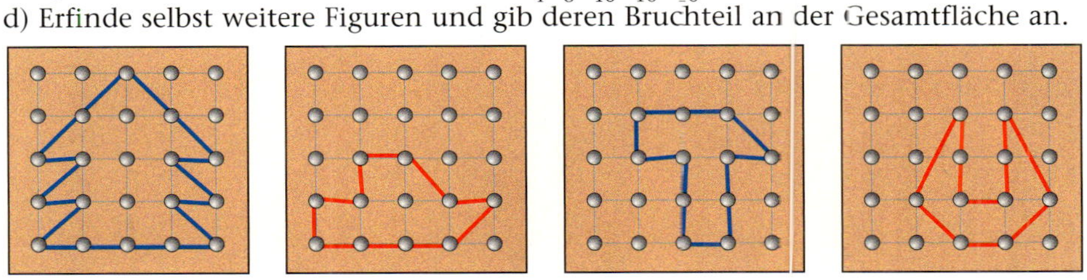

11.2 Brüche im Einsatz – Prozente, Maßstäbe, Verhältnisse

Was dich erwartet

Für maßstabsgetreue Modelle und Landkarten müssen alle Abmessungen im richtigen Maß geschrumpft werden. Der richtige Bruchteil spielt dabei eine große Rolle. Ob beim Mischen von Getränken oder Farben, um immer wieder genau die gleiche Mischung herstellen zu können, muss man wissen, aus welchen Teilen die Mischung zusammengesetzt ist. Verhältnisse helfen dabei. In Nachrichten oder auf Verpackungen ersetzen Prozentangaben an vielen Stellen die Brüche.

Aufgaben

1 Ein alter Lastwagen soll als Modellbausatz im Maßstab 1: 32 (lies 1 zu 32) hergestellt werden. Das bedeutet, dass alle Abmessungen des Modells $\frac{1}{32}$ (ein zweiunddreißigstel) der Originalabmessungen sind. In einem Museum wurde das Originalfahrzeug vermessen.
Finde die Abmessungen des Modells heraus. Die Zeichnung im Maßstab 1: 32 zeigt dir, ob du richtig gerechnet hast.

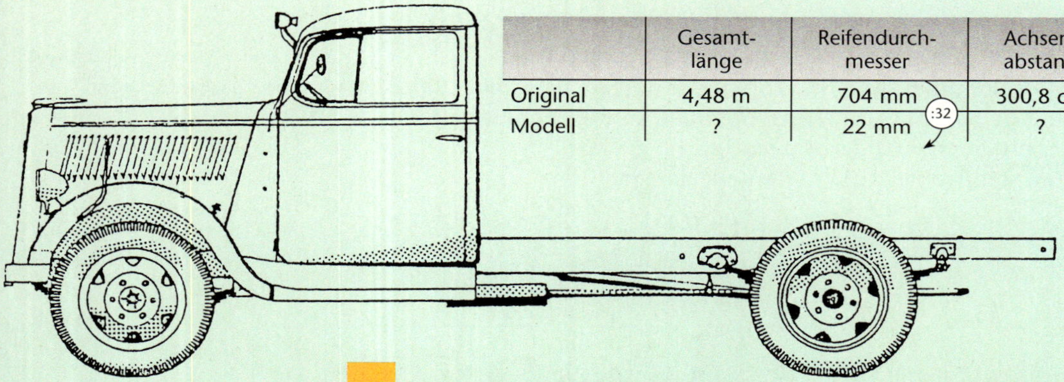

	Gesamtlänge	Reifendurchmesser	Achsenabstand	Breite der Fahrertür
Original	4,48 m	704 mm	300,8 cm	80 cm
Modell	?	22 mm (:32)	?	?

2 Ein tolles Orange. Herr Friedolin ist vom Garagentor seiner Nachbarin Frau Wiese begeistert.

Gib für die folgenden Mischungen das Mischungsverhältnis und die Bruchteile an.

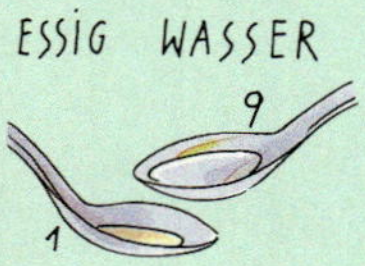

Aufgaben

3 Bruchteile und Prozentangaben.
Beschreibe, was die Aufschriften jeweils bedeuten.

Basiswissen

Brüche kommen in vielen Sachzusammenhängen vor. Manchmal muss man allerdings genau hinschauen, um sie zu entdecken, z. B. beim Maßstab, bei Prozentangaben und bei Mischungsverhältnissen.

Brüche benutzt man bei Maßstäben

Auto 1 : 100

- Die Längen in der Abbildung sind $\frac{1}{100}$ (ein Hundertstel) der Längen in Wirklichkeit.
- 3 m (= 300 cm) in Wirklichkeit entspricht 3 cm in der Abbildung.
- 15 mm in der Abbildung entsprechen 1 500 mm = 150 cm = 1,5 m in Wirklichkeit.

Prozentangaben stehen für Brüche

Das Kreisdiagramm hilft dir, die Prozentangaben in Brüche zu übersetzen.

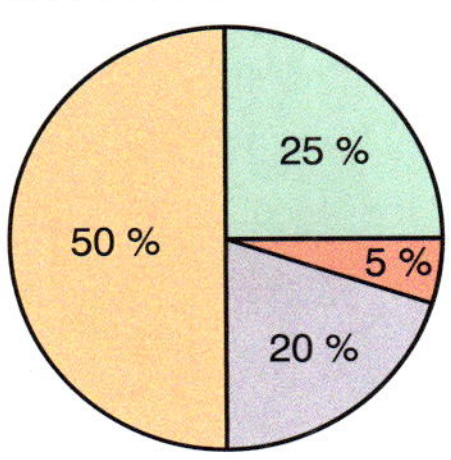

Prozentangaben	Bruchteil
1%	$\frac{1}{100}$
10%	$\frac{1}{10}$
20%	$\frac{1}{5}$
25%	$\frac{1}{4}$
50%	$\frac{1}{2}$
100%	1

Mischungsverhältnisse und Brüche

Mische im Verhältnis

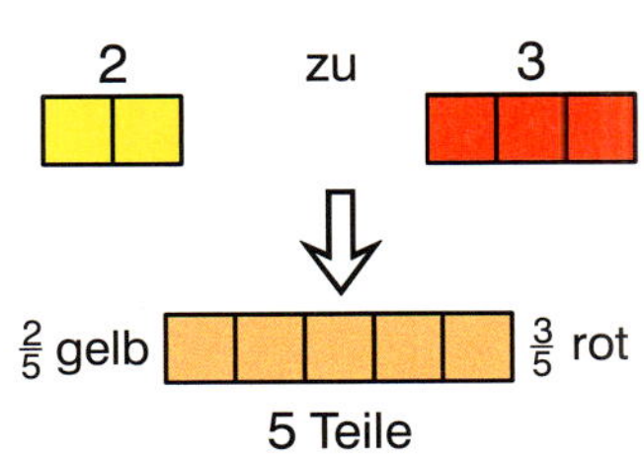

Beispiele

A Ein Schiff hat eine Länge von 24 m. Welche Länge hat ein Modell im Maßstab 1 : 200?
Lösung: 24 m = 2400 cm $\quad \frac{1}{200}$ von 2400 cm $\quad$ 2400 cm : 200 = 12 cm
Das Schiffsmodell hat eine Länge von 12 cm.

Beispiele

B Teile eine Strecke der Länge 35 mm im Verhältnis 2 zu 5.
Um die Strecke in diesem Verhältnis zu teilen, muss sie in 2 + 5 = 7 gleich lange Stücke unterteilt werden:

35 mm : 7 = 5 mm

$\frac{2}{7}$ 10 mm $\frac{5}{7}$ 25 mm

C Frau Brammer verdient monatlich 2 500 €. In der Firma übernimmt sie eine neue Stelle und erhält 10 % mehr Lohn. Wie viel € entspricht ihre Lohnerhöhung?
10 % entsprechen dem Bruch $\frac{1}{10}$.

$\frac{1}{10}$ von 2 500 € 2 500 € $\xrightarrow{:10}$ 250 €

Die Lohnerhöhung macht monatlich 250 € aus.

Übungen

5 Aus weißer und schwarzer Farbe sollen verschiedene Grautöne gemischt werden. Für jede Farbdose steht ein Kästchen.
Zeichne die „Dosen" in dein Heft und gib die Mischungsverhältnisse an.

a) b) c)

Welcher Bruchteil der Mischungen ist schwarze Farbe, welcher weiße Farbe?

6 Aus gelber und roter Farbe sollen verschiedene Orangetöne gemischt werden.
a) Zeichne zu den Mischungsverhältnissen die Zahl der jeweils benötigten Farbdosen.

Mischung	A	B	C	D
Verhältnis rot-gelb	3 zu 1	1 zu 1	4 zu 5	2 zu 5

b) Gib jeweils an, welcher Bruchteil der Mischungen gelbe Farbe und welcher rote Farbe ist.

7 Übertrage die Bilder in dein Heft und ordne jedem Bild den richtigen Anteil zu.

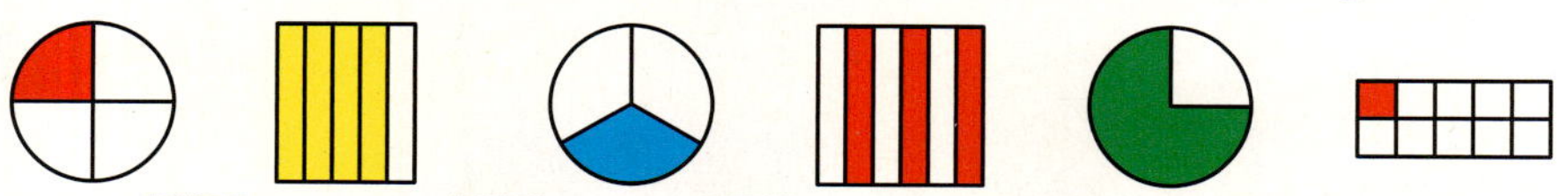

$\frac{1}{3}$ 25 % 50 % 75 % 10 % $\frac{4}{5}$

8 In jedem Rechteck ist jeweils 25 % der Fläche farbig.
Zeichne je 2 verschiedene Rechtecke mit folgenden schraffierten Anteilen in dein Heft.
75 % 50 % 20 % 10 % 80 %

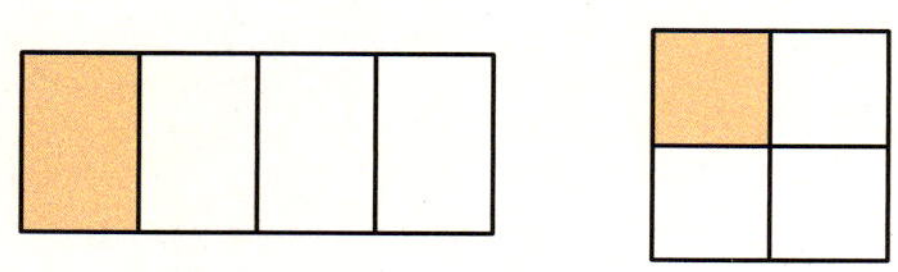

1 km = 1 000 m
1 000 m = 100 000 cm

9 Clara macht mit ihren Freunden eine Radtour von 30 km Länge.
Wie lang ist diese Strecke auf einer Karte im Maßstab 1: 500 000?

10 Es sind bereits 50 % (25 %) der Strecke zurückgelegt.
Wie viel ist das, wenn die Strecke
a) 32 km b) 150 km c) 2,5 km
d) 1 800 m e) 12,25 km lang ist.

11 a) Berechne jeweils 75 % (20 %) der folgenden Beträge:
2 000 € 24 € 1,20 €
10 000 € 76 € 11,60 €
Rechne notfalls in Cent um.

Übungen

12 Zeichne eine Strecke von 12 cm Länge und teile sie im Verhältnis
a) 1 zu 3 b) 5 zu 1
c) 3 zu 3 d) 1 zu 11

13 Der Hersteller von Himbeersirup empfiehlt: *„Geben Sie zu einem Teil Sirup 5 Teile Wasser."* Welcher Bruchteil der Mischung ist Sirup, welcher Wasser?

14 Der Vereinsbericht des VfR Bolzdorf liegt vor: „50 % der 240 Mitglieder sind weiblich, 10 % sind jünger als 6 Jahre, 25 % sind Rentner, 5 % spielen in der C-Jugend." Wie viel sind das jeweils?

15 Carmen hat einen Krug Apfelsaftschorle (1 Liter) aus Mineralwasser und Saft im Verhältnis 2 zu 3 gemischt.
a) Welcher Bruchteil der Mischung ist Wasser, welcher Saft?
b) Gib die Anteile in Milliliter an.

16 Der Punkt T teilt die Strecke $\overline{AB}$.

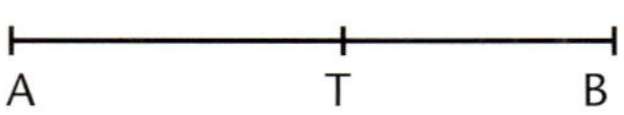

a) In welchem Verhältnis teilt T die Strecke?
b) Stimmt es, dass die Strecke $\overline{AT}$ genau $\frac{4}{9}$ der gesamten Strecke ausmacht?

17 Ein Vermessungstrupp hat folgende Strecken gemessen:
a) 800 m b) 80 m c) 1 km
d) 16 km e) 36 km f) 2,4 km
Wie lange sind die entsprechenden Strecken auf einer Karte im Maßstab 1 : 80 000. Wandele zunächst in kleinere Einheiten um, sonst klappt das Dividieren nicht.

18 Ein Bauplan soll im Maßstab 1 : 200 gezeichnet werden.
a) Ergänze die Tabelle.

		Plan
Länge	38 m	
Breite	24 m	

b) Rechne in Originallänge um

		Plan
Tür		7 mm
Fenster		1 cm
Garage		2 cm

19 Bäcker Helmchen hat für das Volksfest einen 8 m langen Kuchen gebacken. Eine Stunde nach Beginn des Fests sind bereits 20 % des Kuchens verkauft. Nach 2 Stunden sind 25 % des Kuchens verspeist. Nach 4 Stunden sind 80 % aufgegessen. Wie lang war der Rest des Kuchen jeweils. Rechne und zeichne im Maßstab 1:100.

20 Setze die folgende Tabelle fort:

Bruch	$\frac{1}{10}$	$\frac{2}{10}$	…	$\frac{10}{10}$
Prozentangabe	10 %	20 %	…	100 %

21 Stelle „nach Augenmaß" in einem Kreisdiagramm dar:
a) $\frac{1}{3}$ b) $\frac{1}{12}$ c) $\frac{2}{3}$ d) $\frac{1}{6}$

22 Ermittle aus dem Bild den Anteil Steuern, die der Staat kassiert (als Bruchteil und als Prozentangabe).

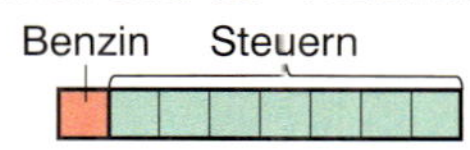

Was ist was?

Trinkt ihr gerne Orangensaft? Vielleicht habt ihr schon gesehen, dass es im Geschäft **Orangensaft, Orangennektar** und **Orangen-Fruchtsaftgetränk** gibt. Wer kennt sich da schon aus. Und was besser schmeckt, weiß man ohnehin nicht. Vom Gesetz ist jedoch vorgeschrieben, dass Fruchtsaft zu 100 % aus dem Saft der ausgepressten Frucht besteht. Der Orangennektar muss mindestens aus 25 % Fruchtsaft und das Orangen-Fruchtsaftgetränk zumindest zu 6 % (6/100) aus Fruchtsaft bestehen.

Aufgaben

23 In einer Fruchtsaftkellerei wird Orangennektar hergestellt. Dazu wird Orangensaft und Wasser gemischt. Der Anteil des Orangensaftes soll genau 25 % betragen.

a) Gib den Anteil des Wassers in Prozent und als Bruch an.

b) Zu welchen Teilen muss man Orangensaft und Wasser mischen? Solltest du bei dem Beantworten dieser Frage Schwierigkeiten haben, dann zeichne dir ein „Flaschenbild“.

c) Will man aus Fruchtsaft (reinem Saft aus ausgepressten Orangen) und Wasser ein Fruchtsaftgetränk herstellen, so muss man viel Wasser verwenden. Das Getränk soll genau 6 % Fruchtsaft enthalten. Gib den Anteil des Wassers in Prozent und als Bruch an.

d) Wie viel Liter Orangensaft und wie viel Liter Wasser werden für 100 l Fruchtsaftgetränk benötigt?

24 *Schuldig oder nicht schuldig?* Oft liegt das Urteil dazwischen:
„Die Kosten des Verfahrens trägt zu 3 Teilen der Beklagte und zu 1 Teil der Kläger.“

a) Welchen Bruchteil der Gerichtskosten müssen Kläger und Beklagter jeweils bezahlen?

b) In einem anderen Fall entscheidet das Gericht: „Die Kosten des Verfahrens in Höhe von 1600 Euro werden im Verhältnis 3 zu 5 aufgeteilt.“ Wie viel müssen die beiden Streitparteien jeweils bezahlen?

Porträt Dürers

25 *Das Schönheitsideal.* Der Maler Albrecht Dürer untersuchte die Abmessungen von Menschen und fand solche besonders schön, bei denen die Länge des Oberkörpers 50 % der Körperlänge ausmachte, der Unterarm 25 % der Körperlänge und die Handlänge 10 %. Wie lang müssten dein Oberkörper, Unterarm und Hand sein? Rechne und miss nach. Würdest du Dürer gefallen?

11.3 Dezimalzahlen

Was dich erwartet

Du sollst einen halben Liter Milch einkaufen, auf der Packung steht aber 0,5 l. Deine Mutter sagt: „Bringe bitte ein viertel Kilogramm Gouda mit.“ Auf der Packung in der Käsetheke steht 0,265 kg. Ist das ungefähr das, was Mutter haben will? Brüche und Dezimalzahlen sind eng miteinander verwandt. Genau genommen sind Dezimalzahlen nichts anderes als Brüche. Warum das so ist und warum Dezimalzahlen im Alltag häufig beliebter als Brüche sind, erfährst du in diesem Kapitel.

Aufgaben

1

> **Sieg um drei Hundertstel verpasst**
> Bei den Landesmeisterschaften hat Klaus Meier vom SV Kleinborn einen beachtlichen 2. Platz beim 200-m-Lauf in 21,34 s erzielt. Er lag damit um nur drei Hundertstel Sekunden hinter dem Sieger.

a) Welche Zeit benötigte der Gewinner des Laufs?
b) Der Weltrekord im 200-m-Lauf beträgt 19,32 Sekunden. Um wie viel war Klaus Meier langsamer.

2 Sicher hast du schon mit einem Metermaß gemessen. Hast du schon einmal versucht, $1\frac{1}{2}$ m mit dem Metermaß abzumessen?

Auf dem Metermaß stehen keine Brüche, sondern Dezimalzahlen. Du musst bei 1,50 m ablesen.
a) Wo musst du ablesen, wenn du $\frac{2}{5}$ m, $1\frac{1}{4}$ m, $\frac{1}{2}$ m, $1\frac{1}{10}$ m, $\frac{3}{4}$ m abmessen willst?
b) Kannst du auch Längenangaben mit Brüchen schreiben?
Probiere es einmal mit: 0,1 m 0,4 m 1,75 m 2,31 m 0,01 m 0,23 m.
c) Übertrage die Abbildung in dein Heft und ergänze die fehlenden Zahlen.

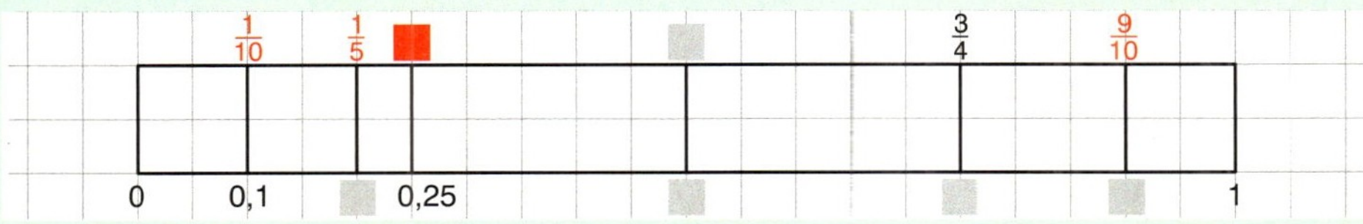

3 Peter meint: 5,7 m = $5\frac{7}{10}$ m. Helga dagegen ist sicher, dass 5,7 m = $5\frac{70}{100}$ m. Wer hat deiner Meinung nach Recht?

4 Auf einem Zettel hat jemand Gewichtsangaben notiert. Sie sehen alle recht ähnlich aus, aber nur einige sind gleich. Finde gleiche Gewichtsangaben.

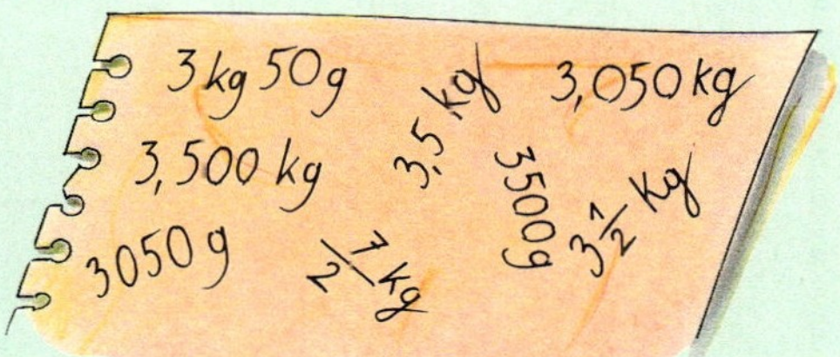

Aufgaben

5 Tom meint, dass man den Bruch $\frac{20}{100}$ auch mit kleineren Zahlen schreiben kann. Was meinst du?
Findest du andere Brüche, die sich mit kleineren Zahlen schreiben lassen?

Basiswissen

Im Alltag sind Dezimalzahlen weiter verbreitet als Brüche. Obwohl sie eigentlich nur „verkleidete" Brüche sind, kann man mit ihnen leichter umgehen. Dies liegt daran, dass die „Nenner" bei Dezimalzahlen Zehnerpotenzen (10, 100, 1000, ...) sind.

Dezimalzahlen
Die Stellenwerttafel lässt sich nach rechts erweitern.

: 10   : 10   : 10   : 10

Zehner	Einer	,	Zehntel	Hundertstel	Tausendstel

$$1\text{ E} = \frac{10}{10} = \frac{100}{100} = \frac{1000}{1000} = \dots$$

$$\frac{1}{10} = \frac{10}{100} = \frac{100}{1000} = \dots$$

$$\frac{1}{100} = \frac{10}{1000} = \dots$$

Manchmal lässt sich ein Dezimalbruch mit kleineren Zahlen schreiben.

z. B. $\frac{4}{10}$

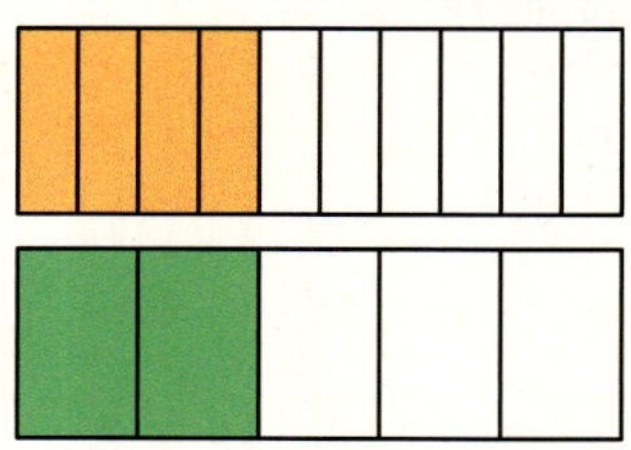

$\frac{2}{5}$

Beispiele

A Was sind 8,250 kg?
Mit einer Stellenwerttafel lässt sich dies leicht beantworten:

: 10   : 10   : 10   : 10

Zehner	Einer	,	Zehntel	Hundertstel	Tausendstel
	8	,	2	5	0

$$8 + \frac{2}{10} + \frac{5}{100} + \frac{0}{1000}$$
$$= 8 + \frac{20}{100} + \frac{5}{100}$$
$$= 8\,\frac{25}{100} = 8\,\frac{1}{4}$$

B Schreibe $\frac{30}{100}$ m als Bruch mit kleineren Zahlen.

$\frac{30}{100}$ m = 30 cm = 3 dm = $\frac{3}{10}$ m

Das gleiche Ergebnis erhält man, wenn man Zähler und Nenner durch 10 teilt.

Beispiele

C Was fehlt an der 1?

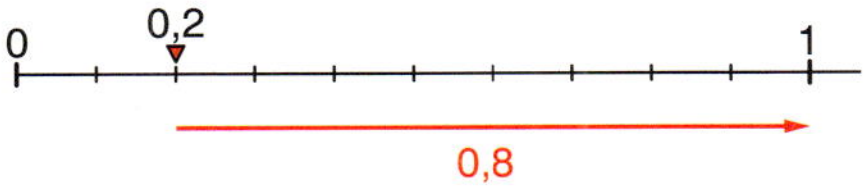

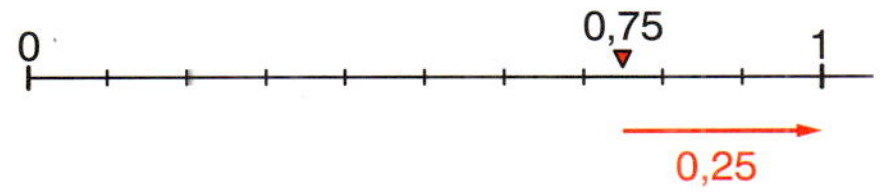

0,6 + [0,4] = 1 0,06 + [0,94] = 1 0,66 + [0,34] = 1

0,006 + [0,994] = 1 0,666 + [0,334] = 1 0,066 + [0,934] = 1

Übungen

6 Hier stellen wir die Familie Sperlich vor. Der kleine Lennhart ist 0,98 m groß. Wie groß sind Herr und Frau Sperlich und die Kinder Julian und Benedikt?

7 Orientiere dich auf dem Zahlenstrahl. Welche Dezimalzahlen sind markiert? Schaue genau hin, was die Teilstriche bedeuten.

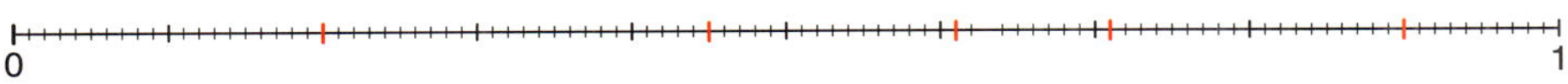

8 Zeichne den Zahlenstrahl in dein Heft. Trage die folgenden Dezimalzahlen ein:

a) 0,2 b) 0,75 c) 1,75 d) 1,05 e) 1,4 f) 0,6

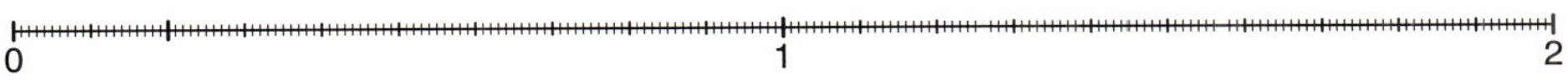

9 Welchen Stellenwert hat die Ziffer 3 in den Dezimalzahlen?

a) 5,31 b) 0,23 c) 30,5
d) 6,153 e) 0,03 f) 351,8

10 Setze das Komma so, dass die gekennzeichnete Ziffer den angegebenen Stellenwert hat.

a) 4126 (1 → Zehntel) b) 1025 (2 → Hundertstel)
c) 48965 (8 → Zehner) d) 30506 (0 → Tausendstel)

11 Schreibe die folgenden Dezimalzahlen als Bruch mit möglichst kleinen Zahlen.

a) 0,2 b) 0,05 c) 0,75
d) 1,4 e) 1,65 f) 3,125

12 Übertrage in dein Heft und schreibe an die markierten Stellen die Zahl als Dezimalzahl und als Bruch.

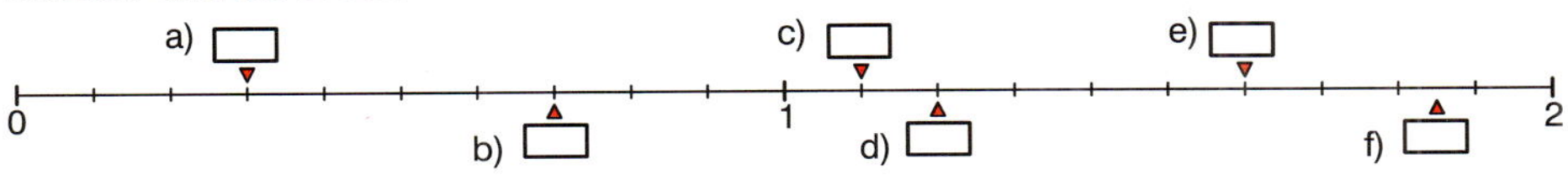

13 Kleine und große Sprünge auf dem Zahlenstrahl: Setze die Zahlenfolge fort.

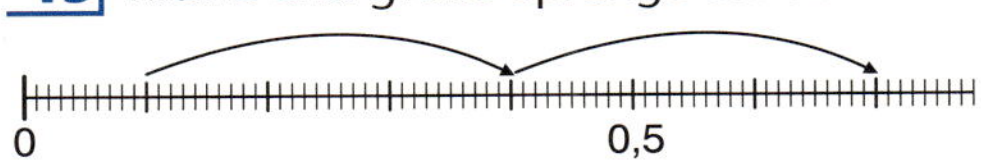

14 An der Kasse wird der Rechnungsbetrag häufig mit Scheinen ohne Kleingeld gezahlt. Wie viel Wechselgeld erhältst du, wenn du die angegebenen Beträge mit einem 10-€-Schein bezahlst?
Rechne mit der Stellenwerttafel.

a) 8,20 € c) 9,98 € e) 0,59 € g) 3,17 €
b) 6,85 € d) 1,87 € f) 5,07 € h) 0,99 €

Aufgaben

Kreuz und quer durch Dezimalzahlen.

$\frac{30}{100} = \frac{3}{10}$

15 Lies die Messgeräte ab:

a) 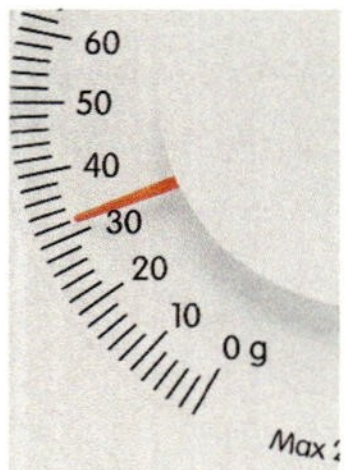

b) 

16 Bringe Ordnung in die Dezimalzahlen.

a) Sortiere der Größe nach. Beginne mit der kleinsten Zahl.

1,2	0,9	2	1,8	1,5	1,1

b) Sortiere der Größe nach. Beginne mit der größten Zahl.

8,235	8,352	8,350	8,5	8,325

c) Erkläre, wie man feststellen kann, welche von 2 Dezimalzahlen die größere ist.

$\frac{1}{5}$ kg = 200 g
= 0,2 kg

17 Schreibe die folgenden Dezimalzahlen in aufsteigender Reihenfolge.

0,9	0,06	0,6	0,35	0,475
0,85	0,45	0,3	1	0,99

18 Finde 5 Dezimalzahlen, die größer als 4,3 und kleiner als 4,4 sind. Wie viele dieser Zahlen gibt es deiner Meinung nach?

19 Ergebnisliste von der Rodel-Weltmeisterschaft 2005 in Park City/USA:

Hayden, Ashley	1:28,449 min
Manzenreiter, Sonja	1:28,782 min
Niedernhuber, Barbara	1:28,284 min
Otto, Sylke	1:28,056 min
Wischnewski, Anke	1:28,366 min
Yakushenko, Natalie	1:28,696 min

a) Ashley Hayden hatte als Gesamtlaufzeit 1 Minute 28,449 Sekunden. Wie ist die Ergebnisliste sortiert?

b) Wer wurde Weltmeisterin?

c) Sortiere die Sportlerinnen nach ihrer Gesamtlaufzeit.

20 Die Uhr zeigt 11.59, also 1 Minute vor 12 Uhr. Handelt es sich bei der Uhrzeit 11.59 um eine Dezimalzahl? Begründe deine Entscheidung.

21 Verwandele die folgenden Dezimalzahlen in Brüche mit möglichst kleinen Zahlen.

a) 0,5 b) 0,3 c) 0,75 d) 0,45
e) 0,4 f) 0,125 g) 0,600 h) 0,05

22 Schreibe die Maßzahl als Dezimalzahl.

a) $5\frac{2}{5}$ m b) $2\frac{3}{4}$ kg c) $6\frac{1}{2}$ m^2
d) $\frac{3}{8}$ l e) $\frac{3}{20}$ g f) $4\frac{7}{8}$ km

23 *Wechselgeld*
Du musst bezahlen und zahlst mit einem Geldschein. Welches Wechselgeld erhältst du?

a) 8,73 €

b) 37,42 €

c) 86,77 €

a) 

b) 

c) 

24 Informiere dich darüber, wie Dezimalzahlen gerundet werden.

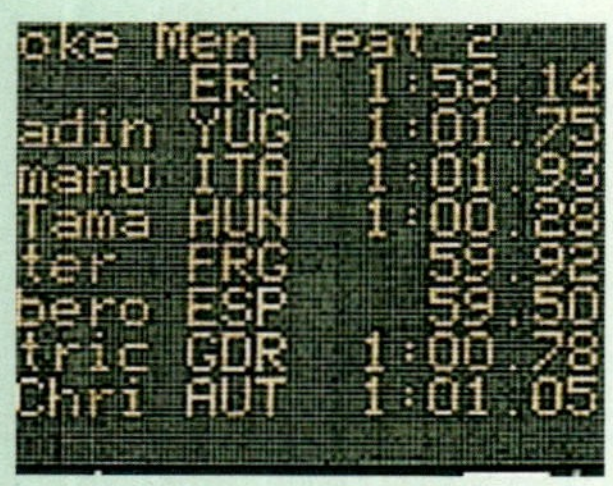

25 Bei Sportergebnissen wird häufig gerundet. Beim Schwimmen werden die Zeiten in Sekunden auf drei Stellen hinter dem Komma (Tausendstel) genau gemessen. Auf der Anzeigetafel erscheint die Zeit aber auf zwei Stellen hinter dem Komma (Hundertstel) gerundet.

50 m Freistil Männer	
Draganja, Duje	21,941 s
Hall, Gary	21,932 s
Lezak, Jason	22,114 s
Nystrand, Stefan	22,075 s
Schoeman, Roland Mark	22,019 s

Runde die Zeiten auf Hundertstel und schreibe eine Ergebnisliste für den Sportteil einer Zeitung.

Aufgaben

26 An den Strecken der Bundesbahn stehen in regelmäßigen Abständen Entfernungsangaben für den Lokomotivführer. Außerdem sind diese Entfernungsangaben auch an Gebäuden angebracht. Auf dem Bild siehst du eine Angabe auf einer Tafel und eine an dem Schuppen. Was fällt dir auf?

27 Auf einem modernen Fieberthermometer wird die Temperatur mit zwei Stellen nach dem Komma angegeben. Der Arzt notiert die Werte aber immer gerundet auf die Zehntelstelle, weil die Hundertstel für ihn uninteressant sind. Wie notiert der Arzt die folgenden Messwerte?

a) 37,38 °C b) 39,14 °C c) 36,97 °C d) 39,38 °C e) 40,09 °C

28 Runde die folgenden Dezimalzahlen.

a) Runde auf Zehntel:	2,84	7,15	3,249	18,317	7,191	2,96
b) Runde auf Hundertstel:	18,207	13,142	15,296	1,402	2,375	
c) Runde auf Einer:	18,37	26,91	2,88	17,19	22,03	2,50

29

> **Schulrenovierung für 1,9 Mio. Euro**
> Das Geschwister-Scholl-Gymnasium wurde in den Sommerferien renoviert. Dafür musste die Stadt fast 2 Millionen Euro ausgeben. Der größte Teil wurde verwendet für …

1,9 Millionen = 1 Millionen + $\frac{9}{10}$ Millionen.
Der zehnte Teil einer Million ist 100 000.
$\frac{9}{10}$ Millionen daher 900 000.
1,9 Mill. = 1 900 000

Solche Überschriften mit Dezimalzahlen findet man oft in Zeitungen.

a) Schreibe die Zahlenangaben aus den Überschriften ohne Komma.

4,2 Mio. Autos zugelassen

Rarität für 2,65 Mio. versteigert

1,25 Mio. für Spielplätze

3,6 Mrd. Schulden

Umsatz auf 4,93 Mrd. gestiegen

b) Kannst du dir vorstellen, warum in Zeitungen 4,93 Milliarden und nicht 4 930 000 000 steht?

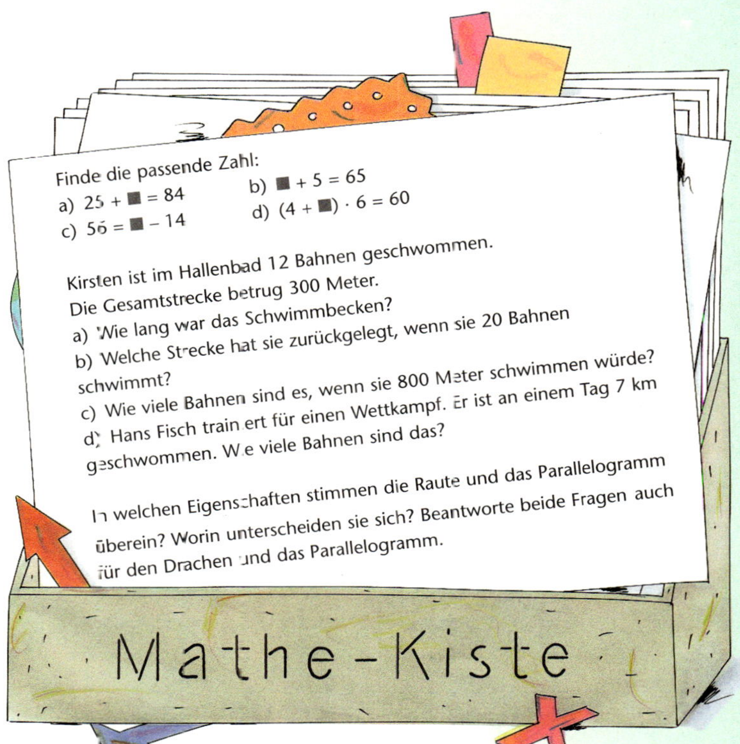

Aufgaben

Zeitmessung

30 Wie viel Minuten sind
a) $2\frac{1}{2}$ h b) $1\frac{1}{4}$ h c) $3\frac{3}{4}$ h d) 0:58 e) 1:32 f) 1,5 h g) 2,25 h h) 0,75 h
e) Kannst du begründen, warum man 0,75 h im Alltag nicht verwendet?

31 Bei einem großem Sportfest werden alle Zeiten elektronisch gestoppt. Dann wird zu den Zeiten zwei Hundertstel wegen eines Fehlers in der Messanlage addiert. Korrigiere selbst die Zeiten der 800-m-Läuferinnen.
a) 1:58,34 b) 1:58,59 c) 1:58,90 d) 1:59,08 e) 1:59,99

Wie geht man mit ganz kleinen Größen um?

Computer können irrsinnig schnell rechnen. Im Jahr 2000 benötigen Computer zum Ausführen einer Addition 0,000 000 1 Sekunden.
Um solch kleine Zahlen besser lesen zu können, verwenden Wissenschaftler kleine Maßeinheiten. Sie kennzeichnen sie durch Vorsilben. Du kennst bereits eine kleine Maßeinheiten:

1 Milligramm (mg) = 0,001 Gramm
1 Millimeter (mm) = 0,001 Meter
1 Milliliter (ml) = 0,001 Liter
1 Millisekunde (ms) = 0,001 Sekunden

1 µs (Mikrosekunde) ist 0,000 001 s = eine millionstel Sekunde = $\frac{1}{1\,000\,000}$ s

Vorsilbe	*Zeichen*	*Bedeutung*
Milli	m	0,001
Mikro	µ	0,000 001
Nano	n	0,000 000 001
Pico	p	0,000 000 000 001

32 Haare sind etwa 50 µm dick. Das Wasserstoffatom hat einen Durchmesser von ungefähr 5 pm. Licht legt eine Strecke von 3 km in 10 µs zurück. Rechne die Angaben in Meter bzw. Sekunden um.

33 *„Dezimalschoko"*
Mit dem folgenden Verfahren können wir zu Brüchen die entsprechende Dezimalzahl finden.
Angenommen, du willst $\frac{1}{4}$ als Dezimalzahl schreiben.
Stelle dir dazu vor, du willst eine Tafel Schokolade gleichmäßig unter **A**nna, **B**ert, **C**laudia und **D**avid aufteilen. Lasst es uns einmal versuchen:

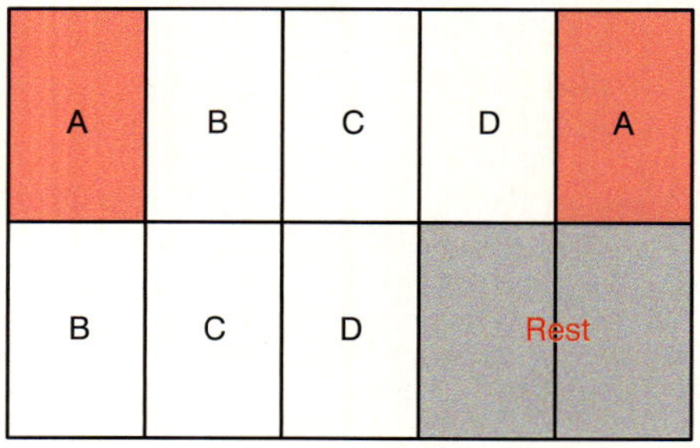

Jeder erhält $\frac{2}{10}$ der Schokolade. Zwei Stücke bleiben übrig. Jedes dieser Stücke teilen wir in 10 kleinere Stücke.

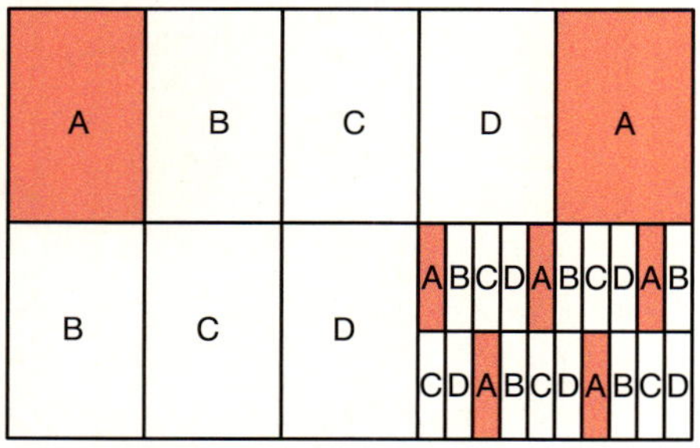

$\frac{1}{4} = \frac{25}{100} = 0{,}25$

Es sind insgesamt 20 kleinere Stücke ($\frac{20}{100}$). Jeder der vier erhält also noch $\frac{5}{100}$ der Schokolade.

Es bleibt kein Rest. Somit ist $\frac{1}{4} = \frac{2}{10} + \frac{5}{100} = 0{,}25$

a) Wandele mit dem beschriebenen Verfahren $\frac{1}{2}$, $\frac{1}{5}$, $\frac{1}{8}$ in eine Dezimalzahl um.

b) Was beobachtest du beim Umwandeln von $\frac{1}{3}$, $\frac{1}{6}$ in eine Dezimalzahl?

CHECK-UP

Neue Zahlen – neue Möglichkeiten

1 Betrachte die Bruchbilder. Welche Bruchteile sind gefärbt, welche weiß?

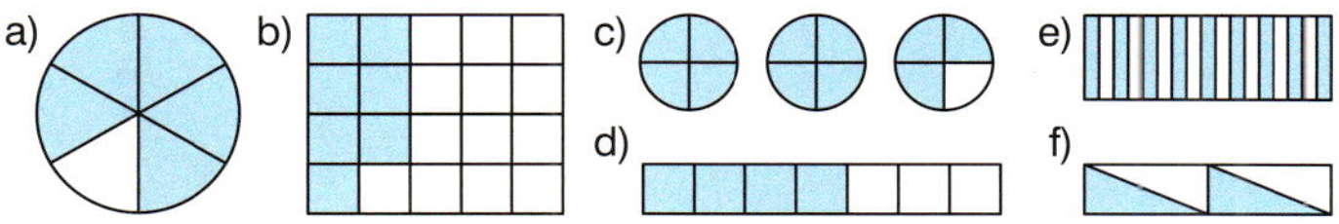

2 Zeichne zu folgenden Brüchen die zugehörigen Bruchbilder:

a) Kreise: $\frac{1}{2}$, $\frac{3}{4}$, $\frac{2}{3}$, $\frac{5}{8}$, $1\frac{1}{2}$, $2\frac{1}{4}$

b) Rechtecke: $\frac{7}{8}$, $\frac{5}{12}$, $\frac{9}{14}$, $\frac{3}{16}$, $\frac{13}{24}$, $1\frac{3}{4}$

c) Balken: $\frac{4}{5}$, $\frac{3}{7}$, $\frac{2}{9}$, $\frac{7}{12}$, $\frac{5}{6}$, $\frac{6}{11}$

3 Bestimme die Bruchteile der Größen.

$\frac{2}{3}$ von	30 l	48 km	1 h
$\frac{4}{5}$ von	2 m	56 kg	120 m²
10 % von	3,2 m	5 h	4,5 kg
1 % von	160 cm	1,5 kg	5 cm²

4 a) Welchen Anteil des Vollausschlages zeigen die Tankuhren an?
b) Die Zeigerstellung 1 bedeutet 120 l (7 200 l) Inhalt. Wie viel Liter befinden sich jeweils in den Tanks?

5 Übertrage die Tabelle in dein Heft und gib die Längen auf den Karten im entsprechenden Maßstab an.

Originallänge	1 : 200	1 : 5000	1 : 10000
10 m	■	■	■
1 km	■	■	■
50 km	■	■	■

6 Gib zu den Mischungen die Anteile und das Mischungsverhältnis an:

7 Berechne im Kopf die Bruchteile folgender Größen:

a) 50 % von …
b) 25 % von …
c) 10 % von …

25 km	16 kg	2 m
30 min	500 g	3,8 t
120 cm²	75 kg	
18 m²	4,5 km	$1\frac{1}{2}$ h

Brüche beim Aufteilen:

3 ← Zähler
— ← Bruchstrich
4 ← Nenner

$\frac{3}{4}$ eines Pfannkuchens:

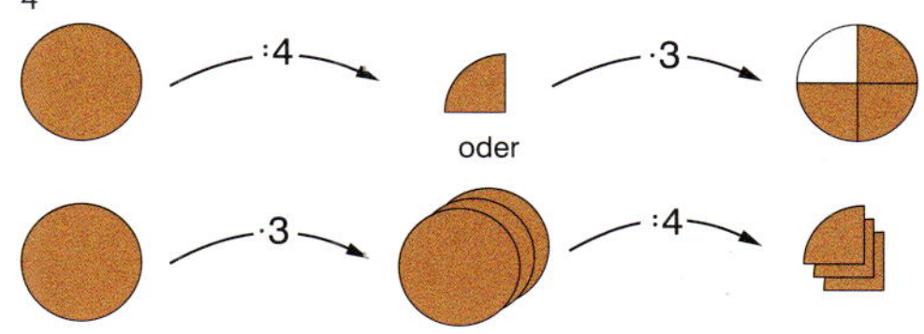

Brüche als Maßzahlen von Größen:

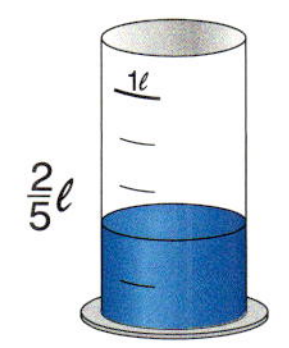

1l = 1000 ml

Brüche auf Anzeigen und Skalen:

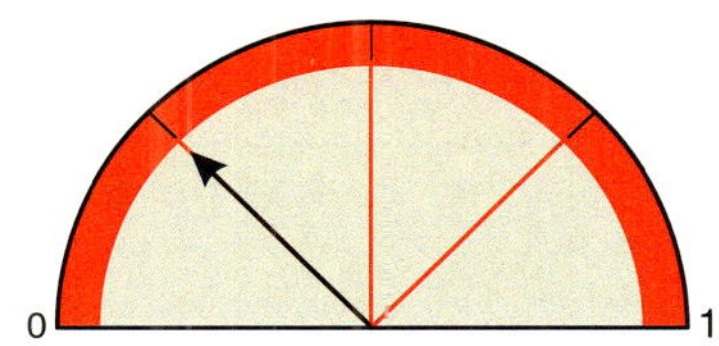

"$\frac{1}{4}$ Kraft voraus"

Brüche und Maßstäbe:

1:100

Brüche und Verhältnisse:

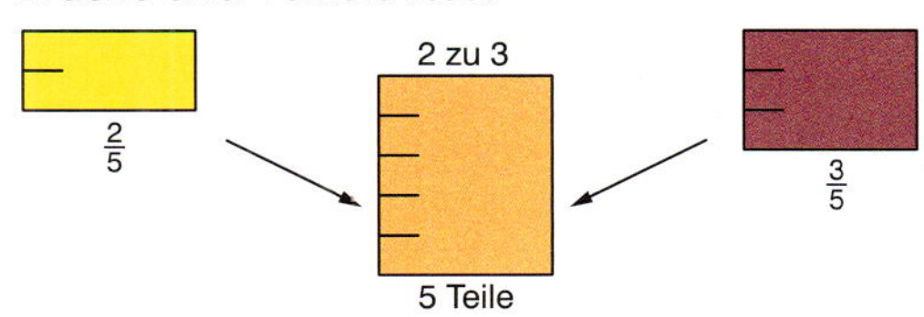

Prozentangaben stehen für Bruchteile:

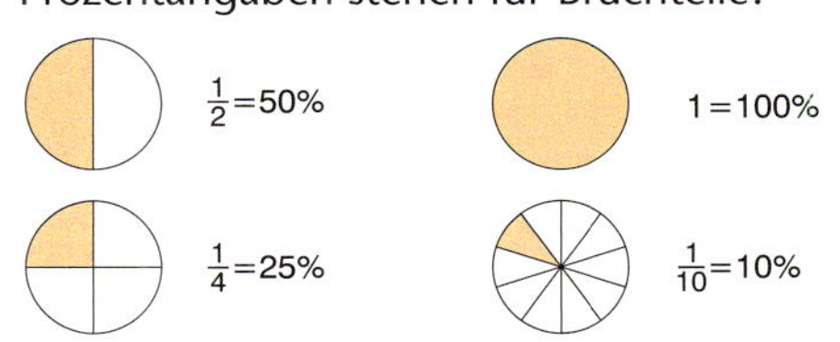

CHECK-UP

Im Alltag sind **Dezimalzahlen** weiter verbreitet als Brüche. Du kennst dies bereits von den Größenangaben.

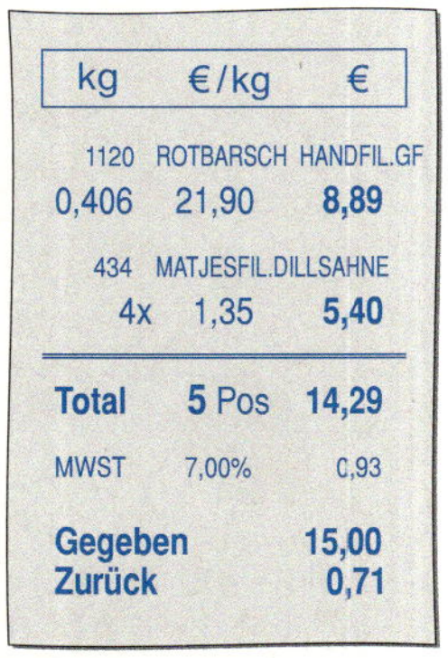

Dezimalzahlen beschreiben Brüche, bei denen die „Nenner" Zehnerpotenzen (10, 100, 1000, ...) sind.

$$0{,}71 = \frac{71}{100}$$

Die Stellenwerttafel lässt sich nach rechts erweitern:

Einer	Zehntel	Hundertstel	Tausendstel
E	z	h	t
0,	2		
0,	7	5	
1,	2	5	
0,	1	2	5

$0{,}2 = \frac{2}{10}$ $\quad 0{,}75 = \frac{75}{100}$

$1{,}25 = \frac{125}{100}$ $\quad 0{,}125 = \frac{125}{1000}$

Manchmal lässt sich ein Dezimalbruch mit kleineren Zahlen schreiben

z. B. $\frac{4}{10}$

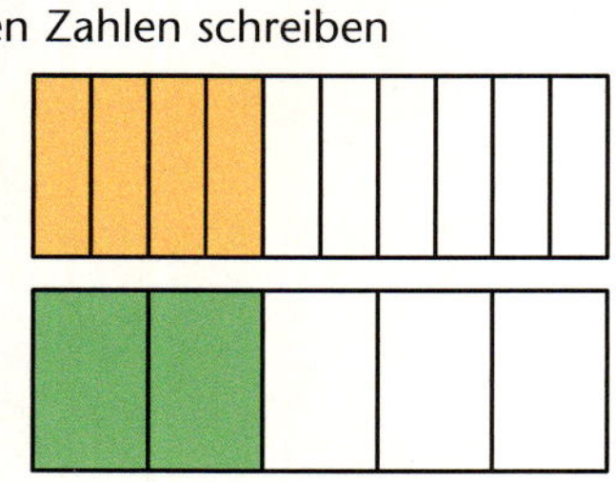

$\frac{2}{5}$

8 Schreibe die folgenden Größenangaben als Bruch.

a) 0,1 m b) 1,25 m c) 1,02 m d) 0,4 m
e) 0,2 kg f) 0,01 kg d) 2,6 kg h) 1,05 kg

9 Schreibe die folgenden Größenangaben als Dezimalzahl.

a) $\frac{2}{10}$ m b) $\frac{3}{4}$ m c) $\frac{17}{100}$ m d) $\frac{1}{8}$ m
e) $\frac{1}{5}$ kg f) $2\frac{1}{4}$ kg g) $\frac{9}{1000}$ kg h) $\frac{4}{20}$ kg

10 Welchen Stellenwert hat die Ziffer 5 in den Dezimalzahlen?

a) 0,5 b) 0,35 c) 5,23 d) 23,5 e) 0,125

11 Wandle die Brüche in Dezimalzahlen um. Die mit (!) gekennzeichneten Brüche und ihre Dezimalschreibweise solltest du auswendig kennen.

a) $\frac{1}{2}$ (!) $\frac{3}{4}$ (!) $\frac{5}{8}$ $1\frac{1}{2}$ (!) $2\frac{1}{4}$ (!) $\frac{1}{5}$ (!) $\frac{5}{10}$ $\frac{7}{10}$ $\frac{9}{5}$
b) $\frac{8}{25}$ $\frac{3}{125}$ $\frac{7}{4}$ $\frac{13}{20}$ $\frac{17}{40}$ $\frac{17}{50}$ $\frac{12}{1000}$ $\frac{31}{1000}$ $10\frac{4}{5}$
c) 1 - $\frac{3}{500}$ $\frac{7}{8}$ $\frac{47}{80}$ $\frac{19}{20}$ $\frac{102}{200}$ $\frac{1002}{2000}$

12 Wandle folgende Dezimalzahlen in Brüche mit möglichst kleinen Zahlen um.

a) 0,2 0,35 0,48 1,25 0,75 3,4
b) 0,25 0,9 1,75 3,25 2,25 0,18
c) 0,375 0,005 0,08 0,8 0,0025
d) 4,7 4,07 4,75 0,47 0,407

13 Zeichne einen Zahlenstrahl von 0 bis 1 in dein Heft. 0,1 entspricht 2 Kästchen. Trage die Brüche und Dezimalzahlen an der richtigen Stelle ein.

a) $\frac{1}{2}$ $\frac{1}{4}$ $\frac{1}{5}$ $\frac{3}{5}$ $\frac{9}{10}$ $\frac{95}{100}$ c) 0,48 0,95 0,09 0,02 0,2 0,22
b) $\frac{79}{100}$ $\frac{3}{4}$ $\frac{81}{100}$ $\frac{8}{10}$ $\frac{21}{100}$ d) 0,15 0,51 0,05 0,9 0,99 0,89

14 Gib 10 Zahlen an, die zwischen 0,3 und 0,34 liegen. Zwischen den beiden liegt aber nur eine genau in der Mitte. Welche Dezimalzahl ist das?

15 Sortiere der Größe nach. Beginne mit der kleinsten Zahl.

a) 1,3 0,8 1,8 1,2 0,08 1,03
b) 0,6 $\frac{1}{2}$ 0,45 $\frac{1}{4}$ 0,24 $\frac{2}{5}$

Lösungen zu den Check-ups

Lösungen zu Seite 33

1 a) –

b)

	Fläche in km²	Einwohnerzahl
Rheinland-Pfalz	20 000	4 000 000
Nordrhein-Westfalen	34 000	18 000 000
Saarland	3 000	1 000 000
Hessen	21 000	6 000 000
Baden-Württemberg	36 000	11 000 000

c)

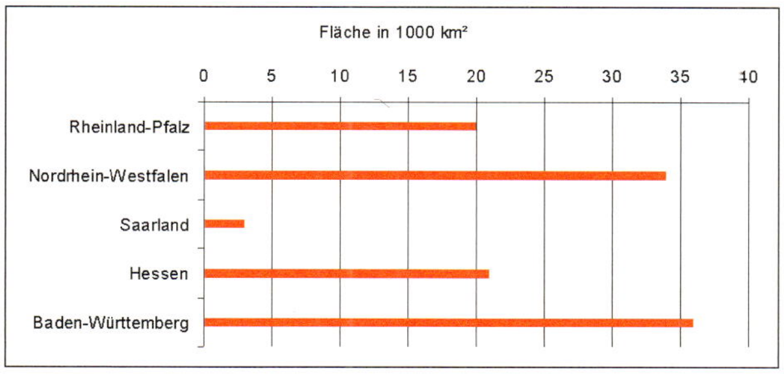

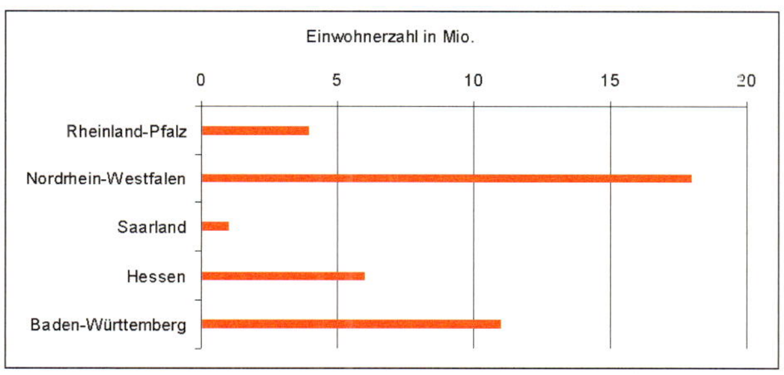

2 a) 147 090 000 km b) 7 524 900 000 km

3 a) Auf Tausender gerundet:
14 000, 27 000, 356 000, 1 790 000, 20 000, 12 000
b) Auf Zehner gerundet:
1 290, 2 400, 890, 210, 600, 1 100, 5 600, 16 010

4

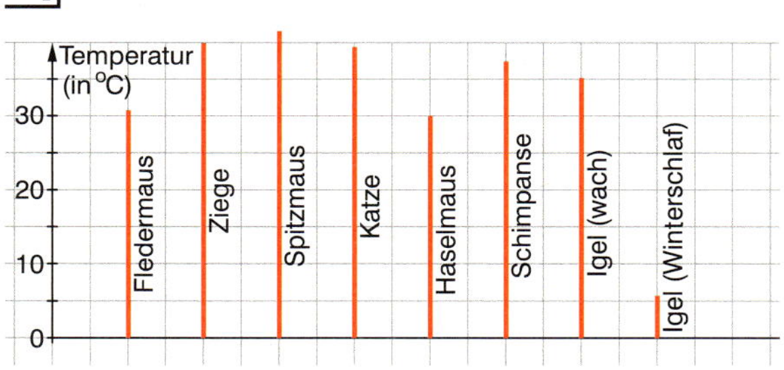

5 a) Es handelt sich um ein Stabdiagramm. Aufgetragen sind die Eigewichte verschiedener Vogelarten.
b) Rangliste:

1 Mäusebussard	60 g	5 Star	19 g
2 Stockente	50 g	6 Amsel	9 g
3 Fasan	30 g	7 Rotschwanz	2 g
4 Kiebitz	25 g		

c) Der Stab für das Straußenei müsste 50-mal so lang gezeichnet werden wie für den Fasan. Das passt nicht aufs Papier.

Lösungen zu Seite 34

6 b) 67,5 g; 10 g

7

7	2
6	2 3 5 6 6
5	0 1 1 2 2 8
4	2 3 4 5 6 7
3	2 4

8 a) Januar ist der kälteste Monat, Juli und August sind am wärmsten.
b) Im Oktober (8 °C) ist es im Durchschnitt um 9° wärmer als im Januar (– 1 °C).
c) Jan-Feb-Dez-Mär-Nov-Apr-Okt-Mai-Sept-Jun-Jul-Aug
d) Im Juli ist die Temperatur um 8° höher als im Oktober (im April um 2° niedriger als im Oktober, im Oktober um 5° höher als im März).

Lösungen zu Seite 51

1 Spannweite: Entfernung zwischen den Spitzen der Tragflächen
Leergewicht: Gewichte des leeren Flugzeugs und der Ausrüstung (z. B. Funkgeräte, Bordinstrumente, Sitze, Elektronik, Hydraulik)
maximales Startgewicht: Gewicht, mit dem das Flugzeug gerade noch abheben kann
Reisegeschwindigkeit: Geschwindigkeit, welche für das Flugzeug, das Triebwerk und den Treibstoffverbrauch am günstigsten ist
Reichweite: diejenige Entfernung, die mit einem Tankinhalt geflogen werden kann

2 Igelgewichte auf 10 g gerundet:
a) 700 g, 580 g, 740 g, 900 g
b) 1020 g, 950 g, 880 g, 850 g

Igelgewichte auf 100 g genau gerundet:
a) 700 g, 600 g, 700 g, 900 g
b) 1000 g, 900 g, 900 g, 900 g

3 a) 5 h 5 min b) 1 h 15 min c) 4 h 30 min

4 Das Flugzeug landet in Tokio um 3 Uhr 50 Frankfurter Zeit. In Tokio ist es zu diesem Zeitpunkt 8 Stunden später, also 11 Uhr 50.

5 a) Umrechnungszahlen benutzt man, um eine Größe in verschiedenen Maßeinheiten aufzuschreiben. Kleinere Maßzahlen kann man sich besser vorstellen:

Beispiel Längen: 50 000 cm = 5 000 dm = 500 m (: 10, : 10)

Zeitdauern: 1 h = 60 min = 3 600 s (· 60, · 60)

b) Für die Umrechnungszahlen siehe auch Seite 24, 28, 32
Beachte: Zur kleineren Einheit gehört die größere Maßzahl!
Beispiel: 5 700 cm = 670 dm = 67 m

6 Gib in der nächstgrößeren Einheit an.
a) 15 kg, 4,5 t, 0,5 kg, 1,25 kg
b) 4,5 cm, 3 dm, 2,5 km, 0,8 m
c) 3 min, 4 h, 2 d, 59 min
d) 2,756 t, 5 d, 8,701 km, 401,2 dm

7 Gib in der nächstkleineren Einheit an.
a) 1200 kg, 4100 g, 50000 g, 120 g
b) 63 mm, 1310 mm, 9 dm, 3500 m
c) 75 min, 2700 s, 84 h, 12 h
d) 720 h, 6850 kg, 5300 m, 600 g

Lösungen zu Seite 52

8 2,4 m = 240 cm
240 cm : 16 cm = 15
Man erhält 15 Stücke der Länge 16 cm. Man braucht 14 Schnitte.

9 Das Gesamtgewicht der Verpflegung ist: 20 kg. Jeder muss 4 kg tragen.

10 Das Futter reicht für 40 Tage.

11 Es passierten 480 Unfälle an diesem Tag.

12 50 000 Tee-Aufgussbeutel

13

Name	Maßstab	Originallänge	Modelllänge
Titanic	1 : 570	269 m	472 mm
Santa Maria	1 : 90	32,58 m	362 mm
Nau San Gabriel	1 : 100	36 m	36 cm

14 Concorde: 62 m, Mauretania: 41 cm, Schnellboot: 1 : 48

Lösungen zu Seite 94

1 a) 151 b) 172 c) 300 d) 29 e) 96

2 a) 64 b) 63 c) 7 d) 9 e) 3400 f) 1300 g) 12

3 a) 136 b) 170 c) 216 d) 105 e) 335 f) 189

4 a) 8636 b) 798 c) 270 d) 2997

5 a) 874 b) 6942 c) 30282 d) 18333 e) 56 f) 721 g) 52 h) 56

6 a) 245 b) 351 c) 17 d) 150 e) 21 f) 492

7 Gutscheine Ausgaben
90 € 89 € Rest 1 €

8 3750 Kästen 135 000 Dosen

9 10 Monate (August–Mai) angespart 50 €. Jedes Kind muss 57 € zahlen. Es müssen noch 7 € zubezahlt werden.

Lösungen zu Seite 95

10 a) 9 b) 14 c) 10 d) 24 e) 32

11 a) 81 b) 10 c) 16 d) 480 e) 16 f) 0

12 (10 + 4) · 3 10 · 3 + 4 · 3
Distributivgesetz (Verteilungsgesetz)

13 a) (16 + 4) · (16 – 4) = 240 b) (29 – 13) · 0 + 4 = 4

14 a) Multipliziere 23 mit der Differenz aus 28 und 19.
b) Multipliziere die Summe aus 32 und 54 mit der Differenz aus 48 und 27.
c) Multipliziere 6 und 15, subtrahiere von dem Produkt 35 und dividiere dann die Differenz durch 3.
d) Berechne die Differenz aus 16 und 12 und multipliziere das Ergebnis mit 5. Subtrahiere das Produkt von 29.

15 a) 15 · 12 + 27 – 100 = 107 b) (34 + 17) · (34 – 17) = 867

16
1 Arbeitsstunde 55 €
2 Arbeitsstunden 55 + 1 · 29 = 84
4 Arbeitsstunden 55 + 3 · 29 = 142

17 a)

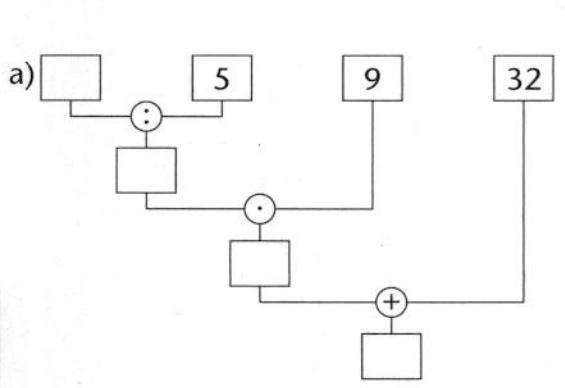

b) 15 : 5 · 9 + 32 = 59.
15 °C entspricht 59 °F.
c) 68 °F; 32 °F; 212 °F

Lösungen zu Seite 141

1 a) 6 27 61 255 750 2 002 1666
b) 4 9 40 90 400 900 24 69 1409
c) 348 439 2 094 449

2 a) IX = 9 LXXX = 80 XII = 12 CLXIX = 169 XCIX = 99 CCX = 210 XIX = 19 CCLVIII = 258
b) XCVIII = 98 CL = 150 CCCXCVIII = 398 CDXC = 490 LXXXIX = 89

3 a) VIII XXI LV LXII CCXI CCLXX CCCXX DXXIII DCCL DCCCLXII MDCXVI
b) XIV XIX XL XC CXXIV CCXLIII CDXX CDXXXIV DCXL DCCXIX CMXLII
c) XCIV CCXCVIII CDLXXXIX DCXXXIX DCCCXCIX CMXLIV MMXLIX MCMXCIX MMLXXXVII MMMDCCCLXXXVIII

4 1492 geboren, 1492 = MCDXCII, 1559 = MDLIX

5 IV, VI XXVII, XXIX XCIX, CI CLXXXIX, CXCI CCVIII, CCX CDXLIX, CDLI MDCCCXCIX, MCMI MMCCCXCIX, MMCDI

6 a) CLXI b) MCXX c) LX d) MMC

7 17 28 15 21

8

Stellenwerte	128	64	32	16	8	4	2	1	Dezimalzahl
1. Zahl					1	1	0	0	12
2. Zahl				1	0	1	0	0	20
3. Zahl			1	1	1	0	0	0	56
4. Zahl	1	1	0	0	1	1	0	0	204
5. Zahl		1	0	1	0	1	0	1	85

9 5 = 4 + 1 12 = 8 + 4 14 = 8 + 4 + 2
15 = 8 + 4 + 2 + 1 20 = 16 + 4
23 = 16 + 4 + 2 + 1 28 = 16 + 8 + 4
33 = 32 + 1 66 = 64 + 2 89 = 64 + 16 + 8 + 1 90 = 64 + 16 + 8 + 2
91 = 64 + 16 + 8 + 2 + 1 96 = 64 + 32 130 = 128 + 2

10 $6 = (110)_2$ $11 = (1011)_2$ $17 = (10001)_2$ $22 = (10110)_2$ $26 = (11010)_2$
$31 = (11111)_2$ $32 = (100000)_2$ $38 = (100110)_2$ $65 = (1000001)_2$
$70 = (1000110)_2$ $80 = (1010000)_2$ $97 = (1100001)_2$ $100 = (1100100)_2$
$128 = (10000000)_2$

Lösungen zu Seite 142

11

a)

Kästchenzahl an der Seite	5	6	7	8	9	10	11	12
Kästchenzahl im Quadrat	25	36	49	64	81	100	121	144

b) 25 + 36 + 49 + 64 + 81 + 100 + 121 + 144 = 620

12 a) $5^2 = 4^2 + 2 \cdot 4 + 1 = 25$, $6^2 = 5^2 + 2 \cdot 5 + 1 = 36$, $7^2 = 6^2 + 2 \cdot 6 + 1 = 49$
$8^2 = 7^2 + 2 \cdot 7 + 1 = 64$, $9^2 = 8^2 + 2 \cdot 8 + 1 = 81$, $10^2 = 9^2 + 2 \cdot 9 + 1 = 100$
b) $21^2 - 20^2 = 41$ $22^2 - 21^2 = 43$ $23^2 - 22^2 = 45$ $24^2 - 23^2 = 47$ $25^2 - 24^2 = 49$
c) $1001^2 = 1000^2 + 2 \cdot 1000 + 1 = 1000000 + 2000 + 1 = 1002001$

13 $7 = 4^2 - 3^2$ $13 = 7^2 - 6^2$ $15 = 8^2 - 7^2 = 4^2 - 1^2$ $17 = 9^2 - 8^2$ $19 = 10^2 - 9^2$
$23 = 12^2 - 11^2$ $27 = 14^2 - 13^2 = 6^2 - 3^2$ $35 = 18^2 - 17^2 = 6^2 - 1^2$
$45 = 23^2 - 22^2 = 9^2 - 6^2 = 7^2 - 2^2$

14 Die Ergebnisse sind immer um 1 kleiner als die nächste Zweierpotenz:
1 3 7 15 31 63 127 255 511 1023

Lösungen zu Seite 142

15

a)

1	2	4	8	16	32	64	128
3	6	12	24	48	96	192	
9	18	36	72	144	288		
27	54	108	216	432			
81	162	324	648				
243	486	972					
729	1458						
2187							

b) Es sind die Dreierpotenzen:

$3^0 = 1$ $3^1 = 3$ $3^2 = 9$ $3^3 = 27$ $3^4 = 81$ $3^5 = 243$ $3^6 = 729$ $3^7 = 2\,187$

16 Primzahlen: 31 61 37 59 23 103 71 83

Teilermengen : $T_{25} = \{1, 5, 25\}$ $T_{16} = \{1, 2, 4, 8, 16\}$ $T_{33} = \{1, 3, 11, 33\}$

$T_{42} = \{1, 2, 3, 6, 7, 14, 21, 42\}$ $T_{65} = \{1, 5, 13, 65\}$ $T_{105} = \{1, 3, 5, 7, 15, 21, 35, 105\}$

$T_{36} = \{1, 2, 3, 4, 6, 9, 12, 18, 36\}$ $T_{49} = \{1, 7, 49\}$ $T_{63} = \{1, 3, 7, 9, 21, 63\}$

17 4 teilt 76 5 teilt 35 7 teilt 133 8 teilt 336 11 teilt 44 19 teilt 95

206 lässt sich durch keine der Zahlen teilen. 13 ist von keiner der Zahlen ein Teiler.

Lösungen zu Seite 143

18 a) 1, 3, 5, 7, 9, 11, 13 usw. Es sind die ungeraden Zahlen.

b) Es hat die Nummer 199.

19 a) Man kann die Folge als Rechtecksmuster zeichnen.

■■■   ■■■   ■■■   ■■■
        ■■■   ■■■   ■■■
                ■■■   ■■■
                        ■■■

b) Die Zahl 60 ist das 20. Folgenglied. Das Bild hat 20 · 3 Kästchen.

20 a) (1) 4. Figur (2) 5. Figur

(1):
```
        ♥
      ♥   ♥
    ♥       ♥
  ♥           ♥
♥ ♥ ♥ ♥ ♥ ♥ ♥ ♥ ♥
```
(2):
```
    ♥
   ♥♥♥
  ♥♥♥♥♥
 ♥♥♥♥♥♥♥
♥♥♥♥♥♥♥♥♥
```

20 b) (1): 4 8 12 16 20 24 28 32 36 40

(2): 1 4 9 16 25 36 49 64 81 100

c) (1): 100 * 4 = 400 (2): $100^2 = 10\,000$

d)
```
♥  ♥♥  ♥♥♥  ♥♥♥♥  ♥♥♥♥♥  usw.
♥  ♥♥  ♥♥♥  ♥♥♥♥  ♥♥♥♥♥
♥  ♥♥  ♥♥♥  ♥♥♥♥  ♥♥♥♥♥
♥  ♥♥  ♥♥♥  ♥♥♥♥  ♥♥♥♥♥
```

21 a) b4, b6, c3, c7, e3, e7, f4, f6 b) z. B. b6, d7, b8, a6 schneller: z. B. b4, a6

22 A (3|1), B (7|1), C (7|5), D (3|5), M (5|3), S (5|7)

23 S (9|12)

Lösungen zu Seite 184

Körper	Kanten	Flächen	Beispiel
Quader	12	6 Rechtecke	Schuhkarton
Würfel	12	6 Quadrate	Spielwürfel
quadratische Pyramide	8	5 1 Quadrat 4 Dreiecke	Kirchturmdach
dreieckiges Prisma	9	5 2 Dreiecke 3 Rechtecke	Hausdach
Zylinder	–	3 2 Kreise 1 Rechteck	Konservendose
Kegel	–	2 1 Kreis 1 Kreisteil	Schultüte

2 a) z. B. mit Hilfe des Geodreiecks; vgl. S. 163

b) 0,5 cm vgl. S. 166

c) –

3 a) Rechteck (Blatt Papier)

Quadrat (Schachbrett)

Trapez (Tischform)

Parallelogramm (Fachwerkhaus)

Drachen (Flugdrachen)

Raute (Kreuzung von Eisenbahnschienen)

b) (1) Rechteck (also auch Quadrat)

(2) Parallelogramm (und Raute)

(3) Drachen

c) z. B. Quader z. B. dreieckiges Prisma

Strecken mit unterschiedlicher Farbe stehen senkrecht aufeinander.

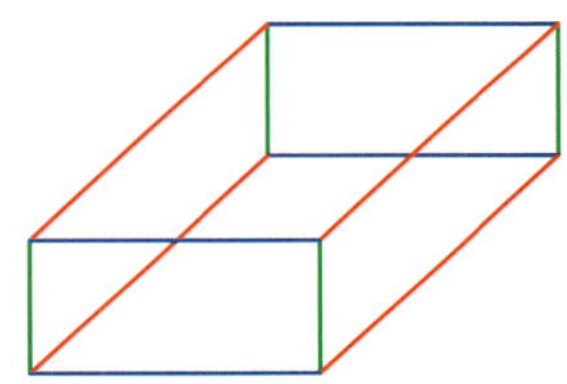

Strecken gleicher Farbe sind parallel.

Die grünen, die roten und die schwarzen Strecken stehen senkrecht auf den blauen Strecken.

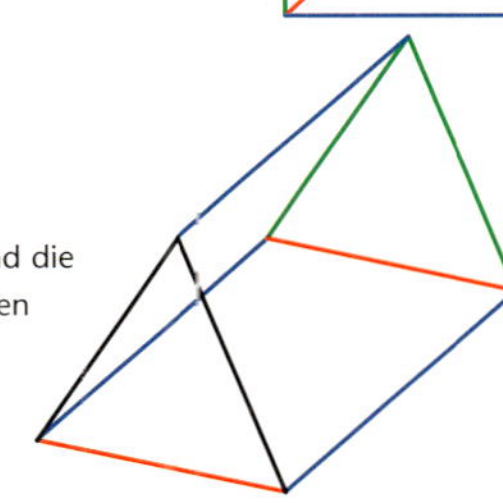

4 a) mögliche Beispiele:

Mein ?? hat 12 Kanten, jeweils 4 sind gleich lang. Seine Flächen bestehen aus Rechtecken und es hat sechs davon. (Quader)

Mein ?? hat 12 Kanten, die alle gleich lang sind. Seine Flächen bestehen aus sechs Quadraten. (Würfel)

Mein ?? hat 8 Kanten, von denen jeweils 4 gleich lang sind. Seine Flächen bestehen aus einem Quadrat und 4 Dreiecken. (Pyramide)

Mein ?? hat 9 Kanten, von denen sind drei gleich lang, meine Flächen bestehen aus 3 Rechtecken und drei Dreiecken. (dreieckiges Prisma)

Mein ?? hat als Netz zwei Kreise und ein Rechteck. (Zylinder)

5 a) Parallel: St. Christopher Street und Archbishop Street, Old Mint Street und Old Bakery Street

Senkrecht zueinander: St. Christopher Street und Merchants Street; Archbishop Street und Strait Street

b) 44 mm

c) 32 mm.

Lösungen zu Seite 185

6 a) Quader b) Tetraeder c) Pyramide d) Quadrat e) Drachen
f) Walmdach

7 Lies dir nochmals genau S. 172 durch. Dort findest du weitere Eigenschaften.
a) Ouadrat: 4 Symmetrieachsen; die Diagonalen sind gleich lang, halbieren sich und stehen aufeinander senkrecht; ...
b) Rechteck: 2 Symmetrieachsen; 4 rechte Winkel; die Diagonalen sind gleich lang und halbieren sich; ...
c) Parallelogramm: Die gegenüberliegenden Seiten sind zwar parallel und gleich lang, aber ohne Angabe eines Winkels ist die Lösung nicht eindeutig.

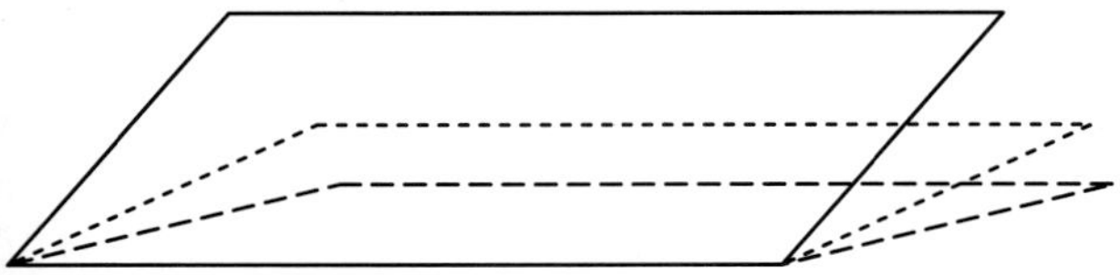

d) Beim Trapez gibt es ein Paar paralleler Seiten. Hier gibt es verschiedene Lösungen.

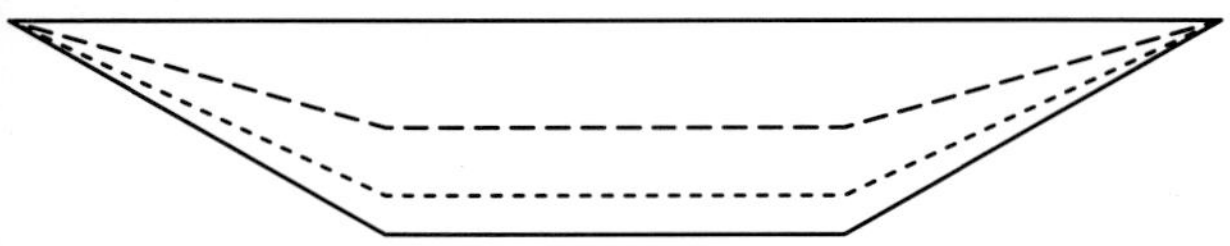

e) Raute: alle Seiten sind gleich lang; die Diagonalen stehen aufeinander senkrecht und halbieren sich; gegenüberliegende Seiten sind parallel; 2 Symmetrieachsen; ...

8 a) Die Grundfigur der Pflasterung sieht wie ein Quadrat aus, aus dem an einer Ecke ein kleines Quadrat herausgeschnitten wurde. Die Seitenlänge des großen Quadrates ist dreimal länger als die des kleinen Quadrates. Die Figur wird lückenlos zu einem Pflaster gelegt. Dabei wird sie nicht gedreht, sondem nur verschoben.
Alle Kanten die in der Pflasterung vorkommen sind entweder senkrecht oder parallel zueinander.
b) –
c) Beispiel:

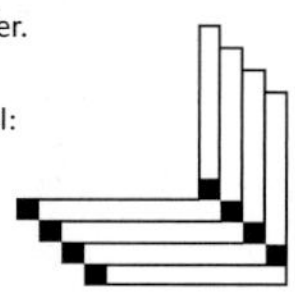

9
(1) falsch; u ist die längste und t die kürzeste Strecke
(2) falsch
(3) richtig; CD $\perp$ AC
(4) falsch
(5) richtig

10

Modell \ Anzahl	Kanten Typ A	Kanten Typ B	Ecken	Kanten pro Ecke
Drachen	2	2	4	2
Pyramide	4	4	5	3 (4 an der Spitze)
Oktaeder (S. 158)	4	8 (2 zusätzl.)	6	3 (4 an den Spitzen)
Satteldach	3	6	6	3
Quader	4	8 (2 zusätzl.)	8	3
Raute	4	–	4	2
Würfel	–	12 (6 zusätzl.)	8	3
Walmdach	2	7 (1 zusätzl.)	6	3
Trapez	3	1	4	2
Tetraeder (S. 158)	–	6	4	3

Lösungen zu Seite 216

1 Tetraeder: b), d), f) Würfel: c) Oktaeder: a), g)
Das Netz e) gehört zu keiner Figur.

2 Gegenüber dem Buchstaben B liegt ein E.

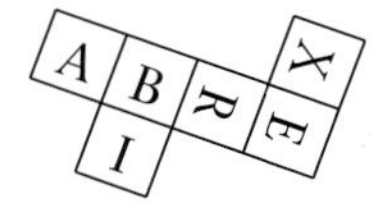

3 a)

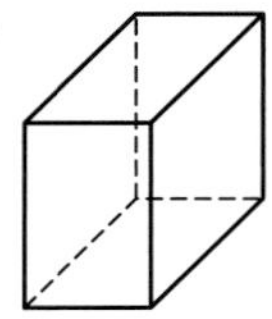

b)

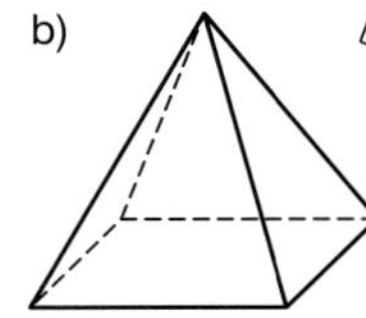

4 Zaun – Länge; s. u. eingezäunte Wiese – Flächeninhalt; Kartoninhalt – Rauminhalt; Kartonoberfläche – Flächeninhalt

5 a) Umrechnungszahlen werden zum Rechnen mit Größen benötigt, da beim Rechnen eine einheitliche Maßeinheit notwendig ist. Außerdem brauchst du die Umrechnungszahlen bei Kommazahlen. Ein Vergleich von Größen ist einfacher, wenn du sie vorher mit Umrechnungszahlen vereinheitlichst.
b) Längen 10 (Vorsicht bei km), Flächen 100, Rauminhalte 1000.

Lösungen zu Seite 217

6 Fußbodenfläche des Zimmers
A = 4,5 m · 3 m – 1 m · 0,5 m = 13 m^2
Der Teppich kostet mit Verlegen 13 · 23 € = 299 €.
Umfang der Fußbodenfläche u = 15 m; 14 m Fußleiste werden benötigt (Tür!).
Die Kosten für die Fußleiste betragen 14 · 4 € = 56 €.
Insgesamt kostet das Vorhaben 355 €.

7 Das Grundstück ist 23,1 a = 2 310 m^2 groß. Jeder sollte 2310 : 3 = 770 m^2 erhalten.

8 Frau Schmidt hat etwas besser geschätzt. (Grundstücksgröße 551 m^2)

9 30 dm • 80 dm • 5 dm = 12000 dm^3 = 12 m^3 Sand. Der Lkw muss zweimal fahren.

10 a) 150 dm^2 = 1,5 m^2 (Esstisch), 400 m^2 = 4 a (Grundstück), 5 cm^3 (gr. Briefmarke)
b) 1,5 dm^3 = 1,5 l (1,5 l Flasche), 78 m^3 (Zimmer), 200 cm^3 = 0,2 dm^3 = 0,2 l (Glas)
c) 624 cm^2 = 6,24 dm^2 (DIN A4 Blatt), 74 a (Fußballplatz), 2 m^2 (Matratze)
d) 20 dm^2 = 20 l (Eimer), 0,729 cm^3 (Spielwürfel), 87 dm^3 = 87 l (Mülltonne)

11 Rauminhalt 520 cm · 20 cm · 15 cm = 156 000 cm^3
= 156 dm^3
Der Balken wiegt 78 kg. So schwer könnte dein Vater sein. Der Balken ist also viel zu schwer für dich.

12 a) Kosten der Wohnung 109 500 €; 100 000 € reichen nicht.
b) 100 000 : 1250 ≈ 80
Die Wohnung könnte höchstens 80 m^2 groß sein.

13 a) 34 500 mm^2 80 400 cm^2 7 804 dm^2
b) 200 000 mm^3 4 168 000 cm^3 3 593 000 dm^3
c) 2 300 m^2 367 800 a 50 a
d) 12 000 cm^3 3 500 dm^3 14 400 cm^3

14 12 dm · 4 dm · 5 dm = 240 dm^3
= 240 l werden eingefüllt
Heinrich benötigt 240 : 10 = 24 Eimer.
Sinnvoller Maßstab z. B. 1:10

15 a) Wenn die Länge verdoppelt wird, dann erhältst du den doppelten Rauminhalt.
b) Wenn Länge und Breite verdoppelt werden, dann erhältst du den vierfachen Rauminhalt.
c) Wenn alle Kantenlängen verdoppelt werden, dann erhältst du den achtfachen Rauminhalt.

Lösungen zu Seite 237

1 a) $\frac{5}{6}$ sind gefärbt, $\frac{1}{6}$ weiß b) $\frac{7}{20}$ sind gefärbt, $\frac{13}{20}$ weiß
c) $2\frac{3}{4}$ sind gefärbt, $\frac{1}{4}$ weiß d) $\frac{4}{7}$ sind gefärbt, $\frac{3}{7}$ weiß
e) $\frac{9}{17}$ sind gefärbt, $\frac{8}{17}$ weiß f) $\frac{1}{2}$ ist gefärbt, $\frac{1}{2}$ weiß

2 a)

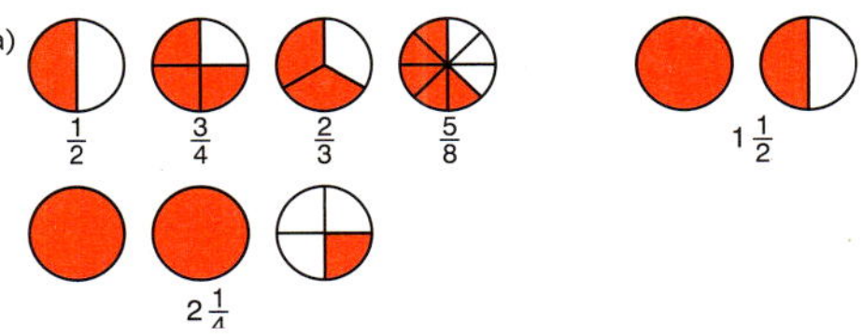

b) Es gibt verschiedene Möglichkeiten.
a)

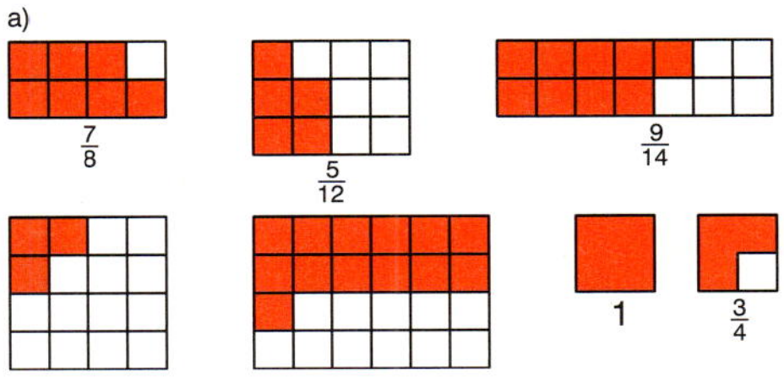

c)

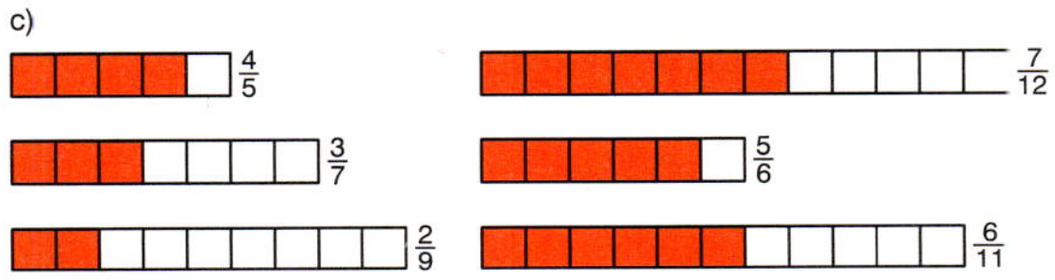

3 $\frac{2}{3}$: 20 l, 32 km, 40 Minuten
$\frac{4}{5}$: 160 cm, 44,8 kg, 96 m^2
$\frac{1}{10}$: 32 cm, 30 Minuten, 450 g
$\frac{1}{100}$: 16 mm, 15 g, 5 mm^2

4 a) $\frac{5}{8}$, $\frac{5}{6}$, $\frac{7}{6}$
b) 75 l (4500 l), 100 l (6000 l), 140 l (8400 l)

5

Originallänge	1 : 200	1 : 5000	1 : 1000	
10 m	5 cm	2 mm	1 mm	
1 km	5 m	20 cm	10 cm	
50 km		250 m	10 m	5 m

6 a) weiß zu rot 3 : 1
$\frac{3}{4}$ weiß, $\frac{1}{4}$ rot
b) Sirup zu Wasser 1 : 16
$\frac{1}{17}$ Sirup, $\frac{16}{17}$ Wasser
c) Öl zu Benzin 1 : 25
$\frac{1}{26}$ Öl, $\frac{25}{26}$ Benzin

7

	25 km	500 g	16 kg	3,8 t	2 m	120 cm^2	30 min	75 kg
50 %	12,5 km	250 g	8 kg	1,9 t	1 m	60 cm^2	15 min	37,5 kg
25 %	6,25 km	125 g	4 kg	950 kg	50 cm	30 cm^2	7:30 min	18,75 kg
10 %	2,5 km	50 g	1,6 kg	380 kg	20 cm	12 cm^2	3 min	7,5 kg

	18 m^2	4,5 km	$1\frac{1}{2}$ h
50 %	9 m^2	2,25 km	45 min
25 %	4,5 m^2	1,125 km	22:30 min
10 %	1,8 m^2	450 m	9 min

Lösungen zu Seite 238

8 a) $\frac{1}{10}$ m b) $1\frac{1}{4}$ m c) $1\frac{1}{50}$ m d) $\frac{2}{5}$ m
e) $\frac{1}{5}$ kg f) $\frac{1}{100}$ kg g) $2\frac{3}{5}$ kg h) $1\frac{1}{20}$ kg

9 a) 0,2 m b) 0,75 m c) 0,17 m d) 0,125 m
e) 0,2 kg f) 2,25 kg g) 0,009 kg h) 0,2 kg

10 a) Zehntel b) Hundertstel c) Einer d) Zehntel e) Tausendstel

11 a) $\frac{1}{2} = \frac{5}{10} = 0{,}5$ $\frac{3}{4} = \frac{75}{100} = 0{,}75$ $\frac{5}{8} = \frac{625}{1000} = 0{,}625$ $1\frac{1}{2} = 1{,}5$
$2\frac{1}{4} = 2{,}25$ $\frac{1}{5} = \frac{2}{10} = 0{,}2$ $\frac{5}{10} = 0{,}5$ $\frac{7}{10} = 0{,}7$ $\frac{9}{5} = \frac{18}{10} = 1{,}8$
b) $\frac{8}{25} = \frac{32}{100} = 0{,}32$ $\frac{3}{125} = \frac{24}{1000} = 0{,}024$ $\frac{7}{4} = 1\frac{3}{4} = 1{,}75$
$\frac{13}{20} = \frac{65}{100} = 0{,}65$ $\frac{17}{40} = \frac{425}{1000} = 0{,}425$ $\frac{17}{50} = \frac{34}{100} = 0{,}34$
$\frac{12}{1000} = 0{,}012$ $\frac{31}{1000} = 0{,}031$ $10\frac{4}{5} = 10\frac{8}{10} = 10{,}8$
c) $1\frac{3}{5} = 1{,}6$ $\frac{3}{500} = 0{,}006$ $\frac{7}{8} = 0{,}875$ $\frac{47}{80} = 0{,}5875$
$\frac{19}{20} = 0{,}95$ $\frac{102}{200} = 0{,}51$ $\frac{1002}{2000} = 0{,}501$

12 a) $0{,}2 = \frac{2}{10} = \frac{1}{5}$ $0{,}35 = \frac{35}{100} = \frac{7}{20}$ $0{,}48 = \frac{48}{100} = \frac{12}{25}$
$1{,}25 = \frac{125}{100} = \frac{5}{4}$ $0{,}75 = \frac{75}{100} = \frac{3}{4}$ $3{,}4 = \frac{34}{10} = \frac{17}{5} = 3\frac{2}{5}$
b) $0{,}25 = \frac{25}{100} = \frac{1}{4}$ $0{,}9 = \frac{9}{10}$ $1{,}75 = 1\frac{75}{100} = 1\frac{3}{4}$
$3{,}25 = 3\frac{25}{1000} = 3\frac{1}{4}$ $2{,}25 = 2\frac{25}{100} = 2\frac{1}{4}$ $0{,}18 = \frac{18}{100} = \frac{9}{50}$
c) $0{,}375 = \frac{375}{1000} = \frac{3}{8}$ $0{,}005 = \frac{5}{1000} = \frac{1}{200}$ $0{,}08 = \frac{8}{100} = \frac{2}{25}$
$0{,}8 = \frac{8}{10} = \frac{4}{5}$ $0{,}0025 = \frac{25}{10000} = \frac{1}{400}$
d) $4{,}7 = 4\frac{7}{10} = \frac{47}{10}$ $4{,}07 = 4\frac{7}{100} = \frac{407}{100}$
$4{,}75 = 4\frac{75}{100} = \frac{475}{100} = \frac{19}{4}$ $0{,}47 = \frac{47}{100}$ $0{,}407 = \frac{407}{1000}$

13

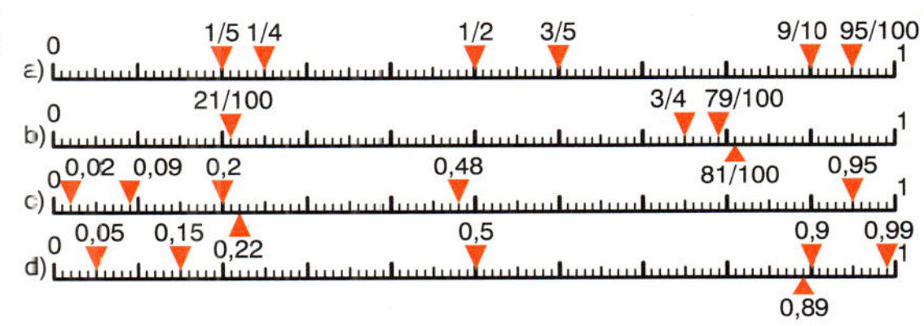

14 z. B. 0,31 0,32 0,33 0,331 0,332 0,333 0,334 0,335 0,336 0,337
In der Mitte liegt 0,32.

15 a) 0,08 < 0,8 < 1,03 < 1,2 < 1,3 < 1,8
b) $0{,}24 < \frac{1}{4} < \frac{2}{5} < 0{,}45 < \frac{1}{2} < 0{,}6$

Maßeinheiten

Längeneinheiten			
1 km (Kilometer)	=	1 000 m	(Meter)
1 m	=	10 dm	(Dezimeter)
1 dm	=	10 cm	(Zentimeter)
1 cm	=	10 mm	(Millimeter)

Flächeneinheiten			
1 km^2 (Quadratkilometer)	=	100 ha	(Hektar)
1 ha	=	100 a	(Ar)
1 a	=	100 m^2	(Quadratmeter)
1 m^2	=	100 dm^2	(Quadratdezimeter)
1 dm^2	=	100 cm^2	(Quadratzentimeter)
1 cm^2	=	100 mm^2	(Quadratmillimeter)

Volumeneinheiten			
1 m^3 (Kubikmeter)	=	1 000 dm^3	(Kubikdezimeter)
	=	1 000 l	(Liter)
1 dm^3 = 1 l	=	1 000 cm^3	(Kubikzentimeter)
1 cm^3	=	1 000 mm^3	(Kubikmillimeter)

Gewichtseinheiten			
1 t (Tonne)	=	1 000 kg	(Kilogramm)
1 kg	=	1 000 g	(Gramm)
1 g	=	1 000 mg	(Milligramm)

Zeiteinheiten			
1 Jahrhundert	=	100 Jahre	
1 Dekade	=	10 Jahre	
1 Jahr	=	12 Monate	
	=	52 Wochen und 1 oder 2 Tage	
	=	365 Tage (oder 366 Tage in einem Schaltjahr)	
1 Monat	=	28, 29, 30 oder 31 Tage	
1 d (Tag)	=	24 h	(Stunden)
1 h	=	60 min	(Minuten)
1 min	=	60 s	(Sekunden)

Vorsilben

Vorsilben	
kilo...	tausend ...
dezi...	der 10. Teil ...
centi...	der 100. Teil ...
milli...	der 1000. Teil ...

Zahlen

eine Milliarde	einhundert Millionen	zehn Millionen	eine Million	Einhundert-tausend	Zehn-tausend	1 Tausend	1 Hundert	1 Zehner	1 Einer
1000 Millionen			1000 Tausender			1000 Einer			
10^9	10^8	10^7	10^6	10^5	10^4	10^3	10^2	10^1	10^0

Stichwortverzeichnis

Fotoverzeichnis:

action press, Hamburg: 82 u. (Bründel); ADAC, München: 166 u.; Airbus S.A.S.: 51 (e^{x}m company – H. Goussé); AKG, Berlin: 230; Tierbildarchiv Angermayer, Holzkirchen: 15 u., 39 r.; Astrofoto, Sörth: 11, 139; Betzold, Ellwangen: 147, 154, 210; Bongartz, Hamburg: 234; B-Punkt, München: 49 u.; Caro Fotoagentur, Berlin: 45 l. (Frank Sorge); Christoph & Friends, Essen: 98 u. l. (Jörn Sackermann), 153 m. l. (Jörn Sackermann), 207 u. (Oswald Baumeister), 212 u. l. (Jochen Tack); Corbis Düsseldorf: 30; Deutsche Bahn AG, Berlin: 104, 160, 169 o., 173; Deutsche Museum, München: 35, 36 u., 54 o. l., 60 o., 109, 117, 124; Deutscher Sparkassen Verlag, Stuttgart: 64; Dombauarchiv Köln: 98 u. r.; Fotostudio Druwe & Polastri, Weddel: 24; Dugena, Pfungstadt: 97; Les Edition Albert René/Goscinny-Uderzo: 223; M. C. Escher's Symmetry Drawing E28, E88, E17, E128, E55 © 2005 The M. C. Escher Company. Baarn (Holland). All rights reserved. www.mcescher.com: 181, 183; Michael Fabian, Hannover: 10, 139 o. l., 214, 215 u. r.; FAG-Foto, Frankfurt/M.: 16 u. (S. Rebscher); Falken-Verlag, Niedernhausen: 150 o. ; Haas, Aachen: 177, 178; Prof. Dr. Härle, Wangen: 206; Institut Géographique National, Paris: 41 u. l.; Köcher, Hannover: 9, 14, 15 r., 17, 47, 58 o., 58 u., 62, 67 u. l., 67 u. r., 70 o., 73 o., 73 u., 77 o. r., 77 l., 81, 82 o., 83 o., 99 o., 99 u., 103, 112, 139 u. r., 201, 212, 213 u. l., 213 u. r.; Landesvermessungsamt NRW, Bonn: 42 o.; Lergenmüller, Roxheim: 110; Les Édition Albert René / Goscinny-Uderzo: 215 o.; Lotos, Kaufbeuren: 168 u. l.; Math.-Phys. Salon, Dresden: 101 u.; Mauritius, Mittenwald: 16 o. (STOCK4B), 20 (Travel Pix Ltd.), 21 (Wendler), 39 o. l. (ACE Stock Ltd.), 45 r. (Vidler - c/o Key Photos); Pneu Michelin, Paris: 41 u. m.; NASA/JPL-Caltech: 84; Okapia, Frankfurt/M.: 49 o. (Martyn Colbeck/OSF), 222 (Barret & MacKay); Picture Press, Hamburg: 30; picture-alliance, Frankfurt/M.: 23 o. (dpa); Piper Verlag, München: 67 m.; Post AG, Berlin: 207, 209, 210 u.; Reinhard-Tierfoto, Heiligkreuzsteinach: 83 u.; Revell AG, Bünde: 52, 227; Rhein-Ruhr-Foto, Sassen: 162 (Schröder); Rieke, Hannover: 8 l., 67 o.; Römer-Pelizaeus-Museum, Hildesheim: 76 o.; Rüsing, Essen: 8 r., 165 o., 235; Schroedel-Archiv, Braunschweig: 107; Silvestris, Kastl: 50 u., 139 u. l, 199; Superbild München, Unterhaching: 139 o. r. (Incolor/Geopress), 165; Sven Simon, Mülheim: 68; Tontsch, Hannover: 101 o.; Universal Press Syndicate: 197 u.; vario press, Bonn: 70 u. (Christopher); Vogt, Bad Kreuznach: 40 o.; VSF-Fahrradmanufaktur, Bremen: 38; VW AG, Wolfsburg: 203 o. r.; westermann, Braunschweig: 41 u. r.; H.-K. Welle, Heiligenhaus: 41 o. l.

Übrige Fotos: G. Schmidt, Stromberg